# 数学物理方程

支元洪 编著

东南大学出版社

·南京·

## 内 容 提 要

本书由编者根据在云南大学数学与统计学院多年讲授“数学与物理方程”课程所使用的讲义整理而成.主要介绍了四类基本方程的推导，求解一阶非线性偏微分方程边值问题的特征法，二阶半线性偏微分方程的分类理论，以及求解一般二阶线性偏微分方程定解问题的分离变量法、积分变换法和 Green 函数法.在此基础上，着重讲述了研究偏微分方程解的定性理论的能量法和极值原理.本书共分 5 章，逻辑严谨、叙述准确、结构清晰、内容充实，并附适量习题供读者巩固知识之用.

本书可作为数学类各专业高年级本科生和理工类有关专业研究生的教材，教学时数为 70～80 学时，也可供广大高校相关教师和科技工作者参与.

**图书在版编目(CIP)数据**

数学物理方程 / 支元洪编著. —南京：东南大学出版社，2014.7

ISBN 978-7-5641-5045-7

Ⅰ.①数… Ⅱ.①支… Ⅲ.①数学物理方程 Ⅳ.①O175.24

中国版本图书馆 CIP 数据核字(2014)第 137955 号

**数学物理方程**

| | |
|---|---|
| **出版发行** | 东南大学出版社 |
| **社 址** | 南京市四牌楼 2 号(邮编：210096) |
| **出 版 人** | 江建中 |
| **责任编辑** | 夏莉莉 |
| **经 销** | 全国各地新华书店 |
| **印 刷** | 南京京新印刷厂 |
| **开 本** | 700mm×1000mm 1/16 |
| **印 张** | 19.75 |
| **字 数** | 320 千字 |
| **版 次** | 2014 年 7 月第 1 版 |
| **印 次** | 2014 年 7 月第 1 次印刷 |
| **书 号** | ISBN 978-7-5641-5045-7 |
| **定 价** | 39.00 元 |

本社图书若有印装质量问题，请直接与营销部联系，电话：025-83791830。

# 前言

数学物理方程主要指在物理学、化学、生物学等学科中利用微分 (和积分) 法推导出的偏微分方程. 自微积分这一重要数学工具出现以来, 偏微分方程在人类认识自然界过程中始终并继续扮演着重要角色.

本书由笔者多年从事数学系专业必修课程“数学物理方程”教学工作所使用的讲义整理而成. 全书总共有 5 章. 第 1 章主要介绍了四类重要偏微分方程的推导过程以及导出这些方程的常用方法, 这四类方程分别是描述弹性弦一维横振动和弹性杆一维纵向振动的波方程、描述热扩散过程的热方程、描述稳态过程的 Laplace 方程以及描述连续性流体流动过程的流体连续性方程, 常用的推导偏微分方程方法有微元法和变分原理; 本章最后介绍了偏微分方程的相关概念. 第 2 章重点介绍了寻找一阶偏微分方程局部解的特征法, 本章内容除了具有自身的重要性之外, 在第 3 章研究二阶半线性偏微分方程分类时也有重要应用. 第 3 章重点介绍了两个独立变量二阶半线性偏微分方程和多个独立变量二阶常系数半线性偏微分方程的分类. 第 4 章介绍了求解二阶线性偏微分方程定解问题的常用方法, 包括特征法、分离变量法和积分变换法等. 第 5 章主要介绍了研究线性偏微分方程解的定性理论的常用方法, 重点讲解研究偏微分方程解的唯一性和稳定性的能量法和极值原理.

笔者从 2009 年开始一直从事云南大学数学系数学与应用数学专业的专业必修课“数学物理方程”的教学工作, 在这些年的教学过程中感觉到国内现行很多适合高年级本科生使用的教材在处理常见偏微分方程推导过程时过于简单化, 以致学生在学习这部分内容时往往知其然而不知其所以然; 在介绍偏微分方程求解方法时又太注重计算过程而过分忽略理论基础, 使得学生对常用的求解方法难以深入理解; 另外, 诸多教材在处理偏微分方程解的定性理论时过于简单, 往往仅对极特殊情形进行讨论, 使得学生对于比如能量积分的构造这样的重要技术不能很好地掌握, 这样做极不利于培养数学系学生的数学能力; 而诸多比较适合偏微分方程专业的教材或者专著又因涉及太多艰深的现代数学背景知识, 并不适合高年级本科生使用. 所以在这些年的教学实践过程中, 在切合数学系学生实际同时在参考了国内外诸多同类教材基础上, 笔者在本书的编著过程中更注重推导过程的合理性和完整性; 另外, 为了更自然地和偏微分方程的现代理论衔接, 也为了让部分有志于继续学习的学生在以后进一步学习偏微分方程后继课程时不至于不知所措, 本书重点介绍了能量法和极值原理在一般的二阶线性偏微分方程定性理论中的应用. 本书可作为数学系高年级本科生或者研究生偏微分方程课程教材, 在使用时可按一学期70~80课时分配教学内容. 书后附有一定量习题供学生课后巩固知识使用.

最后, 笔者要感谢云南大学数学与统计学院领导对笔者在本课程教学过程中以及在本教材编著过程中的大力支持. 由于笔者时间和能力所限, 本书必定存在诸多不足或错误之处, 敬请读者批评指正, 笔者的E-mail: yhzhi@ynu.edu.cn.

支元洪
2014年2月于云南大学

# 目录

# 第 1 章　基本方程的推导和定解问题

在本章中, 将利用微元法和变分原理推导出四类重要的偏微分方程. 第 1.1 节运用微元法推导出弹性弦一维横振动过程以及弹性细杆一维纵向振动过程所满足的波方程, 并分析常见的定解条件; 第 1.2 节利用 Fourier 热传导定律推导出描述热量扩散过程的热方程, 并讨论常见的定解条件; 第 1.3 节介绍描述稳态过程的 Laplace 方程; 第 1.4 节分别利用最小势能原理和 Hamilton 稳定作用原理这两个重要的变分原理分析平面弹性薄膜的平衡和横振动过程; 第 1.5 节利用质量守恒定律推导出流体连续性方程; 第 1.6 节主要介绍偏微分方程的基本概念和经典的偏微分方程, 然后给出本书的常用记号以及常用积分公式.

## 1.1　一维波方程的推导和定解问题

### 1.1.1　弹性弦一维横振动方程的推导和定解问题

1) 方程的推导

我们来考察弹性弦的微小一维横振动. 给定一段长为 $L$ 且处于张紧状态的弹性细弦, 建立适当的坐标系, 使得此弹性弦在未振动时恰好对应于 $x$ 轴上的区间 $[0,L]$, 此时弦的位置即为其平衡位置. 下面利用微元法 (the Infinitesimal Method) 来建立该弦在微小扰动下做微小横振动时弦上任意点满足的运动方程. 这里的横振动 (Transverse Vibration) 是指弦上任意点的振动方向始终垂直于弦的平衡位置. 如果弹性弦所做的横振动还满足一维条件: 弦上各点在整个振动过程中始终处于同一个过平衡位置的平面, 那么就称该振动为一维横振动 (One-Dimensional Transverse Vibration). 为便于讨论, 作如下假设:

(1) 弦的振幅很小, 从而: 如果记 $\theta \in [0,\pi/2)$ 为过弦上某点的切线与 $x$ 轴的夹角, 那么有 $\tan^2\theta = o(\theta)$, 当 $\theta \to 0$ 时.

(2) 弦很细, 而且充分柔软, 不抗弯曲, 弹性良好, 且在未振动时已经张紧到适当程度, 使得其在振动过程中弦上任意点处受到的张力方向始终沿弦的切线方向, 同时弦上任意点的横向 (即 $x$ 轴方向) 位移可以忽略不计 (相对于弦的长度 $L$ 而言).

(3) 弦上任意质点的竖直方向位移 $u$ 只依赖于时间 $t$ 和其在平衡状态时的位置 $x$, 从而弦的运动状态可由二元实变量实值函数 $u=u(x,t)$ 来描述.

(4) 弦在振动过程中不受摩擦力作用. 弦受到的外力记为 $\boldsymbol{F}(x,t)$, 其中 $|\boldsymbol{F}(x,t)|$ 表示单位质量的弦受到的外力大小 (即外力的线密度).

记 $\rho_0(x)$ 为弦在未发生振动时的线质量密度, $\rho(x,t)$ 为弦在振动时在 $t$ 时刻的线质量密度, 根据质量守恒定律可得: 对于任意的 $x\in(0,L)$ 及任意的 $0<h<<1$, 与区间 $[x,x+h]$ 相应的弦上一小段的质量满足等式

$$\int_x^{x+h}\rho_0(\eta)\mathrm{d}\eta=\int_{\widehat{PQ}}\rho(\eta,t)\mathrm{d}s,$$

其中 $P=(x,u(x,t)),Q=(x+h,u(x+h,t))$. 据此等式可得如下的关系式

$$\rho_0(x)=\rho(x,t)\sqrt{1+(u_x)^2}. \tag{1.1.1}$$

记 $\boldsymbol{T}(x,t)=(\tau_1(x,t),\tau_2(x,t))$ 表示弦上点 $(x,u(x,t))$ 处在 $t$ 时刻的张力, 其模为 $\tau(x,t):=\left|\boldsymbol{T}(x,t)\right|=\sqrt{(\tau_1(x,t))^2+(\tau_2(x,t))^2}$, 外力 $\boldsymbol{F}=(F_1,F_2)$. 由于在 $t$ 时刻弦的参数表示可以写成

$$\begin{cases}x=x,\\ u=u(x,t),\end{cases}\quad 0\leqslant x\leqslant L,$$

注意到在 $t$ 时刻弦上 (在平面 $xou$ 坐标系中) 点 $(x,u(x,t))$ $(0<x<L)$ 处的一个切向量为

$$\boldsymbol{\gamma}(x,t)=(1,u_x(x,t)),$$

且该切向量 $\boldsymbol{\gamma}$ 是弦上 $(x,u(x,t))$ 处的与 $x$ 的增加方向一致的切向量. 不妨设弦在 $t$ 时刻的形状如图 1.1 所示, 则根据假设 (2) 有

$$\boldsymbol{T}(x+h,t) \text{ 与 } \boldsymbol{\gamma}(x+h,t) \text{ 同向, 而 } \boldsymbol{T}(x,t) \text{ 与 } \boldsymbol{\gamma}(x,t) \text{ 反向.}$$

由于对于平面上任意两个非零向量 $\boldsymbol{a},\boldsymbol{b}$, 有

$$\angle(\boldsymbol{a},\boldsymbol{b})+\angle(-\boldsymbol{a},\boldsymbol{b})=\pi,\ \text{从而}\ \cos\angle(-\boldsymbol{a},\boldsymbol{b})=-\cos\angle(\boldsymbol{a},\boldsymbol{b}),$$

如果记 $\boldsymbol{i}$ 和 $\boldsymbol{j}$ 分别表示平面直角坐标系 $xou$ 中的 $x$ 轴和 $y$ 轴上的标准正交基向量, 则对任意的 $x\in(0,L)$ 以及任意的 $0<h<<1$ 而言, $t$ 时刻时弦在 $P=(x,u(x,t))$ 和 $Q=(x+h,u(x+h,t))$ 处受到的张力的水平和竖直分量分别为

$$\tau_1(x+h,t)=\langle\boldsymbol{T}(x+h,t),\boldsymbol{i}\rangle=\tau(x+h,t)\cos\angle(\boldsymbol{T}(x+h,t),\boldsymbol{i})$$

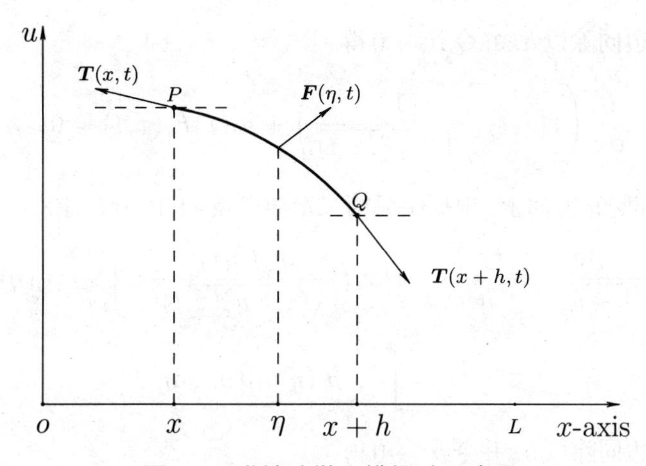


图 1.1 弹性弦微小横振动示意图

$$= \tau(x+h,t)\cos\angle(\boldsymbol{\gamma}(x+h,t),\boldsymbol{i}\,) = \frac{\tau(x+h,t)}{\sqrt{1+u_x^2(x+h,t)}}, \quad (1.1.2)$$

$$\begin{aligned}\tau_2(x+h,t) &= \left\langle \boldsymbol{T}(x+h,t),\boldsymbol{j}\,\right\rangle = \tau(x+h,t)\cos\angle\big(\boldsymbol{T}(x+h,t),\boldsymbol{j}\,\big)\\ &= \tau(x+h,t)\cos\angle(\boldsymbol{\gamma}(x+h,t),\boldsymbol{j}\,) = \frac{\tau(x+h,t)u_x(x+h,t)}{\sqrt{1+u_x^2(x+h,t)}}, \quad (1.1.3)\end{aligned}$$

$$\begin{aligned}\tau_1(x,t) &= \left\langle \boldsymbol{T}(x,t),\boldsymbol{i}\right\rangle\\ &= \tau(x,t)\cos\angle\big(\boldsymbol{T}(x,t),\boldsymbol{i}\,\big) = \tau(x,t)\cos\angle(-\boldsymbol{\gamma}(x,t),\boldsymbol{i}\,)\\ &= -\tau(x,t)\cos\angle(\boldsymbol{\gamma}(x,t),\boldsymbol{i}\,) = -\tau(x,t)\cdot\frac{1}{\sqrt{1+u_x^2(x,t)}}, \quad (1.1.4)\end{aligned}$$

$$\begin{aligned}\tau_2(x,t) &= \left\langle \boldsymbol{T}(x,t),\boldsymbol{j}\,\right\rangle\\ &= \tau(x,t)\cos\angle\big(\boldsymbol{T}(x,t),\boldsymbol{j}\,\big) = \tau(x,t)\cos\angle(-\boldsymbol{\gamma}(x,t),\boldsymbol{j}\,)\\ &= -\tau(x,t)\cos\angle(\boldsymbol{\gamma}(x,t),\boldsymbol{j}\,) = -\tau(x,t)\cdot\frac{u_x(x,t)}{\sqrt{1+u_x^2(x,t)}}. \quad (1.1.5)\end{aligned}$$

由于已经假设弦在水平方向无位移, 故在水平方向弦处于力平衡, 于是

$$\tau_1(x+h,t)+\tau_1(x,t)+\int_{\widehat{PQ}}\rho(\eta,t)F_1(\eta,t)\mathrm{d}s = 0, \quad (1.1.6)$$

再由 (1.1.1), (1.1.2), (1.1.4) 得

$$\tau(x+h,t)\frac{1}{\sqrt{1+u_x^2(x+h,t)}} - \tau(x,t)\frac{1}{\sqrt{1+u_x^2(x,t)}} + \int_x^{x+h}\rho_0(\eta)F_1(\eta,t)\mathrm{d}\eta = 0,$$

于是对上式两边同除以$h$, 并令$h \to 0$得

$$\frac{\partial}{\partial x}\left(\tau(x,t)\frac{1}{\sqrt{1+u_x^2(x,t)}}\right)+\rho_0(x)F_1(x,t)=0. \tag{1.1.7}$$

类似地, 在竖直方向上, 根据牛顿第二定律以及 (1.1.1), (1.1.3), (1.1.5)知

$$\begin{aligned}\tau(x+h,t)\frac{u_x(x+h,t)}{\sqrt{1+u_x^2(x+h,t)}}-\tau(x,t)\frac{u_x(x,t)}{\sqrt{1+u_x^2(x,t)}}+\int_x^{x+h}\rho_0(\eta)F_2(\eta,t)\mathrm{d}\eta\\=\int_x^{x+h}\rho_0(\eta)u_{tt}(\eta,t)\mathrm{d}\eta,\end{aligned}$$

于是对上式两边同除以$h$, 并令$h \to 0$得

$$\frac{\partial}{\partial x}\left(\tau(x,t)\frac{u_x(x,t)}{\sqrt{1+u_x^2(x,t)}}\right)+\rho_0(x)F_2(x,t)=\rho_0(x)u_{tt}(x,t). \tag{1.1.8}$$

如果外力的水平分力$F_1(x,t)\neq 0$, 那么方程组 (1.1.7) 和 (1.1.8) 是关于$\tau$和$u$的耦合方程组, 求解难度甚大, 为此可先尝试对其进行适当简化. 注意到$\boldsymbol{\gamma}(x,t)=(1,u_x(x,t))$, 故有$\tan(\theta(x,t))=u_x(x,t)$, 又因为弦的振幅很小, 从而由假设(1)得$(u_x)^2=o(\theta),\theta\to 0$, 故当略去$u_x(x,t)$的高阶无穷小后, 有

$$\sqrt{1+u_x^2(x,t)}\approx 1, \tag{1.1.9}$$

于是把 (1.1.9) 代入 (1.1.7) 和 (1.1.8) 后便得

$$\begin{cases}\dfrac{\partial\tau(x,t)}{\partial x}+\rho_0(x)F_1(x,t)=0, & \text{(1.1.10a)}\\[2ex] u_{tt}(x,t)=\dfrac{1}{\rho_0(x)}\dfrac{\partial}{\partial x}\big(\tau(x,t)u_x(x,t)\big)+F_2(x,t), & \text{(1.1.10b)}\end{cases}$$

这就是(在条件 (1.1.9) 下的) 简化形式的弹性弦一维横振动方程组.

如果外力的水平分量$F_1\equiv 0$, 即当外力完全竖直作用在弦上时, 由于$F_2=\pm|\boldsymbol{F}|$, 不妨简记为$F_2=F$, 故由 (1.1.7) 得

$$\frac{\partial}{\partial x}\left(\tau(x,t)\frac{1}{\sqrt{1+u_x^2(x,t)}}\right)=0,$$

所以

$$\tau_0(t):=\tau(x,t)\frac{1}{\sqrt{1+u_x^2(x,t)}}. \tag{1.1.11}$$

(注: 本书约定, 记号 $A := B$ 或者 $B =: A$ 表示 $A$ 定义为 $B$, 或者 (当 $B$ 多次出现且太复杂时) 用 $A$ 代表 $B$.) 把 (1.1.11) 代入 (1.1.8) 后得

$$\tau_0(t)u_{xx}(x,t) + \rho_0(x)F(x,t) = \rho_0(x)u_{tt}(x,t),$$

即

$$u_{tt}(x,t) = c^2(x,t)u_{xx}(x,t) + F(x,t), \quad c^2(x,t) = \frac{\tau_0(t)}{\rho_0(x)}. \tag{1.1.12}$$

由此可知, 在外力是完全竖直作用在弦上时, 不必利用近似公式 (1.1.9) 便得到了方程 (1.1.12). 但如果外力的水平分量不恒为 0 时, 通过利用近似公式 (1.1.9) 我们才得到了简化的方程组 (1.1.10a) 和 (1.1.10b).

如果弹性弦本身弹性很好 (Perfectly Elastic), 那么此时有

$$\tau_0(t) = \tau_0 = \text{const.}, \tag{1.1.13}$$

并且如果弦的质量密度分布是常数 $\rho_0(x) = \rho = \text{const.}$, 那么此时的弦振动方程是

$$u_{tt}(x,t) = c^2u_{xx}(x,t) + F(x,t), \tag{1.1.14}$$

其中 $c = \sqrt{\tau_0/\rho} > 0$ 表示波速 (以后会介绍).

方程 (1.1.12) 和 (1.1.14) 均称为**弹性弦一维横振动方程**, 也叫**一维波方程** (One-Dimensional Wave Equation).

**思考**: 由前面的推导可知, 在外力的水平分量不为 0 时得到的方程组 (1.1.10a) 和 (1.1.10b) 实际上是利用了近似公式 (1.1.9) 后得到的, 那么方程 (1.1.10b) 的解是否就是实际问题的解的足够好的近似呢? (如果能够由 (1.1.10a) 消去 $\tau$ 的话, 如例 1.1.1 所示)

请注意: 上述弹性弦微小横振动方程 (1.1.12) 是在假设弦上任意点沿 $x$ 轴方向分位移忽略不计的前提下推导出的, 一般情况下该假设并不一定成立, 此时的推导过程比较复杂, 感兴趣的同学可见参考文献 [9] 和 [30].

2) 定解条件

前面我们通过微元法得到了弹性弦的横振动方程 (1.1.12), 该方程是对弦上任意点处运动状况的局部近似, **该方程表明弦上每点 (除去两端点处) 的运动状态均满足相同形式的运动方程**. 由此可知, 如果要确定一根弦的具体运动状态, 仅仅根据前面得到的方程是不够的, 还必须附加一些条件才能具体描述弦的实际运动状态. 事实上, 根据物理事实可知, 为了确定弦的具体振动状况, 我们首先要给出

如下形式的**初始条件**(Initial Conditions):

$$u(x,0)=\phi(x),\quad u_t(x,0)=\psi(x),\quad 0\leqslant x\leqslant L, \tag{1.1.15}$$

其中$\phi$和$\psi$是已知函数. 该条件给出弦在刚开始振动瞬间所具有的**初始位移和初始速度**. 另外, 仅仅给出初始条件并不能完全确定弦的真实运动状态, 实际上还要考察弦的两端 (即$x=0$和$x=L$) 的运动状态, 即还需要给出适当的**边界条件**(Boundary Conditions). 通常需要给出如下三种边界条件之一即可.

(1) **Dirichlet边界条件**

如果弦两端的位移已知为

$$u(0,t)=u_1(t),\ u(L,t)=u_2(t),\ t\geqslant 0, \tag{1.1.16}$$

其中这里的$u_1,u_2$是给定的函数, 那么这样的边界条件称为**Dirichlet边界条件**, 这类边界条件也称为**第一类边界条件**. 如果$u_1=u_2=0$, 则称边界条件 (1.1.16) 是**齐次Dirichlet边界条件** (Homogeneous Dirichlet Boundary Conditions), 此时弦的两端也称为**固定端**(Fixed Ends).

(2) **Neumann边界条件**

如果直接给出弦两端的张力分量:

$$-u_x(0,t)=u_1(t),\ u_x(L,t)=u_2(t),\ t\geqslant 0, \tag{1.1.17}$$

其中$u_1,u_2$是给定的函数, 则这样的边界条件称为**Neumann边界条件**,也称为**第二类边界条件**. 如果$u_1=u_2=0$, 则称边界条件 (1.1.17) 是**齐次 Neumann 边界条件**(Homogeneous Neumann Boundary Conditions), 此时弦的两端也称为**自由端**(Free Ends).

(3) **Robin边界条件**

为了推导出Robin边界条件, 我们来考察弦的两端与弹性支承连接时的振动状况. 以$x=L$端为例 ($x=0$端的振动状况可类似考察), 假设弦在平衡位置时连接到如图 1.2 所示的弹簧质量系统 (Spring-Mass System). 当弦振动时, 假设质量为$m$的物体 ($0<m<<1$) 在竖直轨道上无摩擦地上下运动, 同时该物体受到外力$g_L=g_L(t)$的作用 (默认向上为正). 不妨设弦的右端的运动状态如图 1.3 所示, 那么类似于 (1.1.5), 并利用 (1.1.9), 可知$L$端受到的竖直方向的张力为

$$\tau_2(L,t)=-\tau(L,t)\cos\angle(\boldsymbol{\gamma}(L,t),\boldsymbol{j})=-\tau(L,t)\frac{u_x(L,t)}{\sqrt{1+u_x^2(L,t)}}$$
$$\approx-\tau(L,t)u_x(L,t),$$

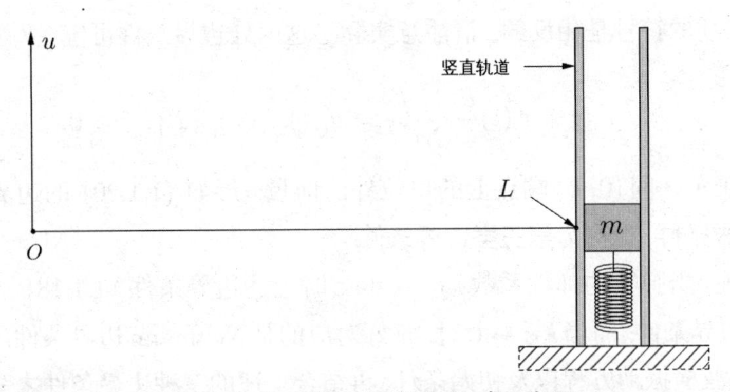


图 1.2 弦右端在平衡状态时示意图

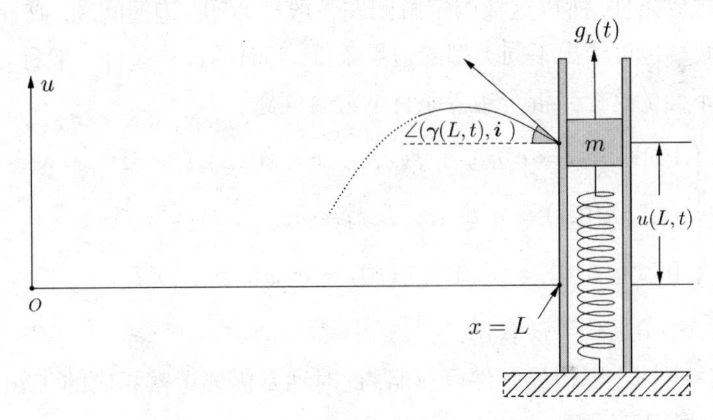


图 1.3 弦右端振动示意图

于是, 根据牛顿第二定律可得在竖直方向上有

$$-\tau(L,t)u_x(L,t)+g_L(t)-k_Lu(L,t)=mu_{tt}(L,t),$$

其中 $k_L$ 表示与右端 $x=L$ 处相应的弹簧的弹性系数. 由于假设 $0<m<<1$, 故 $mu_{tt}(L,t)$ 可视为零, 所以若记 $\tau_L(t)=\tau(L,t)$, 那么有

$$k_Lu(L,t)+\tau_L(t)\frac{\partial u}{\partial x}(L,t)=g_L(t). \tag{1.1.18}$$

对于左端可以类似考察, 得到的边界条件为

$$k_0u(0,t)-\tau_0(t)\frac{\partial u}{\partial x}(0,t)=g_0(t), \tag{1.1.19}$$

其中 $k_0$ 为弦左端对应的弹簧的弹性系数, $g_0$ 为给定的外力, $\tau_0(t)=\tau(0,t)$.

**注意**: 弹性弦一维横振动时两端点处所满足的边界条件 (1.1.18) 和 (1.1.19)

中含有 $\frac{\partial u}{\partial x}$ 项的符号是相反的. 请注意实际上这两处边界条件可统一写成

$$k_i u(i,t)+\tau_i(t)\frac{\partial u(i,t)}{\partial \boldsymbol{n}}=g_i(t), i\in\{0,L\},\ t\geqslant 0, \tag{1.1.20}$$

其中的 $\boldsymbol{n}$ 表示区间 $(0,L)$ 端点上的单位外法向量. 形如 (1.1.20) 的边界条件称为 **Robin 边界条件**, 也称为**第三类边界条件**.

特别地, 当弹簧的弹性系数 $k_L\to+\infty$ 时上述边界条件 (1.1.18) 成为齐次的 Dirichlet 边界条件; 而当 $k_L\to 0$ 时, 正好对应的是 Neumann 边界条件.

这样, 弦横振动方程以及初始条件, 再结合上述的三种边界条件之一便构成了确定弹性弦一维横振动具体运动状态的**定解问题**. 由于该定解条件既含有初始条件, 又含有边界条件, 所以这样的定解问题一般称为**初–边值问题**, 或者**混合问题**. 当然, 弦的两端也可给出不同类型的边界条件, 此时的边界条件一般称为**混合边界条件**. 比如下面的这个带混合边界条件的混合问题:

$$\begin{cases}\text{PDE}: u_{tt}=c^2u_{xx}+f(x,t),\ x\in(0,L),t>0,\\ \text{BC}: u(0,t)=g(t),\alpha u(L,t)+\beta u_x(L,t)=h(t),\ t>0,\\ \text{IC}: u(x,0)=\phi(x),u_t(x,0)=\psi(x),\ x\in[0,L].\end{cases}$$

其中 $\alpha\geqslant 0,\beta\geqslant 0,\alpha^2+\beta^2\neq 0$.

如果弦特别长, 则边界条件可忽略, 此时通常需要考察相应的 **Cauchy 问题** (即一维波方程**初值问题**):

$$\begin{cases}u_{tt}=c^2u_{xx}+f(x,t),\ x\in\mathbb{R},t>0,\\ u(x,0)=\phi(x),u_t(x,0)=\psi(x),\ x\in\mathbb{R}.\end{cases}$$

请注意, **定解问题的初始条件 (1.1.15) 中的方程个数正好是弦振动方程 (1.1.12) 中未知函数 $u$ 关于时间微分的最高阶数.**

例 1.1.1 给定一根一端固定且长为 $L$, 线密度为常数 $\rho$ 的均匀柔软弹性细弦, 起初该细弦受到重力作用而处于竖直向下的平衡位置. 现将该弦的下端略微拨动, 以使其在平衡位置附近做微小振动. 如果忽略空气阻力, 试写出弦上任意点对应的位移 $u$ 所满足的定解问题.

解: 由于该弹性弦下端仅被略微拨动, 故可设其上任意质点在竖直方向没有位移, 于是可认为该弦做的是横振动. 如果弦的下端在被拨动时受力方向一致, 则可进一步认为该弦做的是一维横振动. 建立如图 1.4 所示的坐标系, 从而该弹

性弦上任意质点的运动状态可由函数 $u = u(x,t)$ 来描述. 弹性细弦在振动过程

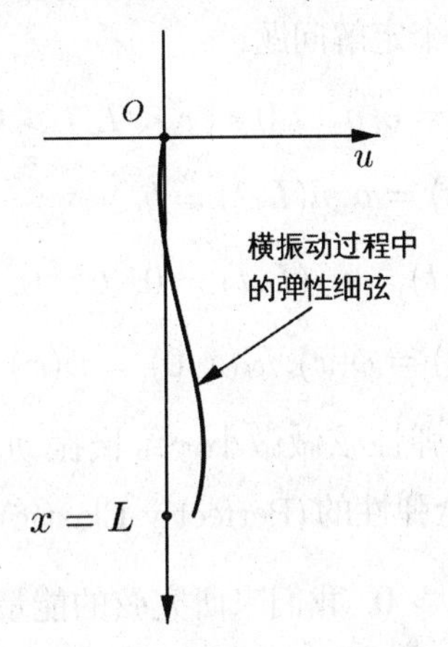


图 1.4 例 1.1.1 示意图

中 (由于忽略空气阻力) 只受到竖直向下的外力 (重力) 作用, 且此外力 (线密度) 为 $\boldsymbol{F} = (F_1, F_2) = (g, 0)$, 其中 $g$ 是重力加速度常数. 再注意到在 $L$ 端细弦受到的张力 $\tau$ 为零, 于是由 (1.1.10a) 可得 $\tau$ 满足

$$\begin{cases} \dfrac{\partial \tau(x,t)}{\partial x} + \rho g = 0, \\ \tau(L,t) = 0. \end{cases}$$

由此解得张力

$$\tau(x,t) = \rho g(L - x),$$

再代入 (1.1.10b), 并注意到弦的上端是固定端, 而下端实际上是自由端, 由此可得位移 $u$ 所满足的定解问题为

$$\begin{cases} \text{PDE}: \dfrac{\partial^2 u(x,t)}{\partial t^2} = \dfrac{\partial}{\partial x}\Big(g(L-x)\dfrac{\partial u(x,t)}{\partial x}\Big),\ 0 < x < L, t > 0, \\ \text{BC}: u(0,t) = 0, u_x(L,t) = 0,\ t > 0, \\ \text{IC}: u(x,0) = u_0(x), u_t(x,0) = 0,\ 0 \leqslant x \leqslant L, \end{cases}$$

其中 $u_0$ 表示将细弦下端拨动后该弦的初始位移, 且满足**相容性条件**

$$u_0(0) = 0,\ \left.\frac{\mathrm{d}u_0(x)}{\mathrm{d}x}\right|_{x=L} = 0. \qquad \square$$

3) 能量积分与能量守恒

下面我们来考察这样一个定解问题

$$\begin{cases} \text{PDE}: u_{tt} = c^2 u_{xx},\ 0 < x < L, t > 0, & (1.1.21) \\ \left.\begin{array}{l} \text{BC}: u(0,t) = a, u(L,t) = b, \\ \text{或者}\ u_x(0,t) = u_x(L,t) = 0,\ t > 0, \end{array}\right\} & (1.1.22) \\ \text{IC}: u(x,0) = \phi(x), u_t(x,0) = \psi(x),\ 0 \leqslant x \leqslant L. \end{cases}$$

这个问题对应于前面提到的弹性弦做微小一维横振动情形, 并且在振动过程中没有受到外力影响, 且弦是完全弹性的 (Perfectly Elastic), 其中 $c^2 := \frac{\tau_0}{\rho_0}, a, b, \rho_0, \tau_0$ 均为给定的实数, 且 $\rho_0 > 0, \tau_0 > 0$. 我们来研究弦的能量.

由经典力学易知, 弦在 $t$ 时刻具有的总动能 (Kinetic Energy) 可表示为积分

$$E_k(t) = \int_0^L \frac{\rho_0}{2}(u_t)^2 \mathrm{d}x.$$

与参考文献 [28] 类似, (对上式做形式计算) 易知

$$\begin{aligned} \frac{\mathrm{d}E_k}{\mathrm{d}t} &= \int_0^L \rho_0 u_t u_{tt} \mathrm{d}x \xlongequal{(1.1.21)} \int_0^L \rho_0 u_t c^2 u_{xx} \mathrm{d}x \\ &\xlongequal{c^2=\tau_0/\rho_0} \int_0^L \tau_0 u_t u_{xx} \mathrm{d}x = (\tau_0 u_t u_x)\Big|_0^L - \int_0^L \tau_0 u_{tx} u_x \mathrm{d}x \\ &\xlongequal{(1.1.22)} -\frac{\mathrm{d}}{\mathrm{d}t}\left(\int_0^L \frac{\tau_0}{2}(u_x)^2 \mathrm{d}x\right), \end{aligned}$$

从而有

$$\frac{\mathrm{d}}{\mathrm{d}t}\left(E_k + \int_0^L \frac{\tau_0}{2}(u_x)^2 \mathrm{d}x\right) = 0,\ t \geqslant 0. \tag{1.1.23}$$

上式表明关系式

$$E_k + \int_0^L \frac{\tau_0}{2}(u_x)^2 \mathrm{d}x = \int_0^L \frac{\rho_0}{2}(u_t)^2 \mathrm{d}x + \int_0^L \frac{\tau_0}{2}(u_x)^2 \mathrm{d}x$$

是不随时间改变而改变的量.

物理上称

$$E(t) := \int_0^L \frac{\rho_0}{2}(u_t)^2 \mathrm{d}x + \int_0^L \frac{\tau_0}{2}(u_x)^2 \mathrm{d}x$$

为弦在$t$时刻的**总能量**, 而

$$E_p(t) := \int_0^L \frac{\tau_0}{2}(u_x)^2 \mathrm{d}x \tag{1.1.24}$$

称为弦在$t$时刻的**总势能** (Totally Potential Energy). 由此积分$E_k$和$E_p$也常称为**能量积分** (Energy Integral).

由于此弦并没有受到外力的作用, 故根据弹性力学知识知道, 弹性弦振动时具有的总势能在此时正好是弦的应变能. 请大家自己根据弹性力学知识来推导上述的总势能公式.

关系式 (1.1.23) 表明: **当弦不受外力作用, 并且边界约束是形如 (1.1.22) 时, 弹性弦所具有的总能量守恒**.

结合刚才对弹性弦一维横振动过程的能量分析可知, 形如 (1.1.15) 的 (两个) 初始条件正好相当于给定整个振动系统的初始能量, 其中初始位移$u(x,0)=\phi(x)$相当于给定初始势能, 初始速度$u_t(x,0)=\psi(x)$相当于给定初始动能. 这实际上从能量角度解释了为什么弹性弦一维横振动过程相应的定解问题中的初始条件需要形如 (1.1.15) 的两个方程来构成.

### 1.1.2 弹性杆一维纵向振动运动方程和定解条件

前一小节我们运用牛顿第二定律建立了弹性弦做微小一维横振动时所满足的运动方程, 并给出了定解条件. 本节我们再来运用该定律建立弹性杆做一维纵向振动时所满足的运动方程, 然后给出相应的定解条件.

1) 运动方程的推导

设有一根长度为$L$的弹性细杆在轴向外力作用下做一维**纵向振动** (Longitudinal Vibration). 建立如图 1.5 所示的坐标系, 使得该细杆在未振动 (即处于平衡位置) 时正好位于闭区间$[0,L]$. 用$x\in[0,L]$表示杆上任意点, $t$表示时间. 由于细杆只在$x$轴方向受到外力作用,所以对任意取定的点$x\in(0,L)$而言,该点在与$x$轴垂直方向上没有位移, 在整个振动过程中$x$点只在以$x$为中心的很小的 (一维) 邻域中振动. 记$A(x)$表示杆在$x$处的横截面 (也用其来表示此截面的面积), $\rho=\rho(x)>0$表示杆的线质量密度. 用$u=u(x,t)$表示杆上点$x$处在$t$时刻离开平衡位置的位移, $\epsilon=\epsilon(x,t)$表示$t$时刻杆上$x$处的法向应变 (Normal Strain), $\sigma=\sigma(x,t)$表示$t$时刻杆上$x$处的应力 (Stress), $P(x,t)$表示$t$时刻在参考微元$x$处受到的 (杆的邻近部分施加的) 张力, $f(x,t)$表示单位质量的杆受到的外部作用力, $E=E(x)$ 为杆的**杨氏模**(Young's Modules), 则由弹性力学(见参考文献 [10])知:

$$\sigma(x,t)=E(x)\cdot\epsilon(x,t),$$

而法向应变

$$\epsilon(x,t)=\frac{\partial u(x,t)}{\partial x},$$

于是在截面 $A(x)$ 处受到的张力为

$$P(x,t)=\sigma(x,t)\cdot A(x)=E(x)A(x)\frac{\partial u(x,t)}{\partial x}. \tag{1.1.25}$$

由图 1.5 可知, 对 $\forall x\in(0,L), 0<h<<1$, 根据牛顿第二定律有

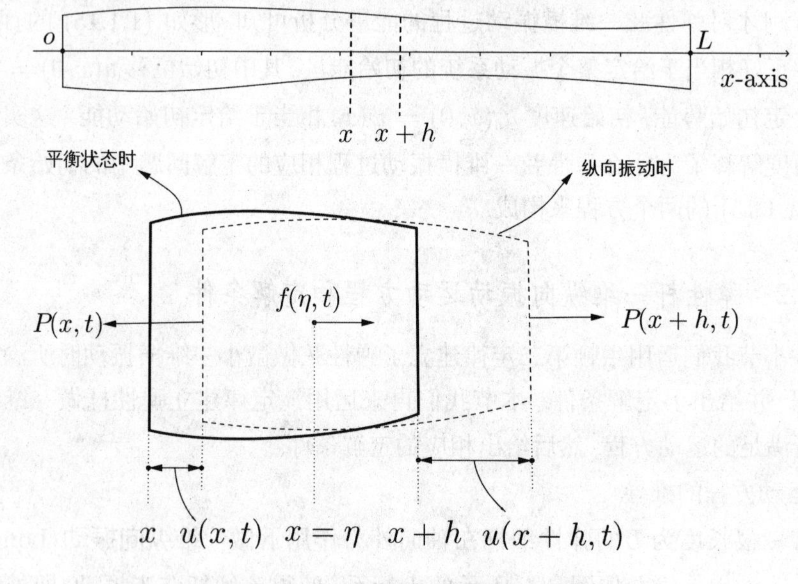


图 1.5 弹性杆纵向振动示意图

$$P(x+h,t)-P(x,t)+\int_x^{x+h}f(\eta,t)A(\eta)\rho(\eta)\mathrm{d}\eta=\int_x^{x+h}\rho(\eta)A(\eta)u_{tt}(\eta,t)\mathrm{d}\eta,$$

两端同除以 $h$ 后得

$$\frac{P(x+h,t)-P(x,t)}{h}+\frac{1}{h}\int_x^{x+h}f(\eta,t)A(\eta)\rho(\eta)\mathrm{d}\eta=\frac{1}{h}\int_x^{x+h}\rho(\eta)A(\eta)u_{tt}(\eta,t)\mathrm{d}\eta,$$

当假设 $P,f,\rho,A,u$ 的光滑性足够好时, 让 $h\to0^+$, 则得

$$\frac{\partial P(x,t)}{\partial x}+f(x,t)\rho(x)A(x)=\rho(x)A(x)u_{tt}(x,t),$$

再将 (1.1.25) 代入上式并整理即得弹性杆一维纵向振动的运动方程

$$\frac{\partial^2 u}{\partial t^2}=\frac{1}{\rho A}\frac{\partial}{\partial x}\left(EA\frac{\partial u}{\partial x}\right)+f(x,t),\ x\in(0,L),t>0. \tag{1.1.26}$$

当弹性细杆是均匀且直的时, 由于杨氏模 $E$ 和截面面积 $A$ 都是常数,故此时运动方程为

$$\frac{\partial^2 u}{\partial t^2}=c^2\frac{\partial^2 u}{\partial x^2}+f(x,t),x\in(0,L),t>0, \tag{1.1.27}$$

其中

$$c=\sqrt{\frac{E}{\rho}}$$

表示波速.

经比较弹性弦一维横振动方程 (1.1.12) 和弹性杆一维纵向振动方程 (1.1.27) 可知, 尽管横振动和纵向振动的物理机制有很大差异, 但是这两种振动所对应的运动方程都具有相同的结构.

2) 定解条件

和弦的一维横振动类似, 为了确定弹性杆的实际运动状态, 仅仅有运动方程 (1.1.26) 是不行的, 还需要给定适当的定解条件. 通常需要给定如下的初始条件

$$u(x,0)=\phi(x),\ u_t(x,0)=\psi(x),\ x\in[0,L] \tag{1.1.28}$$

以及适当的边界条件, 其中 $\phi$ 和 $\psi$ 是给定函数. 对于弹性杆的纵向振动而言, 常见的边界条件有如下四种.

(1) **Dirichlet 边界条件** 此种边界条件直接给出细杆在两端点处的位移:

$$u(0,t)=v_0(t),\ u(L,t)=v_L(t),\ t\geqslant 0, \tag{1.1.29}$$

其中 $v_0, v_L$ 是已知函数. 特别地, 当 $v_0=v_L\equiv 0$ 时, 上述边界条件是齐次 Dirichlet 边界条件, 表示细杆两端固定.

(2) **Neumann 边界条件** 此种边界条件直接给出细杆在两端点处的法向应变:

$$-u_x(0,t)=w_0(t),\ u_x(L,t)=w_L(t),\ t\geqslant 0, \tag{1.1.30}$$

其中 $w_0, w_L$ 是已知函数. 当 $w_0=w_L\equiv 0$ 时, 上述边界条件是齐次 Neumann 边界条件, 表示细杆两端是自由的, 此时两端也称为自由端.

(3) **Robin 边界条件** 当细杆的两端连接在弹簧上时, 得到的边界条件是 Robin边界条件. 以右端为例, 如图 1.6 所示, 设弹簧的弹性系数为 $k_L$, 则根据牛

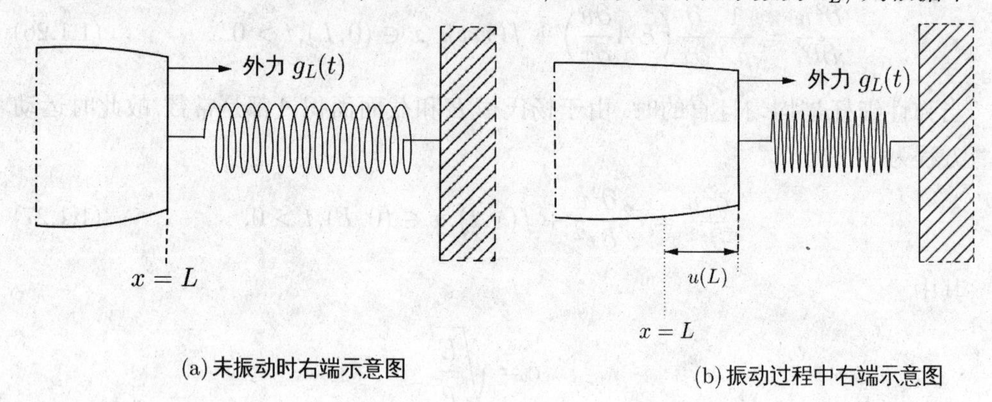


(a) 未振动时右端示意图 (b) 振动过程中右端示意图

图 1.6 右端连接在弹性支承上时的示意图

顿第二定律可得

$$E(L)A(L)u_x(L,t) = -k_L u(L,t) + g_L(t), \tag{1.1.31}$$

类似的, 如果左端连接在弹性系数为 $k_0$ 的弹簧上, 则有

$$-E(0)A(0)u_x(0,t) = -k_0 u(0,t) + g_0(t), \tag{1.1.32}$$

这里的 $g_0(t), g_L(t)$ 分别表示左右两端受到的外力.

(4) **阻尼边界条件** 如果弹性细杆左右两端均连接有质量分别为 $M_0, M_L$ 的物体, 则当整个系统处于惯性系中时, 由于有惯性力作用, 故此时两端满足如下的边界条件

$$\begin{cases} -E(0)A(0)u_x(0,t) = -M_0 u_{tt}(0,t) + g_0(t), \\ E(L)A(L)u_x(L,t) = -M_L u_{tt}(L,t) + g_L(t),\ t \geqslant 0. \end{cases}$$

当然, 细杆两端所满足的边界条件也可以分属于不同类型的边界条件, 这样的边界条件就是混合边界条件, 比如如下的混合边界条件 (左侧是 Dirichlet 边界条件, 右侧是 Robin 边界条件)

$$u(0,t) = \alpha(t),\ t \geqslant 0,$$

$$k_L u(L,t) + E(L)A(L)u_x(L,t) = g_L(t),\ t \geqslant 0.$$

于是, 由方程 (1.1.26) (或者 (1.1.27)) 、初始条件 (1.1.28) 和上述四种边界条件之一 (或者由这四种边界条件构成的混合边界条件) 便构成一个完整的描述弹性

弦微小一维纵向振动的定解问题, 比如下述 (带混合边界条件的) 定解问题:

$$\begin{cases} \text{PDE}: \dfrac{\partial^2 u}{\partial t^2} = c^2 \dfrac{\partial^2 u}{\partial x^2} + f(x,t),\ x \in (0,L), t > 0, \\ \text{IC}: u(x,0) = \phi(x), u_t(x,0) = \psi(x),\ x \in [0,L], \\ \text{BC}: u(0,t) = \alpha(t), k_L u(L,t) + E(L)A(L)u_x(L,t) = g_L(t),\ t \geqslant 0. \end{cases}$$

## 1.2 热方程的推导及定解问题

1) 热方程的推导

假设三维空间 $\mathbb{R}^3$ 中放置一热导体, 其所限空间为有界区域 (指连通开集) $\Omega$ 的闭包, 并且假设该热导体内部有热源 (或者汇). 现在我们利用能量守恒定律和 Fourier 热传导定律 (Fourier's Law of Heat Conduction) 来推导描述该热导体温度分布所满足的热方程.

我们知道, 热传递 (Heat Transfer) 常见的方式为如下 3 种: 热传导 (Heat Conduction), 热对流 (Heat Convection) 以及热辐射 (Heat Radiation). 一般的, 对于固体和流速比较小的液体而言, 热传递的主要方式是热传导.

为便于讨论, 引入下列记号:

$u = u(x,y,z,t)$ 表示热导体在 $t$ 时刻位于 $\Omega$ 中的点 $\boldsymbol{x} = (x,y,z)$ 处的温度;

$Q_D(t)$ 表示 $t$ 时刻 $D$ 中的热量, 其中 $D \subset \Omega$ 是 $\Omega$ 中的任意一个非空可测子集;

$c := c(x,y,z)$ 表示热导体的**比热** (Specific Heat), 该物理量的值表示把单位质量的物质的温度 (例如用摄氏度表示) 升高一个单位所需要的热量;

$\rho = \rho(x,y,z)$ 表示所研究物质的质量密度 (Mass Density);

$f = f(x,y,z,t)$ 表示热源的热能密度, 即单位体积的物质在单位时间内释放 (或者吸收) 的热量;

$\boldsymbol{\Phi} = \boldsymbol{\Phi}(x,y,z,t)$ 表示**热流向量** (Heat Flux Vector) 或者热通量, 其欧式范数 $|\boldsymbol{\Phi}|$ 表示单位时间内从单位面积的定向曲面的负侧流向正侧的热量.

注 1.2.1 这里的热通量是向量, 如果用 $\boldsymbol{n}$ 表示封闭曲面上的单位外法向量 (Unit Outward Normal Vector)(本书如不特别说明, 均沿用此约定), 那么内积 $\boldsymbol{\Phi} \cdot \boldsymbol{n} = |\boldsymbol{\Phi}| \cos \angle(\boldsymbol{\Phi}, \boldsymbol{n})$ 表示单位时间内从单位面积的参考曲面上流出的净热量. 由此, 单位时间内从单位曲面流入某区域的净热量是 $\boldsymbol{\Phi} \cdot (-\boldsymbol{n}) = -\boldsymbol{\Phi} \cdot \boldsymbol{n}$.

注 1.2.2 一般情况下, 物质的比热$c$是与温度有关的, 比如含碳量为0.04%的钢在100°C时的比热是0.465 J/(g · °C), 而在1250°C时是0.708 J/(g · °C). 但是在通常的温差范围内, 可以认为$c$与温度$u$无关.

热能守恒定律可以用文字描述为如下形式:

| 物体内部区域$D$在时间段$[t_1,t_2]$内热能的改变量$Q_D(t_2)-Q_D(t_1)$ | = | 在时间段$[t_1,t_2]$从边界$\partial D$流入$D$内的热量$Q_{\partial D}$ | + | 内部热源(汇)在$[t_1,t_2]$产生的热量$Q_s$ |
| --- | --- | --- | --- | --- |

由此, 任取区域$D\subset \Omega$, 则有

$$\begin{aligned}Q_D(t_2)-Q_D(t_1)&=\int_D c\rho u(\boldsymbol{x},t_2)\mathrm{d}\boldsymbol{x}-\int_D c\rho u(\boldsymbol{x},t_1)\mathrm{d}\boldsymbol{x}\\&=\int_D c\rho\int_{t_1}^{t_2}\frac{\partial}{\partial t}u(\boldsymbol{x},t)\mathrm{d}t\mathrm{d}\boldsymbol{x}\\&=\int_{t_1}^{t_2}\int_D c\rho\frac{\partial}{\partial t}u(\boldsymbol{x},t)\mathrm{d}\boldsymbol{x}\mathrm{d}t.\end{aligned}$$

从$D$的边界$\partial D$流入的热量 (利用散度定理) 可表示为

$$Q_{\partial D}=-\int_{t_1}^{t_2}\int_{\partial D}\boldsymbol{\Phi}(\boldsymbol{x},t)\cdot\boldsymbol{n}\mathrm{d}S\mathrm{d}t=-\int_{t_1}^{t_2}\int_D\nabla\cdot\boldsymbol{\Phi}(\boldsymbol{x},t)\mathrm{d}\boldsymbol{x}\mathrm{d}t,$$

而内部热源 (汇) 在时间段$[t_1,t_2]$产生的热量为:

$$Q_s=\int_{t_1}^{t_2}\int_D f(\boldsymbol{x},t)\mathrm{d}\boldsymbol{x}\mathrm{d}t,$$

于是根据热能守恒定律有

$$\int_{t_1}^{t_2}\int_D c\rho u_t\mathrm{d}\boldsymbol{x}\mathrm{d}t=\int_{t_1}^{t_2}\int_D\big(-\nabla\cdot\boldsymbol{\Phi}(\boldsymbol{x},t)+f(\boldsymbol{x},t)\big)\mathrm{d}\boldsymbol{x}\mathrm{d}t.$$

再由$D$和$t_1,t_2$的任意性, 便得到方程

$$c\rho u_t=-\nabla\cdot\boldsymbol{\Phi}(x,y,z,t)+f(x,y,z,t),\ (x,y,z)\in\Omega,t>0.\tag{1.2.1}$$

方程 (1.2.1) 涉及两个未知函数$u$和$\boldsymbol{\Phi}$, 无法解出, 为此要借助Fourier热传导定律.

在19世纪早期, Joseph Fourier (1768—1830, [Fr]) 就给出了联系热流向量和温度的关系式, 即下面的**Fourier热传导定律**

$$\boldsymbol{\Phi}(x,y,z,t)=-k\nabla u(x,y,z,t),\tag{1.2.2}$$

这里的 $k>0$ 是物质的**热传导系数** (Thermal Conductivity). 把 (1.2.2) 代入 (1.2.1) 便得

$$c\rho u_t = \nabla\cdot(k\nabla u)+f(x,y,z,t). \tag{1.2.3}$$

特别地, 当热传导系数是常数 $k=k_0=\text{const.}$ 时, 上述方程简化为

$$u_t = a^2\Delta u + F(x,y,z,t),\ (x,y,z)\in\Omega, t>0, \tag{1.2.4}$$

其中 $a^2=\dfrac{k_0}{c\rho}$ 称为**热扩散系数** (Thermal Diffusivity), 且 $a>0, F=\dfrac{f}{c\rho}$.

当内部无热源(汇)时, (1.2.4)成为

$$u_t = a^2\Delta u(x,y,z,t),\ (x,y,z)\in\Omega, t>0. \tag{1.2.5}$$

方程 (1.2.5) 一般称为 (三维) **热方程** (Heat Equation).

方程 (1.2.4) 除了用来描述热导体的温度分布之外, 还可用来描述化学反应中的物质的扩散 ( 此时 $u$ 表示物质的浓度 ( Concentration ) ), 所以该方程也叫反应扩散方程. 另外, 该方程还可用来描述布朗运动, 甚至应用到计算机图形处理等领域.

注 1.2.3 (1.2.2) 中的热传导系数 $k$ 一般与温度有关, 且 $k>0$ (见表 1.2.1). 但在一定温差范围内, 可近似认为 $k$ 与温度 $u$ 无关, 即 $k=k(x,y,z)$.

表 1.2.1 常见金属热传导系数 $(\mathrm{W\cdot m^{-1}\cdot K^{-1}})$ 与温度 (K) 的关系

| 热传导系数 \ 温度(K) / 金属 | 173.2 | 273.2 | 373.2 | 573.2 | 973.2 |
|---|---|---|---|---|---|
| 金 (Gold) | 324 | 319 | 313 | 299 | 272 |
| 银 (Silver) | 432 | 428 | 422 | 407 | 377 |
| 铜 (Copper) | 420 | 403 | 395 | 381 | 354 |
| 铁 (Iron) | 99 | 83.5 | 72 | 56 | 34 |
| 锡 (Tin) | 76 | 68 | 63 | 32 | 40 |
| 铝 (Aluminium) | 241 | 236 | 240 | 233 | 92 |
| 锂 (Lithium) | 94 | 86 | 82 | 47 | 59 |

注 1.2.4 (1.2.2) 中热流向量前面的负号表示热量是从物体的高温部分流向低温部分的, 并且方向是沿温差最大的方向. 实际上, 根据 (1.2.2) 有 $\boldsymbol{\Phi}\cdot\boldsymbol{n}=-k\dfrac{\partial u}{\partial\boldsymbol{n}}$, 于是若 $D$ 是 $\Omega$ 的有界子区域, 则当在 $\partial D$ 上某处 $\dfrac{\partial u}{\partial\boldsymbol{n}}>0$, 即当温度沿 $\boldsymbol{n}$ 方向升高时, $\boldsymbol{\Phi}$ 沿 $\boldsymbol{n}$ 的分量小于 0, 此时热量从该处流入 $D$ 中; 类似地, 当 $\dfrac{\partial u}{\partial\boldsymbol{n}}<0$ 时, 表示热量从 $D$ 内流出. 或者也可以这样考虑: 如果在 $\partial D$ 的某处 $\boldsymbol{\Phi}\cdot\boldsymbol{n}>0$, 则根据热流向量的定义知道 $D$ 内的热量从该处流出, 此时由 $\boldsymbol{\Phi}\cdot\boldsymbol{n}=-k\dfrac{\partial u}{\partial\boldsymbol{n}}$ 知必有 $\dfrac{\partial u}{\partial\boldsymbol{n}}<0$,

于是温度沿 $\boldsymbol{n}$ 降低; 如果在 $\partial D$ 的某处 $\boldsymbol{\Phi}\cdot\boldsymbol{n}<0$, 则 $D$ 外的热量从该处流入, 此时必有 $\dfrac{\partial u}{\partial \boldsymbol{n}}>0$, 从而温度沿 $\boldsymbol{n}$ 升高.

按照类似的推导方法, 可以得到一维和二维的热方程, 比如描述导热细杆的温度分布的一维热方程为

$$u_t=a^2u_{xx}+f(x,t),\quad 0<x<L,t>0,$$

描述导热薄板温度分布的二维热方程为

$$u_t=a^2(u_{xx}+u_{yy})+f(x,y,t),\quad (x,y)\in\Omega\subset\mathbb{R}^2,t>0.$$

2) 定解条件

在实际问题中, 为了确定地描述热传导过程, 仅仅有形如 (1.2.4) 或者 (1.2.5) 的方程还不够, 还需要附加一些补充条件 (Subsidiary Conditions), 才能保证解的适定性 (后面还要介绍). 和波方程类似, 相应的定解条件有**初始条件**和 (或) **边界条件**.

热方程的初始条件 (Initial Condition) 为

$$u(x,y,z,0)=\phi(x,y,z),\ (x,y,z)\in\overline{\Omega},\tag{1.2.6}$$

其中 $\phi$ 是给定函数. 该条件表示热导体的初始温度分布已知.

根据物理事实, 边界条件主要分为如下三种.

(1) **Dirichlet 边界**

$$u|_{\partial\Omega\times[0,\infty)}=g(x,y,z,t).\tag{1.2.7}$$

该边界条件直接给出所考察物体在边界上的温度分布, 此类边界条件也称为**第一类边界条件**.

(2) **Neumann 边界**

$$-k\frac{\partial u}{\partial \boldsymbol{n}}=g(x,y,z,t),\ (x,y,z,t)\in\partial\Omega\times[0,\infty).\tag{1.2.8}$$

这里的 $k$ 是边界上的热传导系数; $g$ 是给定的函数, 表示边界上的热通量; 负号 (当 $g$ 非负时) 表示热量流出. 此类边界条件也称为**第二类边界条件**.

(3) **Robin 边界** 如果在边界 $\partial\Omega$ 上物体和周围环境有热交换, 比如当把物体放置在空气中时, 由于空气通常会发生对流, 所以此时边界上的热交换过程通常比较复杂. 但是, 在足够靠近边界的地方 (指 $\Omega$ 的外侧), 热交换可以近似认为满足**牛**

**顿冷却定律** (Newton's Law of Cooling), 即

$$-k\frac{\partial u}{\partial \boldsymbol{n}}\Big|_{\partial\Omega\times[0,\infty)}=H(u-u_B)\big|_{\partial\Omega\times[0,\infty)}, \tag{1.2.9}$$

或者写成

$$\left(Hu+k\frac{\partial u}{\partial \boldsymbol{n}}\right)\Bigg|_{\partial\Omega\times[0,\infty)}=Hu_B, \tag{1.2.10}$$

这里的已知函数 $u_B$ 表示周围环境的温度, $H>0$ 是**热对流系数** (Heat Convection Coefficient). 形如 (1.2.9) 或 (1.2.10) 的边界条件称为 **Robin 边界条件**, 此类边界条件也称为**第三类边界条件**.

于是, 如果 $\Omega$ 是有界区域, 则热方程 (1.2.4) 和初始条件 (1.2.6) 以及上述三种边界条件之一便构成一个完整的定解问题, 比如如下问题:

$$\begin{cases} u_t=a^2\Delta u+F(x,y,z,t),\ (x,y,z)\in\Omega, t>0,\\ \left(Hu(x,t)+k\dfrac{\partial u}{\partial \boldsymbol{n}}\right)\Bigg|_{\partial\Omega\times[0,\infty)}=Hu_B,\\ u(x,0)=u_0(x),\ x\in\Omega. \end{cases}$$

注 1.2.5 需要注意 Robin 边界条件 (1.2.9) 中左端的负号. 实际上该式还表明热量在边界上的流动方向: 当 $u>u_B$ 时, (1.2.9) 表明热导体 $\Omega$ 内部的热量从边界流向外界环境; 当 $u<u_B$ 时, 外界的热量从边界流进 $\Omega$.

当 $H\to 0$, 也就是当热量在边界上和外界不发生对流时, 有

$$\frac{\partial u}{\partial \boldsymbol{n}}\Big|_{\partial\Omega\times[0,\infty)}=0,$$

此时对应于齐次 Neumann 边界, 即在边界上处于绝热状态 (Heat Insulation State); 而当 $H\to+\infty$ 时, 相应有 $u\big|_{\partial\Omega\times[0,\infty)}=u_B$, 此时表示边界上的温度就是环境温度.

当所考察的区域 $\Omega$ 比较大时, 可以认为 $\Omega=\mathbb{R}^3$, 从而 $\partial\Omega=\emptyset$, 此时就不能再给出边界条件了, 而是需要考察如下的 **Cauchy 问题** (也称为**热方程初值问题**)

$$\begin{cases} u_t=a^2\Delta u+f(x,y,z,t),\ (x,y,z)\in\mathbb{R}^3, t>0,\\ u(x,y,z,0)=\phi(x,y,z),\ (x,y,z)\in\mathbb{R}^3. \end{cases}$$

**注 1.2.6** 热方程 (1.2.4) 定解条件中的初始条件 (1.2.6)中的方程个数正好是热方程中关于时间的偏导数的最高阶数. 该条件相当于给定了热导体的初始热量.

**习 题 1.1**

1. (牛顿冷却定律的应用) 某地发生室内凶杀案, 一侦探赶到现场后发现一受害者尸体还有余温, 于是立即用温度计进行测量, 测得的受害者体温和室温分别为 80°F 与 68°F, 一小时后再次测得受害者体温和室温分别为 78.5°F 和 68°F. 据此该侦探便推测出凶杀案发生的时间. (1) 请问凶杀案发生于侦探第一次测量温度前多少小时 (假设正常人的体温是 98.6°F)? (2) 如果侦探使用摄氏温度计, 请分析测得结果对凶杀案发生时间的推测会有何影响 (假设华氏计和摄氏温度计读数均精确到小数点后一位)? (3) 如果两次测得的室温不一致, 那么还能使用刚才的方法吗? 为什么?

2. 时间反演变换 $s=-t$ 把时间区间 $[0,+\infty)$ 反演成 $(-\infty,0]$, 且此变换是连续的可逆变换. 试写出下述定解问题在时间反演变换下对应的定解问题 (其中 $a,c$ 均是正的实数, $\phi$ 是给定函数):

$$(1)\ \begin{cases} u_{tt}=c^2u_{xx},\ x\in\mathbb{R},t>0, \\ u(x,0)=\phi(x),u_t(x,0)=0,\ x\in\mathbb{R}; \end{cases}$$

$$(2)\ \begin{cases} u_t=a^2u_{xx},\ x\in\mathbb{R},t>0, \\ u(x,0)=\phi(x),\ x\in\mathbb{R}. \end{cases}$$

## 1.3 Laplace 方程

1) Laplace 方程

在三维热方程

$$u_t-\Delta u(x,y,z,t)=f(x,y,z,t)$$

中, 如果边界条件和热源 $f$ 都不随时间改变, 那么当 $t$ 足够大后, $\left|\dfrac{\partial u}{\partial t}\right|\approx 0$, 于是可得如下的方程:

$$\Delta u=f(x,y,z),\ (x,y,z)\in\Omega, \tag{1.3.1}$$

此时初始条件不再对 $u$ 有任何影响了. 这里的 $\Omega$ 是 $\mathbb{R}^3$ 中给定的带边界的开集. 对于波方程, 通过类似的考察也可得到类似结果.

特别地, 对热扩散过程而言, 当 $\Omega$ 内部没有热源时, 由于 $f(x,y,z)=0$, 此时方程 (1.3.1) 就成为:

$$\Delta u := u_{xx}+u_{yy}+u_{zz}=0,\quad (x,y,z)\in\Omega. \tag{1.3.2}$$

形如 (1.3.2) 的方程称为三维 **Laplace 方程**, 以纪念法国数学家和天文学家 Pierre-Simon Laplace (1749—1827). 方程 (1.3.1) 称为非齐次 Laplace 方程, 也称为 **Poisson 方程**, 以纪念法国数学家和物理学家 Siméon Denis Poisson (1781—1840).

Laplace 方程也叫 (位) **势方程** (Potential Equation), 这里仅以引力场的引力势为例来说明理由.

设空间中 $P$ 点处有一质量为 $M_P$ 的质点, $P$ 的坐标记为 $P=(\xi,\eta,\zeta)$. 根据万有引力定律 (Newton's Law of Universal Gravitation) 可知, 该质点对空间中其他点 $Q=(x,y,z)$ 处的质量为 $M_Q$ 的质点有吸引力, 即: 如果用 $\boldsymbol{F}(P,Q)$ 表示 $P$ 对 $Q$ 的吸引力, 那么有

$$\boldsymbol{F}(P,Q)=-G\frac{M_P M_Q}{|\overrightarrow{PQ}|^3}\overrightarrow{PQ},$$

其中 $G$ 是引力常数 (the Gravitational Constant).

由场论知, $n$ 维向量场 $\boldsymbol{F}:\Omega\subset\mathbb{R}^n\to\mathbb{R}^n$ 称为 $\Omega$ 中的 (位) **势场** (Potential Field), 如果存在 $V:\Omega\to\mathbb{R}$, 使得 $\boldsymbol{F}(x)=\nabla V(x)$, $\forall x\in\Omega$, 此时称 $V$ 为向量场的**势** (Potential) 或者**势函数** (Potential Function). 关于势场, 物理上通常要求 $\boldsymbol{F}(x)=-\nabla V(x)$, $\forall x\in\Omega$, 但从数学角度来看二者并没有本质区别.

下面来说明在 $P$ 点处由质量为 $M_P$ 的质点产生的引力场是势场. 根据经典力学可知, 质点 $P$ 在 $Q$ 点的**引力势** (Gravitational Potential) 定义为单位质量的质点 $R$ 在质点 $P$ 的引力作用下从无穷远处运动到 $Q$ 点时万有引力做的功的负值, 即如果用 $V(Q)$ 表示 $P$ 在 $Q$ 点的引力势, 并且用向径 $\boldsymbol{r}=(\alpha,\beta,\gamma)$ 表示 $R$ 的坐标, 那么

$$V(Q)=-\int_{\infty}^{Q}\frac{-GM_P}{|\overrightarrow{PR}|^3}\overrightarrow{PR}\cdot \mathrm{d}\boldsymbol{r},$$

其中积分号表示从无穷远处沿着任意一条以 $Q$ 为终点的足够光滑路径 $\gamma$ 的积分.

由于 $\mathbb{R}^3\backslash\{P\}$ 是单连通的 (Simple Connected), $\boldsymbol{F}:=\boldsymbol{F}(P,Q)$ 作为 $Q$ 的函数在 $\mathbb{R}^3\backslash\{P\}$ 中满足 $\operatorname{curl}\boldsymbol{F}=\boldsymbol{0}$, 故引力场 $\boldsymbol{F}$ 是 $\mathbb{R}^3\backslash\{P\}$ 中的**保守场** (Conservative Field), 所以上述积分与路径无关, 于是可选择与向量 $\overrightarrow{PQ}$ 平行且过 $Q$ 的有向直线

作为积分路径, 即: 如果$O$表示坐标原点, 则$\boldsymbol{r}=\overrightarrow{OP}+\overrightarrow{PR}$, 而$\overrightarrow{PR}=t\overrightarrow{PQ}$, 那么积分路径$\gamma$的参数方程就是

$$\gamma:\boldsymbol{r}=\overrightarrow{OP}+t\overrightarrow{PQ},$$

其中参数$t$从$\infty$变化到1, 于是$\mathrm{d}\boldsymbol{r}=\overrightarrow{PQ}\mathrm{d}t$, 从而

$$V(Q)=-\int_{\infty}^{1}\frac{-GM_P}{t^3|\overrightarrow{PQ}|^3}t\overrightarrow{PQ}\cdot\overrightarrow{PQ}\mathrm{d}t=-\frac{GM_P}{|\overrightarrow{PQ}|}.$$

由此可知, 由$P$点处的质量为$M_P$的质点产生的引力场$\boldsymbol{F}$对$Q$点处的单位质点的引力满足

$$\boldsymbol{F}(P,Q)=-\nabla V(Q),\ \forall Q\neq P.$$

如果记三维Laplacian为$\Delta=\frac{\partial^2}{\partial x^2}+\frac{\partial^2}{\partial y^2}+\frac{\partial^2}{\partial z^2}$, 则由于$\mathbb{R}^3\backslash\{P\}$是单连通的, 且引力场$\boldsymbol{F}$是以$V$为引力势的保守场, 故有(或直接验证):

$$\Delta V(Q)=0,\ \ \text{当}\ Q\neq P\ \text{时}.$$

由此可知引力势正好满足Laplace方程, 类似地也可验证电场势也满足该方程, 且上面给出的三维空间中的结果实际上在任意的$\mathbb{R}^n$ $(n\geqslant 2)$中也成立, 故而Laplace方程也称为(位)**势方程**.

2) 边界条件

为了确定地描述具体的**稳态**(Stationary State)物理过程(即不随时间变化的物理过程), 除了给出前面提到的Laplace方程 (或者Poisson 方程) 之外, 还必须在所考察集合的边界给定适当的边界条件. 和前面的波方程和热方程类似, 通常只需给定如下3种边界条件之一即可.

(1) **Dirichlet边界条件**

形如

$$u(x)=g(x),\ x\in\partial\Omega$$

的边界条件称为**Dirichlet边界条件** (也称为第一类边界条件), 这里的$g$是已知函数. 相应的边值问题称为**Dirichlet问题**.

(2) **Neumann边界条件**

形如

$$\frac{\partial u}{\partial \boldsymbol{n}}=g(x),\ x\in\partial\Omega \tag{1.3.3}$$

的边界条件称为**Neumann边界条件** (也称为第二类边界条件), 相应的边值问题称为**Neumann问题**. 需要注意的是, 和前面的波方程和热方程的Neumann边界不同, 对于Laplace方程而言, 相应的Neumann问题要有解, 则 (1.3.1) 中的源项$f$和边界条件 (1.3.3) 中的$g$是不能随便给定的, 必须满足下面的必要条件.

**定理 1.3.1** 设$\Omega$是$\mathbb{R}^n$中的$C^1$光滑有界开集, 则Laplace方程Neumann问题

$$\begin{cases}\Delta u(x) = f(x), \ x \in \Omega, \\ \dfrac{\partial u}{\partial \boldsymbol{n}} = g(x), \ x \in \partial\Omega\end{cases}$$

有解的必要条件是

$$\int_{\Omega} f(x)\mathrm{d}x = \int_{\partial\Omega} g(x)\mathrm{d}S(x). \tag{1.3.4}$$

这个定理是散度定理 (见定理 1.6.4) 的直接推论.

(3) **Robin边界条件**

形如

$$a(x)u(x) + b(x)\frac{\partial u}{\partial \boldsymbol{n}} = g(x), \ x \in \partial\Omega$$

的边界条件称为**Robin边界条件**(也称为第三类边界条件), 相应的边值问题称为**Robin问题**. 其中$a, b, g$是给定函数,并且$a, b$通常要满足条件

$$a \geqslant 0, \quad b \geqslant 0, \quad a^2 + b^2 \neq 0.$$

## 1.4 变分原理

力学中的变分原理也是刻画物理现象和过程的有力工具. 前面我们应用守恒律得到了波方程和热方程, 本节我们来研究如何利用变分原理推导偏微分方程. 利用变分原理有时能更方便地推导出偏微分方程, 而且在某些学科 (比如弹性力学等) 中, 变分法是最基本的研究方法. 另外变分法在处理非线性偏微分方程的某些问题时显示出其特有的优势, 而且偏微分方程定解问题的变分形式是用有限元法进行数值计算的基础.

那么什么是变分呢? 简单地说, **变分就是求泛函的极值**. 下面我们通过两个例子来说明怎么样利用力学上的变分原理推导出偏微分方程.

### 1.4.1 弹性薄膜的平衡 最小势能原理

首先给出变分 (variation) 的定义.

**定义 1.4.1** 假设 $F: D(F) \subset X \to \mathbb{R}$ 是定义在局部凸线性空间 (不妨就以 Banach 空间为例) $X$ 的非空子集 $D(F)$ 上的实值泛函, $u_0$ 是 $D(F)$ 的内点, $h \in X$ 是给定向量, 如果极限

$$\delta^n F(u_0; h) := \frac{\mathrm{d}^n}{\mathrm{d}t^n}\big(F(u_0 + th)\big)\Big|_{t=0},\ h \in X$$

存在, 则称此极限为泛函 $F$ 在 $u_0$ 处沿 $h$ 方向的 $n$ 阶变分, 也称为 $F$ 在 $u_0$ 处沿 $h$ 方向的 $n$ 阶 Gâteaux 微分. 特别地, 一阶变分 $\delta^1 F(u_0; h)$ 也记为 $\delta F(u_0; h)$.

1) 变分引理

先引入常用的**光滑化函数** (Mollifier).

**定义 1.4.2** 称

$$\eta(x) = \begin{cases} C\exp\left(\dfrac{1}{|x|^2 - 1}\right),\ 若\ |x| < 1, x \in \mathbb{R}^n, \\ 0,\ 若\ |x| \geqslant 1 \end{cases}$$

为 $\mathbb{R}^n$ 中的标准光滑化函数 (Standard Mollifier) (见参考文献 [14]), 其中常数 $C > 0$ 的选取应满足 $\int_{\mathbb{R}^n} \eta(x)\mathrm{d}x = 1$. 对任意的 $\epsilon > 0$, 定义

$$\eta_\epsilon(x) := \frac{1}{\epsilon^n}\eta\Big(\frac{x}{\epsilon}\Big),$$

称 $\eta_\epsilon(x)$ 为带 $\epsilon$ 的光滑化函数 (Mollifier with $\epsilon$).

易见标准光滑化函数 $\eta$ 的支集 $\mathrm{supp}(\eta) = \overline{B(0,1)}$, 其中

$$\mathrm{supp}(\eta) := \overline{\{x \in \mathbb{R}^n \mid \eta(x) \neq 0\}},$$

于是对任意的 $\epsilon > 0$ 而言, 带 $\epsilon$ 的光滑化函数 $\eta(\epsilon)$ 的支集 $\mathrm{supp}(\eta_\epsilon) = \overline{B(0,\epsilon)}$, 且

$$\int_{\mathbb{R}^n} \eta_\epsilon(x)\mathrm{d}x = 1.$$

易知 $\eta(x) \in C_0^\infty(\mathbb{R}^n)$, 即 $\eta(x)$ 是 $\mathbb{R}^n$ 上具有紧支集的无穷阶连续可微函数. 利用光滑化函数容易证明下面的变分基本引理 (Fundamental Lemma of the Calculus of Variations, 或者 the du Bois-Reymond Lemma), 简称变分引理.

**引理 1.4.1 (变分引理)** **设 $D\subset\mathbb{R}^n$ 是非空开集, $f\in C(D)\cap L^1(D)$ 且满足条件**

$$\int_D f(x)\phi(x)\mathrm{d}x=0,\ \forall\phi\in C_0^\infty,$$

那么 $f(x)=0,\forall x\in D$.

**证明:** 若结论不成立, 则必存在 $x_0\in D$, 使得 $f(x_0)\neq 0$, 不失一般性, 设 $f(x_0)>0$, 则由于 $D$ 是开集, 且 $f\in C(D)$, 从而存在 $\epsilon>0$, 使得 $B(x_0,\epsilon)\subset D$ 且 $f|_{B(x_0,\epsilon)}>f(x_0)/2$, 取 $\delta=\epsilon/2$, 则

$$\eta_\delta(x-x_0)\in C_0^\infty(D),$$

且

$$\mathrm{supp}(\eta_\delta(x-x_0))=\overline{B(x_0,\delta)}\subset B(x_0,\epsilon),$$

$$\int_{B(x_0,\epsilon)}\eta_\delta(x-x_0)\mathrm{d}x=1,$$

从而

$$\begin{aligned}0=\int_D f(x)\eta_\delta(x-x_0)\mathrm{d}x&\geqslant\int_{B(x_0,\epsilon)}f(x)\eta_\delta(x-x_0)\mathrm{d}x\\&>\frac{f(x_0)}{2}\int_{B(x_0,\epsilon)}\eta_\delta(x-x_0)\mathrm{d}x=\frac{f(x_0)}{2}>0,\end{aligned}$$

矛盾, 故原结论成立. □

由于对任意的非负整数 $k$ 有 $C_0^\infty(\Omega)\subset C^k(\Omega)$, 故根据这个引理立即可得下面的推论.

**推论 1.4.1** **设 $D$ 是 $\mathbb{R}^n$ 中的有界开集, $f\in C(D)$, $k$ 是任意给定的非负整数, 则有: 如果 $f$ 满足条件**

$$\int_D f(x)\phi(x)\mathrm{d}x=0,\ \forall\phi\in C^k(D),$$

**那么 $f|_D=0$.**

**注 1.4.1** **如果把上述两个引理中的 $D$ 换成 $\mathbb{R}^n$ 中的 $n-1$ 维紧曲面, 相应的积分换成该曲面上的曲面积分后相应结论也成立, 证明方法类似.**

在实际应用时, 引理 1.4.1 和推论 1.4.1 并不加以区别, 统称为变分引理.

2) 弹性薄膜的平衡　最小势能原理　Dirichlet 原理

下面来考察这样一个力学平衡问题: 设有一张弹性薄膜, 其边界固定, 该薄膜所限范围为平面有界区域 $D \subset \mathbb{R}^2$ 的闭包, 且有面密度为 $F(x), x = (x_1, x_2) \in D$ 的外力垂直作用于薄膜内部, 试分析薄膜处于平衡状态时的形状. 为便于分析, 建立如下空间直角坐标系: 设薄膜不受外力作用时位于坐标平面 $x_1ox_2$, 其在外力作用下发生形变后离开平衡位置的位移记为 $u = u(x), x \in D$.

由于弹性薄膜在外力作用下处于平衡状态时速度为0, 故动能为0. 此时要描述其平衡状态, 需要用到力学中的**最小势能原理** (the Principle of Minimal Total Potential Energy). 该原理表明: **在满足所给边界约束的所有可能位移 (或者形变) 中, 系统的真实位移 (或者形变) 使系统的总势能最小. 在数学上就是说系统的真实位移 (或者形变) 使得系统的总势能积分 ( 泛函 ) 的一阶变分为零.**

对于我们所考察的弹性薄膜而言, 边界约束就是 $u|_{\partial D} = 0$, 那么总势能该如何表示呢?

根据弹性力学知道

$$\boxed{\text{弹性体的总势能}} = \boxed{\text{弹性体的应变能}} - \boxed{\text{外力做功}}$$

而对于这里的弹性薄膜而言, 应变能 (Strain Energy) 在数值上等于外力把薄膜从空间直角坐标系 $ox_1x_2u$ 中处于 $u = 0$ 的状态变形到所考察的平衡状态时做的功, 而这又可表示为薄膜的张力 $\tau = \tau(x)$ 和薄膜的表面积的改变量的乘积在空间中的累积, 其中这里的 $\tau$ 与弹性薄膜的本身属性有关, 一般可以通过实验测定. 由于薄膜上微元的表面积改变量是

$$\left(\sqrt{1 + |\nabla u|^2} - 1\right)\mathrm{d}x \approx \frac{1}{2}|\nabla u|^2\mathrm{d}x, \text{ 略去 } |\nabla u|^2 \text{ 的高阶项,}$$

故薄膜的应变能 (参见 (1.1.24)) 表示为 $\int_D \frac{\tau}{2}|\nabla u|^2\mathrm{d}x$, 从而薄膜的总势能是积分泛函:

$$J(u) := \int_D \frac{\tau}{2}|\nabla u|^2\mathrm{d}x - \int_D Fu\mathrm{d}x.$$

很明显, 要使得上式有意义, 且要对“满足所给边界约束的所有可能位移”均有意义, 我们可以选取该泛函的容许函数类 (Admissible Class) 为:

$$\tilde{\mathcal{A}} := \{v \mid v \in C^1(D) \cap C(\overline{D}), v|_{\partial D} = 0\},$$

但是为了便于得出Euler-Lagrange方程, 我们宁愿选取容许函数类为:

$$\mathcal{A} := \{v \mid v \in C^2(D) \cap C(\overline{D}), v|_{\partial D} = 0\},$$

于是, 如果记 $u = u(x)$ 为弹性薄膜处于平衡时的真实位移, 那么根据最小势能原理, 就有如下的结论: 对于变分问题

$$\inf_{v\in\mathcal{A}} J(v) := \inf_{v\in\mathcal{A}} \left(\int_D \frac{\tau}{2}|\nabla v|^2 \mathrm{d}x - \int_D Fv\mathrm{d}x\right), \tag{1.4.1}$$

有

$$J(u) = \inf_{v\in\mathcal{A}} J(v) \Rightarrow \delta J(u;v) = 0, \forall v \in \mathcal{A}, \tag{1.4.2}$$

这里的 $u$ 称为变分问题 (1.4.1) 的解.

为了寻找真实位移 $u$ 满足的边值问题, 我们先来证明: 如果真实位移函数 $u$ 是变分问题的解, 那么 $u$ 必然满足Euler-Lagrange方程.

实际上, 由于对任意的 $\epsilon \in \mathbb{R}, v \in C_0^\infty(D)$, 有 $u + \epsilon v \in \mathcal{A}$, 且

$$\begin{aligned}
J(u+\epsilon v) &= \int_D \left(\frac{\tau}{2}|\nabla u + \epsilon\nabla v|^2 - F(u+\epsilon v)\right)\mathrm{d}x \\
&= \int_D \left(\frac{\tau}{2}(|\nabla u|^2 + 2\epsilon\nabla u\cdot\nabla v + \epsilon^2|\nabla v|^2) - Fu - \epsilon Fv\right)\mathrm{d}x \\
&= \epsilon^2 \int_D \frac{\tau}{2}|\nabla v|^2\mathrm{d}x + \epsilon\int_D (\tau\nabla u\cdot\nabla v - Fv)\mathrm{d}x + \int_D \left(\frac{\tau}{2}|\nabla u|^2 - Fu\right)\mathrm{d}x,
\end{aligned}$$

所以, 根据 (1.4.2) 得

$$\begin{aligned}
0 = \delta J(u;v) &= \int_D (\tau\nabla u\cdot\nabla v - Fv)\mathrm{d}x \\
&= \int_{\partial D} \tau v\nabla u\cdot\boldsymbol{n}\mathrm{d}s - \int_D (\nabla\cdot(\tau\nabla u) + F)v\mathrm{d}x \\
&= -\int_D (\nabla\cdot(\tau\nabla u) + F)v\mathrm{d}x,
\end{aligned} \tag{1.4.3}$$

其中 $\mathrm{d}s$ 表示边界 $\partial D$ 上的弧微分. 再由 $v$ 的任意性以及变分引理 1.4.1 可知, 变分问题 (1.4.1) 对应的边值问题为

$$\begin{cases}
-\nabla\cdot\big(\tau\nabla u(x)\big) = F(x), \quad x \in D, & (1.4.4\text{a}) \\
u(x) = 0, \quad x \in \partial D. & (1.4.4\text{b})
\end{cases}$$

该边值问题称为变分问题 (1.4.1) 对应的 **Euler-Lagrange方程**. 特别地, 当

薄膜的张力是常数时, 方程 (1.4.4a) 就成为 Poisson 方程.

值得注意的是, 这里的边界条件 (1.4.4b) 是变分泛函 $J(u)$ 对应的容许函数类中元素必须满足的, 所以这样的边界条件也称为**约束边界条件** (或者强制边界条件) (Constrained Boundary Condition).

由此, 我们证明了变分问题 (1.4.1) 的解必然满足 Euler-Lagrange 方程 (1.4.4). 注意: 这里的 Euler-Lagrange 方程实际上是 (以后会介绍的) 椭圆型方程 Dirichlet 边值问题.

下面我们来证明: 如果 $u$ 是 Euler-Lagrange 方程 (1.4.4) 的解, 那么 $u$ 必然是变分问题 (1.4.1) 的解. 实际上, 只需证明对于任意的 $v \in \mathcal{A}$ 有 $J(v) \geqslant J(u)$ 即可. 为此, 如果令 $\phi = v - u$, 那么 $\phi \in \mathcal{A}$, 且 $v = u + \phi$, 于是有

$$
\begin{aligned}
J(v) = J(u+\phi) &= \int_D \left(\frac{\tau}{2}|\nabla u + \nabla\phi|^2 - Fu - F\phi\right)\mathrm{d}x \\
&= J(u) + \int_D (\tau\nabla u\cdot\nabla\phi - F\phi)\mathrm{d}x + \int_D \frac{\tau}{2}|\nabla\phi|^2\mathrm{d}x \\
&\geqslant J(u) + \int_D (\tau\nabla u\cdot\nabla\phi - F\phi)\mathrm{d}x \\
&= J(u) + \int_{\partial D} \tau\frac{\partial u}{\partial \boldsymbol{n}}\cdot\phi\mathrm{d}s - \int_D \big(\nabla\cdot(\tau\nabla u) + F\big)\phi\mathrm{d}x \\
&\overset{(1.4.4\mathrm{a})}{=\!=\!=} J(u),
\end{aligned}
$$

此即说明对于任意的 $v \in \mathcal{A}$ 有 $J(v) \geqslant J(u)$.

由此我们证明了如下的 **Dirichlet 原理** (Dirichlet's Principle).

定理 1.4.1 (Dirichlet's Principle) 如果 $u$ 是变分问题 (1.4.1) 的解, 则 $u$ 必是边值问题 (1.4.4)的解; 反之, 如果 $u$ 是边值问题 (1.4.4)的解, 则 $u$ 必是变分问题 (1.4.1) 的解.

上面的方程

$$
\int_D (\tau\nabla u\cdot\nabla v - Fv)\mathrm{d}x = 0,\ \forall v \in C_0^\infty(D)
$$

称为边值问题 (1.4.4) 对应的**变分形式**, 在变分理论中也称之为变分问题 (1.4.1) 对应的**变分形式**.

### 1.4.2 弹性薄膜的微小横振动 Hamilton 稳定作用原理

下面再来考察这样一个问题: 设 $D \subset \mathbb{R}^2$ 是有界区域, 且 $\partial D = \Gamma_1 \cup \Gamma_2, \Gamma_1 \neq \emptyset, \Gamma_2 \neq \emptyset$. 一张弹性薄膜张紧后所占的闭区域为 $\overline{D}$, 且该弹性薄膜在外力作用下做微小横振动. 记 $u = u(x,t), x = (x_1, x_2)$ 表示薄膜上点 $x \in \overline{D}$ 在 $t$ 时刻离开平衡位置的位移. 弹性薄膜在 $D$ 中部分受到的张力已知为 $\tau(x,t)$, 质量密度为 $\rho(x,t)$, 外力的面密度为 $F(x,t)$, 在边界 $\Gamma_2$ 上受到的外力线密度为 $f(s,t)$, 同时还受到弹性模线密度为 $\sigma(s,t)$ 的弹性支承的约束, 而在边界 $\Gamma_1$ 上已知位移为 $g(s,t)$, 这里 $s$ 是边界曲线的弧长参数. 下面我们利用 Hamilton 稳定作用原理 (Hamilton's Principle of Stationary Action) 给出该问题所对应的 Euler-Lagrange 方程.

**Hamilton 稳定作用原理: 对于任意一个具有 $N$ 个自由度 (由 $N$ 维向量 $\boldsymbol{q} = (q_1, q_2, \cdots, q_N)$ 表示) 的物理系统, 如果其在任意两个时刻 $t_1, t_2, t_1 < t_2$ 的运动状态 $\tilde{\boldsymbol{q}} := \boldsymbol{q}(t_1), \hat{\boldsymbol{q}} := \boldsymbol{q}(t_2)$ 给定, 那么该系统在时间段 $[t_1, t_2]$ 的真实发展 (演化) 路径 $\boldsymbol{q} = \boldsymbol{q}(t)$ 必使作用泛函 (Action Functional)**

$$A(\boldsymbol{p}) := \int_{t_1}^{t_2} L\big(\boldsymbol{p}(t), \dot{\boldsymbol{p}}(t), t\big)\mathrm{d}t, \forall \boldsymbol{p} \in \mathcal{A}, (\dot{} := \frac{\mathrm{d}}{\mathrm{d}t})$$

**的一阶变分为零, 即 $\delta A(\boldsymbol{q}; \boldsymbol{p}) = 0, \forall \boldsymbol{p} \in \mathcal{A}$, 其中 $L$ 是该系统的 Lagrange 映射, 即 $L = T - U$, $T$ 是系统的总动能, $U$ 是系统的总势能, $\mathcal{A}$ 是作用泛函的容许函数类.**

注 1.4.2 这里的 Hamilton's Principle of Stationary Action 在不严谨的力学教材中一般称为 Hamilton's Principle of Least Action, 但实际上这并非总是正确的, 详情请见参考文献 [18], 鉴于此, 我们这里采用该专著中的称谓.

为了运用该原理, 先要计算出薄膜的总动能和总势能. 在 $D$ 中的动能是

$$T(t) = \frac{1}{2}\int_D \rho(u_t)^2 \mathrm{d}x.$$

为计算 $D$ 中的总势能, 考虑到

$$\boxed{\text{弹性体的总势能}} = \boxed{\text{弹性体的应变能}} - \boxed{\text{外力做功}}$$

由于薄膜的横振动的振幅微小, 所以应变能可以表示成

$$\frac{1}{2}\int_D \tau |\nabla u|^2 \mathrm{d}x,$$

而外力做功是积分$\int_D Fu\mathrm{d}x$. 同理, 在边界$\Gamma_2$上薄膜具有的总势能为

$$\int_{\Gamma_2}\left(\frac{1}{2}\sigma u^2 - fu\right)\mathrm{d}s,$$

其中第一项积分表示由于在边界$\Gamma_2$上受到弹性支承的约束而具有的应变能, 即

$$\int_{\Gamma_2}\left(\int_0^{u(s,t)}\sigma(s,t)\eta\mathrm{d}\eta\right)\mathrm{d}s = \int_{\Gamma_2}\frac{1}{2}\sigma(s,t)u^2(s,t)\mathrm{d}s.$$

由此可知该弹性系统的作用泛函为

$$\begin{aligned}A(u) := &\int_{t_1}^{t_2}\int_D\left(\frac{1}{2}\rho(u_t)^2 - \frac{1}{2}\tau|\nabla u|^2 + Fu\right)\mathrm{d}x\mathrm{d}t\\&+\int_{t_1}^{t_2}\int_{\Gamma_2}\left(fu - \frac{1}{2}\sigma u^2\right)\mathrm{d}s\mathrm{d}t.\end{aligned} \tag{1.4.5}$$

根据所给的条件和作用泛函 (1.4.5) 的结构, 选取作用泛函的容许函数类为

$$\mathcal{A} := \Big\{u \in C^{2,2}(D\times(t_1,t_2))\cap C^{1,0}(\overline{D}\times[t_1,t_2])$$

$$\Big|\ u(\cdot,t_1) = \phi_1(\cdot), u(\cdot,t_2) = \phi_2(\cdot), u|_{\Gamma_1\times[t_1,t_2]} = g(s,t)\Big\},$$

这里的$\phi_1,\phi_2$表示弹性薄膜分别在$t=t_1$和$t=t_2$时刻的实际运动状态.

据此, 对任意的$\epsilon\in\mathbb{R}$, 任取$v\in C^{2,2}(D\times(t_1,t_2))\cap C^{1,0}(\overline{D}\times[t_1,t_2])$, 且$v|_{\Gamma_1\times[t_1,t_2]} = 0, v(\cdot,t_1)|_D = v(\cdot,t_2) = 0$, 则有$u+\epsilon v\in\mathcal{A}$. 故有: 如果$u$是变分问题$\inf\limits_{w\in\mathcal{A}} A(w)$的解, 那么就必有

$$\delta A(u;v) = 0, \tag{1.4.6}$$

从而易得

$$\begin{aligned}0 =&\delta A(u;v)\\=&\int_{t_1}^{t_2}\int_D(\rho u_t v_t - \tau\nabla u\cdot\nabla v + Fv)\mathrm{d}x\mathrm{d}t + \int_{t_1}^{t_2}\int_{\Gamma_2}(f-\sigma u)v\mathrm{d}s\mathrm{d}t\\=&\int_D(\rho u_t v)\Big|_{t_1}^{t_2}\mathrm{d}x - \int_{t_1}^{t_2}\int_{\partial D}\tau v\nabla u\cdot\boldsymbol{n}\mathrm{d}s\mathrm{d}t\\&+\int_{t_1}^{t_2}\int_D(\nabla\cdot(\tau\nabla u) - (\rho u_t)_t + F)v\mathrm{d}x\mathrm{d}t + \int_{t_1}^{t_2}\int_{\Gamma_2}(f-\sigma u)v\mathrm{d}s\mathrm{d}t.\end{aligned}$$

由于$v(\cdot,t_i)=0, i=1,2,$ 且$v|_{\Gamma_1\times[t_1,t_2]}=0$, 故

$$0=\int_{t_1}^{t_2}\int_D(\nabla\cdot(\tau\nabla u)-(\rho u_t)_t+F)v\mathrm{d}x\mathrm{d}t+\int_{t_1}^{t_2}\int_{\Gamma_2}\left(f-\sigma u-\tau\frac{\partial u}{\partial \boldsymbol{n}}\right)v\mathrm{d}s\mathrm{d}t. \quad (1.4.7)$$

特别地, 当选取的$v$还满足$v|_{\Gamma_2\times[t_1,t_2]}=0$时, 根据变分引理, 同时注意到$t_1,t_2$的任意性, 可知使弹性薄膜微小横振动作用泛函的一阶变分为0的函数$u$必然满足偏微分方程

$$(\rho u_t)_t=\nabla\cdot(\tau\nabla u)+F(x,t),\ (x,t)\in D\times(0,+\infty). \quad (1.4.8)$$

然后把 (1.4.8) 代回到 (1.4.7), 并注意到$v,t_1,t_2$的任意性, 便得到

$$f(x,t)-\sigma u-\tau\frac{\partial u}{\partial \boldsymbol{n}}=0,\ (x,t)\in\Gamma_2\times(0,+\infty),$$

从而$u$在边界$\partial D$上满足如下形式的混合边界条件

$$\begin{cases} u|_{\Gamma_1\times(0,+\infty)}=g(x,t), \\ \tau\dfrac{\partial u}{\partial \boldsymbol{n}}+\sigma u=f(x,t),\ (x,t)\in\Gamma_2\times(0,+\infty). \end{cases} \quad (1.4.9)$$

于是方程 (1.4.8) 和 (1.4.9), 再加上初始条件就给出了弹性薄膜做微小横振动时对应的定解问题(Euler-Lagrange方程).

需要注意的是, 我们这里只根据Hamilton's Principle of Stationary Action给出了变分问题的解的必要条件, 即Euler-Lagrange方程 (1.4.8) 和 (1.4.9), 并没有证明Euler-Lagrange方程的解就是变分问题的解.

另外, 注意位移函数$u$在边界$\Gamma_1$上的值是给定的, 这类边界条件 (前面已经提到) 称为约束边界条件, 而在$\Gamma_2$上满足的方程是从变分问题的解存在的必要条件 (1.4.6) "自然地"推导出来的, 这样的边界条件正好是前面提到的Robin边界条件, 所以Robin边界条件也称为**自然边界条件** (Free Boundary Condition).

请思考: 为什么作用泛函 (1.4.5) 中右端第一项没有计入与弹性薄膜在边界$\Gamma_2$上的动能有关的积分$\int_{t_1}^{t_2}\int_{\Gamma_2}\frac{1}{2}\rho(u_t)^2\mathrm{d}s\mathrm{d}t$ ?

关于变分法及其在偏微分方程理论中的应用, 可进一步见参考文献[8], [11]和[14].

## 习 题 1.2

1. 验证定义 1.4.2 中的$\eta(x)\in C_0^\infty(\mathbb{R}^n)$, 且$\operatorname{supp}\big(\eta(x)\big)=\overline{B(0,1)}$.

2. 试用Hamilton's Principle of Stationary Action推导弹性弦的微小一维横振动方程及边界条件, 其中弦未振动时水平放置于区间$[0,L]$上, 其质量密度为$\rho_0=\rho_0(x)>0$; 张力$\tau=\tau(x)>0$; 左端固定在弹性系数为$k_0>0$的弹性支承上, 且受到大小为$g_0(t)$的外力作用; 右端固定在弹性系数为$k_L>0$的弹性支承上, 且受到大小为$g_L(t)$的外力作用; 在$(0,L)$段受到密度为$f(x,t)$的外力作用(即单位质量的弦受到的外力大小为$|f(x,t)|$), 且该力仅作用在竖直方向.

3. 设有一张弹性薄膜所限范围为平面有界区域$D$的闭包, 且有面密度为$F(x,y)$的外力垂直作用于薄膜内部, 该薄膜的张力已知为$\tau=\tau(x,y)>0$, 其中$(x,y)\in D$. 已知该弹性薄膜在边界$\partial D$上的位移为$g(x,y),(x,y)\in\partial D$. 试分析薄膜处于平衡状态时的形状, 并给出该平衡问题对应的Dirichlet's Principle, 并证明.

4. 分别记泛函

$$J(v):=\frac{1}{2}\int_0^1\big((v'(x))^2+v^2(x)\big)\mathrm{d}x-\int_0^1 f(x)v(x)\mathrm{d}x,$$

$$K(v):=\frac{1}{2}\int_0^1\big((v'(x))^2+v^2(x)\big)\mathrm{d}x-\int_0^1 f(x)v(x)\mathrm{d}x+\alpha v(0)-\beta v(1)$$

以及容许函数类

$$A_1:=\{v\in C^2((0,1))\cap C([0,1])\,|\,v(0)=\alpha,v(1)=\beta\},$$

$$A_2:=\{v\in C^2((0,1))\cap C^1([0,1])\},$$

$$A_3:=\{v\in C^2((0,1))\cap C^1([0,1])\,|\,v'(0)=\alpha,v'(1)=\beta\},$$

其中$f\in C([0,1]),\alpha,\beta\in\mathbb{R}$均给定, 请证明下列结论:

(1) $u\in A_1$满足$J(u)=\inf\limits_{v\in A_1}J(v)\Leftrightarrow u$是两点边值问题

$$\begin{cases}-u''(x)+u(x)=f(x),\ x\in(0,1),\\ u(0)=\alpha,u(1)=\beta\end{cases}$$

的解.

(2) $u$满足$J(u)=\inf\limits_{v\in A_2} J(v)\Leftrightarrow u$是齐次Neumann边值问题

$$\begin{cases}-u''(x)+u(x)=f(x),\ x\in(0,1),\\ u'(0)=u'(1)=0\end{cases}$$

的解.

(3) $u$满足$K(u)=\inf\limits_{v\in A_3} K(v)\Leftrightarrow u$是非齐次Neumann边值问题

$$\begin{cases}-u''(x)+u(x)=f(x),\ x\in(0,1),\\ u'(0)=\alpha,u'(1)=\beta\end{cases}$$

的解.

5. 给定泛函

$$J(v):=\int_\Omega\left(\frac{1}{2}(\tau|\nabla v|^2+v^2)(x)-fv(x)\right)\mathrm{d}x+\int_{\partial\Omega}\left(\frac{1}{2}\sigma v^2-gv(x)\right)\mathrm{d}S(x)$$

以及容许函数类

$$\mathcal{A}:=C^2(\Omega)\cap C^1(\overline{\Omega}),$$

其中$\Omega$是$\mathbb{R}^n$ $(n\geqslant 3)$中的具有光滑边界的有界区域, $f\in C(\Omega),g,\sigma\in C(\partial\Omega)$, $\sigma\geqslant 0,\tau=\tau(x)\geqslant 0,x\in\overline{\Omega}$,且$\tau\not\equiv 0,\tau\in C(\overline{\Omega}),\tau^2(x)+\sigma^2(x)\neq 0,\forall x\in\partial\Omega$. 证明如下的Dirichlet's Principle:

$$u\in\mathcal{A}\text{ 满足 }J(u)=\inf_{v\in\mathcal{A}}J(v)\Leftrightarrow u\text{ 是边值问题}$$

$$\begin{cases}-\nabla\cdot(\tau\nabla u)+u=f(x),\ x\in\Omega,\\ \tau\dfrac{\partial u}{\partial \boldsymbol{n}}+\sigma u=g(x),\ x\in\partial\Omega\end{cases}$$

的解.

## 1.5 流体连续性方程

前面我们得到的方程都是二阶的, 其实还有很多实际问题对应的数学模型是一阶偏微分方程(组). 下面我们利用质量守恒定律推导出流体的连续性方程, 该方程通常情况下是一阶偏微分方程.

假设某流体 (比如气体或者液体) 占据 $\mathbb{R}^3$ 中的子集 $\Omega$, 向量值函数

$$\boldsymbol{q} = \boldsymbol{q}(x,t) = (u,v,w)(x,t),\ x = (x_1,x_2,x_3)$$

表示该流体在 $t$ 时刻的速度 (Velocity), 其速率 (Speed) $|\boldsymbol{q}(x,t)|$ 表示流体质点 $x$ 在单位时间内流过的距离 (单位一般取 m/s), 流体的质量密度记为 $\rho = \rho(x,t)$. 为方便计, 假设流体所限 $\Omega$ 内没有源 (Source) 或者汇 (Sink). 任取时间段 $[t_1,t_2]$ 以及 $\Omega$ 中的非空有界开子集 $D$, 根据质量守恒定律, 有如下的关系式成立:

| $D$ 中流体在 $t_2$ 时的质量 $-D$ 中流体在 $t_1$ 时的质量 | = | 在时间段 $[t_1,t_2]$ 从 $D$ 的边界 $\partial D$ 流入 $D$ 中的流体质量 |
|---|---|---|

于是根据上述关系式得到如下的积分表示:

$$\int_D \rho(x,t_2)\mathrm{d}x - \int_D \rho(x,t_1)\mathrm{d}x = \int_{t_1}^{t_2}\left(\int_{\partial D} -\rho\boldsymbol{q}\cdot\boldsymbol{n}\mathrm{d}S(x)\right)\mathrm{d}t,$$

即

$$\int_{t_1}^{t_2}\int_D \frac{\partial\rho}{\partial t}(x,t)\mathrm{d}x\mathrm{d}t = \int_{t_1}^{t_2}\left(\int_{\partial D} -\rho\boldsymbol{q}\cdot\boldsymbol{n}\mathrm{d}S(x)\right)\mathrm{d}t.$$

由散度定理, 上式可表示为

$$\int_{t_1}^{t_2}\int_D \left(\frac{\partial\rho(x,t)}{\partial t} + \nabla\cdot(\boldsymbol{q}\rho)\right)\mathrm{d}x\mathrm{d}t = 0,$$

再由 $t_1, t_2$ 和 $D$ 的任意性, 得到方程

$$\frac{\partial\rho(x,t)}{\partial t} + \nabla\cdot(\boldsymbol{q}\rho) = 0,\ (x,t)\in\Omega\times(0,\infty). \tag{1.5.1}$$

该方程就是描述流体 (无源或者汇时) 运动的**流体连续性方程** (Continuity Equation of Fluids), 也叫 Euler **方程**. 这个方程在速度场 $\boldsymbol{q}$ 已知的情况下是关于未知函数 $\rho$ 的一阶偏微分方程. 特别地, 如果流体是稳态流 (Steady Flow), 则由于质量密度 $\rho$ 不随时间变化而变化, 从而 $\frac{\partial\rho}{\partial t} = 0$. 此时方程 (1.5.1) 成为

$$\nabla\cdot(\boldsymbol{q}\rho)(x,t) = 0,\ (x,t)\in\Omega\times(0,\infty).$$

如果流体是不可压缩的 (Incompressible), 则 $\rho$ 是常数, 从而方程 (1.5.1) 简化为

$$\nabla\cdot\boldsymbol{q}(x,t) = 0,\ 即\ \frac{\partial u}{\partial x_1} + \frac{\partial v}{\partial x_2} + \frac{\partial w}{\partial x_3} = 0.$$

很明显此时该方程涉及三个未知函数$u, v$和$w$, 是不能直接求解的, 往往还要根据其他的条件(比如动量守恒等)来给出另外两个独立的方程方可. 关于这一点可参见Navier-Stokes方程 (1.6.15).

## 1.6 偏微分方程相关概念

### 1.6.1 多重指标

称形如$\alpha = (\alpha_1, \cdots, \alpha_n)$的$n$维向量为阶 (或者长度) 为$|\alpha| := \alpha_1 + \cdots + \alpha_n$的 $n$ **重指标** (Multi-Index of Order $|\alpha|$), 如果$\alpha_i$是非负整数, $i = 1, \cdots, n$.

如果$\alpha = (\alpha_1, \cdots, \alpha_n)$是$n$重指标, 那么, 对于$n$元实值函数

$$u = u(x) = u(x_1, x_2, \cdots, x_n),$$

记

$$D^\alpha u(x) := \frac{\partial^{|\alpha|} u(x)}{\partial x_1^{\alpha_1} \cdots \partial x_n^{\alpha_n}} = \partial_{x_n}^{\alpha_1} \cdots \partial_{x_n}^{\alpha_n} u(x).$$

如果$k$是非负整数, 那么 $D^k u(x) := \{D^\alpha u(x) \big| |\alpha| = k\}$, 即$D^k u(x)$表示$u$的所有$k$阶偏微分全体, 且$|D^k u(x)| := \left( \sum\limits_{|\alpha|=k} |D^\alpha u|^2 \right)^{1/2}$. 特别地,

$$D^1 u(x) = Du(x) = \nabla u(x) = \operatorname{grad} u(x) = (u_{x_1}, \cdots, u_{x_n}),$$

$$D^2 u(x) := \begin{pmatrix} u_{x_1x_1} & u_{x_1x_2} & \cdots & u_{x_1x_n} \\ \vdots & \vdots & & \vdots \\ u_{x_nx_1} & u_{x_nx_2} & \cdots & u_{x_nx_n} \end{pmatrix}.$$

### 1.6.2 偏微分方程定义及简单分类

称形如

$$F\big(D^k u(x), D^{k-1} u(x), \cdots, Du(x), u(x), x\big) = 0,\ x \in \Omega \tag{1.6.1}$$

的方程为 $k$ **阶偏微分方程** (Partial Differential Equation of $k^{\text{th}}$ Order), 简记为$k$阶PDE. 其中$\Omega$是$\mathbb{R}^n$ 中的开集, $F : \mathbb{R}^{n^k} \times \mathbb{R}^{n^{k-1}} \times \cdots \times \mathbb{R}^n \times \mathbb{R} \times \Omega \to \mathbb{R}$ 是给定的映射, $u : \Omega \to \mathbb{R}$是未知映射.

称映射$u : \Omega \to \mathbb{R}$为$k$阶PDE (1.6.1) 的(**古典**) **解**, 如果$u$在$\Omega$内直到$k$阶

连续可微, 并且把$u$及其相应阶偏微分代入 (1.6.1) 后该等式在$\Omega$内逐点成立.

称$k$阶PDF (1.6.1) 是**齐次**PDF (Homogeneous PDF), 如果其满足下面的齐次条件: 若$u$是 (1.6.1) 的解, 则对任意的$c \in \mathbb{R}$而言, $cu$也是 (1.6.1) 的解.

如果 (1.6.1) 中的$F$关于未知映射$u$及其直到最高阶偏微分都是线性的, 即 (1.6.1) 可以写成

$$\sum_{|\alpha| \leqslant k} a_\alpha(x) D^\alpha u(x) = f(x), \ x \in \Omega \tag{1.6.2}$$

的形式, 其中$a_\alpha(x), |\alpha| \leqslant k, f(x)$均是给定映射, 且存在$n$重指标$\alpha_0$, 使得$|\alpha_0| = k, a_{\alpha_0}(x) \neq 0, \forall x \in \Omega$, 那么称 (1.6.2) 为$k$阶**线性**PDE.

易知 PDE (1.6.2) 是齐次的, 当且仅当 $f = 0$, 故当$f = 0$时, 称 (1.6.2) 为$k$阶**线性齐次**PDE.

如果 (1.6.1) 关于未知函数$u$的最高阶偏微分是线性的, 即 (1.6.1) 可以写成

$$\sum_{|\alpha| = k} a_\alpha(x) D^\alpha u(x) + a_0(D^{k-1}u(x), \cdots, Du(x), u(x), x) = 0 \tag{1.6.3}$$

的形式, 且存在$n$重指标$\alpha_0$, 使得$|\alpha_0| = k, a_{\alpha_0}(x) \neq 0, \forall x \in \Omega$, 则称 (1.6.3) 为$k$阶**半线性**PDE (Semilinear PDE), 其中$a_0$表示所有低阶项.

如果 (1.6.1) 可以写成

$$\begin{aligned} \sum_{|\alpha| = k} a_\alpha(D^{k-1}u(x), \cdots, Du(x), u(x), x) D^\alpha u(x) \\ + a_0(D^{k-1}u(x), \cdots, Du(x), u(x), x) = 0 \end{aligned} \tag{1.6.4}$$

的形式, 则称 (1.6.4) 为$k$阶**拟线性**PDE (Quasilinear PDE).

如果 (1.6.1) 不是上述三种之一, 则称 (1.6.1) 为$k$阶**完全非线性**PDE (Fully Nonlinear PDE).

由于偏微分运算是线性的, 故立即可得线性PDE的**叠加原理** (Superposition Principle).

**定理 1.6.1** (叠加原理) **设$\Omega \subset \mathbb{R}^n$ $(n \geqslant 2)$, 考虑$\Omega$上的$k$阶线性偏微分算子**

$$L(u) := \sum_{|\alpha| \leqslant k} a_\alpha(x) D^\alpha u(x), \ \text{其中}\ u : \Omega \to \mathbb{R},$$

**则有: 如果$f_1, f_2, \ldots, f_m$均是定义于$\Omega$上的函数, 且存在$u_1, u_2, \ldots, u_m : \Omega \to \mathbb{R}$,**

使得

$$L(u_i) = f_i,\ i = 1, 2, \ldots, m,$$

那么对任意的 $\beta_1, \beta_2, \ldots, \beta_m \in \mathbb{R}$, 有

$$\begin{aligned}&L(\beta_1 u_1(x) + \beta_2 u_2(x) + \cdots + \beta_m u_m(x))\\=&\beta_1 f_1(x) + \beta_2 f_2(x) + \cdots + \beta_m f_m(x),\ \forall x \in \Omega.\end{aligned}$$

特别地, 如果 $u_1, u_2, \ldots, u_m$ 均是 $k$ 阶线性齐次 PDE

$$L(u(x)) = 0,\ \forall x \in \Omega$$

的解, 那么对任意的 $\beta_1, \beta_2, \ldots, \beta_m \in \mathbb{R}$, 有 $\beta_1 u_1(x) + \beta_2 u_2(x) + \cdots + \beta_m u_m(x)$ 也是该方程的解, 即

$$L(\beta_1 u_1(x) + \beta_2 u_2(x) + \cdots + \beta_m u_m(x)) = 0,\ \forall x \in \Omega.$$

如不特别声明, 本书提到的"方程"均指偏微分方程.

### 1.6.3 常见的 PDE

除了前面推导出来的弦振动方程

$$u_{tt} = c^2 u_{xx},$$

热方程

$$u_t = a^2 u_{xx},$$

以及 Laplace 方程

$$\Delta u = 0$$

和流体连续性方程

$$\frac{\partial \rho}{\partial t} + \nabla \cdot (\boldsymbol{q}\rho) = 0$$

之外, 常遇到的 PDE 还有如下的这些方程.

比如量子场论里遇到的 Klein-Gordon 方程

$$u_{tt} - c^2 \Delta u + m^2 u = 0, \tag{1.6.5}$$

其中 $m$ 表示质量. 当有耗散 (或者阻尼) 作用时, 该方程为

$$u_{tt} - c^2 \Delta u + \alpha u_t + m^2 u = 0. \tag{1.6.6}$$

特别地, 在空间维数是一维情形时方程 (1.6.6) 也称为**电报方程**.

又比如量子力学中的Schrödinger方程

$$u_t = \mathrm{i}(\Delta u + V(x)u), \tag{1.6.7}$$

这里i表示虚数单位, $V(x)$是势函数.

再比如微分几何中的极小曲面方程

$$\mathrm{div}\left(\frac{\nabla u}{(1+|\nabla u|^2)^{1/2}}\right) = 0, \tag{1.6.8}$$

和Sine-Gordon方程

$$u_{tt} - u_{xx} + \sin(u) = 0, \tag{1.6.9}$$

以及Monge-Ampère方程

$$\det(u_{x_i x_j}) = f(x, u). \tag{1.6.10}$$

再者, 如流体力学中的多孔介质方程 (Porous Medium Equation)

$$u_t = k\,\mathrm{div}(u^\gamma \nabla u), \quad \text{其中}\, k > 0, \gamma > 0, \tag{1.6.11}$$

弹性理论中的双调和方程 (Biharmonic Equation)

$$\Delta^2 u := \Delta(\Delta u) = 0, \tag{1.6.12}$$

浅水波理论中的Korteweg-de Vries方程 (简称KdV方程)

$$u_t + cuu_x + u_{xxx} = 0, \tag{1.6.13}$$

电磁理论中的Maxwell方程

$$\begin{cases} \boldsymbol{E}_t = \mathrm{curl}\ \boldsymbol{B}, \\ \boldsymbol{B}_t = -\mathrm{curl}\ \boldsymbol{E}, \\ \mathrm{div}\boldsymbol{E} = \mathrm{div}\boldsymbol{B} = 0. \end{cases} \tag{1.6.14}$$

再比如流体力学中描述不可压缩齐性 (Incompressible and Homogeneous) 流体运动的Navier-Stokes方程

$$\begin{cases} \boldsymbol{u}_t + (\boldsymbol{u}\cdot\nabla)\boldsymbol{u} + \dfrac{1}{\rho}\nabla p = \dfrac{\mu}{\rho}\Delta\boldsymbol{u} + \boldsymbol{f}(\boldsymbol{x}, t), & (1.6.15\text{a}) \\ \nabla\cdot\boldsymbol{u}(\boldsymbol{x}, t) = 0 & (1.6.15\text{b}) \end{cases}$$

其中$\boldsymbol{x} = (x, y, z) \in \mathbb{R}^3$, $\rho$是流体的质量密度, $\mu$是流体的剪切黏度系数 (Shear Viscosity Coefficient), $p = p(\boldsymbol{x}, t)$是流体的压力 (Pressure), $\boldsymbol{u} = (u, v, w) \in \mathbb{R}^3$是流体的速度场, $\boldsymbol{f} = (f_1, f_2, f_3)$是流体受到的外力, $\Delta\boldsymbol{u} := (\Delta u, \Delta v, \Delta w)$. 这

里的二阶 PDE (1.6.15a) 是描述流体运动的 Cauchy Momentum Equation; 一阶 PDE (1.6.15b) 是该流体对应的连续性方程, 表示该流体是不可压缩齐性流体. Navier-Stokes 方程 (1.6.15) 中的未知函数是流体的速度场 $\boldsymbol{u}=(u,v,w)$ 和压力 $p$. 该方程的分量形式为

$$
\begin{cases}
u_t+uu_x+vu_y+wu_z+\dfrac{1}{\rho}p_x=\dfrac{\mu}{\rho}\Delta u+f_1(x,t),\\[2ex]
v_t+uv_x+vv_y+wv_z+\dfrac{1}{\rho}p_y=\dfrac{\mu}{\rho}\Delta v+f_2(x,t),\\[2ex]
w_t+uw_x+vw_y+ww_z+\dfrac{1}{\rho}p_z=\dfrac{\mu}{\rho}\Delta w+f_3(x,t),\\[2ex]
u_x+v_y+w_z=0.
\end{cases}
$$

上述方程中, (1.6.5)、(1.6.6) 和 (1.6.7) 都是二阶线性 PDE, (1.6.14)是一阶线性 PDEs, (1.6.8) 和 (1.6.11)均是二阶拟线性 PDE, (1.6.10)是二阶完全非线性 PDE, (1.6.9) 和 (1.6.15) 是二阶半线性 PDE(s), (1.6.13)是三阶半线性 PDE, (1.6.12)是四阶线性 PDE. 其中三维的 Navier-Stokes 方程定解问题的定性理论 (1.6.15) 是 Clay Mathematics Institute 提出的 7 个 The Millennium Prize Problems 之一. 详情见 `http://www.claymath.org/millennium-problems`.

### 1.6.4 定解问题的适定性

前面我们推导出了四大类偏微分方程的定解问题. 对于具体的定解问题而言, 适定性是首先要考察的. 所谓定解问题的**适定性** (Well-Posedness), 是指: (1) 定解问题的 (适当意义下的) 解是否存在, 即**解的存在性问题**; (2) 解是否至多有一个, 即**解的唯一性问题**; (3) 解是否对数据 (比如初始数据或 (和) 边界数据) 具有 (按照某种范数的) **连续依赖性** (也称为**稳定性**). 如果所给定解问题的 (适当意义下的) 解存在, 并且唯一, 同时解对数据 (比如初始数据或 (和) 边界数据) 具有 (按照某种范数的) 连续依赖性, 那么称该定解问题是**适定**的 (Well-Posed), 否则称该定解问题是**不适定**的 (Ill-Posed).

并非所有的定解问题都是适定的. 就存在性问题而言, 并非所有的 PDE 都有解. Lewy 给出了如下的定理 [23].

**定理 1.6.2** 设 $f$ 是 $C^1$ 的实变量实值函数, 且存在点 $P_0 := (0,0,z_0)$ 的某邻域 $B(P_0)$ 使得一阶线性PDE

$$-\frac{\partial u}{\partial x}-\mathrm{i}\frac{\partial u}{\partial y}+2\mathrm{i}(x+\mathrm{i}y)\frac{\partial u}{\partial z}=f'(z) \tag{1.6.16}$$

在 $B(P_0)$ 中有解, 那么 $f$ 必在 $z_0$ 处解析.

特别地, 当取

$$z_0=0, f(z)=\int_0^z \mathrm{e}^{-1/t}\mathrm{d}t$$

时, 易知 $f$ 在 $z_0$ 处不解析, 从而由该定理知PDE (1.6.16) 在原点附近无解.

在此基础上, François Trèves 构造出了无解的实系数PDE, 相关结果如下: 对 $\mathbb{R}^3$ 中的任意非空开集 $\Omega$, 必存在 $f\in C_0^\infty(\Omega)$, 使得4阶线性PDE

$$\begin{aligned}&\left(\frac{\partial^2}{\partial x^2}+\frac{\partial^2}{\partial y^2}+(x^2+y^2)\frac{\partial}{\partial z}\right)^2 u(x,y,z)+u_{zz}\\ =&f(x,y,z),\ (x,y,z)\in\Omega\subset\mathbb{R}^3\end{aligned}$$

无解 [29].

就解的唯一性而言, Tychonoff给出了反例, 详见例 5.5.1.

就解的稳定性问题而言, Jacques Hadamard (见参考文献 [5]) 给出了如下一例来说明如果对Laplace方程提出如下的类似于波方程的混合问题

$$\begin{cases}\Delta u(x,y)=0,\ (x,y)\in\Omega:=\{0<x<\pi, y>0\},\\ u(x,0)=0, u_y(x,0)=\dfrac{\sin(nx)}{n^k},\ 0\leqslant x\leqslant\pi, n\ \text{是正整数}, k>0,\\ u(0,y)=u(\pi,y)=0,\ y\geqslant 0,\end{cases}$$

那么其解是不稳定的.

容易知道 $u_n(x,y)=\dfrac{\sin(nx)\sinh(ny)}{n^{k+1}}$ 是该问题的唯一解. 但是该解在最大范数下是不稳定的. 实际上, 设 $v=v(x,y)$ 满足定解问题

$$\begin{cases}\Delta v(x,y)=0,\ (x,y)\in\Omega,\\ v(x,0)=0, v_y(x,0)=0,\ 0\leqslant x\leqslant\pi,\\ v(0,y)=v(\pi,y)=0,\ y\geqslant 0,\end{cases}$$

则 $v(x,y)=0,(x,y)\in\overline{\Omega}$. 由此, 在双曲边界 (如果视 $y$ 为时间变量的话)

$$\partial_{\mathcal{H}}\Omega:=\{(x,0)\mid 0\leqslant x\leqslant \pi\}\cup\{(a,y)\mid a=0,\pi,y\geqslant 0\}$$

上所给已知数据之差的最大范数为

$$\max_{0\leqslant x\leqslant\pi}\{|u(x,0)-v(x,0)|+|u_y(x,0)-v_y(x,0)|\}$$

$$+\max_{0\leqslant y}\{|u(0,y)-v(0,y)|+|u(\pi,y)-v(\pi,y)|\}$$

$$=\max_{0\leqslant x\leqslant\pi}\left|\frac{\sin(nx)}{n^k}\right|\leqslant\frac{1}{n^k}\to 0,\ n\to\infty,$$

但是两个解之差的最大范数

$$\max_{\Omega}|u-v|=\max_{\Omega}\left|\frac{\sin(nx)(\mathrm{e}^{ny}-\mathrm{e}^{-ny})}{2n^{k+1}}\right|\geqslant\frac{\mathrm{e}^{n\pi/2}-\mathrm{e}^{-n\pi/2}}{2n^{k+1}}\to\infty,\ n\to\infty,$$

由此可知: **对二维 Laplace 方程提出的和波方程类似的初–边值问题是不适定的.**

## 本书记号和常用积分公式

接下来给出本书所使用的记号和常用的积分公式.

本书如不特别说明, $\Omega$ 表示 $\mathbb{R}^n$ $(n\geqslant 2)$ 中的开集. 称 $\Omega$ 是**区域** (Domain), 如果 $\Omega$ 是连通开集.

如果 $U,V$ 均是 $\mathbb{R}^n$ 中的开集, 则用记号 $U\subset\subset V$ 来表示 $U\subset\overline{U}\subset V$, 且 $\overline{U}$ 是 $V$ 中的紧集, 并称 $U$ 紧包含于 $V$ ($U$ is compactly contained in $V$).

### 常用函数空间

本书经常用到的函数空间有如下一些. 记号 $C^k(\Omega)$ 表示定义在 $\Omega$ 内, 且有直到 $k$ 阶连续偏微分的实值映射全体, 这里 $k$ 是非负整数, $C(\Omega):=C^0(\Omega)$. $C^k(\Omega;\mathbb{R}^m)$ 表示定义在 $\Omega$ 内, 且有直到 $k$ 阶连续偏微分的 $m$ 维向量值映射全体, $m$ 是正整数. $C^k(\overline{\Omega})=\{u\in C^k(\Omega)\mid D^\alpha u(x)$ 在 $\Omega$ 中一致连续, $|\alpha|\leqslant k\}$. $C_0^k(\Omega)$ 表示属于 $C^k(\Omega)$, 并且在 $\Omega$ 中具有紧支集 (即 $\mathrm{supp}\,(u)\subset\subset\Omega$) 的映射全体. 其中 $u$ 的**支集** (Support) 定义为

$$\mathrm{supp}\,(u):=\overline{\{x\in\Omega\mid u(x)\neq 0\}}.$$

如果 $U,V$ 分别是 $\mathbb{R}^m$ 和 $\mathbb{R}^n$ 中的开集, 则 $C^{k,l}(U\times V)$ 表示定义在直积 $U\times V$ 上的, 关于 $U$ 分量直到 $k$ 阶连续可微、关于 $V$ 分量直到 $l$ 阶连续可微映射全体, 其中 $m,n$ 为正整数, $k,l$ 为非负整数.

**常用的积分公式**

接下来我们给出本书常用的积分公式. 先介绍积分域边界的光滑性. 设 $\Omega$ 是 $\mathbb{R}^n$ 中的有界开集 ($n$ 是正整数), 且其边界 $\partial\Omega$ 是 $C^1$ 光滑的. 这里的边界 $\partial\Omega$ 的光滑性是指在边界上可用具有一定光滑性的微分同胚 (Diffeomorphism) 来把边界"局部拉平". 其严格定义如下:

**定义 1.6.1** 设 $\Omega$ 是 $\mathbb{R}^n$ 中的有界开集, 称边界 $\partial\Omega$ 是 $C^1$ 的 (或者称 $\Omega$ 具有 $C^1$ 边界), 如果对任意的 $\xi \in \partial\Omega$, 都存在 $\mathbb{R}^n$ 中的开球 $B(\xi, r)$ 以及 $C^1$ 微分同胚

$$\psi : B(\xi, r) \to B(0, 1) \subset \mathbb{R}^n \text{ (即 } \psi \text{ 可逆, 且 } \psi^{-1} \text{ 和 } \psi \text{ 都是 } C^1 \text{ 映射)},$$

使得

$$\psi\big(\partial\Omega \cap B(\xi, r)\big) \subset \{x \in \mathbb{R}^n | x_n = 0\}, \ \psi\big(\Omega \cap B(\xi, r)\big) \subset \{x \in \mathbb{R}^n | x_n > 0\}.$$

类似可以定义 $C^l$($l$ 是非负整数) 边界或者 $C^\infty$ 边界以及解析边界.

下面给出常用的积分公式.

**定理 1.6.3 (Gauss-Green 定理)** 设 $u \in C^1(\overline{\Omega})$, $\Omega$ 是 $\mathbb{R}^n$ ($n \geqslant 2$) 中的有界开集, 则有

$$\int_\Omega u_{x_i} \mathrm{d}x = \int_{\partial\Omega} u \cos\angle(\boldsymbol{n}, e_i) \mathrm{d}S = \int_{\partial\Omega} u\nu_i \mathrm{d}S, \ i = 1, \cdots, n,$$

其中 $\boldsymbol{n} = (\nu_1, \cdots, \nu_n)$ 是边界 $\partial\Omega$ 上的单位外法向量.

**定理 1.6.4 (散度定理)** 设 $\boldsymbol{u} \in C^1(\overline{\Omega}; \mathbb{R}^n)$, 则有

$$\int_\Omega \operatorname{div} \boldsymbol{u} \, \mathrm{d}x = \int_{\partial\Omega} \boldsymbol{u} \cdot \boldsymbol{n} \, \mathrm{d}S.$$

**定理 1.6.5 (分部积分公式)** (1) 设 $u, v \in C^1(\overline{\Omega})$, 则有如下的分部积分公式

$$\int_\Omega u_{x_i} v \mathrm{d}x = \int_{\partial\Omega} uv\nu_i \mathrm{d}S - \int_\Omega uv_{x_i} \mathrm{d}x, \quad i = 1, \cdots, n.$$

(2) 设 $\boldsymbol{f} \in C^1(\overline{\Omega}; \mathbb{R}^n), g \in C^1(\overline{\Omega})$, 则有

$$\int_\Omega \boldsymbol{f} \cdot \nabla g \, \mathrm{d}x = \int_{\partial\Omega} (\boldsymbol{f} \cdot \boldsymbol{n}) g \, \mathrm{d}S - \int_\Omega (\nabla \cdot \boldsymbol{f}) g \, \mathrm{d}x.$$

**定理 1.6.6 (Green 公式)** 设 $u, v \in C^2(\overline{\Omega})$, 则有

(1) $\displaystyle\int_\Omega \Delta u \mathrm{d}x = \int_{\partial\Omega} \frac{\partial u}{\partial \boldsymbol{n}} \mathrm{d}S,$

(2) Green 第一恒等式 (Green's First Identity):

$$\int_{\Omega}(u\Delta v+\nabla u\cdot\nabla v)\mathrm{d}x=\int_{\partial\Omega}u\frac{\partial v}{\partial \boldsymbol{n}}\mathrm{d}S,$$

(3) Green 第二恒等式 (Green's Second Identity):

$$\int_{\Omega}(u\Delta v-v\Delta u)\mathrm{d}x=\int_{\partial\Omega}\left(u\frac{\partial v}{\partial \boldsymbol{n}}-v\frac{\partial u}{\partial \boldsymbol{n}}\right)\mathrm{d}S.$$

## 习　题　1.3

1. 证明 Gauss-Green 定理 1.6.3.

2. 利用定理 1.6.3 推导定理 1.6.4 、定理1.6.5 及定理 1.6.6.

3. (极小曲面问题) 设 $D$ 是 $\mathbb{R}^n$ $(n\geqslant 2)$ 中的非空有界区域, $g:\partial D\to\mathbb{R}$ 是给定函数, 试写出以 $g$ 的图像为边界, 且面积最小的曲面 (其方程记为 $u=u(x)\in\mathbb{R}, x\in\overline{D}$ ) 对应的变分问题, 并求出该变分问题对应的 Euler-Lagrange 方程.

4. 证明不等式: $\forall a,b\in\mathbb{R},\epsilon>0$, 有

$$ab\leqslant\epsilon a^2+\frac{b^2}{4\epsilon}.$$

# 第 2 章　一阶偏微分方程　特征理论

本章系统介绍求解一阶PDE边值问题的特征法. 第2.1节通过构造线性传输方程的解来介绍特征法的基本思想, 该方法的关键是通过利用一阶PDE中的未知函数在特殊的曲线(即特征线)上的限制满足某常微分方程这一性质把原一阶PDE边值问题转化成一阶常微分方程初值问题; 第2.2节介绍一阶PDE边值问题解的局部存在唯一性理论, 并通过具体的例题讲解如何利用特征法求解边值问题. 这些例题相关结果表明: 当一阶PDE边值问题的PDE中出现非线性项时, 往往会导致解只在边界附近"局部"地存在; 同时, 边界数据对解的存在与否及有解的前提下如何理解一阶PDE边值问题解的"唯一性"也有重要的影响.

## 2.1　一阶线性PDE　特征法

前面我们利用质量守恒定律得到了流体的连续性方程

$$\frac{\partial \rho}{\partial t} + \nabla \cdot (\boldsymbol{q}\rho) = 0,\ (x,t) \in \Omega \times (0,\infty),$$

这个方程可看成描述传输现象的**传输方程** (Transport Equations) 的特例. 传输方程的一般形式是

$$\frac{\partial \phi(x,t)}{\partial t} + \nabla \cdot \boldsymbol{F}(t,x,\phi(x,t),\nabla\phi) = g(t,x,\phi), \tag{2.1.1}$$

其中, 向量值映射 $\boldsymbol{F}$ 表示守恒物理量 (比如质量、热量、能量以及电荷等) 的通量 (Flux), 而 $g$ 表示源 (Source, $g>0$) 或者汇 (Sink, $g<0$), 未知映射为 $\phi$. 比如我们在推导热方程时得到的方程

$$(c\rho u)_t + \nabla \cdot \boldsymbol{\Phi} = f(x,t),\ x \in \Omega \subset \mathbb{R}^n, t>0$$

实际上就是描述热量传递的传输方程, 其中 $\boldsymbol{\Phi}$ 是热流向量 (热通量). 易见, 传输方程 (2.1.1) 中的通量 $\boldsymbol{F}$ 如果依赖 $\nabla\phi$, 那么方程就是二阶的, 不依赖 $\nabla\phi$ 时就是一阶的.

本节先介绍求解一阶线性PDE边值问题的特征法, 然后利用该方法求解一阶

线性传输方程.

### 2.1.1 一阶线性PDE边值问题

我们先来考察如下关于未知函数$u$的一阶线性PDE边值问题

$$\begin{cases} a(x)\cdot Du(x)=b(x)u(x)+f(x),\ x\in\Omega\subset\mathbb{R}^n, & (2.1.2\text{a}) \\ u(x)=g(x),\ x\in\Gamma\subset\partial\Omega, & (2.1.2\text{b}) \end{cases}$$

其中$n\geqslant 2, \Omega$是$\mathbb{R}^n$中带$C^1$边界的开集, $a:\Omega\cup\Gamma\to\mathbb{R}^n$, $b$和$f$均是$\Omega\to\mathbb{R}$的给定映射, $g:\Gamma\to\mathbb{R}$为给定边界数据.

设边界 (超) 曲面$\Gamma$的参数形式为

$$\Gamma: t:=(t_1,t_2,\cdots,t_{n-1})\in D_0\subset\mathbb{R}^{n-1}\mapsto\hat{x}(t), \tag{2.1.3}$$

其中

$$\hat{x}(t):=(\hat{x}_1(t),\hat{x}_2(t),\cdots,\hat{x}_n(t)).$$

我们之所以要把边界 (超) 曲面$\Gamma$参数化, 一者是为了在$\Gamma$附近的“较大”范围寻找解的表达式, 同时也是为了更方便地利用边界条件 (2.1.2b). 如果$u=u(x)$是边值问题 (2.1.2a) 和 (2.1.2b) 的解, 任取$x\in\Omega$, 那么 (2.1.2a) 表明$u$在该点处沿方向$a(x)$的方向导数值为$b(x)u(x)+f(x)$. 由此, 为了计算$u$在$x$处的函数值, 考虑$\Omega$中的以$a$为切向量的曲线

$$\gamma: s\in I\subset\mathbb{R}\mapsto x(s)\in\Omega,$$

使得 $\dot{x}(s)=a(x(s)), \left(\dot{}:=\frac{\mathrm{d}}{\mathrm{d}s}\right)$, 且存在$s\in I$, 使得$x(s)=x$ 以及$x(0)\in\Gamma$. 若记$u$在$\gamma$上的限制为

$$z(s):=(u\circ\gamma)(s)=u(x(s)), \tag{2.1.4}$$

则

$$\begin{aligned}\dot{z}(s)&=Du(x(s))\cdot\dot{x}(s)=a(x(s))\cdot Du(x(s))\\&=b(x(s))u(x(s))+f(x(s)),\end{aligned}$$

再由 (2.1.4) 即得

$$\dot{z}(s)=b(x(s))z(s)+f(x(s)), \tag{2.1.5}$$

也就是说$u$**沿**$\Omega$**中以**$a$**为切向量的曲线**$\gamma$**的限制**$z(s)$**满足一阶** ODE (2.1.5). 由此, 只要能适当给定$x(s), z(s)$的初值$x(0), z(0)$, 则由ODE初值问题局部存在唯一性

知必能确定 $u(x)=u(x(s))$. 注意到 (2.1.2b) 和 (2.1.3)，实际上只需求解 ODE 初值问题:

$$\begin{cases}\dot{x}(s)=a(x(s)), \dot{z}(s)=b(x(s))z(x(s))+f(x(s)),\ s>0, & (2.1.6)\\ x(0)=\hat{x}(t), z(0)=g(\hat{x}(t)). & (2.1.7)\end{cases}$$

由此可知上述 ODE 解出的

$$z(s)=z(s;t)$$

便是解曲面 $u$ (当 $s$ 和 $t$ 均变动时) 的参数表示. 由隐函数定理知, 只要 Jacobian

$$J\big|_{\Gamma}:=\begin{vmatrix}\dfrac{\partial\hat{x}_1}{\partial t_1} & \dfrac{\partial\hat{x}_2}{\partial t_1} & \cdots & \dfrac{\partial\hat{x}_n}{\partial t_1}\\ \dfrac{\partial\hat{x}_1}{\partial t_2} & \dfrac{\partial\hat{x}_2}{\partial t_2} & \cdots & \dfrac{\partial\hat{x}_n}{\partial t_2}\\ \vdots & \vdots & & \vdots\\ \dfrac{\partial\hat{x}_1}{\partial t_{n-1}} & \dfrac{\partial\hat{x}_2}{\partial t_{n-1}} & \cdots & \dfrac{\partial\hat{x}_n}{\partial t_{n-1}}\\ a_1(\hat{x}(t)) & a_2(\hat{x}(t)) & \cdots & a_n(\hat{x}(t))\end{vmatrix}\neq 0, \tag{2.1.8}$$

则必有

$$s=s(x),\ t=t(x),$$

从而 (2.1.2a) 和 (2.1.2b) 的解必可表示为

$$u=z(s(x);t(x)).$$

上述的方程 (2.1.6) 和 (2.1.7) 称为边值问题 (2.1.2) 对应的**特征方程**, 由其解出的曲线 $\gamma: s\mapsto x(s)$ 称为(2.1.2) 的**特征曲线**.

### 2.1.2 一阶线性非齐次传输方程

现在我们利用前一小节的方法来求解如下的一阶线性传输方程初值问题:

$$\begin{cases}u_t+b\cdot\nabla u=cu+f(x,t),\ (x,t)\in\mathbb{R}^n\times(0,\infty),\\ u(x,0)=g(x),\ x\in\Gamma=\mathbb{R}^n.\end{cases}\tag{2.1.9}$$

其中 $b\in\mathbb{R}^n, c\in\mathbb{R}$, $f$ 和 $g$ 分别是给定的源函数和初值. 易见这里的 PDE 是一阶线性常系数非齐次的.

先把边界曲面 (初始曲面) $\Gamma$ 参数化为

$$\Gamma: x=\alpha, t=0, \alpha\in\mathbb{R}^n,$$

注意到$b$是常向量, 故 (2.1.8) 中行列式的最后一行已知, 从而在上述参数表示下相应的Jacobian为

$$J\big|_{\Gamma}=\begin{vmatrix}1&0&0&\cdots&0&0\\0&1&0&\cdots&0&0\\\vdots&\vdots&\vdots&&\vdots&\vdots\\0&0&0&\cdots&1&0\\b_1&b_2&b_3&\cdots&b_n&1\end{vmatrix}=1\neq 0.$$

一阶线性传输方程初值问题 (2.1.9) 对应的特征方程初值问题为

$$\begin{cases}\dot{t}(s)=1,\dot{x}(s)=b,\dot{z}(s)=cz(s)+f(x(s),t(s)),\ s>0,\\ t(0)=0,x(0)=\alpha,z(0)=g(\alpha).\end{cases}$$

由此解得特征线为

$$t=s,x=sb+\alpha,\ 或\ x=tb+\alpha,t\geqslant 0,$$

从而可解得 (2.1.9) 的解为

$$u(x,t)=\mathrm{e}^{ct}\left(g(x-tb)+\int_0^t\mathrm{e}^{-c\tau}f(x-(t-\tau)b,\tau)\mathrm{d}\tau\right).$$

容易验证: 当$g\in C^1(\mathbb{R}^n),f\in C^{1,0}(\mathbb{R}^n\times(0,\infty))$时, 上述的函数$u(x,t)$满足初值问题 (2.1.9), 由此我们得到下面的定理.

**定理 2.1.1 一阶线性PDE初值问题**

$$\begin{cases}u_t+b\cdot\nabla u=cu+f(x,t),\ (x,t)\in\mathbb{R}^n\times(0,\infty),\\ u(x,0)=g(x),\ x\in\Gamma=\mathbb{R}^n\end{cases}$$

**的唯一解为**

$$u(x,t)=\mathrm{e}^{ct}\left(g(x-tb)+\int_0^t\mathrm{e}^{-c\tau}f(x-(t-\tau)b,\tau)\mathrm{d}\tau\right),\tag{2.1.10}$$

**其中**$g\in C^1(\mathbb{R}^n),f\in C^{1,0}(\mathbb{R}^n\times(0,\infty))$.

特别地, 当$c=0,f(x,t)=0,(x,t)\in\mathbb{R}^n\times(0,\infty)$时, 有

$$u(x,t)=g(x-tb)\tag{2.1.11}$$

是一阶线性齐次PDE初值问题

$$\begin{cases}u_t+b\cdot\nabla u(x,t)=0,\ (x,t)\in\mathbb{R}^n\times(0,\infty),\\ u(x,0)=g(x),\ x\in\mathbb{R}^n\end{cases}\tag{2.1.12}$$

的唯一解.

形如 (2.1.11) 的解在 $n=1$ 时称为**行波** (Traveling Wave), 在 $n \geqslant 2$ 时称为**平面波** (Plane Wave). 其中 $b$ 是波的 velocity, $|b|$ 是波的 speed, $g$ 是波的 profile. 特别地, 在 $n=1$ 时, 如果 $b>0$, 则 (2.1.11) 表示右行波, 当 $b<0$ 时表示左行波. 根据解的表达式 (2.1.11) 可以看到: 对于初值问题 (2.1.12) 而言, **初始扰动是以有限速率 $|b|$ 沿特征线传播的**. 另外, (2.1.12) 的解沿特征线 $\gamma_\alpha: x=tb+\alpha, t\geqslant 0, \alpha\in\mathbb{R}$ 的取值为常数 $u|_{\gamma_\alpha}=g(\alpha)$.

**注 2.1.1** 如果初值问题 (2.1.2a) 和 (2.1.2b) 的解不那么光滑, 比如当 $g\in C(\mathbb{R}^n)$ 甚至 $g\in L^1(\mathbb{R}^n)$ 时, 函数 (2.1.10) 不再是经典意义下的解了, 但是此时初值问题 (2.1.2a) 和 (2.1.2b) 仍然具有物理意义, 所以此时需要考虑弱解(Weak Solution). 基本方法是通过考察适当函数空间上的积分泛函 (有时直接使用原物理问题的变分形式) 来构造较"弱"意义下的解. 有兴趣的同学可以参见参考文献 [8], [14] 和 [26].

综上所述, 我们利用一阶线性 PDE 的形式解在某条特殊的曲线 (即特征曲线) 上的限制满足一阶常微分方程, 通过适当给定初始条件求得该常微分方程的局部唯一解, 从而求得原问题的形式解的表达式, 然后再在某些正则性条件下验证所得形式解就是原问题的解. 这种方法称为**特征法** (Method of Characteristics), 该方法最初是由 Hamilton 提出的. 下一节我们将研究如何使用特征法求解一般的一阶 PDE.

## 2.2 一阶非线性 PDE 特征法

本节我们来研究如何利用特征法求解一阶非线性 PDE 边值问题. 由于一般的 PDE 的通解 (General Solution) 的求解难度比较大, 本教程不打算就此展开, 大家可见参考文献 [11] 和 [14].

一阶非线性 PDE 的一般形式是

$$F(Du,u,x)=0,\ x\in\Omega, \tag{2.2.1}$$

其中 $\Omega$ 是 $\mathbb{R}^n$ 中的带非空边界 $\partial\Omega$ 的开集,

$$F:\mathbb{R}^n\times\mathbb{R}\times\overline{\Omega}\to\mathbb{R}$$

是给定的光滑函数, $u:\overline{\Omega}\to\mathbb{R}$ 是未知函数, 且 $u=u(x), Du:=(u_{x_1},\cdots,u_{x_n})$.

为便于讨论, 引入记号: $F = F(p, z, x) = F(p_1, \cdots, p_n, z, x_1, \cdots, x_n)$, 其中 $p_i$ 表示 $u_{x_i}, i = 1, \cdots, n, z = u(x), D_pF = (F_{p_1}, \cdots, F_{p_n}), D_zF = F_z, D_xF = (F_{x_1}, \cdots, F_{x_n})$.

PDE (2.2.1) 对应的边界条件是

$$u(x) = g,\ x \in \Gamma, \tag{2.2.2}$$

其中 $\Gamma \subset \partial\Omega, g : \Gamma \to \mathbb{R}$ 给定. 这里假设 $\Gamma$ 和 $g$ 光滑.

我们的想法是, 由于 (2.2.2) 给出了解在边界的函数值, 那么任意选取 $x \in \Omega$, 如果能够找到一条位于 $\Omega \cup \Gamma$ 且连接点 $x$ 以及边界 $\Gamma$ 上的一点 $x_0$ 的曲线 $\gamma$, 使得 $u$ 在 $\gamma$ 上的限制满足某个尽可能简单的方程 (组) (比如前一节一样是常微分方程 (组)), 以使我们能够求出 $u$ 在 $x$ 处的函数值, 如右图所示. 这样的曲线是否存在呢? 如果存在, 又如何找这样的曲线呢?

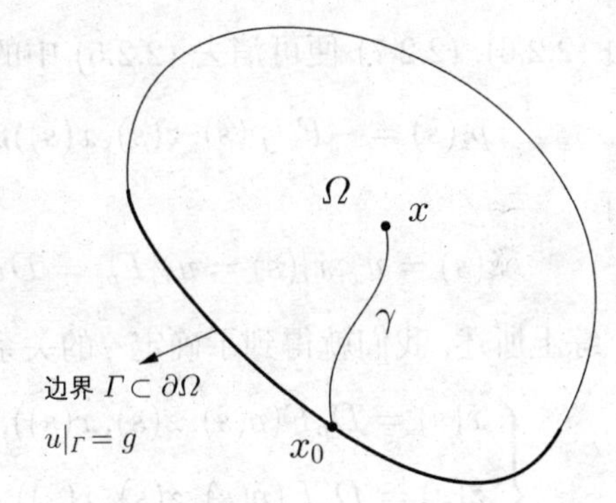


## 2.2.1 寻找特征

假设所求的特征曲线的参数方程为

$$\gamma : s \mapsto \gamma(s) = x(s) = (x_1(s), \cdots, x_n(s)),\ s \in \mathbb{R},$$

$u$ 是 (2.2.1) 的一个 $C^2$ 解, 记此解在上述特征曲线 $\gamma$ 上的限制为

$$z(s) := (u \circ \gamma)(s) = u(x(s)), \tag{2.2.3}$$

再把 $Du$ 沿特征曲线 $\gamma$ 的限制记为

$$p(s) := Du(x(s)) = (p_1(s), \cdots, p_n(s)),\ p_i(s) = u_{x_i}(x(s)), i = 1, 2, \ldots, n. \tag{2.2.4}$$

受到上一节启发, 先计算解 $u$ 在曲线 $\gamma(s)$ 上的限制 $u|_\gamma$ 关于 $s$ 的微分 $\dot{z}(s)$, 其中 $\cdot = \dfrac{\mathrm{d}}{\mathrm{d}s}$, 于是 $\dot{z}(s) = \sum\limits_{i=1}^{n} u_{x_i}\dot{x}_i(s) = \sum\limits_{i=1}^{n} p_i(s)\dot{x}_i(s)$. 但由于 $x(s)$ 的具体表达形式还不能确定, 故应该先考虑确定 $p(s)$, 为此可先尝试求出 $\dot{p}(s)$, 以便得到 $p(s)$ 所满足的常微分方程, 于是

$$\dot{p}_i(s) = u_{x_ix_j}\dot{x}_j(s). \tag{2.2.5}$$

上式中的不同因子的下标中的重复指标(这里即指标$j$)表示对该指标从$j=1$到$j=n$求和 (Einstein求和约定).

较麻烦的是 (2.2.5) 中出现了二阶偏微分项$u_{x_ix_j}(x(s))$, 而原方程 (2.2.1) 仅是一阶的, 所以现在要想办法消去二阶偏微分项$u_{x_ix_j}$. 为此, 对 (2.2.1) 微分后得到

$$F_{p_j}u_{x_jx_i}+F_zu_{x_i}+F_{x_i}=0,\ i=1,2,\cdots,n. \tag{2.2.6}$$

经比较 (2.2.5) 和 (2.2.6) 后可以看出, 如果令

$$\dot{x}_j(s)=F_{p_j}(p(s),z(s),x(s)),\ j=1,2,\cdots,n, \tag{2.2.7}$$

则由 (2.2.6), (2.2.7) 便可消去 (2.2.5) 中的 $u_{x_ix_j}$, 且

$$\dot{p}_i(s)=-F_z(p(s),z(s),x(s))p_i(s)-F_{x_i}(p(s),z(s),x(s)),$$

从而

$$\dot{z}(s)=u_{x_i}\dot{x}_i(s)=u_{x_i}F_{p_i}=Du(x(s))\cdot F_p(p(s),z(s),x(s)).$$

综上所述, 我们就得到了确定$\gamma$的关系式:

$$\begin{cases}\dot{x}(s)=D_pF(p(s),z(s),x(s)), & (2.2.8a)\\ \dot{z}(s)=D_pF(p(s),z(s),x(s))\cdot p(s), & (2.2.8b)\\ \dot{p}(s)=-D_zF(p(s),z(s),x(s))p(s)-D_xF(p(s),z(s),x(s)). & (2.2.8c)\end{cases}$$

方程组 (2.2.8) 是$2n+1$个一阶常微分方程, 我们**称方程组** (2.2.8) **为一阶非线性**PDE (2.2.1) **的特征方程**(Characteristic Equations), 其解向量记为$(x(\cdot),z(\cdot),p(\cdot))$. **称** (2.2.8) **的解向量**

$$x(\cdot)=(x_1(\cdot),\cdots,x_n(\cdot)),\ z(\cdot),\ p(\cdot)=(p_1(\cdot),\cdots,p_n(\cdot))$$

**为** (2.2.1) **的特征**(Characteristics). 通常也称解 $x(\cdot)$ **为** (2.2.1) **的特征投影** (Projected Characteristics), 或者**特征曲线** (Characteristic Curves).

至此我们实际上已经证明了下面的定理:

**定理 2.2.1** 设$u\in C^2(\Omega)$是 (2.2.1) 在$\Omega$中的解, 如果$x(\cdot)$是 (2.2.8a) 的解, 其中 $p(\cdot)=Du(x(\cdot)),z(\cdot)=u(x(\cdot))$, 则对所有的$s\in\mathbb{R}$, 只要$x(s)\in\Omega$, 就有$z(\cdot),p(\cdot)$分别是 (2.2.8b) 和 (2.2.8c) 的解.

### 2.2.2 解的局部存在唯一性

为了从特征方程 (2.2.8) 中解出特征来, 需要 $x(\cdot), z(\cdot), p(\cdot)$ 满足适当的初始条件. 考虑到边界条件 (2.2.2), $x(\cdot), z(\cdot)$ 的初始条件可分别取为 $x(0) = \hat{x}(t)$ 和 $z(0) = g(\hat{x}(t))$, 其中的 $\hat{x}(t)$ 是边界 $\Gamma$ 的参数表示, 即

$$\Gamma : t = (t_1, \cdots, t_{n-1}) \in A_0 \subset \mathbb{R}^{n-1} \mapsto \hat{x}(t) = (\hat{x}_1(t), \cdots, \hat{x}_n(t)),$$

其中 $A_0$ 是非空区域. 至于如何给定 $p(\cdot)$ 的初始条件, 需要从 (2.2.1) 和 (2.2.2) 同时进行考察. 如果把 $p(\cdot)$ 的初始条件记为 $p(0) = p_0$, 自然应该有 $F(p_0, x(0), z(0)) = 0$. 但由于 $p_0$ 是 $n$ 维向量, 故还需要 $n-1$ 个相互独立的条件才能确定它. 考虑到

$$p(0) = (Du(x(s)))|_{s=0},\ x(0) = \hat{x}(t),$$

从而

$$z(0) = u(x(0)) = u(\hat{x}(t)) = g(\hat{x}(t)),$$

对最后一个等式两边关于分量 $t_j$ $(j = 1, 2, \cdots, n-1)$ 微分后得

$$Du(\hat{x}(t)) \cdot \frac{\partial \hat{x}(t)}{\partial t_j}$$

$$= p(0) \cdot \frac{\partial \hat{x}(t)}{\partial t_j} = \frac{\partial g(\hat{x}(t))}{\partial t_j},\ j = 1, 2, \ldots, n,$$

于是得到 $n-1$ 个与 $p(0)$ 有关的方程. 由此得到确定 $p(0)$ 的方程组为

$$F(p_0, x(0), z(0)) = 0,$$

$$p(0) \cdot \frac{\partial \hat{x}(t)}{\partial t_j} = \frac{\partial g(\hat{x}(t))}{\partial t_j},\ j = 1, \cdots, n-1.$$

由上述初始条件和特征方程(2.2.8) 便可解出特征, 从而当 Jacobian

$$\left.\frac{\partial(x_1(s), x_2(s), \cdots, x_n(s))}{\partial(t_1, t_2, \cdots, t_{n-1}, s)}\right|_{s=0} \neq 0$$

时, 由隐函数定理知 $z(s;t)$ 必可局部唯一地表示成 $z(s(x); t(x))$, 由此可得到边值问题 (2.2.1) 和 (2.2.2) 的解为

$$u(x) = z(s(x); t(x)).$$

相关的严格证明过程比较繁琐, 本书不打算给出, 感兴趣的同学可以见参考文献 [14]. 现给出一阶 PDE 边值问题的局部存在唯一性定理.

定理 2.2.2 (局部存在唯一性) 如果一阶偏微分方程边值问题

$$\begin{cases} F(Du(x), u(x), x) = 0,\ x \in \Omega \subset \mathbb{R}^n, \\ u(x) = g,\ x \in \Gamma \subset \partial\Omega \end{cases} \tag{2.2.9}$$

中的边界 $\Gamma \in C^1$, $g \in C^2(\Gamma)$, 且存在 $x_0 \in \Gamma$、空间 $\mathbb{R}^{n-1}$ 中的区域 $A_0$ 以及 $x_0$ 在 $\mathbb{R}^n$ 中的邻域 $E_0$, 使得当边界(超)曲面 $\Gamma$ 参数表示为

$$\Gamma : t = (t_1, \cdots, t_{n-1}) \in A_0 \mapsto \hat{x}(t) = (\hat{x}_1(t), \cdots, \hat{x}_n(t)) \in E_0 \cap \Gamma \tag{2.2.10}$$

时, $\Gamma$ 在 $x_0$ 处(设 $t_0 \in A_0 \mapsto x_0 \in E_0 \cap \Gamma$)满足**非特征边界条件**(Noncharacteristic Boundary Conditions):

$$J(x_0) := \begin{vmatrix} \dfrac{\partial \hat{x}_1(t_0)}{\partial t_1} & \dfrac{\partial \hat{x}_2(t_0)}{\partial t_1} & \cdots & \dfrac{\partial \hat{x}_n(t_0)}{\partial t_1} \\ \dfrac{\partial \hat{x}_1(t_0)}{\partial t_2} & \dfrac{\partial \hat{x}_2(t_0)}{\partial t_2} & \cdots & \dfrac{\partial \hat{x}_n(t_0)}{\partial t_2} \\ \vdots & \vdots & & \vdots \\ \dfrac{\partial \hat{x}_1(t_0)}{\partial t_{n-1}} & \dfrac{\partial \hat{x}_2(t_0)}{\partial t_{n-1}} & \cdots & \dfrac{\partial \hat{x}_n(t_0)}{\partial t_{n-1}} \\ \dfrac{\partial F(p_0, z_0, x_0)}{\partial p_1} & \dfrac{\partial F(p_0, z_0, x_0)}{\partial p_2} & \cdots & \dfrac{\partial F(p_0, z_0, x_0)}{\partial p_n} \end{vmatrix} \neq 0, \tag{2.2.11}$$

其中 $z_0 = u(x_0) = g(x_0)$, 而

$$p_0 := p(0) = (p_1(0), p_2(0), \cdots, p_n(0))$$

由下列**相容性条件** (Compatibility Conditions):

$$F(p(0), g(\hat{x}(t)), \hat{x}(t)) = 0, \tag{2.2.12}$$

$$\frac{\partial g(\hat{x}(t))}{\partial t_j} = p(0) \cdot \frac{\partial \hat{x}(t)}{\partial t_j} = \sum_{i=1}^{n} p_i(0) \frac{\partial \hat{x}_i(t)}{\partial t_j}, j = 1, \cdots, n-1 \tag{2.2.13}$$

确定(其中的 (2.2.13) 通常称为 Strip Relation), 那么: 必存在 $A_0$ 在 $\mathbb{R}^{n-1}$ 中的子区域 $A$ 以及 $x_0$ 在 $\mathbb{R}^n$ 中的邻域 $B(x_0) \subset E_0$, 使得由**特征方程初值问题**:

$$\begin{cases} \dot{x}(s) = D_p F(p(s), z(s), x(s)), & \text{(2.2.14a)} \\ \dot{z}(s) = D_p F(p(s), z(s), x(s)) \cdot p(s), & \text{(2.2.14b)} \\ \dot{p}(s) = -D_z F(p(s), z(s), x(s)) p(s) - D_x F(p(s), z(s), x(s)), & \text{(2.2.14c)} \\ \text{IC: } x(0) = \hat{x}(t), z(0) = g(\hat{x}(t)), p(0) = p_0 & \text{(2.2.14d)} \end{cases}$$

解出的

$$u(x) := z(s;t) = z(s(x);t(x)) \in C^2(\Omega \cap B(x_0)) \cap C(\overline{\Omega} \cap B(x_0)), \qquad (2.2.15)$$

且该 $u(x)$ 必是边值问题 (2.2.9) 定义于 $\overline{\Omega} \cap B(x_0)$ 中的唯一解.

注 2.2.1　当 $n \geqslant 3$, 如果记 $\boldsymbol{n}(x_0)$ 表示边界 $\Gamma$ 在参数表示 (2.2.10) 下在点 $x_0 \in \Gamma$ 处对应的法向量, 其中

$$t_0 \in A \mapsto x_0 \in B(x_0) \cap \Gamma,$$

则可取该法向量为

$$\boldsymbol{n}(x_0) = \frac{\partial \hat{x}(t_0)}{\partial t_1} \wedge \frac{\partial \hat{x}(t_0)}{\partial t_2} \wedge \cdots \wedge \frac{\partial \hat{x}(t_0)}{\partial t_{n-1}},$$

从而有

$$D_pF(p_0, z_0, x_0) \cdot \boldsymbol{n}(x_0) \neq 0 \Leftrightarrow J(x_0) \neq 0.$$

当 $n = 2$ 时, 此时边界曲面是一维曲线, 设其参数形式为

$$\gamma : x_1 = x_1(t), x_2 = x_2(t), x = (x_1, x_2) \in \Omega \cup \Gamma \subset \mathbb{R}^2,$$

如果取边界曲线 $\gamma$ 在 $x_0 = (x_1(t_0), x_2(t_0))$ 处的法向量为

$$\boldsymbol{n}(x_0) = (-x_2'(t_0), x_1'(t_0)),$$

则亦有

$$J(x_0) \neq 0 \Leftrightarrow D_pF(p_0, z(0), x_0) \cdot \boldsymbol{n}(x_0) \neq 0.$$

综上可知: 边界曲面 $\Gamma$ 在 $x_0$ 是非特征的, 当且仅当

$$D_pF(p_0, z_0, x_0) \cdot \boldsymbol{n}(x_0) \neq 0. \qquad (2.2.16)$$

由于条件 (2.2.16) 表示特征曲线 $x(s)$ 在 $s = 0$ 时不与边界曲面在 $x_0$ 处相切, 故非特征条件 (2.2.11) 也称为**横截条件** (Transversality Condition). 请留意 (2.2.16) 中的法向量 $\boldsymbol{n}(x_0)$ 是相对于边界曲面的参数表示 (2.2.10) 而言.

注 2.2.2　定理 2.2.2 中解的唯一性是相对于取定的 $p(0)$ 而言的. 当由相容性条件 (2.2.12) 和 (2.2.13) 确定出 $p(0)$ 后, 由特征方程初值问题 (2.2.14) 确定出的解 (2.2.15) 必是边值问题 (2.2.1) 和 (2.2.2) 的局部唯一解 (这可由常微分方程初值问题解的局部存在唯一性推知). 但由相容性条件 (2.2.12) 和 (2.2.13) 未必能解出 $p(0)$, 即便能解出, $p(0)$ 也未必唯一.

### 2.2.3 特征法的应用

下面通过几个例子来说明如何应用定理 2.2.2.

1) 方程 (2.2.1) 是拟线性情形

在第 2.1.1 小节我们已经给出了一阶线性PDE边值问题的特征法, 现来考察当方程 (2.2.1) 是一阶拟线性PDE, 即

$$F(Du,u,x)=b(x,u(x))\cdot Du(x)+c(x,u(x))=0 \tag{2.2.17}$$

时的情形. 由于此时 $F(p,z,x):=b(x,z)\cdot p+c(x,z)=0$, 所以 $D_pF=b(x,z)$, 从而

$$\dot{x}(s)=D_pF=b(x(s),z(s)),$$

于是由 (2.2.17) 得

$$\dot{z}(s)=D_pF\cdot p=-c(x(s),z(s)),$$

故拟线性方程边值问题 (2.2.17) 和 (2.2.2) 对应的特征方程是

$$\begin{cases}\dot{x}(s)=b(x(s),z(s)),\ x(0)=\hat{x}(t),\\ \dot{z}(s)=-c(x(s),z(s)),\ z(0)=g(\hat{x}(t)).\end{cases} \tag{2.2.18}$$

易见此时不需要 (2.2.14c) 就可以确定 $x(s)$ 和 $z(s)$. 相应的非特征边界条件 (2.2.11) 此时为

$$J\big|_{\Gamma}=\begin{vmatrix}\dfrac{\partial\hat{x}_1(t)}{\partial t_1} & \dfrac{\partial\hat{x}_2(t)}{\partial t_1} & \cdots & \dfrac{\partial\hat{x}_n(t)}{\partial t_1}\\ \dfrac{\partial\hat{x}_1(t)}{\partial t_2} & \dfrac{\partial\hat{x}_2(t)}{\partial t_2} & \cdots & \dfrac{\partial\hat{x}_n(t)}{\partial t_2}\\ \vdots & \vdots & & \vdots\\ \dfrac{\partial\hat{x}_1(t)}{\partial t_{n-1}} & \dfrac{\partial\hat{x}_2(t)}{\partial t_{n-1}} & \cdots & \dfrac{\partial\hat{x}_n(t)}{\partial t_{n-1}}\\ b_1(t) & b_2(t) & \cdots & b_n(t)\end{vmatrix}\neq 0, \tag{2.2.19}$$

其中的

$$b_i(t):=b_i(\hat{x}(t),g(\hat{x}(x))),\ i=1,2,\cdots,n.$$

例 2.2.1 求解如下一阶线性边值问题:

$$\begin{cases}xu_x+yu_y=-u,\ (x,y)\in\mathbb{R}^2, y\neq x^2,\\ u(x,y)=1,\ y=x^2.\end{cases}$$

解: 先把边界曲线(记为$\Gamma$)参数化为

$$\Gamma: x=t, y=t^2,\ t\in\mathbb{R},$$

则由 (2.2.19) 得

$$J\big|_{\Gamma}=\begin{vmatrix}1 & 2t\\ t & t^2\end{vmatrix}=-t^2,$$

故当$t\neq 0$或者$(x,y)\neq(0,0)$时, 所给边界条件是非特征的.

与边值问题对应的特征方程初值问题为

$$\begin{cases}\dot{x}(s)=x(s), \dot{y}(s)=y(s), \dot{z}(s)=-z(s),\ s>0,\\ x(0)=t, y(0)=t^2, z(0)=1,\end{cases}$$

其解为

$$x(s;t)=t\,\mathrm{e}^s, y(s;t)=t^2\mathrm{e}^s, z(s;t)=\mathrm{e}^{-s},$$

由此可知原边值问题的解为

$$u(x,y)=z(s(x,y);t(s,y))=\frac{y}{x^2}.$$

可见该解$u$在$(0,0)$处没有定义, 而边界曲线$y=x^2$正好在该点不满足非特征条件. □

**例 2.2.2** 求解边值问题:

$$\begin{cases}(x+y^2)u_x+yu_y+\Big(\dfrac{x}{y}-y\Big)u=1,\ (x,y)\in\mathbb{R}^2, y\neq 1,\\ u(x,1)=0,\ x\in\mathbb{R}.\end{cases}$$

解: 将边界曲线 (记为$\Gamma$ ) 参数化为

$$\Gamma: x=t, y=1,\ t\in\mathbb{R},$$

则由 (2.2.19) 知

$$J\big|_{\Gamma}=\begin{vmatrix}\dfrac{\mathrm{d}t}{\mathrm{d}t} & \dfrac{\mathrm{d}1}{\mathrm{d}t}\\ x+y^2 & y\end{vmatrix}_{(t,1)}$$

$$=\begin{vmatrix}1 & 0\\ t+1 & 1\end{vmatrix}=1\neq 0,$$

所以所给边界是非特征的.

原问题对应的特征方程初值问题是

$$\begin{cases} \dot{x}(s) = x(s) + (y(s))^2, \dot{y}(s) = y(s), \dot{z}(s) = \left(y(s) - \dfrac{x(s)}{y(s)}\right) z(s) + 1 \\ x(0) = t, y(0) = 1, z(0) = 0, \end{cases}$$

其解为

$$x(s;t) = \mathrm{e}^{2s} + (t-1)\mathrm{e}^{s},\ y(s;t) = \mathrm{e}^{s},\ z(s;t) = \frac{1}{t-1}\left(1 - \mathrm{e}^{(1-t)s}\right),$$

从而原边值问题的解为

$$u(x,y) = z(s(x,y);t(x,y)) = \frac{y}{x-y^2}\left(1 - y^{\frac{y^2-x}{y}}\right).$$

易见该解在原点没有定义, 尽管整个边界曲线都是非特征的. 这是由于原问题的解只在边界曲线附近唯一存在, 而 $(0,0)$ 到边界曲线 $y=1$ 的距离是 1. □

例 2.2.3 求解一阶线性边值问题

$$\begin{cases} (x^2+y)u_x + xyu_y = u(x,y),\ (x,y) \in \mathbb{R}^2, x \neq y, \\ u(x,x) = x,\ x \in \mathbb{R}. \end{cases} \tag{2.2.20}$$

**解**: 将边界曲线 (记为 $\varGamma$) 参数化得 $\varGamma: x = t, y = t,\ t \in \mathbb{R}$, 从而

$$J\big|_{\varGamma} = \begin{vmatrix} 1 & 1 \\ t^2+t & t^2 \end{vmatrix} = -t \neq 0,\ \text{当}\ t \neq 0,$$

故所给边界除原点 $(0,0)$ 外是非特征的.

原问题对应的特征方程初值问题为

$$\begin{cases} \dot{x}(s) = x^2(s) + y(s), \dot{y}(s) = x(s)y(s), \dot{z}(s) = z(s), \\ x(0) = t, y(0) = t, z(0) = t, \end{cases}$$

其解为

$$x(s;t) = \frac{2ts+2t}{-s^2t-2ts+2},\ y(s;t) = \frac{-2t}{s^2t+2ts-2},\ z(s;t) = t\mathrm{e}^{s},$$

从而解得

$$s = \frac{x-y}{y},\ t = \frac{2y^2}{x^2-y^2+2y},$$

由此可知原问题的解为

$$u(x,t)=z(s(x,y);t(x,y))=\frac{2y^2}{x^2-y^2+2y}\cdot \mathrm{e}^{\frac{x-y}{y}}. \tag{2.2.21}$$

□

从表达式 (2.2.21) 容易看出边值问题 (2.2.20) 的解在原点处没有定义. 另外, 请注意尽管此例中的 PDE 是一阶线性 PDE, 但其对应的特征方程却是耦合的非线性 ODE, 从而导致原问题的解只在边界曲线附近存在. 实际上, 该解的定义域是整个平面除去双曲线 $x^2-y^2+2y=0$.

例 2.2.4 求解边值问题:

$$\begin{cases} u_{x_1}+u_{x_2}=u^2(x_1,x_2),\ (x_1,x_2)\in \Omega=\mathbb{R}^2 \text{ 的第一象限},\\ u(x_1,x_2)=\dfrac{1}{x_1},\ (x_1,x_2)\in \Gamma=\{x_1>0,x_2=0\}. \end{cases}$$

解: 这是一个半线性一阶 PDE 边值问题. 把边界 $\Gamma$ 参数化为

$$\Gamma: x_1=t, x_2=0,\ t>0,$$

于是 $u|_\Gamma=1/t$, 从而

$$J(x_1,x_2)\big|_\Gamma=\begin{vmatrix}1 & 0\\ 1 & 1\end{vmatrix}=1\neq 0,$$

故所给的边界条件是非特征边界条件.

该问题对应的特征方程为

$$\begin{cases} \dot{x}_1(s)=1, \dot{x}_2(s)=1, \dot{z}(s)=z^2(s),\ s>0,\\ x_1(0)=t, x_2(0)=0, z(0)=\dfrac{1}{t}, \end{cases}$$

由此解得特征曲线为

$$x_1=s+t,\ x_2=s,$$

所以 $t=x_1-x_2$, 于是 $z(s;t)=\dfrac{1}{-s+t}=\dfrac{1}{x_1-2x_2}$, 从而根据定理 2.2.2 知该问题的局部唯一解为:

$$u(x_1,x_2)=\frac{1}{x_1-2x_2},\ x_1\neq 2x_2, (x_1,x_2)\in \Omega\cup\Gamma.$$

易见此解 (如果视 $x_2$ 为时间变量的话) 也是行波解. □

注意: 该解沿着直线 $x_2=x_1/2$ 出现**奇性** (Singularity), 所以该问题的古典解

只在$\Gamma$附近存在. 特别地, 如果视$x_2$为时间变元, 那么当时间$x_2 \to \left(\frac{x_1}{2}\right)^-$时, 解满足

$$\lim_{x_2 \to (x_1/2)^-} u(x_1, x_2) = \infty,$$

此时我们说解在$x_1/2$时刻爆破 (Blowup).

此例表明, 尽管给定边值条件$g = \dfrac{1}{x_1}$在$\Gamma$上是$C^\infty$的, 但是其解却是局部存在的. 由此可见由于非线性项$u^2$的出现导致该边值问题的解不是整体存在的.

例 2.2.5　求解一阶拟线性PDE边值问题:

$$\begin{cases} x^2 u_x + y^2 u_y = u^2(x,y),\ y \neq 2x, \\ u(x, 2x) = x^2. \end{cases}$$

解: 先将边界曲线 (记为$\Gamma$) 参数化为

$$\Gamma : x = t,\ y = 2t,$$

则由 (2.2.19) 知

$$J\big|_\Gamma = \begin{vmatrix} 1 & 2 \\ t^2 & 4t^2 \end{vmatrix} = 2t^2,$$

故

$$J \neq 0 \Leftrightarrow t \neq 0,$$

从而

$$\text{边界曲线是非特征的} \Leftrightarrow (0,0) \notin \Gamma.$$

原问题对应的特征方程初值问题为

$$\begin{cases} \dot{x}(s) = x^2(s), \dot{y}(s) = y^2(s), \dot{z}(s) = z^2(s),\ s > 0, \\ x(0) = t, y(0) = 2t, z(0) = t^2, \end{cases}$$

其解为

$$x(s;t) = \frac{1}{\dfrac{1}{t} - s},\ y(s;t) = \frac{1}{\dfrac{1}{2t} - s},\ z(s;t) = \frac{1}{\dfrac{1}{t^2} - s},$$

由此解得

$$s = \frac{-y + 2x}{xy},\ t = \frac{-xy}{2(x-y)},$$

从而可知原边值问题的解为

$$u(x,y)=z(s(x,y);t(x,y))=\frac{x^2y^2}{4(x-y)^2-xy(y-2x)}.$$

易见此解在原点处没有定义. □

例 2.2.6 设函数 $A=A(x,y,z),B=B(x,y,z)$ 均为 $\mathbb{R}^3$ 中的 $C^1$ 函数, $f$ 是 $\mathbb{R}^2$ 中的 $C^2$ 函数, 则如下关于未知函数 $z=z(x,y)$ 的一阶拟线性PDE边值问题:

$$\begin{cases} A(x,y,z)z_x+z_y=B(x,y,z),\ (x,y)\in\Omega\subset\mathbb{R}^2, \\ z|_\Gamma=f(x,y) \end{cases}$$

在 $\Gamma$ 附近有唯一 $C^2$ 解,其中 $\Gamma\subset\partial\Omega$ 是非特征边界, 且当 $f_x\neq 0$(或者 $f_y\neq 0$) 时该古典解必在 $\Gamma$ 附近满足 $z_x\neq 0$ (或者 $z_y\neq 0$).

此例的结论 (当 $A,B$ 是复值时也成立) 在第3章讨论二阶半线性PDE的化简时要用到.

例 2.2.7 求解一阶拟线性PDE边值问题:

$$\begin{cases} xuu_x+yuu_y=u^2-1,\ (x,y)\in\mathbb{R}^2, y\neq x^2, \\ u(x,x^2)=x^3. \end{cases}$$

解: 将边界曲线 (记为 $\Gamma$) 参数化为 $\Gamma: x=t, y=t^2,\ t\in\mathbb{R}$, 则由 (2.2.19) 得

$$J\Big|_\Gamma=\begin{vmatrix} 1 & 2t \\ t^4 & t^5 \end{vmatrix}=-t^5\neq 0\Leftrightarrow t\neq 0,$$

所以 $\Gamma$ 是非特征的 $\Leftrightarrow (0,0)\notin\Gamma$.

由于 $u(x,x^2)=x^3$, 故当 $x\neq 0$ 时, 解 $u$ 在 $\Gamma\backslash\{(0,0)\}$ 附近不等于零. 为便于求解特征, 可把原问题改写为如下的一阶半线性PDE边值问题:

$$\begin{cases} xu_x+yu_y=u-\dfrac{1}{u},\ (x,y)\in\mathbb{R}^2, y\neq x^2, \\ u(x,x^2)=x^3, \end{cases}$$

由此可知原问题对应的特征方程初值问题为

$$\begin{cases} \dot{x}(s)=x(s), \dot{y}(s)=y(s), \dot{z}(s)=z(s)-\dfrac{1}{z(s)},\ s>0, \\ x(0)=t, y(0)=t^2, z(0)=t^3,\ t\neq 0. \end{cases}$$

由此解得特征为

$$x(s;t)=te^s,\ y(s;t)=t^2e^s,$$

$$z(s;t)=\begin{cases}\sqrt{1+e^{2s}(-1+t^6)}, & \text{当 } t>0,\\ -\sqrt{1+e^{2s}(-1+t^6)}, & \text{当 } t<0,\end{cases}$$

从而有

$$t=\frac{y}{x},\ e^s=\frac{x^2}{y}.$$

故原问题的解为

$$u(x,y)=z(s(x,y);t(x,y))=\begin{cases}\sqrt{1+\dfrac{x^4}{y^2}\left(\dfrac{y^6}{x^6}-1\right)}, & \text{当 } x>0,\\ -\sqrt{1+\dfrac{x^4}{y^2}\left(\dfrac{y^6}{x^6}-1\right)}, & \text{当 } x<0.\end{cases}$$

由此可见, 解曲面 $z=u(x,y)$ 正好被 $yoz$ 坐标平面分隔开来. □

2) PDE (2.2.1) 是完全非线性情形

此时, 特征方程 (2.2.14) 中的三组方程通常都要用到, 而且判断非特征边界条件 (2.2.11) 是否满足和求解特征方程 (2.2.14c) 时都需要计算 $p(0)$. 请看下例:

例 2.2.8 求解一阶完全非线性PDE边值问题

$$\begin{cases}u_xu_y=u(x,y),\ (x,y)\in\Omega:=\{x>0,y>0\},\\ u(x,y)=y^2,\ (x,y)\in\Gamma:=\{x=0,y>0\}.\end{cases}$$

解: 把边界曲线参数化后得

$$\Gamma: x=0, y=t,$$

从而 $u|_\Gamma=t^2, t>0$. 因为 $F(p,z,x,y)=p_1p_2-z$, 所以

$$D_pF=(p_2,p_1),\ D_zF=-1,\ DF:=(F_x,F_y)=\mathbf{0}.$$

为了确定 $p(0)$, 由相容性条件得方程组

$$\begin{cases}F(p(0),z(0),x(0))=p_1(0)p_2(0)-t^2=0,\\ \dfrac{d(t^2)}{dt}=2t=p(0)\cdot(0',t')=p_2(0),\end{cases}$$

由此解得 $p_1(0)=\dfrac{t}{2}, p_2(0)=2t$.

由于在 $\varGamma$ 上有

$$J\big|_{\varGamma}=\begin{vmatrix}0 & 1\\ 2t & \dfrac{t}{2}\end{vmatrix}=-2t\neq 0,\ t>0,$$

故所给的边界条件是非特征边界条件.

于是特征方程为

$$\begin{cases}\dot{x}(s)=p_2(s),\dot{y}(s)=p_1(s),\dot{z}(s)=2p_1(s)p_2(s),\dot{p}(s)=p(s),\\ x(0)=0,y(0)=t,z(0)=t^2,p(0)=\left(\dfrac{t}{2},2t\right),\end{cases}$$

由此解得

$$p_1(s;t)=\frac{t}{2}\mathrm{e}^s,\ p_2(s;t)=2t\mathrm{e}^s,\ x(s;t)=2t(\mathrm{e}^s-1),$$
$$y(s;t)=\frac{t}{2}(\mathrm{e}^s+1),\ z(s;t)=t^2\mathrm{e}^{2s},$$

于是解出

$$\mathrm{e}^s=\frac{x+4y}{4y-x},\ t^2=\frac{(4y-x)^2}{16},$$

从而可得原问题的解为

$$u(x,y)=z(s(x,y);t(x,y))=\frac{(x+4y)^2}{16},\ (x,y)\in\varOmega\cup\varGamma.$$

又由于 $\frac{(x+4y)^2}{16}=\left(y+\frac{1}{4}x\right)^2$，故该解 (如果视 $x$ 为时间变量的话) 也是行波解. 需要注意的是, 该解是**整体解** (Global Solution). □

例 2.2.9 求解一阶完全非线性PDE边值问题:

$$\begin{cases}|\nabla u(x,y,z)|^2=1,z\neq 1-x-y,\ (x,y,z)\in\mathbb{R}^3,\\ u(x,y,z)=x,z=1-x-y,\ (x,y,z)\in\mathbb{R}^3.\end{cases}$$

**解**: 记

$$p=(p_1,p_2,p_3),$$
$$F=F(p,u,x,y,z)=p_1^2+p_2^2+p_3^2-1,$$

则

$$D_pF=(2p_1,2p_2,2p_3),\ D_uF=0,\ (F_x,F_y,F_z)=\mathbf{0}.$$

将边界曲面 (记为 $\Gamma$) 参数化为

$$\Gamma: x=t_1, y=t_2, z=1-t_1-t_2,\ (t_1,t_2)\in\mathbb{R}^2,$$

由相容性条件得

$$\begin{cases} p_1^2(0)+p_2^2(0)+p_3^2(0)=1, \\ p(0)\cdot\left.\dfrac{\partial(x,y,z)}{\partial t_1}\right|_\Gamma = p(0)\cdot(1,0,-1)=\dfrac{\partial t_1}{\partial t_1}=1, \\ p(0)\cdot\left.\dfrac{\partial(x,y,z)}{\partial t_2}\right|_\Gamma = p(0)\cdot(0,1,-1)=\dfrac{\partial t_1}{\partial t_2}=0, \end{cases}$$

由此解得

$$p(0)=(1,0,0)\ 或者\ p(0)=(1/3,-2/3,-2/3),$$

故

$$J\big|_\Gamma=\begin{vmatrix}1&0&-1\\0&1&-1\\2&0&0\end{vmatrix}=2\ 或者\ J\big|_\Gamma=\begin{vmatrix}1&0&-1\\0&1&-1\\2/3&-4/3&-4/3\end{vmatrix}=-2,$$

即所给边界条件是非特征的.

所给边值问题对应的特征方程初值问题为

$$\begin{cases} \dot{x}(s)=2p_1(s), \dot{y}(s)=2p_2(s), \dot{z}(s)=2p_3(s), \\ \dot{u}(s)=2\big(p_1^2(s)+p_2^2(s)+p_3^2(s)\big), \\ \dot{p}_1(s)=0, \dot{p}_2(s)=0, \dot{p}_3(s)=0, \\ x(0)=t_1, y(0)=t_2, z(0)=1-t_1-t_2, \\ u(0)=t_1, p_1(0)=1, p_2(0)=0, p_3(0)=0, \\ 或\ p_1(0)=\dfrac{1}{3}, p_2(0)=p_3(0)=\dfrac{-2}{3}, \end{cases}$$

求解该特征方程得

$$x(s)=2s+t_1,\ y(s)=t_2,\ z(s)=1-t_1-t_2,\ u(s)=2s+t_1,$$

$$p_1(s)=1,\ p_2(s)=p_3(s)=0,$$

或者

$$x(s)=\frac{2s}{3}+t_1,\ y(s)=\frac{-4s}{3}+t_2,\ z(s)=\frac{-4s}{3}+1-t_1-t_2,\ u(s)=2s+t_1,$$

$$p_1(s)=1/3,\ p_2(s)=p_3(s)=-2/3,$$

由此可得原问题的解为

$$u(x,y,z)=\begin{cases}x,\ 当\ p(0)=(1,0,0)\ 时,\\ \dfrac{x-2y-2z+2}{3},\ 当\ p(0)=(1/3,-2/3,-2/3)\ 时.\end{cases}\qquad\square$$

通过上面的例子可知: **对于一阶完全非线性PDE的边值问题, 在求解时一般都需要用到关于 $x(s),z(s),p(s)$ 的三组特征方程** (2.2.14), **而对于线性和拟线性情形则只需要** (2.2.14a) **和** (2.2.14b) **两个方程即可**. 另外, 非线性项的出现往往会导致解仅仅是局部的, 即便边界数据充分光滑.

## 习 题 2.1

1. 求解下列一阶PDE边值问题:

(1) $\begin{cases}xu_y-yu_x=u(x,y),\ (x,y)\in\Omega=\{x>0,y>0\},\\ u(x,y)=g(x),\ (x,y)\in\Gamma=\{x>0,y=0\};\end{cases}$

(2) $\begin{cases}xu_x+yu_y=2u(x,y),\ (x,y)\in\Omega=\{x\in\mathbb{R},y\neq1\},\\ u(x,y)=g(x),\ (x,y)\in\Gamma=\{x\in\mathbb{R},y=1\};\end{cases}$

(3) $\begin{cases}uu_x+u_y=1,\ (x,y)\in\Omega=\mathbb{R}^2\backslash\{x=y\},\\ u(x,y)=\dfrac{x}{2},\ (x,y)\in\Gamma=\{x=y\};\end{cases}$

(4) $\begin{cases}xu_x+yu_y+u_z=u(x,y,z),\ (x,y,z)\in\Omega=\mathbb{R}^3\backslash\{z=0\},\\ u(x,y,0)=h(x,y);\end{cases}$

(5) $\begin{cases}-u_x+2u_y+xu=0,\ y\neq0,\\ u(x,0)=2x\mathrm{e}^{x^2/2};\end{cases}$

(6) $\begin{cases}(1+x^2)u_x+u_y=u(x,y),\ y\neq0,\\ u(x,0)=\arctan x;\end{cases}$

(7) $\begin{cases} u_x + u_y = u^2(x,y),\ y \neq 0, \\ u(x,0) = h(x); \end{cases}$

(8) $\begin{cases} x \cdot Du = 3u(x),\ x \in \varOmega = \mathbb{R}^n \backslash \{x_n = 1\}, n \geqslant 2, \\ u(x) = h(x_1, \cdots, x_{n-1}),\ x \in \varGamma = \{x_n = 1\}. \end{cases}$

2. 求解下面的一阶完全非线性PDE:

(1) $\begin{cases} u_x u_y = u(x,y),\ (x,y) \in \varOmega = \{(x,y) \in \mathbb{R}^2 \mid y > -x, x > 0\}, \\ u(x,y) = x^2,\ (x,y) \in \varGamma = \{y = -x, x > 0\}, \end{cases}$

并考虑边界$\varGamma$是否可以换成$\{y = x, x > 0\}$;

(2) $\begin{cases} (u_x)^2 + (u_y)^2 + (u_z)^2 = 4,\ (x,y,z) \in \mathbb{R}^3, x + y + z \neq 1, \\ u(x,y,1-x-y) = 3,\ (x,y) \in \mathbb{R}^2; \end{cases}$

(3) $\begin{cases} u_y = 4(u_x)^2,\ y \neq 0, \\ u(x,0) = x^2; \end{cases}$

(4) $\begin{cases} xu_x + yu_y + \dfrac{1}{2}|\nabla u|^2 = u(x,y),\ y \neq 0, \\ u(x,0) = \dfrac{1}{2}(1 - x^2); \end{cases}$

(5) $\begin{cases} \dfrac{1}{4}(u_x)^2 + uu_y = u(x,y),\ y \neq \dfrac{x^2}{2}, \\ u\left(x, \dfrac{x^2}{2}\right) = \dfrac{x^2}{2}. \end{cases}$

3. 证明注 2.2.1 中的结论:

$$D_p F(p_0, z_0, x_0) \cdot \boldsymbol{n}(x_0) \neq 0 \Leftrightarrow J(x_0) \neq 0.$$

# 第 3 章　二阶半线性偏微分方程的分类与化简

由第1章知道, 波方程

$$u_{tt} = c^2 u_{xx}$$

和热方程

$$u_t = a^2 u_{xx}$$

以及Laplace方程

$$u_{xx} + u_{yy} = 0$$

所描述的实际物理问题之间存在很大的差异, 相应的定解问题的提法也不同. 我们在以后还会看到, Laplace方程和热方程有极值原理, 而波方程一般是不具有的; 另外, 波方程的解关于初始扰动具有有限传播速率, 而热方程的解关于初始扰动的传播速率是无限大. 对上述三类方程解的进一步定性研究也往往因方程的不同而需要使用不同的研究方法. 鉴于此, 有必要对一般形式的二阶偏微分方程进行分类, 以期通过确定其所属的方程类型, 对方程的特点以及解的性质做一初步的判断(比如对其相应的定解问题的提法提供必要依据等), 并且在适当条件下尽可能简化方程以方便求解. 所以对二阶的偏微分方程进行分类是具有重要的理论和实际意义的.

本章第3.1节详细讲解了两个独立变元的二阶半线性PDE的分类, 重点是分类标准的选取, 并系统地给出了可逆特征坐标变换的选取方法; 第3.2节介绍了多个独立变量二阶半线性PDE的化简, 由于当独立变量个数超过两个时一般不存在全局的特征坐标变换, 所以本节只考察了线性主部系数是常数的情形. 本章重点是特征坐标变换的求法和(在一定条件下)利用特征坐标变换求PDE的通解.

## 3.1 两个独立变元二阶半线性偏微分方程的分类与化简

根据第1章可知, 形如

$$a_{11}u_{xx}+a_{12}u_{xy}+a_{22}u_{yy}+F(x,y,u,u_x,u_y)=0,\ (x,y)\in\Omega\subset\mathbb{R}^2 \tag{3.1.1}$$

的方程称为**两个独立变元二阶半线性**PDE, 其中的$\Omega$是$\mathbb{R}^2$中的开集, $a_{11},a_{12},a_{22}$均是定义在$\Omega$上的给定连续函数, $F:\Omega\times\mathbb{R}\times\mathbb{R}^2\to\mathbb{R}$是表示 (3.1.1) 的所有低阶项的给定函数, $u=u(x,y)$是未知函数, 另外

$$(a_{11}^2+a_{12}^2+a_{22}^2)(x,y)\neq 0,\ (x,y)\in\Omega. \tag{3.1.2}$$

我们称$a_{11}u_{xx}+a_{12}u_{xy}+a_{22}u_{yy}$为 (3.1.1) 的**线性主部**(Linear Principal Part). 本节主要讨论如何对形如 (3.1.1) 的方程进行分类, 以及如何把方程 (3.1.1) 进行必要的化简, 以便于求解和研究解的性质. 我们也顺便考察线性情形, 即

$$a_{11}u_{xx}+a_{12}u_{xy}+a_{22}u_{yy}+b_1u_x+b_2u_y+cu=f(x,y),\ (x,y)\in\Omega\subset\mathbb{R}^2, \tag{3.1.3}$$

其中$b_1,b_2,c,f$是给定的连续函数. 对于三个以上独立变量的二阶PDE的分类将留到下一节介绍.

### 3.1.1 方程的分类

我们该采用什么标准对方程 (3.1.1) 进行分类呢? 和几何中对二次曲线和二次曲面的分类相似, 我们拟对 (3.1.1) 施行$C^2$可逆变换, 以期找到在可逆变换下的某种不变量, 然后利用该不变量来作为分类的标准. 为此, 任取可逆的$C^2$变量替换:

$$T:\begin{cases}\xi=\xi(x,y),\\ \eta=\eta(x,y),\end{cases} \tag{3.1.4}$$

使得该变换的Jacobian

$$\frac{\partial(\xi,\eta)}{\partial(x,y)}:=\begin{vmatrix}\xi_x & \xi_y\\ \eta_x & \eta_y\end{vmatrix}\neq 0, \tag{3.1.5}$$

则由链式法则可知:

$$u_x=u_\xi\xi_x+u_\eta\eta_x,\ u_y=u_\xi\xi_y+u_\eta\eta_y,$$

$$u_{xx}=(\xi_x)^2u_{\xi\xi}+2\xi_x\eta_xu_{\xi\eta}+(\eta_x)^2u_{\eta\eta}+\xi_{xx}u_\xi+\eta_{xx}u_\eta,$$

$$u_{xy}=\xi_x\xi_yu_{\xi\xi}+(\xi_x\eta_y+\xi_y\eta_x)u_{\xi\eta}+\eta_x\eta_yu_{\eta\eta}+\xi_{xy}u_\xi+\eta_{xy}u_\eta,$$

$$u_{yy} = (\xi_y)^2 u_{\xi\xi} + 2\xi_y\eta_y u_{\xi\eta} + (\eta_y)^2 u_{\eta\eta} + \xi_{yy}u_\xi + \eta_{yy}u_\eta.$$

把这些表达式代入 (3.1.1) 并整理后得到

$$\bar{a}_{11}u_{\xi\xi} + \bar{a}_{12}u_{\xi\eta} + \bar{a}_{22}u_{\eta\eta} + F(\xi, \eta, u, u_\xi, u_\eta) = 0, \tag{3.1.6}$$

其中

$$\begin{cases} \bar{a}_{11} = a_{11}(\xi_x)^2 + a_{12}\xi_x\xi_y + a_{22}(\xi_y)^2, & (3.1.7\text{a}) \\ \bar{a}_{12} = 2a_{11}\xi_x\eta_x + a_{12}(\xi_x\eta_y + \xi_y\eta_x) + 2a_{22}\xi_y\eta_y, & (3.1.7\text{b}) \\ \bar{a}_{22} = a_{11}(\eta_x)^2 + a_{12}\eta_x\eta_y + a_{22}(\eta_y)^2. & (3.1.7\text{c}) \end{cases}$$

虽然从形式上看 (3.1.6) 和 (3.1.7) 变得比 (3.1.1) 复杂得多, 但是易验证 (留作习题): 如果记

$$\triangle := (a_{12})^2 - 4a_{11}a_{22}, \ \overline{\triangle} := (\bar{a}_{12})^2 - 4\bar{a}_{11}\bar{a}_{22}, \tag{3.1.8}$$

则有

$$\overline{\triangle} = \triangle \cdot \left( \frac{\partial(\xi, \eta)}{\partial(x, y)} \right)^2. \tag{3.1.9}$$

易见这个关系式和二次曲线在可逆仿射变换下得到的关系式类似.

于是根据 (3.1.9) 可知, $C^2$ 变换 (3.1.4) 是可逆的, 当且仅当 $\triangle$ 和 $\overline{\triangle}$ 保持同号, 所以可以把上述 $\triangle$ (的符号) 看作是可逆变换下的不变量. 基于此, 我们根据关系式 (3.1.8) 和 (3.1.9) 把方程 (3.1.1) 做如下的分类.

**定义 3.1.1** 设 $(x_0, y_0) \in \Omega$, 如果 $\triangle(x_0, y_0) > 0$, 那么称 (3.1.1) 在 $(x_0, y_0)$ 是**双曲型**(Hyperbolic) 的; 如果 $\triangle(x_0, y_0) = 0$, 那么称 (3.1.1) 在 $(x_0, y_0)$ 是**抛物型**(Parabolic) 的; 如果 $\triangle(x_0, y_0) < 0$, 那么称 (3.1.1) 在 $(x_0, y_0)$ 是**椭圆型** (Elliptic) 的. 如果 (3.1.1) 在 $\Omega$ 中的每一点都是双曲型 (抛物型或者椭圆型) 的, 那么我们就称方程 (3.1.1) 在 $\Omega$ 中是双曲型 (抛物型或者椭圆型) 的; 如果(3.1.1) 在 $\Omega$ 的不同子集上分属不同类型, 那么我们常称方程 (3.1.1) 在 $\Omega$ 上是**混合型**的. 称 (3.1.8) 中的 $\triangle$ 为 (3.1.1) 的**类型判别式**(Type Discriminant).

按此定义可知, 波方程 $u_{tt} - c^2u_{xx} = 0$ 和热方程 $u_t - a^2u_{xx} = 0$ 以及 Laplace 方程 $u_{xx} + u_{yy} = 0$ 在所给定的区域中分别是二阶双曲型、抛物型以及椭圆型偏微分方程.

### 3.1.2 化简 标准型

下面我们希望寻找适当的$C^2$可逆变换 (3.1.4), 以使方程 (3.1.1) 在变换下变得尽可能简单, 甚至在某些情况下方便我们求解.

先任意取定$(x,y)\in\Omega$, 注意到条件 (3.1.2), 故可先考虑当 (为方便计, 略掉系数的独立变元$(x,y)$)

$$a_{11}=a_{22}=0 \tag{3.1.10}$$

的情形, 此时必有$a_{12}\neq 0$, 于是 (3.1.1) 可写成

$$u_{xy}+g(x,y,u,u_x,u_y)=0, \tag{3.1.11}$$

此时由于该方程的类型判别式$\triangle=1>0$, 故 (3.1.11) 是双曲型的.

取线性光滑变换:

$$\xi=x+y,\ \eta=x-y, \tag{3.1.12}$$

则

$$\frac{\partial(\xi,\eta)}{\partial(x,y)}=-2\neq 0,$$

且 (3.1.11) 在可逆$C^2$变换 (3.1.12) 下变成

$$u_{\xi\xi}-u_{\eta\eta}+g(\xi,\eta,u,u_\xi,u_\eta)=0 \tag{3.1.13}$$

的形式, 而这正好和波方程类似.

**定义 3.1.2** 称形如 (3.1.13) 的方程为双曲型方程第一标准型, 形如 (3.1.11) 的方程为双曲型方程第二标准型.

由于 (3.1.12) 可逆, 故双曲型方程的上述两种标准型可以互相转化.

下面来考察当条件 (3.1.10) 不成立, 即

$$a_{11}^2+a_{22}^2\neq 0 \tag{3.1.14}$$

时, 该如何选择可逆变换 (3.1.4) 以便尽可能化简 (3.1.1).

注意到 (3.1.6) 虽然比较复杂, 但形式上和 (3.1.1) 是一样的, 再结合 (3.1.7a) 和 (3.1.7c) 可知, 如果我们有办法选择$\xi,\eta$, 使得 (3.1.7a) 和 (3.1.7c)都为零, 则 (3.1.6) 便可化为 (3.1.11) 的形式了. 再注意到 (3.1.7a) 和 (3.1.7c) 形式上是同一个方程, 为此我们来考虑如下的方程:

$$a_{11}(\phi_x)^2+a_{12}\phi_x\phi_y+a_{22}(\phi_y)^2=0. \tag{3.1.15}$$

我们希望得到 (3.1.15) 的两个线性无关解 (或者至少找到一个非平凡解). 由第 2 章知道, 该方程是一阶完全非线性 PDE, 要用特征法求解还比较困难和繁琐. 不过, 注意到该方程是关于 $\phi_x, \phi_y$ 的二次齐次方程, 所以可以通过对 $\triangle$ 的符号来逐一讨论 (同时需要兼顾变换可逆条件 (3.1.5)). 再注意到关于二元二次齐次方程有如下的引理

**引理 3.1.1 如果关于 $\lambda \in \mathbb{C}$ 的方程**

$$\alpha\lambda^2 + \beta\lambda + \gamma = 0$$

**的系数满足 $\alpha, \beta, \gamma \in \mathbb{R}$, $\alpha \neq 0$, 那么, 当记此方程的解为**

$$\lambda_\pm = \frac{-\beta \pm \sqrt{\beta^2 - 4\alpha\gamma}}{2\alpha}$$

**时有如下结论: $\forall X, Y \in \mathbb{C}$, 有**

$$\alpha X^2 + \beta XY + \gamma Y^2 = 0 \Leftrightarrow (X - \lambda_+ Y)(X - \lambda_- Y) = 0.$$

该引理对我们求解 (3.1.15), 进而寻找 $C^2$ 的可逆变换 (3.1.4) 是有帮助的.

接下来,我们分三种情形分别讨论.

(1) **当 $\triangle > 0$ 时**

注意到条件 (3.1.14), 不妨设 $a_{11} \neq 0$, 于是与 (3.1.15) 对应的一元二次方程 $a_{11}\lambda^2 + a_{12}\lambda + a_{22} = 0$ 此时有两个互异实根, 记为

$$\lambda\pm := \frac{-a_{12} \pm \sqrt{\triangle}}{2a_{11}}, \tag{3.1.16}$$

于是为求解 (3.1.15), 结合引理 3.1.1, 我们来考察如下的一阶线性 PDE 边值问题:

$$\begin{cases} \xi_x = \lambda_+ \xi_y, \quad \xi(x_0, y) = h_1(y), & (3.1.17\text{a}) \\ \eta_x = \lambda_- \eta_y, \quad \eta(x_0, y) = h_2(y), & (3.1.17\text{b}) \end{cases}$$

其中的边值 $h_i(y)$ $(i = 1, 2)$ 是适当给定的, $(x_0, y) \in \Omega$, 其中 $(x_0, y)$ 和事先取定的 $(x, y)$ 足够接近 (但不相等).

根据第 2.2 节的例 2.2.6 可知, 如果选取的边值满足:

$$h_i \in C^2, \ \frac{\mathrm{d}h_i(y)}{\mathrm{d}y} \neq 0, \ i = 1, 2, \tag{3.1.18}$$

则 (3.1.17) 有局部唯一 $C^2$ 解

$$\xi = \xi(x, y), \ \eta = \eta(x, y), \ 使得 \ \xi_y \neq 0, \ \eta_y \neq 0, \tag{3.1.19}$$

于是如果把 (3.1.17) 的满足条件 (3.1.18) 的解 (3.1.19) 作为变换 (3.1.4) 中的 $\xi, \eta$, 代入 (3.1.7a) 和 (3.1.7c) 则得

$$\bar{a}_{11} = \big(a_{11}(\lambda_+)^2 + a_{12}\lambda_+ + a_{22}\big)(\xi_y)^2 = 0,$$
$$\bar{a}_{22} = \big(a_{11}(\lambda_-)^2 + a_{12}\lambda_- + a_{22}\big)(\eta_y)^2 = 0,$$

而

$$\frac{\partial(\xi,\eta)}{\partial(x,y)} = (\lambda_+ - \lambda_-)\xi_y\eta_y \neq 0 \ \ (\text{根据 (3.1.16) 和 (3.1.19)}).$$

于是根据 (3.1.9) 便得

$$(\bar{a}_{12})^2 = (\bar{a}_{12})^2 - 4\bar{a}_{11}\bar{a}_{22} = \overline{\triangle} = \triangle\cdot\left(\frac{\partial(\xi,\eta)}{\partial(x,y)}\right)^2 > 0,$$

所以 $\bar{a}_{12} \neq 0$.

由此可知: 当 $\triangle > 0$ 时, 如果选择 $C^2$ 可逆变换为如下形式:

$$\begin{cases} \xi = \xi(x,y) \\ \eta = \eta(x,y) \end{cases}, \text{其中 } \xi,\eta \text{ 由 (3.1.16), (3.1.17) 和 (3.1.18) 确定}, \tag{3.1.20}$$

则 (3.1.1) 便可化成双曲型方程第二标准型 (3.1.11), 进而在可逆变换 (3.1.12) 下可进一步化为波方程 (3.1.13).

当 $a_{11} = 0$ 时, 由条件 (3.1.14) 可知此时必有 $a_{22} \neq 0$, 此时的处理方法类似.

**注 3.1.1** 如果 (3.1.1) 在整个 $\Omega$ 上是双曲型的, 则 (3.1.17) 中的边值条件 $h_i\ (i=1,2)$ 可以选得使解 (3.1.19) 不依赖于 $x_0$, 从而得出的变换可以在整个 $\Omega$ 上把方程 (3.1.1) 变为标准型.

**(2) 当 $\triangle = 0$ 时**

不妨也设 $a_{11} \neq 0$, 此时由于 $\triangle = 0$, 故一元二次方程

$$a_{11}\lambda^2 + a_{12}\lambda + a_{22} = 0$$

有唯一的实根 (重根)

$$\lambda = \frac{-a_{12}}{2a_{11}}. \tag{3.1.21}$$

为确定 (3.1.4) 中的 $\xi$, 注意到引理 3.1.1, 只需求解如下的一阶线性 PDE 边值问题

$$\xi_x = \lambda\xi_y = \frac{-a_{12}}{2a_{11}}\xi_y,\ \xi(x_0,y) = h(y) \in C^2,\ h'(y) \neq 0. \tag{3.1.22}$$

根据第 2.2 节的例 2.2.6 可知, (3.1.22) 有局部唯一的 $C^2$ 解

$$\xi = \xi(x, y), \text{ 且满足条件 } \xi_y \neq 0, \tag{3.1.23}$$

此时我们可以任意选取 $\eta$, 只要使得 $\xi, \eta$ 满足非退化条件 (3.1.5) 即可. 比如: 当假设 $a_{11} \neq 0$ 时可以选取 $\eta = x$, 于是变换 (3.1.4) 可以取作

$$\begin{cases} \xi \text{ 是 (3.1.22) 的} C^2 \text{解}, \\ \eta = x, \end{cases} \tag{3.1.24}$$

则由 (3.1.23) 得

$$\frac{\partial(\xi, \eta)}{\partial(x, y)} = \begin{vmatrix} \lambda\xi_y & \xi_y \\ 1 & 0 \end{vmatrix} = -\xi_y \neq 0,$$

且

$$\bar{a}_{11} = (a_{11}\lambda^2 + a_{12}\lambda + 1)(\xi_y)^2 = 0,$$

而

$$(\bar{a}_{12})^2 = (\bar{a}_{12})^2 - 4\bar{a}_{11}\bar{a}_{22} = \triangle \cdot \left(\frac{\partial(\xi, \eta)}{\partial(x, y)}\right)^2 = 0,$$

所以 $\bar{a}_{12} = 0$. 再由 (3.1.24) 和 (3.1.7c) 可知, $\bar{a}_{22} = a_{11} \neq 0$.

由此可知, 当 $\triangle = 0$ 时, 只要取可逆 $C^2$ 变换 (3.1.24), 则 (3.1.1) 必可化成如下的形式:

$$u_{\eta\eta} + g(\xi, \eta, u, u_\xi, u_\eta) = 0. \tag{3.1.25}$$

特别地, 当 (3.1.1) 是线性方程 (3.1.3) 的形式时, 在 $C^2$ 可逆变换 (3.1.24) 下必可化成

$$u_{\eta\eta} = A_1 u_\xi + B_1 u_\eta + C_1 u + D_1, \tag{3.1.26}$$

且 (3.1.26) 可以进一步化成形如热方程的形式. 为此可继续施行变换

$$u(\xi, \eta) = v(\xi, \eta) \exp\Big(\frac{1}{2}\int_{\eta_0}^{\eta} B_1(\xi, \tau) \mathrm{d}\tau\Big), \tag{3.1.27}$$

以消去 (3.1.26) 中的 $B_1 u_\eta$ 项. 将 (3.1.27) 代入 (3.1.26) 并整理即得

$$v_\xi = A v_{\eta\eta} + C v + D, \tag{3.1.28}$$

这正好和热方程

$$u_t = a^2 u_{xx} + \text{关于} x \text{的低阶偏微分项}$$

类似.

(3) 当$\triangle < 0$时

此时也不妨设$a_{11} \neq 0$, 与 (3.1.15) 对应的一元二次方程

$$a_{11}\lambda^2 + a_{12}\lambda + a_{22} = 0$$

的解此时不是实数, 而是互为共轭的两个复数. 记其中的一解为

$$\lambda = \frac{-a_{12} + \sqrt{-\triangle}\,\mathrm{i}}{2a_{11}} =: \alpha + \beta\mathrm{i},\ \beta \neq 0, \tag{3.1.29}$$

注意到引理 3.1.1, 考察一阶复值线性PDE:

$$\phi_x = \lambda\phi_y,\ \phi(x_0, y) = h(y) \in C^2,\ \text{且}\,|h'(y)| \neq 0, \tag{3.1.30}$$

根据第2.2节例 2.2.6 可知, (3.1.30) 有局部唯一$C^2$复值解

$$\phi(x,y) = \xi(x,y) + \mathrm{i}\eta(x,y),\ \text{且}\,|\phi_y(x,y)| = |\xi_y + \mathrm{i}\eta_y| \neq 0. \tag{3.1.31}$$

由于此时

$$a_{11}(\phi_x)^2 + a_{12}\phi_x\phi_y + a_{22}(\phi_y)^2 = (a_{11}\lambda^2 + a_{12}\lambda + a_{22})(\phi_y)^2 = 0,$$

故 (3.1.31) 是 (3.1.15) 的复值解, 于是把 (3.1.31) 代入 (3.1.15), 并分离实部和虚部后得到

$$\begin{cases} a_{11}\big((\xi_x)^2 - (\eta_x)^2\big) + a_{12}(\xi_x\xi_y - \eta_x\eta_y) + a_{22}\big((\xi_y)^2 - (\eta_y)^2\big) = 0, & \text{(3.1.32a)} \\ 2a_{11}\xi_x\eta_x + a_{12}(\xi_x\eta_y + \eta_x\xi_y) + 2a_{22}\xi_y\eta_y = 0. & \text{(3.1.32b)} \end{cases}$$

由此,如果令 (3.1.4) 中的$\xi, \eta$为 (3.1.31) 中的$\xi, \eta$, 即取变换

$$\begin{cases} \xi = \mathrm{Re}\,(\phi(x,y)), \\ \eta = \mathrm{Im}\,(\phi(x,y)), \end{cases} \quad \text{其中}\,\phi\,\text{为 (3.1.30) 的一个复值解}, \tag{3.1.33}$$

那么由 (3.1.29), (3.1.30) 和 (3.1.31) 可得

$$\xi_x = \alpha\xi_y - \beta\eta_y,\ \eta_x = \alpha\eta_y + \beta\xi_y,$$

从而

$$\frac{\partial(\xi,\eta)}{\partial(x,y)} = -\beta|\phi_y(x,y)|^2 \neq 0\ \ (\text{由 (3.1.29),(3.1.31)}). \tag{3.1.34}$$

再由 (3.1.32) 和 (3.1.7a), (3.1.7b) 以及 (3.1.7c)可知

$$\bar{a}_{11} = \bar{a}_{22},\ \bar{a}_{12} = 0.$$

又根据

$$\overline{\triangle} = (\bar{a}_{12})^2 - 4\bar{a}_{11}\bar{a}_{22} = -4(\bar{a}_{11})^2$$
$$= \triangle \cdot \left(\frac{\partial(\xi,\eta)}{\partial(x,y)}\right)^2 < 0 \ \ (\text{由 } (3.1.34)),$$

从而必有 $\bar{a}_{11} = \bar{a}_{22} \neq 0$.

由此可知, 在 $\triangle < 0$ 时, 如果选取变换为 (3.1.29), (3.1.30), (3.1.33), 则 (3.1.1) 必可化成如下形式:

$$u_{\xi\xi} + u_{\eta\eta} + g(\xi, \eta, u, u_\xi, u_\eta) = 0. \tag{3.1.35}$$

综上所述, 我们给出如下定义:

定义 3.1.3　我们分别称方程(3.1.26), (3.1.35) **为抛物型方程的标准型**和**椭圆型方程的标准型**, 称 (3.1.15) 为(3.1.1) 的**特征方程**, 其解称为方程 (3.1.1) 对应的**特征 (线)** (在椭圆型时是复值的特征 (线)).

注 3.1.2　不少文献 (如参考文献 [3]) 为了方便求解特征方程 (3.1.15) 而另外引入一阶完全非线性 ODE:

$$a_{11}(\mathrm{d}y)^2 - a_{12}\mathrm{d}x\mathrm{d}y + a_{22}(\mathrm{d}x)^2 = 0, \tag{3.1.36}$$

并称 (3.1.36) 为方程 (3.1.1) 的**特征线方程**, 称由该方程所确定的方向 $\frac{\mathrm{d}y}{\mathrm{d}x}$ 为特征方向. (3.1.15) 和 (3.1.36) 之间的关系由如下定理给出.

定理 3.1.1　设函数 $\phi = \phi(x, y)$ 满足非退化条件 $(\phi_x)^2 + (\phi_y)^2 \neq 0$, 则 $\phi = \phi(x, y)$ 是 (3.1.15) 的 $C^2$ 解 $\Leftrightarrow$ 对任意的 $C \in \mathbb{R}$ ( 在 $\triangle < 0$ 时 $C \in \mathbb{C}$ ), $\phi(x, y) = C$ 是 (3.1.36) 的通积分 (隐式解).

但需要注意的是, 当从特征线方程 (3.1.36) 中解出 $\phi(x, y) = C$ 后, 必须验证非退化条件 $\nabla\phi \neq \mathbf{0}$. (请思考为什么?)

定义 3.1.4　称把方程 (3.1.1) 化为相应标准型的 $C^2$ 可逆变换 (3.1.20), (3.1.24) 和 (3.1.33) 为**特征坐标变换** (Characteristic Coordinate Transformations).

例 3.1.1　试确定方程

$$xu_{xx} + (x + y)u_{xy} + yu_{yy} = 0$$

的类型, 并求当 $x \neq y$ 时的通解.

解: 因为该 PDE 的类型判别式 $\triangle = (x + y)^2 - 4xy = (x - y)^2$, 故当 $x = y$

时方程是抛物型的; 当 $x \neq y$ 时是双曲型的.

现在来求当 $x \neq y$ 时的通解. 由于此时方程是双曲型的, 如果把它化成双曲型的第二标准型, 那么对求通解是有好处的. 该方程对应的特征方程为

$$x(\phi_x)^2 + (x+y)\phi_x\phi_y + y(\phi_y)^2 = 0, \tag{3.1.37}$$

该特征方程对应的一元二次方程是

$$x\lambda^2 + (x+y)\lambda + y = 0.$$

因为 $x \neq y$, 所以 $x^2+y^2 \neq 0$, 不妨假设 $x \neq 0$ (当 $x = 0$ 时, 必有 $y \neq 0$, 此时可类似考察). 任取 $x_0 \neq 0$, 在 $(x_0, y)$ $(y \neq x_0)$ 附近求解 (3.1.37). 由 $\lambda = \frac{-(x+y) \pm |y-x|}{2x}$ 可得 $\lambda_1 = -y/x, \lambda_2 = -1$.

于是考察如下的特征方程:

$$\xi_x = -\frac{y}{x}\xi_y \text{ 或 } x\xi_x + y\xi_y = 0 \text{ 和 } \eta_x + \eta_y = 0.$$

用特征法求解 $x\xi_x + y\xi_y = 0, \xi(x_0, y) = f(y)$, 则有

$$\dot{x}(s) = x, \dot{y}(s) = y, \dot{z}(s) = 0;\ x(0) = x_0, y(0) = t, z(0) = f(t),$$

可得 $\xi = z(s) = f\left(\frac{x_0 y}{x}\right)$. 为了消去 $x_0$ 以便在更大范围化简原方程, 可令 $f(t) = \frac{t}{x_0}$, 从而 $\xi = \frac{y}{x}$. 同理, 对于 $\eta_x + \eta_y = 0, \eta(x_0, y) = g(y)$, 由

$$\dot{x}(s) = 1, \dot{y}(s) = 1, \dot{z}(s) = 0;\ x(0) = x_0, y(0) = t, z(0) = g(t)$$

解得 $\eta = z(s) = g(y - x + x_0)$, 于是可选取 $g(t) = t - x_0$, 从而 $\eta = y - x$.

综上, 选择 $C^2$ 可逆变量替换 (即特征坐标变换) 为如下形式:

$$\xi = \frac{y}{x},\ \eta = y - x,$$

代入原方程后整理得双曲型方程第二标准型

$$u_{\xi\eta} - \frac{1}{\eta}u_\xi = 0.$$

通过选取积分因子 $\exp\left(-\int \frac{1}{\eta}\mathrm{d}\eta\right) = \frac{1}{\eta}$ 积分上式得到其解为 $u = \eta F(\xi) + G(\eta)$, 即

$$u(x,y) = (y-x)F\left(\frac{y}{x}\right) + G(y-x),\ F, G \in C^2.$$

由于原方程关于 $x$ 和 $y$ 对称, 所以实际上只需考察 $x_0 \neq 0$ 的情形即可. □

例 3.1.2 判断方程

$$x^2 u_{xx} - 2xyu_{xy} + y^2 u_{yy} + u_x = 0$$

的类型, 并就 $x > 0$ 时将之化为标准型.

**解**: 因为该方程的类型判别式为

$$\triangle = (-2xy)^2 - 4 \cdot x^2 \cdot y^2 = 0,$$

故该 PDE 是抛物型的.

现就 $x > 0$ 时将之化为标准型. 该 PDE 对应的特征方程为

$$x^2(\phi_x)^2 - 2xy\phi_x\phi_y + y^2(\phi_y)^2 = 0,$$

或

$$(x\phi_x - y\phi_y)^2 = 0,$$

从而有

$$x\phi_x - y\phi_y = 0.$$

为寻找特征坐标变换, 需要求解如下的一阶 PDE 边值问题:

$$x\phi_x - y\phi_y = 0,\ \phi(x_0, y) = h(y),$$

其中 $h(y) \in C^2, h'(y) \neq 0,\ x_0 > 0$. 由特征法知该边值问题对应的特征方程初值问题为

$$\begin{cases} \dot{x}(s) = x(s), \dot{y}(s) = -y(s), \dot{z}(s) = 0,\ s > 0, \\ x(0) = x_0, y(0) = t, z(0) = h(t), \end{cases}$$

易知该初值问题的解为

$$x = x_0 \mathrm{e}^s,\ y = t\mathrm{e}^{-s},\ z(s;t) = h(t),$$

从而

$$t = \frac{xy}{x_0},\ z(s;t) = z(s(x,y);t(x,y)) = h\Big(\frac{xy}{x_0}\Big),$$

特别地, 当取 $h(x) = x_0 x$ 时有

$$\phi(x,y) = z(s(x,y);t(x,y)) = xy.$$

于是选取 $C^2$ 可逆变换 (特征坐标变换) 为

$$\begin{cases} \xi = xy, \\ \eta = x, \end{cases} \tag{3.1.38}$$

代入原PDE 中并整理得

$$u_{\eta\eta} = \frac{-y+2xy}{x^2}u_\xi - \frac{u_\eta}{x^2}.$$

再由 (3.1.38) 得$x=\eta, y=\xi/\eta$, 于是得原PDE的标准型为

$$u_{\eta\eta} = \frac{\xi(2\eta-1)}{\eta^3}u_\xi - \frac{1}{\eta^2}u_\eta. \tag{3.1.39}$$

进一步, 如果令

$$u = \mathrm{e}^{1/(2\eta)}v,\ v=v(\xi,\eta),$$

并代入 (3.1.39) 中后可将之继续化为类似于热方程的形式

$$v_{\eta\eta} = \frac{\xi(2\eta-1)}{\eta^3}v_\xi + \left(\frac{1}{4\eta^4} - \frac{1}{\eta^3}\right)v,\ \eta>0. \qquad \square$$

例 3.1.3　讨论方程

$$xu_{xx} + u_{yy} = 0$$

的类型, 并就$x>0$时的情形把方程化为标准型.

**解**: 因为所给方程的类型判别式$\Delta=-4x$, 所以当$x<0$时方程是双曲型; 当$x=0$时方程是抛物型; 当$x>0$时方程是椭圆型.

由于方程所对应的特征方程为

$$x(\phi_x)^2 + (\phi_y)^2 = 0,\ x>0,$$

由$x\lambda^2+1=0$解得复根为$\lambda_{1,2}=\pm\frac{\mathrm{i}}{\sqrt{x}}$. 所以考虑如下的一阶线性复值PDE边值问题:

$$\phi_x + \frac{\mathrm{i}}{\sqrt{x}}\phi_y = 0,\ \phi|_\Gamma = g(y),\ \Gamma: \{x=x_0>0, y\in\mathbb{R}\}.$$

与此一阶PDE对应的特征方程是

$$\dot{x}(s)=1, \dot{y}(s)=\frac{\mathrm{i}}{\sqrt{x}}, \dot{z}(s)=0,\ s>0,$$

$$x(0)=x_0, y(0)=t, z(0)=g(t),$$

由此解得

$$\phi(x,y) = g(y+2\mathrm{i}\sqrt{x_0} - 2\mathrm{i}\sqrt{x}).$$

于是当选取

$$g(t) = t - 2\mathrm{i}\sqrt{x_0}$$

时有 $\phi(x,y) = y - 2\mathrm{i}\sqrt{x}$, 从而可选特征坐标变换为

$$\xi = y,\ \eta = -2\sqrt{x},$$

代入原方程并化简后得到椭圆型方程标准型为

$$u_{\xi\xi} + u_{\eta\eta} - \frac{1}{\eta}u_\eta = 0,\ \eta < 0.$$

□

## 习 题 3.1

1. 验证 (3.1.8) 中的 $\triangle$ 是可逆变换的不变量, 即若二阶线性偏微分算子

$$L(u) := a_{11}u_{xx} + a_{12}u_{xy} + a_{22}u_{yy},$$

其中 $a_{11}, a_{12}, a_{22}$ 是关于 $(x,y)$ 的连续函数, 则对任意的 $C^2$ 可逆变换

$$T : \xi = \xi(x,y), \eta = \eta(x,y)$$

而言, $L(u)$ 在 $T$ 下的像如果记为

$$L^*(u) = \bar{a}_{11}u_{\xi\xi} + \bar{a}_{12}u_{\xi\eta} + \bar{a}_{22}u_{\eta\eta} + \text{低阶项},$$

则有

$$\bar{a}_{12}^2 - 4\bar{a}_{11}\bar{a}_{22} = (a_{12}^2 - 4a_{11}a_{22})\cdot\left(\frac{\partial(\xi,\eta)}{\partial(x,y)}\right)^2.$$

2. 就 $a_{22} \neq 0$ 的情形推导出化简三类方程的变换以及相应的标准型.

3. 判断方程

$$yu_{xx} - (x+y)u_{xy} + xu_{yy} = 0$$

的类型, 并就 $x \neq y$ 的情形将其化为标准型.

4. 判断方程

$$x^2u_{xx} - 2xyu_{xy} + y^2u_{yy} + xu_x + yu_y = 0,\ x > 0, y \in \mathbb{R}$$

的类型, 并将之化为标准型, 然后就 $x > 0$ 时求其通解.

5. 求方程 $u_{tt} - 2u_{xx} - u_{xt} + (x-t)(u_x + u_t) = 0$ 的通解. (提示: 先作特征坐标变换将之化成标准型)

6. 请分析方程

$$(\lambda + x)u_{xx} + 2xyu_{xy} - y^2u_{yy} = 0,\ \lambda \text{ 是参数}$$

在$\lambda, x, y$分别满足什么关系时其类型为双曲型、抛物型和椭圆型, 其中$x, y, \lambda \in \mathbb{R}$.

## 3.2 多个独立变元二阶半线性方程的分类

### 3.2.1 多个独立变元二阶半线性方程的分类标准

在本节里我们希望把第3.1节的分类方法推广到一般二阶半线性方程的情形, 即形如

$$\sum_{i,j=1}^{n} a_{ij}(x)u_{x_ix_j} + F(x, u(x), Du(x)) = 0,\ x = (x_1, \cdots, x_n) \in \Omega \subset \mathbb{R}^n \quad (3.2.1)$$

的方程, 其中$\Omega$为$\mathbb{R}^n$中的开集, $a_{ij} = a_{ji}, n \geqslant 2, F : \Omega \times \mathbb{R} \times \mathbb{R}^n \to \mathbb{R}$是已知函数. 和第3.1节类似, 我们称$\sum\limits_{i,j=1}^{n} a_{ij}(x)u_{x_ix_j}$ 为PDE (3.2.1) 的线性主部.

为方便记, 本节中 $x = (x_1, x_2, \ldots, x_n)$表示行向量或者列向量, 具体情况可根据其使用环境来判断.

容易明白当$n \geqslant 3$时, 我们不能再利用第3.1节中的类型判别式$\triangle$ (的符号)作为分类的依据了. 但是注意到如下事实是有启发的: 当$n = 2$时, 如果记由(3.2.1) 中的线性主部系数构成的矩阵和其类型判别式分别为

$$\boldsymbol{A} := \begin{bmatrix} a_{11} & \dfrac{a_{12}}{2} \\ \dfrac{a_{12}}{2} & a_{22} \end{bmatrix}, \quad \triangle = a_{12}^2 - 4a_{11}a_{22},$$

那么$\det(\boldsymbol{A}) = -\dfrac{\triangle}{4}$, 于是如果记$\boldsymbol{A}$的特征根为$\lambda_1, \lambda_2$, 则$\lambda_1\lambda_2 = -\dfrac{\triangle}{4}$. 于是, $\triangle > 0 \Leftrightarrow \lambda_1, \lambda_2$必不为零, 且异号; $\triangle = 0 \Leftrightarrow \lambda_1, \lambda_2$中至少有一个为零; $\triangle < 0 \Leftrightarrow \lambda_1, \lambda_2$必不为零, 且同号.

由此可知, 第3.1节的分类标准完全可以用$\boldsymbol{A}$的特征根的**惯性指标**(Index of Inertia)来描述, 而后者对于$n \geqslant 3$的情形也适用.

于是我们给出下面的定义.

**定义 3.2.1** 对任意的$x_0 \in \Omega$, 称二次型

$$q(x; x_0) = a_{ij}(x_0)x_ix_j \quad (3.2.2)$$

为方程 (3.2.1) 对应的**特征型**, 而矩阵

$$\boldsymbol{A}(x_0) := \big(a_{ij}(x_0)\big)_{n\times n}$$

称为 (3.2.1) 的对应的**特征矩阵**.

注意: 和第2章类似, (3.2.2) 采用了 Einstein 求和约定, 不同因子中的重复指标表示从1到$n$求和 (下同).

由于$\boldsymbol{A}(x_0)$是实对称矩阵, 故必存在可逆线性变换

$$L: x_i = p_{ij}\xi_j \text{ 或 } x = \boldsymbol{P}\xi, \text{ 其中 } \boldsymbol{P} = (p_{ij})_{n\times n},\ \xi = (\xi_1,\ldots,\xi_n)^{\mathrm{T}}, \tag{3.2.3}$$

使得 (3.2.2) 在该变换下化成如下的标准型:

$$q(\xi; x_0) = \alpha_{ii}(\xi_i)^2, \text{ 其中 } \alpha_{ii} := +1, 0 \text{ 或者 } -1. \tag{3.2.4}$$

尽管上述的变换$L$ (或者该变换的矩阵$\boldsymbol{P}$) 不唯一, 但是 (3.2.4) 中的惯性指标不变. 实际上可以证明, 如果选取变换

$$\xi_i = p_{ji}x_j \text{ 或者 } \xi = \boldsymbol{P}^{\mathrm{T}}x, \text{ 其中 } \boldsymbol{P}^{\mathrm{T}} \text{ 表示 } \boldsymbol{P} \text{ 的转置},$$

则可在$x_0$处把 (3.2.1) 化成

$$\alpha_{ii}u_{\xi_i\xi_i} + F(\xi, u(\xi), Du(\xi)) = 0,\ \alpha_{ii} = +1, 0 \text{ 或者 } -1 \tag{3.2.5}$$

的形式.

综上, 我们给出如下的定义.

**定义 3.2.2** 我们称 (3.2.5) 为方程 (3.2.1) 在$x_0 \in \Omega$处的**标准型**. 如果 (3.2.5) 中的系数$\alpha_{ii}$ $(i = 1,\cdots,n)$ 皆非零且同号 (即特征矩阵$\boldsymbol{A}(x_0)$是正定或者负定的), 那么称 (3.2.1) 在$x_0$是**椭圆型**(Elliptic) 的; 如果 (3.2.5) 中的系数$\alpha_{ii}$ $(i = 1,\cdots,n)$ 皆非零且恰有$n-1$个同号 (即特征矩阵$\boldsymbol{A}(x_0)$的所有特征根非零 (重根按重数计, 下同), 且恰有$n-1$个同号), 那么称 (3.2.1) 在$x_0$是(狭义)**双曲型**(Hyperbolic) 的, 特别地, 如果此时$\alpha_{ii}$ $(i = 1,\cdots,n)$ 中所有取正号的项数和所有取负号的项数都大于1 (即特征矩阵$\boldsymbol{A}(x_0)$的所有特征根非零, 且正根和负根的个数都大于1), 那么称 (3.2.1) 在$x_0$是**超双曲型** (Ultrahyperbolic) 的; 如果 (3.2.5) 的系数$\alpha_{ii}$ $(i = 1,\cdots,n)$ 中至少有一个为零, 那么称 (3.2.1) 是 (广义) **抛物型**的, 特别地, 如果方程 (3.2.1) 是线性的, 并且此时 (3.2.5) 中的系数$\alpha_{ii}$ $(i = 1,\cdots,n)$ 中只有一个为零 (不妨记为$\alpha_{i_0i_0} = 0$), 而其余系数均同号, 且$u_{\xi_{i_0}}$的系数不为零, 那么我们称方程 (3.2.1) 在$x_0$处是**狭义抛物型**的, 简称为**抛物型** (Parabolic) 的. 如

果方程 (3.2.1) 在 $\Omega$ 中每一点都是椭圆型 (双曲型或者抛物型), 那么我们就称方程在 $\Omega$ 中是椭圆型 (双曲型或者抛物型).

需要注意的是, 当独立变元个数 $n \geqslant 3$ 时, 若 (3.2.1) 中的 $a_{ij}$ 不都是常值函数, 那么有例子表明, 即便方程在整个 $\Omega$ 内都是同一类型, 也找不到同一变换把 (3.2.1) 在整个 $\Omega$ 中化为标准型 (3.2.5). 但是如果所有的系数 $a_{ij}$ 都是常值函数时, 则必可找到可逆线性变换把 (3.2.1) 在整个 $\Omega$ 中化为标准型.

### 3.2.2 常系数二阶半线性方程的化简

对于常系数二阶半线性 PDE:

$$a_{ij}u_{x_ix_j} + F(x, u(x), Du(x)) = 0,\ x \in \Omega \subset \mathbb{R}^n, \tag{3.2.6}$$

其中 $a_{ij} = a_{ji}$ 是给定的实常数, 且 $\sum\limits_{i,j=1}^{n} (a_{ij})^2 \neq 0$, 如果可逆线性变换

$$L : x_i = p_{ij}\xi_j\ (\text{即}\ x = \boldsymbol{P}\xi)$$

把 (3.2.6) 对应的特征型 $q(x) := a_{ij}x_ix_j$ 化为标准型 $q(\xi) := \alpha_{ii}\xi_i^2, \alpha_{ii} = +1, 0$ 或 $-1$, 那么只要选取 $\xi_i = p_{ji}x_j$ (即 $\xi = \boldsymbol{P}^{\mathrm{T}}x$) 则可把 (3.2.6) 在整个 $\Omega$ 中化为标准型

$$\alpha_{ii}u_{\xi_i\xi_i} + F(\xi, u(\xi), Du(\xi)) = 0. \tag{3.2.7}$$

接下来我们通过具体的例子来说明如何通过可逆线性变换化简常系数二阶半线性 PDE.

例 3.2.1 判断下列方程的类型, 并把它们化为标准型.

(1) $-4u_{x_1x_2} + 2u_{x_1x_3} + 2u_{x_2x_3} + u_{x_1} + 2u_{x_2} = 0$;

(2) $u_{x_1x_1} + 2u_{x_1x_2} + 2u_{x_2x_2} + 4u_{x_2x_3} + 4u_{x_3x_3} - u_{x_1} = 0$;

(3) $u_{x_1x_1} + u_{x_2x_2} + 5u_{x_3x_3} + 5u_{x_4x_4} + 8u_{x_3x_4} = 0$.

解: 如果只判断方程的类型, 那么我们只需把方程对应的特征矩阵的特征根找到就可以判断了. 但是为了化为标准型, 我们可先把相应的标准型找到, 然后再根据标准型来判断方程的类型.

(1) 其对应的特征矩阵是

$$\boldsymbol{A} = \begin{bmatrix} 0 & -2 & 1 \\ -2 & 0 & 1 \\ 1 & 1 & 0 \end{bmatrix},$$

当取

$$P = \begin{bmatrix} 1/2 & 1/2 & 1/2 \\ 1/2 & -1/2 & 1/2 \\ 0 & 0 & 1 \end{bmatrix}$$

时有

$$P^{\mathrm{T}}AP = \begin{bmatrix} -1 & 0 & 0 \\ 0 & 1 & 0 \\ 0 & 0 & 1 \end{bmatrix},$$

所以取变换为

$$\xi = P^{\mathrm{T}}x, \quad 即 \quad \begin{cases} \xi_1 = (x_1 + x_2)/2, \\ \xi_2 = (x_1 - x_2)/2, \\ \xi_3 = (x_1 + x_2)/2 + x_3, \end{cases}$$

则原方程化为如下标准型:

$$-u_{\xi_1\xi_1} + u_{\xi_2\xi_2} + u_{\xi_3\xi_3} + \frac{3}{2}u_{\xi_1} - \frac{1}{2}u_{\xi_2} + \frac{3}{2}u_{\xi_3} = 0,$$

故原方程 (1) 是 (狭义) 双曲型.

(2) 其对应的特征矩阵是

$$A = \begin{bmatrix} 1 & 1 & 0 \\ 1 & 2 & 2 \\ 0 & 2 & 4 \end{bmatrix},$$

当取

$$P = \begin{bmatrix} 1 & -1 & 2 \\ 0 & 1 & -2 \\ 0 & 0 & 1 \end{bmatrix}$$

时有

$$P^{\mathrm{T}}AP = \begin{bmatrix} 1 & 0 & 0 \\ 0 & 1 & 0 \\ 0 & 0 & 0 \end{bmatrix}.$$

所以取变换为:

$$\xi = \boldsymbol{P}^{\mathrm{T}} x, \text{ 即: } \begin{cases} \xi_1 = x_1, \\ \xi_2 = -x_1 + x_2, \\ \xi_3 = 2x_1 - 2x_2 + x_3, \end{cases}$$

则原方程化为如下标准型:

$$u_{\xi_1\xi_1} + u_{\xi_2\xi_2} - u_{\xi_1} + u_{\xi_2} - 2u_{\xi_3} = 0,$$

或者

$$u_{\xi_3} = \frac{1}{2}(u_{\xi_1\xi_1} + u_{\xi_2\xi_2}) + \frac{1}{2}(-u_{\xi_1} + u_{\xi_2}),$$

故原方程 (2) 是抛物型.

(3) 此方程对应的特征矩阵为

$$\boldsymbol{A} = \begin{bmatrix} 1 & 0 & 0 & 0 \\ 0 & 1 & 0 & 0 \\ 0 & 0 & 5 & 4 \\ 0 & 0 & 4 & 5 \end{bmatrix},$$

取变换矩阵

$$\boldsymbol{P} = \begin{bmatrix} 1 & 0 & 0 & 0 \\ 0 & 1 & 0 & 0 \\ 0 & 0 & 1/\sqrt{5} & -4/(3\sqrt{5}) \\ 0 & 0 & 0 & \sqrt{5}/3 \end{bmatrix}$$

时有

$$\boldsymbol{P}^{\mathrm{T}} \boldsymbol{A} \boldsymbol{P} = \boldsymbol{I}_4,$$

所以取变换

$$\begin{cases} \xi_1 = x_1, \\ \xi_2 = x_2, \\ \xi_3 = x_3/\sqrt{5}, \\ \xi_4 = -4x_3/(3\sqrt{5}) + (\sqrt{5}/3)x_4, \end{cases}$$

则原方程化为如下标准型:

$$u_{\xi_1\xi_1} + u_{\xi_2\xi_2} + u_{\xi_3\xi_3} + u_{\xi_4\xi_4} = 0,$$

从而原方程 (3) 是椭圆型. □

例 3.2.2 把方程

$$8u_{x_1x_4}+2u_{x_3x_4}+2u_{x_2x_3}+8u_{x_2x_4}=0$$

化为标准型, 并判断其类型.

解: 因为方程对应的特征矩阵为

$$\boldsymbol{A}=\begin{bmatrix}0&0&0&4\\0&0&1&4\\0&1&0&1\\4&4&1&0\end{bmatrix},$$

取

$$\boldsymbol{P}=\begin{bmatrix}1/(2\sqrt{2})&-5/(4\sqrt{2})&-3/(4\sqrt{2})&-1/(2\sqrt{2})\\0&1/\sqrt{2}&1/\sqrt{2}&0\\0&1/\sqrt{2}&-1/\sqrt{2}&0\\1/(2\sqrt{2})&0&0&1/(2\sqrt{2})\end{bmatrix},$$

则有

$$\boldsymbol{P}^{\mathrm{T}}\boldsymbol{A}\boldsymbol{P}=\begin{bmatrix}1&0&0&0\\0&1&0&0\\0&0&-1&0\\0&0&0&-1\end{bmatrix},$$

从而可令 $\xi=\boldsymbol{P}^{\mathrm{T}}x$, 则原方程化为

$$u_{\xi_1\xi_1}+u_{\xi_2\xi_2}-u_{\xi_3\xi_3}-u_{\xi_4\xi_4}=0,$$

由此可知原方程是超双曲型. □

## 习 题 3.2

1. 证明: 若选取变换 $\xi_i=p_{ji}x_j$, 即 $\xi=\boldsymbol{P}^{\mathrm{T}}x$, 其中 $\boldsymbol{P}$ 是把特征型 $q(x;x_0)=a_{ij}(x_0)x_ix_j$ 化为标准型 (3.2.4) 的矩阵, 则可在 $x_0$ 处把 (3.2.1) 化成标准型:

$$\alpha_{ii}u_{\xi_i\xi_i}+F(\xi,u(\xi),Du(\xi))=0,\ \text{其中}\ \alpha_{ii}=+1,0\ \text{或者}\ -1.$$

2. 化下列方程为标准型, 并判断其类型:

(1) $u_{xx}+2u_{yy}+3u_{zz}+u_{xy}+u_{yz}+u_{zx}-u_x=0$;

(2) $u_{xx}+2u_{xy}+2u_{yy}+4u_{yz}+5u_{zz}+u_x+u_y=0$;

(3) $u_{xx}-4u_{xy}+2u_{xz}+4u_{yy}+u_{zz}=0$;

(4) $4u_{xx}+4u_{xy}+u_{yy}+u_{zz}=0$;

(5) $\sum_{i=1}^{n} u_{x_i x_i} + \sum_{1 \leqslant i < k} u_{x_i x_k} = 0$, 其中 $2 \leqslant k \leqslant n$;

(6) $\sum_{k \leqslant i}^{n} u_{x_i x_k} = 0$, 其中 $1 \leqslant k \leqslant n$.

3. 证明如下命题:

(1) 任意$n$个独立变元二阶线性常系数椭圆型PDE都可化简成如下的标准形式:

$$\sum_{i=1}^{n} u_{x_i x_i} + cu = F(x_1, \ldots, x_n).$$

(2) 任意$n+1$个独立变元二阶线性常系数双曲型PDE都可化简成如下的标准形式:

$$\sum_{i=1}^{n} u_{x_i x_i} - u_{x_{n+1} x_{n+1}} + cu = f(x_1, \ldots, x_n, x_{n+1}).$$

4. 考虑如下的PDE

$$u_{xx}(x, y, z) - 2x^2 u_{xz}(x, y, z) + u_{yy}(x, y, z) + u_{zz}(x, y, z) = 0, \quad (x, y, z) \in \mathbb{R}^3,$$

试确定$\mathbb{R}^3$中的子集$\Omega_h$、$\Omega_e$和$\Omega_p$, 以使该PDE在其上分别为双曲型、椭圆型和抛物型.

# 第 4 章　二阶线性偏微分方程常用解法

本章是本课程最重要的内容, 详细地介绍了求解线性PDE定解问题的常用方法. 第4.1节承接第3章, 介绍了如何利用特征坐标变换求解二阶(主要是双曲型)PDE定解问题; 第4.2节先分别介绍了两类线性发展方程即波方程和热方程(带齐次边界)混合问题以及线性椭圆型方程(带部分齐次边界)边值问题的分离变量法, 然后详尽地分析了线性非齐次边界条件的齐次化; 第4.3节从自共轭微分算子角度介绍了分离变量法的理论基础, 即一维Sturm-Liouville本征值理论, 并给出了大多数结论的证明过程; 第4.4节介绍了波方程Cauchy问题的解法, 首先用特征坐标变换推导出求解一维波方程Cauchy问题的d'Alembert公式, 然后利用球面平均函数构造出求解三维波方程Cauchy问题的Kirchhoff公式, 再用Hadamard降维法得到二维波方程Cauchy问题解的Poisson公式, 之后再介绍了求解半直线上波方程定解问题的延拓法; 第4.5节运用Fourier积分变换得到了$n$维热方程Cauchy问题的解, 然后运用延拓法得到了半直线上热方程的解, 最后介绍了求解半直线上PDE定解问题的Fourier正弦变换法和余弦变换法.

## 4.1　两个独立变元双曲型方程　特征法

由第3章我们知道, 对于两个独立变元的双曲型方程可以通过$C^2$可逆变换化为第一标准型和第二标准型, 并且前面也看到双曲型方程第二标准型的通解一般而言很容易求出. 下面我们来将这种方法进行推广.

### 4.1.1　$u_{\xi\eta}=0$的情形

通过连续积分两次, 易知

$$u_{\xi\eta}=0 \tag{4.1.1}$$

的通解表示为

$$u(\xi,\eta)=\phi(\xi)+\psi(\eta), \tag{4.1.2}$$

其中的 $\phi$ 和 $\psi$ 是任意的 $C^1$ 映射.

由此, 如果要求 (4.1.1) 满足一定边值条件的特解, 那么只要代入相应的边值条件确定上面的 $\phi,\psi$ 即可.

**例 4.1.1** (Goursat Problem) 求解下面的边值问题:

$$\begin{cases} u_{\xi\eta}=0,\ \xi>0,\eta>0, \\ u(0,\eta)=f(\eta),\ \eta\geqslant 0, \\ u(\xi,0)=g(\xi),\ \xi\geqslant 0, \\ f(0)=g(0)\ \ \text{(Compatibility Condition)}. \end{cases}$$

**Goursat Problem 是指边界数据给在方程的两条相交的特征曲线上的双曲型边值问题**. 这里的 $\xi=0$ 和 $\eta=0$ 正好是方程的两条相交的特征线.

**解:** 由于方程的通解是 $u(\xi,\eta)=\phi(\xi)+\psi(\eta)$, 所以代入在两条特征线上的边值后得到 $f(\eta)=\phi(0)+\psi(\eta), g(\xi)=\phi(\xi)+\psi(0)$, 由此解得

$$u(\xi,\eta)=g(\xi)+f(\eta)-(\psi(0)+\phi(0)).$$

又由于 $f(0)=\phi(0)+\psi(0)=g(0)$, 所以解为

$$u(\xi,\eta)=f(\eta)+g(\xi)-f(0).$$

□

下面我们来研究如何用**特征坐标变换法** (简称为特征法) 来求一维齐次波方程

$$u_{tt}=c^2u_{xx}\quad (c>0\ \text{是给定常数}) \tag{4.1.3}$$

的通解.

由于波方程 (4.1.3) 是双曲型方程, 且其对应的特征方程是

$$(\phi_t)^2-(c\phi_x)^2=0,$$

即

$$(\phi_t+c\phi_x)(\phi_t-c\phi_x)=0\ \text{或}\ \phi_t+c\phi_x=0,\ \phi_t-c\phi_x=0,$$

从而解得特征方程通解为

$$\phi=\phi(x-ct)\ \text{与}\ \phi=\phi(x+ct).$$

由此, 可选取$C^2$可逆变换(即特征坐标变换)

$$\xi = x + ct,\ \eta = x - ct,$$

使得在此特征坐标变换下方程 (4.1.3) 化为双曲型第二标准型:

$$u_{\xi\eta} = 0,$$

再注意到 (4.1.2) 便知 (4.1.3) 的通解为

$$u(x,t) = \phi(x+ct) + \psi(x-ct), \tag{4.1.4}$$

其中$\phi$和$\psi$是任意的$C^2$函数. 由此可见, 一维齐次波方程的通解是两个行波的叠加, 其中的$\psi(x-ct)$是右行波, $\phi(x+ct)$是左行波.

**注 4.1.1** 除了使用上面的特征坐标变换来求通解之外, 还可直接对方程 (4.1.3) 作算子分解使之成为两个一阶 PDE, 然后再利用一阶 PDE 的解法来得到通解. 详见参考文献 [6] 和 [14].

### 4.1.2 几类二阶线性齐次双曲第二标准型的通解

下面我们利用初等积分法来构造几类二阶线性齐次双曲型方程第二标准型的通解. 二阶线性齐次双曲第二标准型方程的一般形式为

$$u_{\xi\eta} + au_\xi + bu_\eta + cu = 0, \tag{4.1.5}$$

其中$a, b, c$均为$(\xi,\eta)$的连续可微映射.

由于

$$\begin{aligned} u_{\xi\eta} + au_\xi + bu_\eta + cu &= (u_\eta + au)_\xi - a_\xi u + b(u_\eta + au) - abu + cu \\ &= (u_\eta + au)_\xi + b(u_\eta + au) + (c - ab - a_\xi)u, \end{aligned}$$

故若

$$c - ab - a_\xi = 0, \tag{4.1.6}$$

则

$$(u_\eta + au)_\xi + b(u_\eta + au) = 0,$$

从而通过利用积分因子积分得

$$\left((u_\eta + au)\exp\left(\int_{\xi_0}^{\xi} b(t,\eta)\mathrm{d}t\right)\right)_\xi = 0.$$

于是

$$u_\eta + au = \psi_1(\eta)\exp\left(-\int_{\xi_0}^{\xi} b(t,\eta)\mathrm{d}t\right),$$

从而

$$\left(u\exp\left(\int_{\eta_0}^{\eta} a(\xi,\tau)\mathrm{d}\tau\right)\right)_\eta = \psi_1(\eta)\exp\left(\int_{\eta_0}^{\eta} a(\xi,\tau)\mathrm{d}\tau - \int_{\xi_0}^{\xi} b(t,\eta)\mathrm{d}t\right).$$

再次积分可得

$$u = \left(\int\left(\psi_1(\eta)\exp\left(\int_{\eta_0}^{\eta} a(\xi,\tau)\mathrm{d}\tau - \int_{\xi_0}^{\xi} b(t,\eta)\mathrm{d}t\right)\right)\mathrm{d}\eta + \phi_1(\xi)\right) \cdot \exp\left(-\int_{\eta_0}^{\eta} a(\xi,\tau)\mathrm{d}\tau\right). \tag{4.1.7}$$

如果条件 (4.1.6) 不满足, 那么, 对称地有

$$\begin{aligned} u_{\xi\eta} + au_\xi + bu_\eta + cu &= (u_\xi + bu)_\eta - b_\eta u + a(u_\xi + bu) - abu + cu \\ &= (u_\xi + bu)_\eta + a(u_\xi + bu) + (c - ab - b_\eta)u, \end{aligned}$$

故若

$$c - ab - b_\eta = 0, \tag{4.1.8}$$

则

$$(u_\xi + bu)_\eta + a(u_\xi + bu) = 0,$$

从而通过利用积分因子积分得

$$\left((u_\xi + bu)\exp\left(\int_{\eta_0}^{\eta} a(\xi,t)\mathrm{d}t\right)\right)_\eta = 0,$$

于是

$$u_\xi + bu = \phi_2(\xi)\exp\left(-\int_{\eta_0}^{\eta} a(\xi,t)\mathrm{d}t\right),$$

从而

$$\left(u\exp\left(\int_{\xi_0}^{\xi} b(\tau,\eta)\mathrm{d}\tau\right)\right)_\xi = \phi_2(\xi)\exp\left(\int_{\xi_0}^{\xi} b(\tau,\eta)\mathrm{d}\tau - \int_{\eta_0}^{\eta} a(\xi,t)\mathrm{d}t\right),$$

由此可得

$$u = \left( \int \left( \phi_2(\xi) \exp \left( \int_{\xi_0}^{\xi} b(\tau, \eta) \mathrm{d}\tau - \int_{\eta_0}^{\eta} a(\xi, t) \mathrm{d}t \right) \right) \mathrm{d}\xi + \psi_2(\eta) \right) \tag{4.1.9}$$

$$\cdot \exp \left( - \int_{\xi_0}^{\xi} b(\tau, \eta) \mathrm{d}\tau \right).$$

如果条件 (4.1.6) 和 (4.1.8) 都不满足, 那么要求 (4.1.5) 的通解通常是比较困难的.

例 4.1.2 求解初值问题

$$\begin{cases} 9u_{xx} - u_{tt} + (x - 3t)(36u_x + 12u_t) = 0, \ x \in \mathbb{R}, t > 0, \\ u(x, 0) = \mathrm{e}^{-x^2}, u_t(x, 0) = \mathrm{e}^{-(x+1)^2}, \ x \in \mathbb{R}. \end{cases}$$

**解**: 由于方程的类型判别式 $\Delta = 0 - 4 \cdot 9 \cdot (-1) = 36 > 0$, 故是双曲型方程. 对应的特征方程为

$$9(\phi_x)^2 - (\phi_t)^2 = 0,$$

即

$$(3\phi_x + \phi_t)(3\phi_x - \phi_t) = 0,$$

或

$$3\phi_x + \phi_t = 0 \text{ 或者 } 3\phi_x - \phi_t = 0.$$

根据第2章的公式 (2.1.11) 可得上述两个一阶PDE的解分别为

$$\phi = h_1(x - 3t) \text{ 和 } \phi = h_2(x + 3t),$$

特别地, 取 $h_1(s) = h_2(s) = s$, 则可得特征坐标变换:

$$\begin{cases} \xi = x - 3t, \\ \eta = x + 3t. \end{cases}$$

于是在此变换下, 原方程化为双曲型第二标准型:

$$u_{\xi\eta} + 2\xi u_\eta = 0.$$

由此, 积分后有

$$\left( \mathrm{e}^{\xi^2} u_\eta \right)_\xi = 0,$$

故

$$\mathrm{e}^{\xi^2}u_\eta=F_1(\eta),$$

于是

$$u_\eta=\mathrm{e}^{-\xi^2}F_1(\eta),$$

再积分得

$$u=\mathrm{e}^{-\xi^2}F(\eta)+G(\xi),$$

故回代变量后便得原方程的通解为

$$u(x,t)=\mathrm{e}^{-(x-3t)^2}F(x+3t)+G(x-3t),$$

其中 $F,G$ 为任意 $C^2$ 映射.

接下来再代入初始条件得

$$\mathrm{e}^{-x^2}(6xF(x)+3F'(x))-3G'(x)=\mathrm{e}^{-(x+1)^2}, \tag{4.1.10}$$

$$\mathrm{e}^{-x^2}F(x)+G(x)=\mathrm{e}^{-x^2}, \tag{4.1.11}$$

对 (4.1.11) 微分后得

$$\mathrm{e}^{-x^2}(-2xF(x)+F'(x))+G'(x)=-2x\mathrm{e}^{x^2}, \tag{4.1.12}$$

然后用 (4.1.12) 的3倍加到 (4.1.10) 并整理得

$$F'(x)=-x+\frac{1}{6}\mathrm{e}^{-2x-1},$$

从而积分得

$$F(x)=-\frac{x^2}{2}-\frac{1}{12}\mathrm{e}^{-2x-1}+C,$$

由此得

$$G(x)=\mathrm{e}^{-x^2}-\mathrm{e}^{-x^2}\Big(-\frac{x^2}{2}-\frac{1}{12}\mathrm{e}^{-2x-1}+C\Big),$$

最后将之代回到通解表达式并整理得该初值问题的解为

$$u(x,t)=-6\,\mathrm{e}^{-(-x+3t)^2}xt-\frac{1}{12}\,\mathrm{e}^{-x^2+6xt-9t^2-2x-6t-1}$$
$$+\,\mathrm{e}^{-(-x+3t)^2}+\frac{1}{12}\,\mathrm{e}^{-(3t-x-1)^2}. \qquad \square$$

## 习　题　4.1

1. 求解波方程初值问题:

$$\begin{cases} 9u_{xx}-u_{tt}+(x-3t)(3u_x+u_t)=0,\ x\in\mathbb{R},t>0, \\ u(x,0)=\mathrm{e}^{-\frac{x^2}{12}},u_t(x,0)=2x, \end{cases}$$

并思考当把初始条件换成形如

$$u(x,0)=f(x),\ u_t(x,0)=g(x),\ x\in\mathbb{R}$$

的一般形式后你的求解方法还能用吗？为什么？其中 $f\in C^2(\mathbb{R})\cap L^1(\mathbb{R}),g\in C^1(\mathbb{R})\cap L^1(\mathbb{R})$.

2. 求解下列双曲型方程定解问题 (其中 $c:=\text{const.}>0,f,g$ 足够光滑):

$$(1)\begin{cases} u_{tt}=c^2u_{xx},\ -ct<x<ct,t>0, \\ u\left(x,\dfrac{x}{c}\right)=f(x),\ x\geqslant 0, \\ u\left(x,-\dfrac{x}{c}\right)=g(x),\ x\leqslant 0,f(0)=g(0); \end{cases}$$

$$(2)\begin{cases} u_{tt}=c^2u_{xx},\ x>0,t>0,x>ct, \\ u\left(x,\dfrac{x}{c}\right)=f(x),u(x,0)=g(x),\ x>0, \\ f(0)=g(0); \end{cases}$$

$$(3)\begin{cases} u_{tt}=c^2u_{xx},\ x>ct,t>0, \\ u\left(x,\dfrac{x}{c}\right)=f(x),u_t(x,0)=g(x),\ x>0; \end{cases}$$

$$(4)\begin{cases} u_{xx}+yu_{yy}+\dfrac{1}{2}u_y=0,\ y<0,x\in\mathbb{R}, \\ u(0,y)=f(y),u_x(0,y)=g(y),\ y\leqslant 0; \end{cases}$$

$$(5)\begin{cases} u_{xx}+2\cos(x)\cdot u_{xy}-\sin^2(x)\cdot u_{yy}-\sin(x)\cdot u_y=0,\ y>\sin x,x\in\mathbb{R}, \\ u(x,\sin(x))=f(x),u_y(x,\sin(x))=g(x),\ x\in\mathbb{R}; \end{cases}$$

$$(6)\begin{cases} u_{xx}+2\sin(x)\cdot u_{xy}-\cos^2(x)\cdot u_{yy}+\cos(x)\cdot u_y=0,\ y>-\cos x,x\in\mathbb{R}, \\ u(x,-\cos(x))=f(x),u_y(x,-\cos(x))=g(x),\ x\in\mathbb{R}; \end{cases}$$

(7) $\begin{cases} u_{xx} - 2\sin x u_{xy} - \cos^2(x) \cdot u_{yy} - \cos(x) u_y = 0, \\ u(0,y) = f(y), u_x(0,y) = g(y); \end{cases}$

(8) $\begin{cases} 4y^2 u_{xx} + 2(1-y^2) u_{xy} - u_{yy} - \dfrac{2y}{1+y^2}(2u_x - u_y) = 0, \\ u(x,0) = f(x), u_y(x,0) = g(x); \end{cases}$

(9) $\begin{cases} y^5 u_{xx} - y u_{yy} + 2u_y = 0,\ y > 0, \\ u(0,y) = 8y^3, u_x(0,y) = 6,\ y > 0; \end{cases}$

(10) $\begin{cases} u_{xx} + 4u_{xy} + u_x = 0, \\ u(x,8x) = f(x), u_x(x,8x) = g(x); \end{cases}$

(11) $\begin{cases} u_{xx} + 6u_{xy} - 16u_{yy} = 0, \\ u(-x,2x) = x, u(x,0) = \sin(2x); \end{cases}$

(12) $\begin{cases} u_{xx} - (1+y^2)^2 u_{yy} - 2y(1+y^2) u_y = 0, \\ u(x,0) = f(x), u_y(x,0) = g(x). \end{cases}$

3. 通过把下列各二阶线性 PDE 化简成标准型求解相应的定解问题 (其中 $f, g$ 是足够光滑函数):

(1) $\begin{cases} u_{xx} - 6u_{xy} + 9u_{yy} = xy^2, \\ u(x,0) = f(x), u_y(x,0) = g(x); \end{cases}$

(2) $\begin{cases} u_{xx} - 2u_{xy} + 4\mathrm{e}^y = 0, \\ u(0,y) = f(y), u_x(0,y) = g(y). \end{cases}$

## 4.2 分离变量法

常见的二阶偏微分方程定解问题主要指发展方程 (如波方程和热方程) 的 Cauchy (初值) 问题和初–边值问题以及椭圆型方程的边值问题. 特别地, 对于双曲型和抛物型偏微分方程, 这里的初–边值问题特指已知数据给在双曲边界和抛物边界上的定解问题, 此类问题也常称为混合问题. 本小节主要考察使用**分离变量法** (the Method of Separation of Variables) 求解**可分离变量的** (Separable) 二阶线性发展方程混合问题和二阶线性椭圆型方程边值问题.

### 4.2.1 线性齐次方程带线性齐次边界情形

我们先来考察方程和边界条件均是线性齐次的情形, 其他情形一般都可以转化为这种情形.

以一维波方程的 Dirichlet 混合问题为例:

$$\begin{cases} u_{tt} = c^2 u_{xx},\ (x,t) \in Q := \{0 < x < L, t > 0\}, & (4.2.1\text{a}) \\ u(0,t) = 0, u(L,t) = 0,\ t > 0, & (4.2.1\text{b}) \\ u(x,0) = \phi(x), u_t(x,0) = \psi(x),\ 0 \leqslant x \leqslant L. & (4.2.1\text{c}) \end{cases}$$

这是两个独立变元二阶双曲型线性齐次方程混合问题, 其中侧边界

$$Q_{\mathcal{L}} := \{x = 0, t > 0\} \cup \{x = L, t > 0\}$$

上所给数据是齐次 Dirichlet 型数据. 我们通常记集合

$$Q_{\mathcal{H}} := \{0 \leqslant x \leqslant L, t = 0\} \cup \{x = 0, t > 0\} \cup \{x = L, t > 0\}$$

表示问题 (4.2.1) 的**双曲边界**. 注意, 已知数据是给在双曲边界上的.

注意到 (4.2.1a) 两端的独立变元 $x$ 和 $t$ 是**分离的** (Separable), 且当固定了空间变量 $x$ 后, 该方程可看作简谐振动 (Simple Harmonic Oscillation) 的运动方程. 另外, 根据物理常识可知, 各种机械的、电磁的振动一般都可以分解为具有若干频率和振幅的简谐振动的叠加, 而每个简谐振动总可以表示成

$$A\sin(kx)\sin(\omega t + \delta)$$

的形式, 也就是物理上常说的**驻波** (Standing Waves), 其中的 $\omega$ 为圆频率 (Circular Frequency), $\delta$ 为初相, 易见上述驻波是时间和空间"分离"的形式. 基于上述这些特点, 自然地猜测问题 (4.2.1a) 的解很可能具有分离变量的形式.

由于 (4.2.1a) 和 (4.2.1b) (关于未知函数及其各阶偏导数) 都是线性齐次的, 所以我们可以先找满足这两个方程的形如

$$u(x,t) = X(x)T(t) \tag{4.2.2}$$

的 (分离变量形式的) 非平凡特解 (对 (4.2.1a) 和 (4.2.1b) 而言, 即非零特解) , 则这些特解的线性组合也应该满足 (4.2.1a) 和 (4.2.1b). 至于初始条件 (一般是非齐次的) 先不考虑.

我们先"形式地"进行推导, 看 $X$ 和 $T$ 到底应该具有什么形式. 为此, 把 (4.2.2)

代入 (4.2.1a) 得到

$$X(x)T''(t) = c^2X''(x)T(t).$$

由于我们要找的是**非零特解**, 所以 $X(x) \neq 0, T(t) \neq 0, (x,t) \in Q$, 又根据该问题的物理背景可知 $c > 0$, 所以上式两边同除以 $c^2XT$ 后得到变量分离的形式:

$$\frac{T''(t)}{c^2T(t)} = \frac{X''(x)}{X(x)},\ (x,t) \in Q. \tag{4.2.3}$$

注意: 我们把 $c^2$ 放在与 $T(t)$ 有关的一端, 主要是考虑到与空间变元 $x$ 有关的条件是线性齐次的, 以此可使得后面得到的关于空间的边值问题尽可能简单.

再把 (4.2.2) 代入边界条件 (4.2.1b) 后得到

$$X(0)T(t) = X(L)T(t) = 0,\ t > 0. \tag{4.2.4}$$

由于 (4.2.3) 的左边只与 $t$ 有关, 右边只与 $x$ 有关, 故有

$$\frac{\mathrm{d}}{\mathrm{d}x}\left(\frac{X''}{X}\right) = \frac{\mathrm{d}}{\mathrm{d}x}\left(\frac{T''}{c^2T}\right) = 0 = \frac{\mathrm{d}}{\mathrm{d}t}\left(\frac{X''}{X}\right) = \frac{\mathrm{d}}{\mathrm{d}t}\left(\frac{T''}{c^2T}\right),$$

所以

$$\frac{T''}{c^2T} = -\lambda,$$

于是

$$\frac{T''}{c^2T} = \frac{X''}{X} = -\lambda, \tag{4.2.5}$$

其中 $\lambda$ 是常数, 称为**分离常数** (Separation Constants) .

又因为 $X \neq 0, T \neq 0$, 故由 (4.2.4) 知必有

$$X(0) = X(L) = 0. \tag{4.2.6}$$

由此得到关于空间变量 $X = X(x)$ 的常微分方程两点边值问题

$$\begin{cases} X'' + \lambda X = 0,\ 0 < x < L, & (4.2.7\text{a}) \\ X(0) = X(L) = 0 & (4.2.7\text{b}) \end{cases}$$

和关于时间变量 $T = T(t)$ 的常微分方程

$$T''(t) + \lambda c^2T(t) = 0,\ t > 0. \tag{4.2.8}$$

注意: (4.2.7) 和 (4.2.8) 是在假定 $X \neq 0, T \neq 0$ 时由 (4.2.1) 得到的, 但是易

知, 当 $X=0$ 或者 $T=0$ 时也满足 (4.2.7) 和 (4.2.8), 故以下不再要求推导过程中必须假设 $XT\neq 0$, 只需直接由 (4.2.7), (4.2.8) 来构造 (4.2.2) 即可.

由此, 为了能够构造变量分离的解 (4.2.2), 需要回答如下问题: 能否从 (4.2.7) 中确定 $\lambda$ 和 $X(x)$? 如果能的话, 如何确定?

实际上早在19世纪中期, 两位法国数学家 Jacques Sturm (1803—1855) 和 Joseph Liouville (1809—1882) 就给出了与问题 (4.2.7) 相关的一般结果. 为此我们先给出如下定义.

**定义 4.2.1** 使形如 (4.2.7) 的二阶齐次自共轭 ODE 边值问题有非平凡解的常数 $\lambda$ 称为 (4.2.7) 的**本征值** (Eigenvalue), 与 $\lambda$ 相对应的非平凡解称为**本征函数** (Eigenfunction) 或者本征向量 (Eigenvector). 寻求二阶自共轭线性齐次 ODE 的齐次边值问题的所有本征值和本征函数的问题称为 Sturm–Liouville **问题**, 简称 S–L 问题.

关于 S–L 问题有如下比较完整的结果.

**定理 4.2.1 (S–L Eigenvalue)** 对于二阶正则自共轭 S–L 问题 (Regular Self-Adjoint S–L Problem of Second Order):

$$\begin{cases} \dfrac{\mathrm{d}}{\mathrm{d}x}\left(p(x)\dfrac{\mathrm{d}\phi(x)}{\mathrm{d}x}\right)+q(x)\phi(x)+\lambda\sigma(x)\phi(x)=0, \quad -\infty<a<x<b<\infty, \\ -\alpha_1\phi'(a)+\beta_1\phi(a)=0,\ \alpha_2\phi'(b)+\beta_2\phi(b)=0, \end{cases} \tag{4.2.9}$$

其中给定常数 $\alpha_i,\beta_i\in\mathbb{R},\alpha_i\geqslant 0,\beta_i\geqslant 0,\alpha_i^2+\beta_i^2\neq 0\ (i=1,2)$, 且系数 $p=p(x),q=q(x),\sigma=\sigma(x)$ 满足下面的正则性条件 (Regularity Condition):

$$p,p',q,\sigma\in C([a,b];\mathbb{R}),p(x)>0,\sigma(x)>0,\ x\in[a,b],$$

有下面的结论成立:

(1) (4.2.9) 的所有本征值 $\lambda$ 都是实数; 当 $p=\sigma=1,q=0$ 时所有的本征值均是非负实数, 如果此时还有 $\beta_1+\beta_2>0$, 那么所有的本征值都是正数.

(2) 所有本征值构成如下的无穷序列:

$$\lambda_1<\lambda_2<\cdots<\lambda_n<\lambda_{n+1}<\cdots,$$

且存在最小的本征值 (称为主本征值 (Principal Eigenvalue)), 常记为 $\lambda_1$, 不存在最大本征值, 即 $\lim\limits_{n\to\infty}\lambda_n=\infty$.

(3) 每个本征值 $\lambda_n$(在允许相差任意非零常数时) 有一个本征函数 $\phi_n(x)$ 与之

对应, 且该$\phi_n(x)$在$(a,b)$中恰有$n-1$个零点.

(4) 不同本征值对应的本征函数是带权$\sigma$正交的, 即

$$\int_a^b \sigma(x)\phi_m(x)\phi_n(x)\mathrm{d}x = 0,\ \text{当}\ \lambda_m \neq \lambda_n,$$

并且对任意的$f \in L^2([a,b];\mathbb{R})$, $f$均可按本征函数系$\{\phi_n(x)\}_{n=1}^{\infty}$(按$L^2$范数)展开为Fourier级数: $f(x)=\sum\limits_{n=1}^{\infty} C_n\phi_n(x)$, 其中Fourier系数

$$C_n = \frac{\int_a^b \sigma(x)f(x)\phi_n(x)\mathrm{d}x}{\int_a^b \sigma(x)\phi_n^2(x)\mathrm{d}x}.$$

(5) Rayleigh Quotient 公式: 本征值$\lambda$和其对应的本征函数$\phi(x)$有如下关系:

$$\lambda = \frac{\left(-(p\phi\phi')\big|_a^b + \int_a^b (p(\phi')^2 - q\phi^2)\mathrm{d}x\right)}{\int_a^b \sigma\phi^2\mathrm{d}x}.$$

该定理大多数结论的证明将在下一节给出.

注 4.2.1 (1) 根据该定理的结论(1)可知, 下面的S–L问题:

$$\begin{cases} \phi''(x)+\lambda\phi(x)=0,\ a<x<b, \\ -\alpha_1\phi'(a)+\beta_1\phi(a)=0, \alpha_2\phi'(b)+\beta_2\phi(b)=0 \end{cases}$$

的本征值$\lambda$都是非负的, 并且当$\beta_1+\beta_2>0$时, 本征值$\lambda>0$. 由此可知, 方程(4.2.7a)当且仅当边界条件是齐次Neumann边界条件时最小本征值才是0, 从而可知S–L问题(4.2.7)的本征值必然都是正数.

(2) 该定理的结论(4)表明本征函数系$\{\phi_n(x)\}_{n=1}^{\infty}$构成$L^2([a,b])$上的一组完备的带权$\sigma$正交基(这里指Schauder basis, 非Hamel basis (algebraic basis)).

利用定理 4.2.1 现在可回答刚才提出的问题了. 由于常微分方程(4.2.7a)的通解为

$$X(x) = C_1\sin(\sqrt{\lambda}x) + C_2\cos(\sqrt{\lambda}x),$$

代入边界条件 (4.2.7b) 得

$$C_2 = 0,\ C_1 \sin(\sqrt{\lambda}L) = 0.$$

为求非零解, 必有 $C_1 \neq 0$, 从而 $\sin(\sqrt{\lambda}L) = 0$, 于是 $\sqrt{\lambda}L = n\pi$, 于是

$$\lambda_n = \left(\frac{n\pi}{L}\right)^2,\ n = 1, 2, \cdots. \tag{4.2.10}$$

注意: **因为边界条件 (4.2.1b) 是齐次的, 所以我们才能确定本征值!**

由此, 相应的本征函数为

$$X_n(x) = \sin\left(\frac{n\pi}{L}x\right),\ n = 1, 2, \cdots. \tag{4.2.11}$$

然后把 (4.2.10) 代入 (4.2.8) 便可解得

$$T_n(t) = \tilde{A}_n \cos\left(\frac{cn\pi}{L}t\right) + \tilde{B}_n \sin\left(\frac{cn\pi}{L}t\right),\ n = 1, 2, \cdots,$$

从而可得变量分离形式的特解:

$$u_n(x,t) = \left(A_n \cos\left(\frac{cn\pi}{L}t\right) + B_n \sin\left(\frac{cn\pi}{L}t\right)\right) \cdot \sin\left(\frac{n\pi}{L}x\right),\ n = 1, 2, \cdots.$$

注意: 这里的每个特解 $u_n(x,t)$ 都满足 (4.2.1a) 和 (4.2.1b), 但是却未必满足初始条件 (4.2.1c).

由于 (4.2.1a) 和 (4.2.1b) 是线性齐次的, 故把上述这些特解进行可列项叠加, 希望使得可列项叠加后的 (形式) 解满足初始条件 (4.2.1c). 为此, 设 (4.2.1) 的解可表示为

$$u(x,t) = \sum_{n=1}^{\infty} u_n(x,t) = \sum_{n=1}^{\infty}\left(A_n \cos\left(\frac{cn\pi}{L}t\right) + B_n \sin\left(\frac{cn\pi}{L}t\right)\right) \cdot \sin\left(\frac{n\pi}{L}x\right), \tag{4.2.12}$$

代入初始条件后得到

$$\phi(x) = u(x,0) = \sum_{n=1}^{\infty} A_n \sin\left(\frac{n\pi}{L}x\right), \tag{4.2.13}$$

$$\psi(x) = u_t(x,0) = \sum_{n=1}^{\infty} \frac{cn\pi}{L} B_n \sin\left(\frac{n\pi}{L}x\right). \tag{4.2.14}$$

(注意: 这里只是形式上的推导, 暂且认为微分运算和可列和可以交换顺序)

再由定理 4.2.1 的结论 (4) 知道, 本征函数系

$$\left\{\sin\left(\frac{n\pi x}{L}\right)\right\}_{n=1}^{\infty}$$

构成 $L^2([0,l])$ 的完备正交 (Schauder) 基, 故初始数据可以按该本征函数系展开为

$$\phi(x)=\sum_{n=1}^{\infty}\phi_n\sin\left(\frac{n\pi x}{L}\right),\ \phi_n=\frac{2}{L}\int_0^L\phi(x)\sin\left(\frac{n\pi x}{L}\right)\mathrm{d}x, \tag{4.2.15}$$

$$\psi(x)=\sum_{n=1}^{\infty}\psi_n\sin\left(\frac{n\pi x}{L}\right),\ \psi_n=\frac{2}{L}\int_0^L\psi(x)\sin\left(\frac{n\pi x}{L}\right)\mathrm{d}x. \tag{4.2.16}$$

然后, 再利用本征函数系的完备正交性, 通过比较 (4.2.13) 和 (4.2.15) 以及 (4.2.14) 与 (4.2.16) 后就可以确定系数 $A_n$ 和 $B_n$:

$$A_n=\frac{2}{L}\int_0^L\phi(x)\sin\left(\frac{n\pi x}{L}\right)\mathrm{d}x, \tag{4.2.17}$$

$$B_n=\frac{2}{cn\pi}\int_0^L\psi(x)\sin\left(\frac{n\pi x}{L}\right)\mathrm{d}x. \tag{4.2.18}$$

由此可知, 混合问题 (4.2.1) 的"形式"解就是 (4.2.12), (4.2.17) 和 (4.2.18).

为了保证上述推导得出的"形式"解的确是原问题的解, 需要边界数据具有一定的正则性 (光滑性), 关于这一点有如下的定理 (见参考文献 [6] 和 [15]).

**定理 4.2.2** **如果函数** $\phi(x)\in C^3([0,L]),\psi(x)\in C^2([0,L])$, **且在区间** $[0,L]$ **的端点满足相容性条件:**

$$\phi(0)=\phi(L)=\phi''(0)=\phi''(L)=\psi(0)=\psi(L)=0,$$

**那么由** (4.2.12), (4.2.17) **和** (4.2.18) **给出的** $u(x,t)$ **就是混合问题** (4.2.1) **的** $C^2(Q)$ **解.**

注意到解 (4.2.12) 的通项

$$\begin{aligned}u_n(x,t)&=\left(A_n\cos\left(\frac{cn\pi}{L}t\right)+B_n\sin\left(\frac{cn\pi}{L}t\right)\right)\cdot\sin\left(\frac{n\pi}{L}x\right)\\&=N_n\sin\left(\frac{n\pi x}{L}\right)\sin\left(\frac{cn\pi t}{L}+\delta_n\right),\end{aligned} \tag{4.2.19}$$

故函数 $u_n(x,t)$ 也称为波, 其中

$$N_n=\sqrt{A_n^2+B_n^2},\ \delta_n=\arctan\left(\frac{A_n}{B_n}\right),$$

$N_n$ 称为波 $u_n$ 的振幅, $\delta_n$ 称为波 $u_n$ 的初相.

容易看到, 在区间 $[0, L]$ 上的点

$$x_k = \frac{kL}{n},\ k = 0, 1, \cdots, n$$

处, 相应的波 $u_n(x_k, t)$ 在所有时刻的函数值都是 0 (注意: $u_n$ 在开区间 $(0, L)$ 上恰有 $n-1$ 个零点, 这正好相应于定理 4.2.1 的结论 (3)), 这些点 (含端点共有 $n+1$ 个) 称为波 $u_n$ 的**节点** (Wave Nodes).

另外, 当取定 $(0, L)$ 上的点 $x = \xi_0$ 后, 只要该点不是节点, 那么易知此时波

$$u_n(\xi_0, t) = N_n \sin\Big(\frac{n\pi\xi_0}{L}\Big) \sin\Big(\frac{cn\pi t}{L} + \delta_n\Big)$$

表明 (当把 (4.2.1) 看成是弹性弦的微小横振动模型时) 弦上点 $\xi_0$ 做的是简谐振动, 并且该简谐振动的振幅是 $N_n \sin\Big(\frac{n\pi\xi_0}{L}\Big)$, 角频率是

$$\omega_n = \frac{cn\pi}{L} \xlongequal{c^2 = \frac{\tau}{\rho}} \frac{n\pi}{L}\sqrt{\frac{\tau}{\rho}},$$

从而该简谐振动的频率 $f_n$ 是

$$f_n = \frac{\omega_n}{2\pi} = \frac{n}{2L}\sqrt{\frac{\tau}{\rho}}.$$

并且易知, 波 $u_n(x, t)$ 的振幅 $N_n \sin\Big(\frac{n\pi x}{L}\Big)$ 只有在点

$$x = \tilde{x}_k := \frac{(2k+1)L}{2n},\ k = 0, 1, \cdots, n-1$$

时才可能达到最大, 这些点称为波的**腹点** (Wave Antinodes). 基于此, 长度为 $L$ 的弦的微小横振动可以近似看成可列个质点做的简谐振动的叠加.

这种形如 (4.2.19) 的具有不随时间改变的固定节点和腹点的波在物理上称为 (第 $n$ 个) **驻波** (Standing Waves). 于是解 (4.2.12) 正好是可列个驻波的叠加. 所以分离变量法在物理上也常称为**驻波法**.

对于第 $n$ 个驻波 (4.2.19), 尽管其振幅随时间变化, 但是角频率 $\omega_n$ 实际上只与 $n, c, L$ 有关, 所以该频率反映出弦本身的内在属性, 因此 $\omega_n$ 也称为第 $n$ 个**固有角频率**, 而 $f_n = \frac{n}{2L}\sqrt{\frac{\tau}{\rho}}$ 称为第 $n$ 个**固有频率**. 另外, 由于

$$\lambda_n = \Big(\frac{n\pi}{L}\Big)^2 = \Big(\frac{\omega_n}{c}\Big)^2 = \frac{4\pi^2 f_n^2}{c^2},$$

故本征值 $\lambda_n$ 实际上也反映了弦的本质属性.

另外, 在声学上, 常把第一固有频率 $f_1 = \dfrac{1}{2L}\sqrt{\dfrac{\tau}{\rho}}$ 对应的波 $u_1(x,t)$ 称为弦的**基音** (Fundamental Tone), 而第 $n\,(n>1)$ 个固有频率 $f_n = \dfrac{n}{2L}\sqrt{\dfrac{\tau}{\rho}}$ 对应的波 $u_n(x,t)$ 称为第 $n-1$ 级**泛音** (the $(n-1)^{\text{th}}$ Overtone), 也叫第 $n$ 级谐音 (the $n^{\text{th}}$ Harmonics). 由此可见, **各级泛音的频率都是基音频率的整数倍**. 另外, 由于振幅的大小决定了音的强弱, 而基音的振幅最大, 所以尽管弦在振动时是基音和各级泛音的叠加, 但所发音的音调仍由基音决定.

再者, 拨弦乐器发出声音的高低是由振动的频率决定的, 而弦的固有频率只由弦的本身属性决定, 与拨弦位置以及拨弦时所施加的力的大小和方向等因素无关 (但是通常会影响乐器的音色). 在拨弦乐器演奏中常使用这一声学性质来得到期望的音色, 以增强表现力.

注 4.2.2 (1) 双曲型方程的分离变量法除了称为驻波法之外, 也称为***本征函数展开法***和 Fourier ***方法***.

(2) 分离变量法最初是由数学家 Daniel Bernoulli 于 18 世纪 (1755 年) 最先提出和使用的.

注 4.2.3 在用本征函数展开法求解 PDE 定解问题的过程中, 当已经构造出该定解问题对应的 (正则) S–L 问题后, 一般并不急于求解另一个问题, 而是先按照解出的本征函数系把解和相应的初始数据 (等其他非齐次项) 做 Fourier 级数展开, 从而得到另一个 ODE 定解问题以确定解展开成 Fourier 级数后的 Fourier 系数, 由此可得到 PDE 定解问题的解. 以 (4.2.1) 为例, 通常的解题步骤如下所述.

(1) 由 (4.2.1a) 和 (4.2.1b) 通过分离变量得到对应的 (正则) S–L 问题 (4.2.7), 并利用定理 4.2.1 解此 S–L 问题, 得到本征值和本征函数:

$$\lambda_n = \left(\frac{n\pi}{L}\right)^2,\ X_n(x) = \sin\left(\frac{n\pi x}{L}\right),\ n = 1, 2, \cdots.$$

(2) 将定解问题 (4.2.1) 的解以及初始数据 $\phi, \psi$ 根据本征函数系 $\{X_n(x)\}_{n=1}^{\infty}$ 展开为 Fourier 级数

$$u(x,t) = \sum_{n=1}^{\infty} T_n(t) X_n(x), \tag{4.2.20}$$

$$\phi(x) = \sum_{n=1}^{\infty} \phi_n X_n(x), \quad \psi(x) = \sum_{n=1}^{\infty} \psi_n X_n(x),$$

再将这些级数代入 (4.2.1a) 和 (4.2.1c), 并利用本征函数系的完备正交性得到关于 Fourier 级数 (4.2.20) 中的 Fourier 系数 $T_n(t)$ 的 ODE 初值问题:

$$\begin{cases} T_n''(t) + \lambda_n c^2 T_n(t) = 0,\ t > 0, \\ T_n(0) = \phi_n, T_n'(0) = \psi_n, \end{cases}$$

由此解出 $T_n(t)$.

(3) 将第 (2) 步解出的 $T_n(t)$ 回代入 (4.2.20) 后便可得原定解问题的解.

注 4.2.4 如果边界条件 (4.2.1b) 换为 Neumann 或者 Robin 边界条件, 那么本征值和本征函数系一般要做相应的变化, 表 4.2.1 列出一些相应结果.

### 4.2.2 波方程混合问题的分离变量法

下面举例说明如何使用分离变量法求解波方程混合问题.

例 4.2.1 求解波方程混合问题:

$$\begin{cases} u_{tt} = c^2 u_{xx} - \gamma u_t,\ 0 < x < L, t > 0, & (4.2.21a) \\ u(0,t) = u(L,t) = 0,\ t \geqslant 0, & (4.2.21b) \\ u(x,0) = u_t(x,0) = x(L-x),\ 0 \leqslant x \leqslant L, & (4.2.21c) \end{cases}$$

其中, $c > 0$, $-\gamma u_t$ 是阻尼项, 且阻尼系数 $\gamma > 0$ 满足小阻尼条件 $\gamma^2 < 4\lambda_n c^2$, 这里 $\lambda_n$ 表示该问题对应的所有本征值.

解: 设 (4.2.21a) 和 (4.2.21b) 有形如

$$u(x,t) = X(x)T(t)$$

的分离变量形式非平凡特解, 代入 (4.2.21a) 和 (4.2.21b) 中得

$$X(x)T''(t) = c^2 X''(x)T(t) - \gamma X(x)T'(t), \tag{4.2.22}$$

$$X(0)T(t) = X(L)T(t) = 0. \tag{4.2.23}$$

将 (4.2.22) 分离变量后得

$$\frac{1}{c^2}\frac{T''(t)}{T(t)} + \frac{1}{c^2}\cdot\gamma\cdot\frac{T'(t)}{T(t)} = \frac{X''(x)}{X(x)} = -\lambda,$$

表 4.2.1　$\phi''(x)=-\lambda\phi(x),\ a<x<b$ 的本征值和本征函数

| Dirichlet BC: $\phi(a)=0,\phi(b)=0$ | | | |
|---|---|---|---|
| 本征值 $\lambda_n$ | 本征函数 $\phi_n$ | Fourier 级数 | Fourier 系数 |
| $\lambda_n=(\frac{n\pi}{b-a})^2$, $n=1,2,\cdots$ | $\sin(\frac{n\pi(x-a)}{b-a})$ | $f(x)=\sum\limits_{n=1}^{\infty}B_n\sin(\frac{n\pi(x-a)}{b-a})$ | $B_n=\frac{2}{b-a}\int_a^b f(x)\cdot\sin(\frac{n\pi(x-a)}{b-a})\mathrm{d}x$ |
| **Mixed BC-(I): $\phi'(a)=0,\phi(b)=0$** | | | |
| 本征值 $\lambda_n$ | 本征函数 $\phi_n$ | Fourier 级数 | Fourier 系数 |
| $\left(\frac{(2n-1)\pi}{2(b-a)}\right)^2$, $n=1,2,\cdots$ | $\cos\left(\frac{(2n-1)\pi(x-a)}{2(b-a)}\right)$ | $f(x)=\sum\limits_{n=1}^{\infty}B_n\cos\left(\frac{(2n-1)\pi(x-a)}{2(b-a)}\right)$ | $B_n=\frac{2}{(b-a)}\int_a^b f(x)\cdot\cos\left(\frac{(2n-1)\pi(x-a)}{2(b-a)}\right)\mathrm{d}x$ |
| **Mixed BC-(II): $\phi(a)=0,\phi'(b)=0$** | | | |
| 本征值 $\lambda_n$ | 本征函数 $\phi_n$ | Fourier 级数 | Fourier 系数 |
| $\left(\frac{(2n-1)\pi}{2(b-a)}\right)^2$, $n=1,2,\cdots$ | $\sin\left(\frac{(2n-1)\pi(x-a)}{2(b-a)}\right)$ | $f(x)=\sum\limits_{n=1}^{\infty}B_n\sin\left(\frac{(2n-1)\pi(x-a)}{2(b-a)}\right)$ | $B_n=\frac{2}{(b-a)}\int_a^b f(x)\cdot\sin\left(\frac{(2n-1)\pi(x-a)}{2(b-a)}\right)\mathrm{d}x$ |
| **Neumann BC: $\phi'(a)=0,\phi'(b)=0$** | | | |
| 本征值 $\lambda_n$ | 本征函数 $\phi_n$ | Fourier 级数 | Fourier 系数 |
| $\left(\frac{n\pi}{b-a}\right)^2$, $n=0,1,2,\cdots$ | $\phi_0(x)=1$, $\cos\left(\frac{n\pi(x-a)}{b-a}\right)$ $n=1,2,\cdots$ | $f(x)=\sum\limits_{n=0}^{\infty}A_n\cos\left(\frac{n\pi(x-a)}{b-a}\right)$ | $A_0=\frac{1}{b-a}\int_a^b f(x)\mathrm{d}x$, $A_n=\frac{2}{b-a}\int_a^b f(x)\cdot\cos\left(\frac{n\pi(x-a)}{b-a}\right)\mathrm{d}x$, $n=1,2,\cdots$ |
| **Periodic BC: $\phi(a)=\phi(b),\phi'(a)=\phi'(b)$** | | | |
| 本征值 $\lambda_n$ | 本征函数 $\phi_n$ | Fourier 级数 | Fourier 系数 |
| $\left(\frac{2n\pi}{b-a}\right)^2$, $n=0,1,2,\cdots$ | $\cos\left(\frac{2n\pi x}{b-a}\right)$, $n=0,1,\cdots$ $\sin\left(\frac{2n\pi x}{b-a}\right)$ $n=1,2,\cdots$ | $f(x)=\sum\limits_{n=0}^{\infty}a_n\cos\left(\frac{2n\pi x}{b-a}\right)+\sum\limits_{n=1}^{\infty}b_n\sin\left(\frac{2n\pi x}{b-a}\right)$ | $a_0=\frac{1}{b-a}\int_a^b f(x)\mathrm{d}x$, $a_n=\frac{2}{b-a}\int_a^b f(x)\cdot\cos\left(\frac{2n\pi x}{b-a}\right)\mathrm{d}x$, $b_n=\frac{2}{b-a}\int_a^b f(x)\cdot\sin\left(\frac{2n\pi x}{b-a}\right)\mathrm{d}x$, $n=1,2,\cdots$ |

再结合 (4.2.23) 即得关于 $X(x)$ 的正则 S–L 问题:

$$\begin{cases}X''(x)+\lambda X(x)=0,\ 0<x<L,\\ X(0)=X(L)=0.\end{cases}\tag{4.2.24}$$

由表 4.2.1 可知, (4.2.24) 对应本征值和本征函数系为

$$\lambda_n=\left(\frac{n\pi}{L}\right)^2,X_n(x)=\sin\left(\frac{n\pi x}{L}\right),\ n=1,2,\cdots.\tag{4.2.25}$$

按此本征函数系把定解问题 (4.2.21a)∼(4.2.21c) 的解 $u(x,t)$ 及初始数据 $x(L-x)$

表示成 (广义) Fourier 级数:

$$u(x,t)=\sum_{n=1}^{\infty}T_n(t)X_n(x), \tag{4.2.26}$$

$$x(L-x)=\sum_{n=1}^{\infty}d_nX_n(x),$$

$$d_n=\frac{2}{L}\int_0^L x(L-x)X_n(x)\mathrm{d}x=\frac{4L^2(1-(-1)^n)}{(n\pi)^3}.$$

再将这些级数代入 PDE (4.2.21a) 和初始条件 (4.2.21c) 中, 并利用本征函数系的完备正交性可得 $T_n(t)$ 满足 ODE 初值问题:

$$\begin{cases} T_n''(t)+\gamma T_n'(t)+\left(\dfrac{cn\pi}{L}\right)^2T_n(t)=0,\ t>0, \\ T_n(0)=d_n, T_n'(0)=d_n. \end{cases}$$

由此解得 (注意到小阻尼条件):

$$T_n(t)=d_n\mathrm{e}^{\frac{-\gamma t}{2}}\left(\cos\left(\frac{\sqrt{4(cn\pi)^2-(L\gamma)^2}\,t}{2L}\right)\right.$$

$$\left.+\frac{L(2+\gamma)}{\sqrt{4(cn\pi)^2-(L\gamma)^2}}\sin\left(\frac{\sqrt{4(cn\pi)^2-(L\gamma)^2}\,t}{2L}\right)\right),$$

再将此 $T_n(t)$ 代入 (4.2.26) 即得原问题 (4.2.21) 的解为

$$u(x,t)=\sum_{n=1}^{\infty}\frac{4L^2(1-(-1)^n)\mathrm{e}^{-\frac{\gamma t}{2}}}{n^3\pi^3}\left(\cos\left(\frac{\sqrt{4\pi^2n^2c^2-\gamma^2L^2}}{2L}t\right)\right.$$

$$\left.+\frac{(2+\gamma)L}{\sqrt{4\pi^2n^2c^2-\gamma^2L^2}}\sin\left(\frac{\sqrt{4\pi^2n^2c^2-\gamma^2L^2}}{2L}t\right)\right)\sin\left(\frac{n\pi x}{L}\right). \qquad \square$$

**例 4.2.2** 求解波方程混合问题:

$$\begin{cases} u_{tt}=c^2u_{xx}-\gamma u_t,\ 0<x<L, t>0, & (4.2.27\text{a}) \\ u_x(0,t)=u_x(L,t)=0,\ t\geqslant 0, & (4.2.27\text{b}) \\ u(x,0)=4x^3-6Lx^2+1, u_t(x,0)=0,\ 0\leqslant x\leqslant L, & (4.2.27\text{c}) \end{cases}$$

其中 $c>0,\gamma>0$, 且 $\gamma$ 满足小阻尼条件 $\gamma^2<4\lambda_nc^2$, 这里 $\lambda_n$ 表示原问题的所有本征值.

解: 设 (4.2.27a) 和 (4.2.27b) 有形如

$$u(x,t) = X(x) \cdot T(t)$$

的非平凡特解, 将之代入 (4.2.27a) 和 (4.2.27b) 得

$$\begin{cases} X(x)T''(t) = c^2 X''(x)T(t) - \gamma X(x)T'(t), & (4.2.28) \\ X'(0)T(t) = X'(L)T(t). & (4.2.29) \end{cases}$$

由 (4.2.29) 得

$$X'(0) = X'(L) = 0. \tag{4.2.30}$$

将 (4.2.28) 分离变量后得

$$\frac{1}{c^2}\left(\frac{T''(t)}{T(t)} + \gamma\frac{T'(t)}{T(t)}\right) = \frac{X''(x)}{X(x)} = -\lambda. \tag{4.2.31}$$

由 (4.2.30) 和 (4.2.31) 可得关于 $X(x)$ 的正则 S–L 问题:

$$\begin{cases} X''(x) + \lambda X(x) = 0, \ 0 < x < L, \\ X'(0) = X'(L) = 0. \end{cases} \tag{4.2.32}$$

由表 4.2.1 可知(4.2.32) 对应的本征值和本征函数为

$$\lambda_n = \left(\frac{n\pi}{L}\right)^2, \ X_n(x) = \cos\left(\frac{n\pi x}{L}\right), \ n = 0, 1, 2, \cdots. \tag{4.2.33}$$

再将原混合问题的解 $u(x,t)$ 和初始位移 $4x^3 - 6Lx^2 + 1$ 按本征函数系展开得

$$u(x,t) = T_0(t)X_0(x) + \sum_{n=1}^{\infty} T_n(t)X_n(x) = T_0(t) + \sum_{n=1}^{\infty} T_n(t)X_n(x),$$

$$4x^3 - 6Lx^2 + 1 = d_0 + \sum_{n=1}^{\infty} d_n X_n(x),$$

$$d_0 = \frac{1}{L}\int_0^L (4x^3 - 6Lx^2 + 1)\mathrm{d}x = -L^3 + 1,$$

$$d_n = \frac{2}{L}\int_0^L (4x^3 - 6Lx^2 + 1)X_n(x)\mathrm{d}x = \frac{48L^3(1 - (-1)^n)}{(n\pi)^4}, \ n \geqslant 1,$$

然后把上式代入 (4.2.27a) 和 (4.2.27c) 中, 并利用本征函数系的完备正交性得到关于 $T_n(t)$ 的 ODE 初值问题

$$\begin{cases} T_0''(t) = 0, \\ T_0(0) = 1 - L^3, \ T_0'(0) = 0; \end{cases}$$

$$\begin{cases} T_n''(t)+\gamma T_n'(t)+\left(\dfrac{cn\pi}{L}\right)^2 T_n(t)=0, \\ T_n(0)=d_n,\ T_n(0)=0,\ n=1,2,\cdots, \end{cases}$$

由此 (注意到小阻尼条件 $\gamma^2 < 4\lambda_n c^2$) 解得

$$\begin{aligned} T_0 =& 1-L^3, \\ T_n =& \frac{48\big(1-(-1)^n\big)L^3 \mathrm{e}^{-\frac{\gamma t}{2}}}{(n\pi)^4}\left(\cos\left(\frac{\sqrt{4(cn\pi)^2-(L\gamma)^2}}{2L}t\right)\right. \\ & \left. +\frac{L\gamma}{\sqrt{4(cn\pi)^2-(L\gamma)^2}}\sin\left(\frac{\sqrt{4(cn\pi)^2-(L\gamma)^2}}{2L}t\right)\right),\ n\geqslant 1, \end{aligned}$$

所以, 原问题 (4.2.27) 的解为

$$\begin{aligned} u(x,t)=&-L^3+1+\sum_{n=1}^{\infty}\frac{48\big(1-(-1)^n\big)L^3 \mathrm{e}^{-\frac{\gamma t}{2}}}{(n\pi)^4}\left(\cos\left(\frac{\sqrt{4(cn\pi)^2-(L\gamma)^2}}{2L}t\right)\right. \\ & \left. +\frac{L\gamma}{\sqrt{4(cn\pi)^2-(L\gamma)^2}}\sin\left(\frac{\sqrt{4(cn\pi)^2-(L\gamma)^2}}{2L}t\right)\right)\cos\left(\frac{n\pi x}{L}\right). \end{aligned}$$ □

分离变量法其实不仅可以用来求解可分离变量的双曲型方程混合问题, 也可以用来求解可分离变量的热方程和椭圆型方程. 下面来逐一考察.

### 4.2.3 热方程混合问题的分离变量法

本小节先以如下问题

$$\begin{cases} u_t=a^2u_{xx},\ 0<x<L, 0<t, & (4.2.34a) \\ u(0,t)=u(L,t)=0,\ 0\leqslant t, & (4.2.34b) \\ u(x,0)=\phi(x),\ 0\leqslant x\leqslant L & (4.2.34c) \end{cases}$$

为例来说明如何用分离变量法求解热方程混合问题.

**第 1 步**: 设 (4.2.34a) 和 (4.2.34b) 有分离变量形式的非平凡解

$$u(x,t)=X(x)T(t), \tag{4.2.35}$$

代入 (4.2.34a) 和齐次边界条件 (4.2.34b) 并分离变量后可得 S–L 问题:

$$\begin{cases} X''(x)+\lambda X(x)=0,\ 0<x<L, \\ X(0)=X(L)=0. \end{cases}$$

根据定理 4.2.1 知道该问题的本征值必为正数, 且由前知本征值和本征函数为

$$\lambda_n = \left(\frac{n\pi}{L}\right)^2,\ n = 1, 2, \cdots, \tag{4.2.36}$$

$$X_n(x) = \sin\left(\frac{n\pi x}{L}\right),\ n = 1, 2, \cdots. \tag{4.2.37}$$

**第 2 步**: 把解 $u(x,t)$ 和初始温度分布 $\phi$ 按本征函数系展开成 Fourier 级数:

$$u(x,t) = \sum_{n=1}^{\infty} T_n(t) \sin\left(\frac{n\pi x}{L}\right), \tag{4.2.38}$$

$$\phi(x) = \sum_{n=1}^{\infty} \phi_n \sin\left(\frac{n\pi x}{L}\right),$$

再把上式代入 (4.2.34a) 和 (4.2.34c) , 并利用本征函数系的完备正交性得到关于 $T_n(t)$ 的 ODE 初值问题:

$$\begin{cases} T_n'(t) + \left(\dfrac{n\pi a}{L}\right)^2 T_n(t) = 0,\ t > 0, \\ T_n(0) = \phi_n. \end{cases}$$

**第 3 步**: 解出 $T_n(t)$, 并代回到 (4.2.38) 便得原问题的解.

需要注意的是, 和波方程类似, 当边界条件不是形如 (4.2.34b) 的 Dirichlet 齐次边界条件时, 相应的本征值和本征函数可能不一样.

例 4.2.3 求解热方程混合问题:

$$\begin{cases} u_t = k^2 u_{xx},\ 0 < x < L, t > 0, & (4.2.39\text{a}) \\ u(0,t) = u_x(L,t) = 0,\ t \geqslant 0, & (4.2.39\text{b}) \\ u(x,0) = x - \dfrac{x^2}{2L},\ 0 \leqslant x \leqslant L, & (4.2.39\text{c}) \end{cases}$$

其中 $k = \text{const.} > 0$.

**解**: 设 PDE (4.2.39a) 和线性齐次边界条件 (4.2.39b) 有形如

$$u(x,t) = X(x)T(t)$$

的非平凡特解, 将之代入 (4.2.39a) 和 (4.2.39b) 中得

$$\begin{cases} X(x)T'(t) = k^2 X''(x)T(t), & (4.2.40\text{a}) \\ X(0)T(t) = X'(L)T(t) = 0. & (4.2.40\text{b}) \end{cases}$$

把 (4.2.40a) 分离变量后得 (两边同除以 $k^2X(x)T(t)$):

$$\frac{T'(t)}{k^2T(t)} = \frac{X''(x)}{X(x)} = -\lambda, \tag{4.2.41}$$

再由 (4.2.40b) 得

$$X(0) = X'(L) = 0, \tag{4.2.42}$$

于是由 (4.2.41) 和 (4.2.42) 便得关于 $X(x)$ 的正则 S–L 问题:

$$\begin{cases} X''(x) + \lambda X(x) = 0,\ 0 < x < L, \\ X(0) = X'(L) = 0. \end{cases} \tag{4.2.43}$$

解 (4.2.43) (或由表 4.2.1 ) 得原混合问题对应的本征值和本征函数系为

$$\lambda_n = \left(\frac{(2n-1)\pi}{2L}\right)^2,\ X_n(x) = \sin\left(\frac{(2n-1)\pi x}{2L}\right),\ n = 1, 2, \cdots.$$

将解 $u(x,t)$ 和初始温度分布 $x - x^2/(2L)$ 按本征函数系展开得

$$u(x,t) = \sum_{n=1}^{\infty} T_n(t) X_n(x), \tag{4.2.44}$$

$$x - x^2/(2L) = \sum_{n=1}^{\infty} d_n X_n(x),$$

$$d_n = \frac{2}{L}\int_0^L \left(x - \frac{x^2}{2L}\right) \sin\left(\frac{(2n-1)\pi x}{2L}\right) \mathrm{d}x = \frac{16L}{(2n-1)^3\pi^3},$$

再将上式代入 (4.2.39a) 和 (4.2.39c), 并利用本征函数系的完备正交性得关于 $T_n(t)$ 的 ODE 初值问题为

$$\begin{cases} T_n'(t) + \dfrac{(k(2n-1)\pi)^2}{(2L)^2} T_n(t) = 0,\ t > 0, \\ T_n(0) = d_n. \end{cases}$$

由此解得

$$T_n(t) = \frac{16L}{(2n-1)^3\pi^3} \mathrm{e}^{-\frac{(k(2n-1)\pi)^2}{(2L)^2}t},$$

再将 $T_n(t)$ 回代到 (4.2.44)便得原问题 (4.2.39) 的解为

$$u(x,t) = \sum_{n=1}^{\infty} \frac{16L}{((2n-1)\pi)^3} \mathrm{e}^{-\frac{((2n-1)\pi k)^2 t}{4L^2}} \sin\left(\frac{(2n-1)\pi x}{2L}\right). \qquad \square$$

**例 4.2.4** 求解热方程:

$$\begin{cases} u_t = k^2 u_{xx},\ 0 < x < L, t > 0, k = \text{const.} > 0, & (4.2.45\text{a}) \\ u_x(0,t) = u_x(L,t) = 0,\ t \geqslant 0, & (4.2.45\text{b}) \\ u(x,0) = x,\ 0 \leqslant x \leqslant L. & (4.2.45\text{c}) \end{cases}$$

**解**: 设 (4.2.45a) 和 (4.2.45b) 有形如

$$u(x,t) = X(x)T(t)$$

的非平凡特解, 将之代入 (4.2.45a) 和 (4.2.45b) 中并分离变量得:

$$\begin{cases} \dfrac{T'(t)}{k^2 T(t)} = \dfrac{X''(x)}{X(x)} = -\lambda, \\ X'(0) = X'(L) = 0, \end{cases}$$

由此可得关于 $X(x)$ 的正则S–L 问题:

$$\begin{cases} X''(x) + \lambda X(x) = 0,\ 0 < x < L, \\ X'(0) = X'(L) = 0. \end{cases} \tag{4.2.46}$$

解 (4.2.46) 得本征值和本征函数系为

$$\lambda_n = \left(\frac{n\pi}{L}\right)^2,\ X_n(x) = \cos\left(\frac{n\pi x}{L}\right),\ n = 0, 1, 2, \cdots.$$

然后把解 $u(x,t)$ 和初始温度分布按本征函数系展开成Fourier级数得

$$u(x,t) = T_0(t)X_0(x) + \sum_{n=1}^{\infty} T_n(t)X_n(x), \tag{4.2.47}$$

$$x = u_0 X_0(x) + \sum_{n=1}^{\infty} u_n X_n(x),$$

$$u_0 = \frac{1}{L}\int_0^L x\mathrm{d}x = \frac{L}{2},$$

$$u_n = \frac{2}{L}\int_0^L x\cos\left(\frac{n\pi x}{L}\right)\mathrm{d}x = \frac{2L(-1+(-1)^n)}{(n\pi)^2},\ n = 1, 2, \cdots.$$

再将上式代入原PDE和初始条件, 并利用本征函数系的完备正交性得关于 $T_n(t)$ 的ODE初值问题为

$$T_0'(t) = 0,\ T_0(0) = \frac{L}{2},$$

$$T_n'(t)+\frac{(kn\pi)^2}{L^2}T_n(t)=0,\ t>0$$

$$T_n(0)=\frac{2L(-1+(-1)^n)}{(n\pi)^2}.$$

解出 $T_0(t), T_n(t)$ 并回代到 (4.2.47) 后即得原问题 (4.2.45) 的解为

$$u(x,t)=\frac{L}{2}+\sum_{n=1}^{\infty}\frac{2L(-1+(-1)^n)}{(n\pi)^2}\mathrm{e}^{-\left(\frac{nk\pi}{L}\right)^2 t}\cos\left(\frac{n\pi x}{L}\right).\qquad\square$$

注 4.2.5 此例中的边界条件 (4.2.45b) 和初始条件 (4.2.45c) 虽不相容, 但在物理现实中不难实现. 比如将长度为 $L$, 侧面绝热的金属细杆加热, 使其初始温度分布满足线性关系 $u(x,0)=x$ 时, 迅速让其两端绝热 (以使(4.2.45b) 满足), 则此后细杆内温度的分布即满足问题 (4.2.45a), (4.2.45b) 和 (4.2.45c), 而边界条件 (4.2.45b) 和初始条件 (4.2.45c) 的不相容正好反映了"迅速让其两端绝热"这一瞬间变化过程.

例 4.2.5 求解热方程混合问题:

$$\begin{cases}u_t=k^2u_{xx},\ 0<x<L, t>0, k=\text{const.}>0, & (4.2.48\text{a})\\ u_x(0,t)=u_x(L,t)+u(L,t)=0,\ t\geqslant 0, & (4.2.48\text{b})\\ u(x,0)=1-\dfrac{x^3}{L^3+3L^2},\ 0\leqslant x\leqslant L. & (4.2.48\text{c})\end{cases}$$

解: 设该问题的 (4.2.48a) 和 (4.2.48b) 有形如

$$u(x,t)=X(x)T(t)$$

的非平凡特解, 将之代入 (4.2.48a) 和 (4.2.48b) 中得

$$\begin{cases}X(x)T'(t)=k^2X''(x)T(t), & (4.2.49)\\ X'(0)T(t)=X'(L)T(t)+X(L)T(t)=0. & (4.2.50)\end{cases}$$

把 (4.2.49) 分离变量后得

$$\frac{T'(t)}{k^2T(t)}=\frac{X''(x)}{X(x)}=-\lambda,\tag{4.2.51}$$

由 (4.2.50) 得

$$X'(0)=X'(L)+X(L)=0,\tag{4.2.52}$$

由 (4.2.51) 和 (4.2.52) 便得关于 $X(x)$ 的正则S–L 问题:

$$\begin{cases} X''(x) + \lambda X(x) = 0, \ 0 < x < L, & (4.2.53a) \\ X'(0) = 0, X'(L) + X(L) = 0. & (4.2.53b) \end{cases}$$

由于 (4.2.53a) 的通解为 $X(x) = D_1 \sin(\sqrt{\lambda}x) + D_2 \cos(\sqrt{\lambda}x)$, 故 $X'(x) = D_1\sqrt{\lambda}\cos(\sqrt{\lambda}x) - D_2\sqrt{\lambda}\sin(\sqrt{\lambda}x)$, 所以 $0 = X'(0) = D_1\sqrt{\lambda}$. 而由 (4.2.53b) 可知 $\lambda > 0$, 故 $D_1 = 0$, 于是

$$X(x) = D_2 \cos(\sqrt{\lambda}x), \ X'(x) = -D_2\sqrt{\lambda}\sin(\sqrt{\lambda}x),$$

从而

$$0 = X'(L) + X(L) = -D_2\sqrt{\lambda}\sin(\sqrt{\lambda}L) + D_2\cos(\sqrt{\lambda}L).$$

又由于本征函数是非平凡的, 故 $D_2 \neq 0$, 从而

$$\sqrt{\lambda}\sin(\sqrt{\lambda}L) = \cos(\sqrt{\lambda}L), \tag{4.2.54}$$

由此必有 $\cos(\sqrt{\lambda}L) \neq 0$, 否则如果 $\cos(\sqrt{\lambda}L) = 0$,那么由于 $\lambda > 0$,从而由 (4.2.54) 知 $\sin(\sqrt{\lambda}L) = 0$,于是有 $0 = \sin^2(\sqrt{\lambda}L) + \cos^2(\sqrt{\lambda}L) = 1$,这是不可能的. 从而由 (4.2.54) 有

$$\tan(\sqrt{\lambda}L) = \frac{1}{\sqrt{\lambda}}.$$

由此得 S–L 问题 (4.2.53) 的本征值和本征函数为

$$\lambda_n, \ X_n(x) = \cos(\sqrt{\lambda_n}x), \ n = 1, 2, \cdots ,$$

其中本征值 $\lambda_n$ 满足等式:

$$\sqrt{\lambda_n}\sin(\sqrt{\lambda_n}L) = \cos(\sqrt{\lambda_n}L), \ n = 1, 2, \cdots \tag{4.2.55}$$

或

$$\tan(\sqrt{\lambda_n}L) = \frac{1}{\sqrt{\lambda_n}}, \ n = 1, 2, \cdots . \tag{4.2.56}$$

然后把解 $u(x,t)$ 和初始温度分布按本征函数系展开得

$$u(x,t) = \sum_{n=1}^{\infty} T_n(t)X_n(x), \tag{4.2.57}$$

$$1 - \frac{x^3}{L^3 + 3L^2} = \sum_{n=1}^{\infty} C_n \cos(\sqrt{\lambda_n}x),$$

$$C_n = \frac{\displaystyle\int_0^L \left(1 - \frac{x^3}{L^3 + 3L^2}\right)\cos(\sqrt{\lambda_n}x)\mathrm{d}x}{\displaystyle\int_0^L \cos^2(\sqrt{\lambda_n}x)\mathrm{d}x}$$

$$= \frac{12\big((1+L)\cos(L\sqrt{\lambda_n}) - 1\big)}{(L+3)(\lambda_n L)^2\big(L + \sin^2(L\sqrt{\lambda_n})\big)},$$

再将上式代入原PDE (4.2.48a) 和初始条件 (4.2.48c) 得关于$T_n(t)$的ODE初值问题为

$$\begin{cases} T_n'(t) + k^2\lambda_n T_n(t) = 0,\ t > 0, \\ T_n(0) = C_n. \end{cases}$$

解出$T_n(t)$再回代入 (4.2.57) 后即得原问题 (4.2.48) 的解为

$$u(x,t) = \sum_{n=1}^{\infty} \frac{12\big((1+L)\cos(L\sqrt{\lambda_n}) - 1\big)}{(L+3)(\lambda_n L)^2\big(L + \sin^2(L\sqrt{\lambda_n})\big)} \mathrm{e}^{-\lambda_n k^2 t}\cos(\sqrt{\lambda_n}x),$$

其中$\lambda_n$由 (4.2.56) 确定. □

在实际应用中, 可使用数值解法结合图示法来近似求本征值. 如图 4.1 所示, 当取$L = 1$时, 令$\sqrt{\lambda} = v$后, $y = \tan(v)$和$y = 1/v$图像的交点位置给出了前面5个本征值的大概范围, 进而可通过数值方法求出本征值(的算术平方根)的近似值, 其数值结果见图 4.2.

以下是利用Maple软件 (Maple 18) 进行数值计算本征值的代码.

```
> restart;
> with(plots):
> L:=1:
> P1:=plot({tan(v*L),1/v},v=0.1..14.2,y=-3/2..3/2,
  thickness=3,color=[blue,green]):
> P2:=implicitplot({x=Pi/2,x=3*Pi/2,x=5*Pi/2,x=7*Pi/2,
  x=9*Pi/2}, x=0..14.3, y=-3/2..3/2, color=pink,
  linestyle=3,thickness=3):display(P1,P2);
> f:=x->tan(x*L);
> X:=<fsolve(tan(v*L)=1/v,v,0..2), fsolve(tan(v*L)=1/v,
  v,2..4), fsolve(tan(v*L)=1/v,v,4..8), fsolve(tan(v*L)
  =1/v,v,8..11), fsolve(tan(v*L)=1/v,v,11..14)>;
  X := Vector(5, {(1) = .8603335890, (2) = 3.425618459,
  (3) = 6.437298179, (4) =9.529334405,
  (5) = 12.64528722})
> coord:=pointplot([<X[1],0>,<X[2],0>,<X[3],0>,<X[4],0>,
```

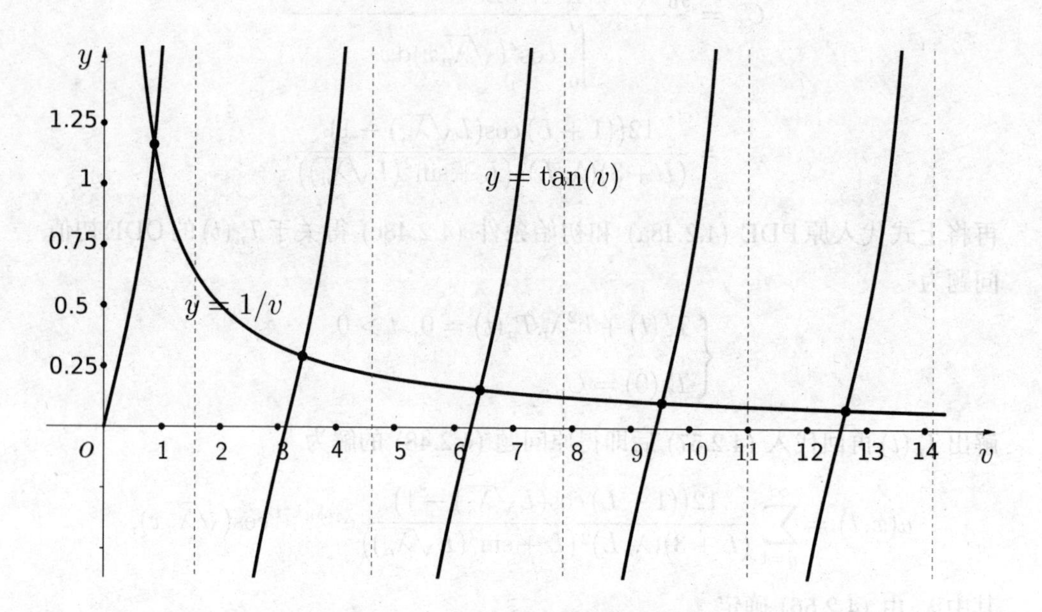


图 4.1　图示法确定本征值范围

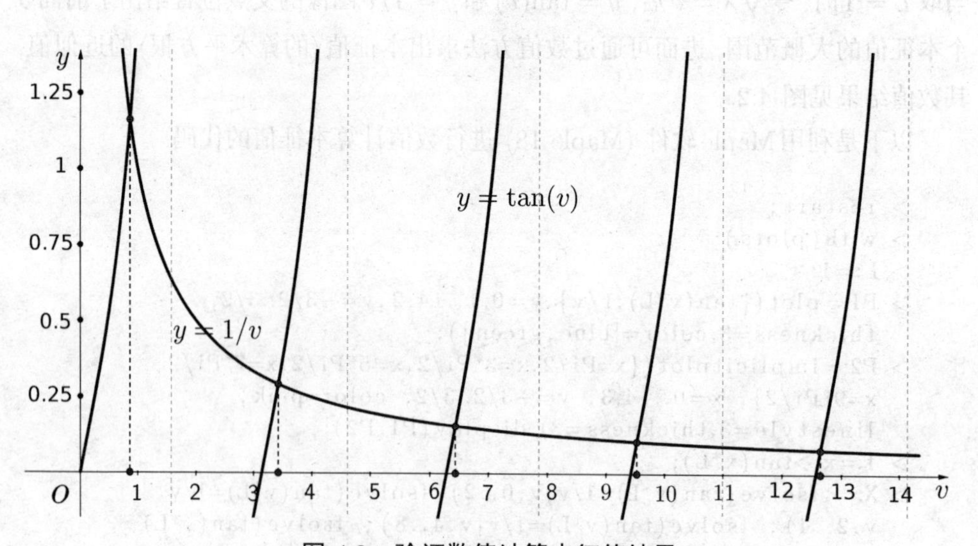


图 4.2　验证数值计算本征值结果

```
 <X[5],0>],color=black,symbol=solidcircle,
 symbolsize=8);
> intersection:=pointplot([<X[1],f(X[1])>,
 <X[2],f(X[2])>,<X[3],f(X[3])>,<X[4],f(X[4])>,
 <X[5],f(X[5])>],color=red,symbol = solidcircle,
 symbolsize= 13):
> <fsolve(tan(v*L)=1/v,v,0..2)^2,
 fsolve(tan(v*L)=1/v,v,2..4)^2,
 fsolve(tan(v*L)=1/v,v,4..8)^2,
 fsolve(tan(v*L)=1/v,v,8..11)^2,
 fsolve(tan(v*L)=1/v,v,11..14)^2>;
> display(P1,P2,intersection,coord);
 Vector(7, {(1) = .7401738844, (2) = 11.73486183,
 (3) = 41.43880785, (4) =90.80821420,
 (5) = 159.9032889})
```

由此可知求得的前5个本征值的近似值为

$$\lambda_1 := .7401738844,\quad \lambda_2 := 11.73486183,\quad \lambda_3 := 41.43880785,$$

$$\lambda_4 := 90.80821420,\quad \lambda_5 := 159.9032889.$$

例 4.2.6 (**周期边界**)　求解热方程混合问题

$$\begin{cases} u_t = k^2 u_{xx},\ |x| < L, t > 0, k = \text{const.} > 0, & (4.2.58\text{a}) \\ u(-L,t) = u(L,t), u_x(-L,t) = u_x(L,t),\ t \geqslant 0, & (4.2.58\text{b}) \\ u(x,0) = f(x),\ |x| \leqslant L. & (4.2.58\text{c}) \end{cases}$$

该定解问题描述的是一根表面绝热的圆环状导热细杆内部的温度分布状况(如图 4.3 所示),其中的$x$是有向弧长参数. 边界条件 (4.2.58b) 可理解成将长为$2L$的侧面绝热的导热直细杆弯曲成圆环状, 以使其两端充分接触$(u(-L,t) = u(L,t))$, 并使得热流向量在接触点处连续$(u_x(-L,t) = u_x(L,t))$. 原直细杆的中点作为计算有向弧长的起点. 易见边界条件 (4.2.58b) 是以$2L$为周期的边界条件.

如果把边界条件 (4.2.58b) 写成:

$$u(-L,t) - u(L,t) = 0,\ u_x(-L,t) - u_x(L,t) = 0,$$

则可知边界条件 (4.2.58b) 实际上是线性齐次的.

解: 设 (4.2.58a) 和 (4.2.58b) 有形如 $u(x,t) = X(x)T(t)$ 的分离变量形式非平凡特解, 将之代入 (4.2.58a) 和 (4.2.58b) 后得

$$X(x)T'(t) = k^2 X''(x)T(t)$$

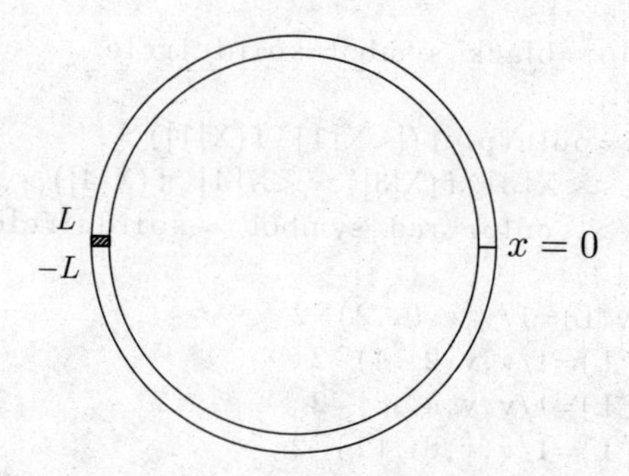


图 4.3 圆环状导热细杆示意图

和

$$X(-L)T(t) = X(L)T(t),\ X'(-L)T(t) = X'(L)T(t),$$

再分离变量后得

$$\frac{T'(t)}{k^2T(t)} = \frac{X''(x)}{X(x)} = -\lambda$$

和

$$X(-L) = X(L),\ X'(-L) = X'(L).$$

由此得到关于空间变元 $x$ 的正则 S–L 问题:

$$\begin{cases} X''(x) + \lambda X(x) = 0,\ |x| < L, & (4.2.59\text{a}) \\ X(-L) = X(L), X'(-L) = X'(L). & (4.2.59\text{b}) \end{cases}$$

我们称形如 (4.2.59b) 的边界条件为**周期边界条件**.

现在来求解 S–L 问题 (4.2.59). 由第 4.3.2 小节的结论 (1) 知该问题的所有本征值 $\lambda \in \mathbb{R}$. 现对 $\lambda$ 分情况讨论如下:

(1) 当 $\lambda < 0$ 时, 易知 (4.2.59a) 的通解为

$$X(x) = C_1\mathrm{e}^{\sqrt{-\lambda}x} + C_2\mathrm{e}^{-\sqrt{-\lambda}x},$$

从而

$$X'(x) = \sqrt{-\lambda}\left(C_1\mathrm{e}^{\sqrt{-\lambda}x} - C_2\mathrm{e}^{-\sqrt{-\lambda}x}\right).$$

将上面两式代入周期边界条件 (4.2.59b) 并整理得

$$\begin{cases} \left(\mathrm{e}^{-\sqrt{-\lambda}L} - \mathrm{e}^{\sqrt{-\lambda}L}\right)C_1 + \left(\mathrm{e}^{\sqrt{-\lambda}L} - \mathrm{e}^{-\sqrt{-\lambda}L}\right)C_2 = 0, \\ \left(\mathrm{e}^{-\sqrt{-\lambda}L} - \mathrm{e}^{\sqrt{-\lambda}L}\right)C_1 + \left(\mathrm{e}^{-\sqrt{-\lambda}L} - \mathrm{e}^{\sqrt{-\lambda}L}\right)C_2 = 0. \end{cases} \tag{4.2.60}$$

由于该方程组对应的系数行列式

$$\begin{vmatrix} e^{-\sqrt{-\lambda}L}-e^{\sqrt{-\lambda}L} & e^{\sqrt{-\lambda}L}-e^{-\sqrt{-\lambda}L} \\ e^{-\sqrt{-\lambda}L}-e^{\sqrt{-\lambda}L} & e^{-\sqrt{-\lambda}L}-e^{\sqrt{-\lambda}L} \end{vmatrix} = 2\left(e^{-\sqrt{-\lambda}L}-e^{\sqrt{-\lambda}L}\right)^2 \neq 0,$$

故齐次线性方程组 (4.2.60) 有且仅有零解 $C_1 = C_2 = 0$, 从而有: 当 $\lambda < 0$ 时, (4.2.59) 只有平凡解 $X(x) \equiv 0$, 故 $\lambda < 0$ 时不是本征值.

(2) 当 $\lambda = 0$ 时, 正则S–L问题 (4.2.59) 成为

$$\begin{cases} X''(x) = 0,\ |x| < L, & (4.2.61a) \\ X(-L) = X(L), X'(-L) = X'(L). & (4.2.61b) \end{cases}$$

(4.2.61a) 的通解为 $X(x) = C_1x + C_2$, 代入 (4.2.61b) 的第一个等式后有

$$-C_1L + C_2 = C_1L + C_2,$$

所以 $C_1 = 0$, 于是 (4.2.61) 的解为 $X(x) = C_2 \in \mathbb{R}$, 由此知 $\lambda = 0$ 是本征值 (从而是周期S–L问题 (4.2.59) 的最小本征值), 此时的本征函数通常取为 $X_0(x) = 1$.

(3) 当 $\lambda > 0$ 时, (4.2.59a) 的通解为

$$X(x) = C_1\cos(\sqrt{\lambda}x) + C_2\sin(\sqrt{\lambda}x),$$

从而

$$X'(x) = \sqrt{\lambda}\Big(-C_1\sin(\sqrt{\lambda}x) + C_2\cos(\sqrt{\lambda}x)\Big).$$

再将上述两式代入 (4.2.59b) 中并整理得

$$\begin{cases} 0 + C_2\sin(\sqrt{\lambda}L) = 0, \\ C_1\sin(\sqrt{\lambda}L) + 0 = 0. \end{cases}$$

要使得 $X(x) \neq 0$, 必有 $C_1^2 + C_2^2 \neq 0$, 于是上述方程组对应的系数行列式必满足

$$\begin{vmatrix} 0 & \sin(\sqrt{\lambda}L) \\ \sin(\sqrt{\lambda}L) & 0 \end{vmatrix} = -\sin^2(\sqrt{\lambda}L) = 0,$$

即有

$$\sqrt{\lambda}L = n\pi,\ n = 1, 2, \cdots.$$

由此可得

$$\lambda_n = \left(\frac{n\pi}{L}\right)^2,\ n = 1, 2, \cdots.$$

由于当

$$\lambda = \lambda_n = \left(\frac{n\pi}{L}\right)^2$$

时易验证

$$\cos\left(\frac{n\pi x}{L}\right),\ \sin\left(\frac{n\pi x}{L}\right),$$

以及

$$x \mapsto C_n \cos\left(\frac{n\pi x}{L}\right) + \tilde{C}_n \sin\left(\frac{n\pi x}{L}\right),\ C_n, \tilde{C}_n \in \mathbb{R}$$

都是S–L问题 (4.2.59) 的解, 故

$$\lambda_n = \left(\frac{n\pi}{L}\right)^2,\ \left\{\cos\left(\frac{n\pi x}{L}\right), \sin\left(\frac{n\pi x}{L}\right)\right\},\ n = 1, 2, \cdots$$

是 (4.2.59) 对应的本征值和本征函数.

综上所述, 正则的周期S–L问题 (Regular Periodic S–L Problem) (4.2.59) 的本征值和本征函数系为

$$\lambda_n = \left(\frac{n\pi}{L}\right)^2,\ n = 0, 1, 2, \cdots,$$

$$\cos\left(\frac{n\pi x}{L}\right),\ n = 0, 1, 2, \cdots \text{ 和 } \sin\left(\frac{n\pi x}{L}\right),\ n = 1, 2, 3, \cdots.$$

再将解 $u(x,t)$ 以及初始温度分布 $f(x)$ 按所得本征函数系展开得

$$u(x,t) = T_0(t) + \sum_{n=1}^{\infty}\left(\widehat{T}_n(t)\cos\left(\frac{n\pi x}{L}\right) + \widetilde{T}_n(t)\sin\left(\frac{n\pi x}{L}\right)\right), \tag{4.2.62}$$

$$f(x) = f_0 + \sum_{n=1}^{\infty}\left(\widehat{f}_n \cos\left(\frac{n\pi x}{L}\right) + \widetilde{f}_n \sin\left(\frac{n\pi x}{L}\right)\right),$$

其中

$$f_0 = \frac{1}{2L}\int_{-L}^{L} f(x)\mathrm{d}x, \tag{4.2.63}$$

$$\begin{cases} \widehat{f}_n = \dfrac{1}{L}\displaystyle\int_{-L}^{L} f(x)\cos\left(\frac{n\pi x}{L}\right)\mathrm{d}x, \\ \widetilde{f}_n = \dfrac{1}{L}\displaystyle\int_{-L}^{L} f(x)\sin\left(\frac{n\pi x}{L}\right)\mathrm{d}x, \end{cases} \quad n = 1, 2, \cdots. \tag{4.2.64}$$

然后将上式代入 PDE 和初始条件, 并利用本征函数系

$$\left\{1, \cos\left(\frac{\pi x}{L}\right), \sin\left(\frac{\pi x}{L}\right), \cos\left(\frac{2\pi x}{L}\right), \sin\left(\frac{2\pi x}{L}\right), \cdots, \cos\left(\frac{n\pi x}{L}\right), \sin\left(\frac{n\pi x}{L}\right), \cdots\right\}$$

的完备正交性得关于 $T_0(t), \widehat{T}_n(t), \widetilde{T}_n(t)$ 的 ODE 初值问题为

$$T_0'(t) = 0,\ T_0(0) = f_0,$$

$$\begin{cases} \widehat{T}_n'(t) + \left(\dfrac{kn\pi}{L}\right)^2 \widehat{T}_n = 0, \widehat{T}_n(0) = \widehat{f}_n, \\ \widetilde{T}_n'(t) + \left(\dfrac{kn\pi}{L}\right)^2 \widetilde{T}_n = 0, \widetilde{T}_n(0) = \widetilde{f}_n, \end{cases} \quad n = 1, 2, \cdots.$$

由此解得

$$T_0(t) = f_0,\ \widehat{T}_n(t) = \widehat{f}_n \mathrm{e}^{-(\frac{nk\pi}{L})^2 t},\ \widetilde{T}_n(t) = \widetilde{f}_n \mathrm{e}^{-(\frac{nk\pi}{L})^2 t},\ n \geqslant 1,$$

将之回代入 (4.2.62) 后即得原混合问题 (4.2.58) 的解为

$$u(x,t) = f_0 + \sum_{n=1}^{\infty} \left(\widehat{f}_n \cos\left(\frac{n\pi x}{L}\right) + \widetilde{f}_n \sin\left(\frac{n\pi x}{L}\right)\right) \mathrm{e}^{-(\frac{nk\pi}{L})^2 t},$$

其中系数 $f_0, \widehat{f}_n, \widetilde{f}_n$ 由 (4.2.63) 和 (4.2.64) 确定. □

### 4.2.4 线性椭圆型方程边值问题的分离变量法

下面以矩形区域 $D = \{(x,y) \in \mathbb{R}^2 | 0 < x < L, 0 < y < H\}$ 中的 Laplace 方程边值问题:

$$\begin{cases} u_{xx} + u_{yy} = 0,\ (x,y) \in D, & (4.2.65\text{a}) \\ u(0,y) = g_1(y), u(L,y) = g_2(y),\ 0 \leqslant y \leqslant H, & (4.2.65\text{b}) \\ u(x,0) = f_1(x), u(x,H) = f_2(x),\ 0 \leqslant x \leqslant L & (4.2.65\text{c}) \end{cases}$$

为例来说明如何使用分离变量法求解线性椭圆型方程边值问题. 该边值问题的 PDE 是线性齐次的, 但是四个边界条件 (相对于未知函数 $u$ 而言) 均是线性非齐次的, 不能直接使用分离变量法 (如图 4.4 所示).

但是注意到方程和边界条件均是线性的, 所以可以利用线性 PDE 的叠加原理 (见定理 1.6.1) 把原问题分解为两个稍微简单些问题的叠加:

$$u(x,y) = v(x,y) + w(x,y),$$

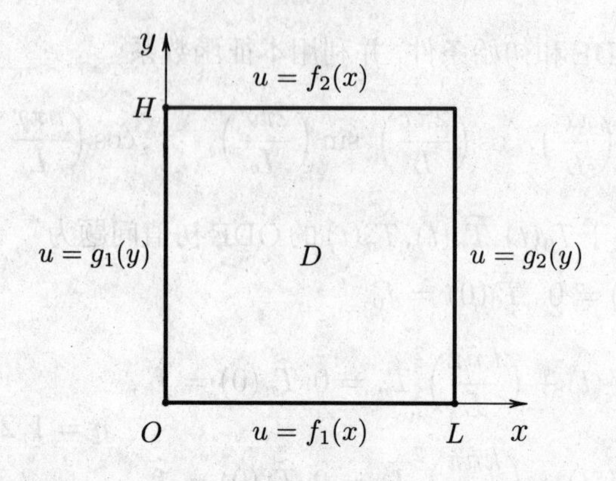


图 4.4 Laplace 方程边值问题示意图

其中, $v(x,y)$ 是边值问题

$$\begin{cases} v_{xx}+v_{yy}=0,\ (x,y)\in D, & (4.2.66a)\\ v(0,y)=0, v(L,y)=0,\ 0\leqslant y\leqslant H, & (4.2.66b)\\ v(x,0)=f_1(x), v(x,H)=f_2(x),\ 0\leqslant x\leqslant L & (4.2.66c)\end{cases}$$

的解, 而 $w$ 满足边值问题

$$\begin{cases} w_{xx}+w_{yy}=0,\ (x,y)\in D,\\ w(x,0)=0, w(x,H)=0,\ 0\leqslant x\leqslant L,\\ w(0,y)=g_1(y), w(L,y)=g_2(y),\ 0\leqslant y\leqslant H.\end{cases} \tag{4.2.67}$$

注意到上述边值问题 (4.2.66) 和 (4.2.67) 本质上具有相同的结构, 所以求解方法基本上是相同的. 不失一般性, 我们来考察如何求解 (4.2.66). 由于 (4.2.66a) 和 (4.2.66b) 均是线性齐次的, 故可先利用这两个方程找相应的本征值和本征函数, 再将解和边界数据 $f_1(x), f_2(x)$ 按本征函数系展开为 Fourier 级数, 最后利用本征函数系的完备正交性确定解对应的 Fourier 系数即可. 为此, 设 (4.2.66a) 和 (4.2.66b) 有分离变量形式的非平凡特解 $v(x,y)=X(x)Y(y)$, 代入 (4.2.66a) 和 (4.2.66b) 后经分离变量过程便得关于 $X(x)$ 的正则 S–L 问题:

$$\begin{cases} X''(x)+\lambda X(x)=0,\ 0<x<L,\\ X(0)=X(L)=0.\end{cases} \tag{4.2.68}$$

根据表 4.2.1 知 S–L 问题 (4.2.68) 的本征值和本征函数系为

$$\lambda_n=\left(\frac{n\pi}{L}\right)^2,\ X_n(x)=\sin\left(\frac{n\pi x}{L}\right),\ n=1,2,\cdots.$$

然后将解 $v(x,y)$ 和边界数据 $f_1(x), f_2(x)$ 均按本征函数系 $\{X_n(x)\}_{n=1}^{\infty}$ 展开成 Fourier 级数为

$$v(x,y)=\sum_{n=1}^{\infty}Y_n(y)X_n(x),\ f_1(x)=\sum_{n=1}^{\infty}f_{1_n}X_n(x),\ f_2(x)=\sum_{n=1}^{\infty}f_{2_n}X_n(x),$$

再将之代入 (4.2.66a) 和 (4.2.66c) 得到关于 $Y_n(y)$ 的 ODE 边值问题:

$$\begin{cases}Y_n''(y)-\left(\dfrac{n\pi}{L}\right)^2Y_n(y)=0,\ 0<y<H,\\ Y_n(0)=f_{1_n}, Y_n(H)=f_{2_n}.\end{cases}$$

由此解得

$$Y_n(y)=\frac{\sinh\left(\dfrac{n\pi y}{L}\right)}{\sinh\left(\dfrac{n\pi H}{L}\right)}f_{2_n}+\frac{\sinh\left(\dfrac{n\pi(H-y)}{L}\right)}{\sinh\left(\dfrac{n\pi H}{L}\right)}f_{1_n},$$

从而回代后即得边值问题 (4.2.66) 的解为

$$v(x,y)=\sum_{n=1}^{\infty}\frac{\sinh\left(\dfrac{n\pi(H-y)}{L}\right)f_{1_n}+\sinh\left(\dfrac{n\pi y}{L}\right)f_{2_n}}{\sinh\left(\dfrac{n\pi H}{L}\right)}\sin\left(\frac{n\pi x}{L}\right),$$

其中

$$\begin{cases}f_{1_n}=\dfrac{2}{L}\displaystyle\int_0^L f_1(x)X_n(x)\mathrm{d}x,\\ f_{2_n}=\dfrac{2}{L}\displaystyle\int_0^L f_2(x)X_n(x)\mathrm{d}x.\end{cases}\tag{4.2.69}$$

类似地, (4.2.67) 的解为

$$w(x,y)=\sum_{n=1}^{\infty}\frac{\sinh\left(\dfrac{n\pi(L-x)}{H}\right)g_{1_n}+\sinh\left(\dfrac{n\pi x}{H}\right)g_{2_n}}{\sinh\left(\dfrac{n\pi L}{H}\right)}\sin\left(\frac{n\pi y}{H}\right),$$

其中

$$g_{1_n}=\frac{2}{H}\int_0^H g_1(y)\sin\left(\frac{n\pi y}{H}\right)\mathrm{d}y,\quad g_{2_n}=\frac{2}{H}\int_0^H g_2(y)\sin\left(\frac{n\pi y}{H}\right)\mathrm{d}y.\tag{4.2.70}$$

由此, 原边值问题 (4.2.65) 的解为

$$u(x,y)=\sum_{n=1}^{\infty}\frac{\sinh\left(\dfrac{n\pi(H-y)}{L}\right)f_{1_n}+\sinh\left(\dfrac{n\pi y}{L}\right)f_{2_n}}{\sinh\left(\dfrac{n\pi H}{L}\right)}\sin\left(\frac{n\pi x}{L}\right)$$

$$+\sum_{n=1}^{\infty}\frac{\sinh\left(\dfrac{n\pi(L-x)}{H}\right)g_{1_n}+\sinh\left(\dfrac{n\pi x}{H}\right)g_{2_n}}{\sinh\left(\dfrac{n\pi L}{H}\right)}\sin\left(\frac{n\pi y}{H}\right),$$

其中 $f_{1_n}, f_{2_n}, g_{1_n}, g_{2_n}$ 由 (4.2.69) 和 (4.2.70) 确定.

例 4.2.7 求解 Laplace 方程边值问题:

$$\begin{cases} u_{xx}+u_{yy}=0,\ 0<x<L, 0<y<H, & (4.2.71\text{a})\\ u(x,0)=0, u_y(x,H)=0,\ 0\leqslant x\leqslant L, & (4.2.71\text{b})\\ u(0,y)=y\left(H-\dfrac{y}{2}\right), u(L,y)=0,\ 0\leqslant y\leqslant H. & (4.2.71\text{c})\end{cases}$$

解: 设 (4.2.71a) 和 (4.2.71b) 有形如

$$u(x,y)=X(x)Y(y)$$

的非平凡特解, 将之代入 (4.2.71a) 和 (4.2.71b), 并分离变量得关于 $Y(y)$ 的正则 S–L 问题:

$$\begin{cases} Y''(y)+\lambda Y(y)=0,\ 0<y<H,\\ Y(0)=0, Y'(H)=0.\end{cases} \tag{4.2.72}$$

解此 S–L 问题得本征值和本征函数系为:

$$\lambda_n=\left(\frac{(2n-1)\pi}{2H}\right)^2,\ Y_n(y)=\sin\left(\frac{(2n-1)\pi y}{2H}\right),\ n=1,2,\cdots.$$

然后将解 $u(x,y)$ 和边界数据 $y\left(H-\frac{y}{2}\right)$ 按本征函数系展开成 Fourier 级数为

$$u(x,y)=\sum_{n=1}^{\infty}X_n(x)\sin\left(\frac{(2n-1)\pi y}{2H}\right),$$

$$y\left(H-\frac{y}{2}\right)=\sum_{n=1}^{\infty}b_n\sin\left(\frac{(2n-1)\pi y}{2H}\right),$$

其中

$$b_n=\frac{2}{H}\int_0^H y\left(H-\frac{y}{2}\right)\sin\left(\frac{(2n-1)\pi y}{2H}\right)\mathrm{d}y=\frac{16H^2}{((2n-1)\pi)^3}.$$

再将上式代入 (4.2.71a) 和 (4.2.71c) 得到关于 $X_n(x)$ 的 ODE 边值问题:

$$\begin{cases}X_n''(x)-\dfrac{(2n-1)^2\pi^2}{4H^2}X_n(x)=0,\ 0<x<L,\\ X_n(0)=b_n, X_n(L)=0.\end{cases}$$

由此解得

$$X_n(x)=\frac{16H^2\left(\mathrm{e}^{\frac{\pi(L+2xn-x)}{2H}}-\mathrm{e}^{\frac{\pi(4Ln-L-2xn+x)}{2H}}\right)}{\pi^3(2n-1)^3\left(\mathrm{e}^{\frac{\pi L}{2H}}-\mathrm{e}^{\frac{\pi L(4n-1)}{2H}}\right)},$$

最后回代即得原边值问题 (4.2.71) 的解为

$$u(x,y)=\sum_{n=1}^{\infty}\frac{16H^2\left(\mathrm{e}^{\frac{\pi(L+2xn-x)}{2H}}-\mathrm{e}^{\frac{\pi(4Ln-L-2xn+x)}{2H}}\right)}{\pi^3(2n-1)^3\left(\mathrm{e}^{\frac{\pi L}{2H}}-\mathrm{e}^{\frac{\pi L(4n-1)}{2H}}\right)}\sin\left(\frac{(2n-1)\pi y}{2H}\right).\quad\square$$

### 4.2.5 线性非齐次问题的齐次化

前面讨论了方程和边界条件都是线性齐次的情形, 下面来考察方程或者边界条件是非齐次的情形.

1) 线性非齐次 PDE 带线性齐次边界情形

此时一般有两种处理方法, 第一种方法就是直接使用本征函数展开法求解, 第二种方法就是使用 Duhamel's principle 来把方程齐次化 (此法不太常用, 以后还要讲, 故此处略). 下面以如下线性非齐次波方程混合问题

$$\begin{cases}u_{tt}=c^2u_{xx}+f(x,t),\ 0<x<L,t>0, & (4.2.73\text{a})\\ u(0,t)=u(L,t)=0,\ t\geqslant 0, & (4.2.73\text{b})\\ u(x,0)=\phi(x), u_t(x,0)=\psi(x),\ 0\leqslant x\leqslant L & (4.2.73\text{c})\end{cases}$$

为例来考察如何使用本征函数展开法求解线性非齐次方程线性齐次边值问题.

**求解混合问题 (4.2.73) 的本征函数展开法步骤如下.**

**第 1 步**: 把变量分离的形式解 $u=X(x)T(t)$ 代入 (4.2.73a) 对应的齐次方程

(即令 $f=0$) 以及齐次边界条件 (4.2.73b) 中经分离变量过程得到相应的S–L问题, 并求出全部的本征值和本征函数 (问题 (4.2.73) 对应的本征值和本征函数是 $\left\{\left(\frac{n\pi}{L}\right)^2\right\}_{n=1}^{\infty}$ 和 $\left\{\sin\left(\frac{n\pi x}{L}\right)\right\}_{n=1}^{\infty}$ (下同), 当线性齐次边界条件不是形如 (4.2.73b) 时, 本征值和本征函数一般要改变).

**第2步**: 把形式解 $u(x,t)$, PDE中的非齐次项 $f(x,t)$ 和非齐次初始数据 $\phi,\psi$ 分别按照本征函数系展开为Fourier级数:

$$u(x,t)=\sum_{n=1}^{\infty}T_n(t)\sin\Big(\frac{n\pi}{L}x\Big), \tag{4.2.74}$$

$$f(x,t)=\sum_{n=1}^{\infty}f_n(t)\sin\Big(\frac{n\pi}{L}x\Big),\ f_n(t)=\frac{2}{L}\int_0^L f(\xi,t)\sin\Big(\frac{n\pi}{L}\xi\Big)\mathrm{d}\xi,$$

$$\phi(x)=\sum_{n=1}^{\infty}\phi_n\sin\Big(\frac{n\pi}{L}x\Big),\ \phi_n=\frac{2}{L}\int_0^L \phi(\xi)\sin\Big(\frac{n\pi}{L}\xi\Big)\mathrm{d}\xi,$$

$$\psi(x)=\sum_{n=1}^{\infty}\psi_n\sin\Big(\frac{n\pi}{L}x\Big),\ \psi_n=\frac{2}{L}\int_0^L \psi(\xi)\sin\Big(\frac{n\pi}{L}\xi\Big)\mathrm{d}\xi,$$

然后把它们代入原方程 (4.2.73a) 和初始条件 (4.2.73c), 再根据本征函数系的完备正交性便可得到确定 $T_n(t)$ 的ODE初值问题:

$$\begin{cases}T_n''(t)+\Big(\dfrac{cn\pi}{L}\Big)^2T_n(t)=f_n(t),\ t>0,\\ T_n(0)=\phi_n, T_n'(0)=\psi_n.\end{cases} \tag{4.2.75}$$

**第3步**: 根据 Duhamel's principle 解出 (4.2.75) 的解为

$$\begin{aligned}T_n(t)=&\phi_n\cos\Big(\frac{cn\pi}{L}t\Big)+\frac{L\psi_n}{cn\pi}\sin\Big(\frac{cn\pi}{L}t\Big)+\mathcal{R}_t*f(t)\\ =&\phi_n\cos\Big(\frac{cn\pi}{L}t\Big)+\frac{L\psi_n}{cn\pi}\sin\Big(\frac{cn\pi}{L}t\Big)\\ &+\frac{L}{cn\pi}\int_0^t f_n(\tau)\sin\Big(\frac{cn\pi}{L}(t-\tau)\Big)\mathrm{d}\tau,\end{aligned} \tag{4.2.76}$$

其中, $\mathcal{R}_t$ 是ODE初值问题

$$\begin{cases}y''(t)+\Big(\dfrac{cn\pi}{L}\Big)^2y(t)=0,\ t>0,\\ y(0)=0, y'(0)=\beta\end{cases}$$

的解算子, 即

$$y(t) = \mathcal{R}_t \beta := \frac{L}{n\pi c} \sin\left(\frac{cn\pi t}{L}\right)\beta,$$

$\mathcal{R}_t * f(t)$ 表示解算子 $\mathcal{R}_t$ 和 $f$ 的 Duhamel 卷积 (Duhamel Convolution)

$$\mathcal{R}_t * f(t) := \int_0^t \mathcal{R}_{t-\tau} f(\tau)\mathrm{d}\tau.$$

由此便得到由 (4.2.74) 和 (4.2.76) 确定的非齐次混合问题 (4.2.73) 的(形式)解.

2) 边界条件为线性非齐次情形

比如当边界条件是形如 $u(0,t) = g_1(t)$, $u(L,t) = g_2(t)$ 的情形, 实际上可以用如下形式的变量替换 (线性插值) 将其齐次化, 即

$$u(x,t) = w(x,t) + \frac{L-x}{L} g_1(t) + \frac{x}{L} g_2(t),$$

由此关于 $w(x,t)$ 而言, 边界条件就齐次化了. 需要注意的是, 当用此法把边界齐次化后, 得到的关于 $w$ 的 PDE 一般是线性非齐次的.

实际上, 对于发展方程形如

$$\begin{cases} \lambda_1 u(a,t) - \mu_1 u_x(a,t) = \alpha(t), \\ \lambda_2 u(b,t) + \mu_2 u_x(b,t) = \beta(t), \end{cases} \quad t > 0,\ a < b \tag{4.2.77}$$

的线性非齐次边界条件, 总可以选取

$$v(x,t) = (A_1 x^2 + A_2 x + A_3)\alpha(t) + (B_1 x^2 + B_2 x + B_3)\beta(t),$$

其中 $A_i, B_i$ $(i = 1,2,3)$ 待定, 使得当令 $u(x,t) = v(x,t) + w(x,t)$ 并代入相应的边界条件后, $w(x,t)$ 必满足线性齐次边界条件. 这里的 $v$ 称为对边界条件 (4.2.77) 的**齐次化函数** (Homogenization Function). 对于线性椭圆型方程线性非齐次边值问题也可类似处理.

表 4.2.2 列出了常用的线性非齐次边界条件及其对应的齐次化函数.

下面通过 3 个实例来说明如何利用齐次化求解定解问题.

例 4.2.8 求解波方程非齐次混合问题:

$$\begin{cases} u_{tt} = c^2 u_{xx},\ 0 < x < L, t > 0, c = \text{const.} > 0, & (4.2.78\text{a}) \\ u(0,t) = 0, u_x(L,t) = \sin t,\ t > 0, & (4.2.78\text{b}) \\ u(x,0) = x\left(L - \dfrac{x}{2}\right), u_t(x,0) = 0,\ 0 \leqslant x \leqslant L. & (4.2.78\text{c}) \end{cases}$$

表 4.2.2　线性非齐次边界的齐次化

| 边界条件 | 齐次化函数 |
|---|---|
| Dirichlet: $u(a,t)=\alpha(t), u(b,t)=\beta(t)$ | $v(x,t)=\frac{b-x}{b-a}\alpha(t)+\frac{x-a}{b-a}\beta(t)$ |
| Neumann: $u_x(a,t)=\alpha(t), u_x(b,t)=\beta(t)$ | $v(x,t)=\frac{x^2}{2(b-a)}(\beta(t)-\alpha(t))+\frac{x}{b-a}(b\alpha(t)-a\beta(t))$ |
| $u_x(a,t)=\alpha(t), u(b,t)=\beta(t)$ | $v(x,t)=(x-b)\alpha(t)+\beta(t)$ |
| $u(a,t)=\alpha(t), u_x(b,t)=\beta(t)$ | $v(x,t)=\alpha(t)+(x-a)\beta(t)$ |
| $u(a,t)=\alpha(t), u(b,t)+\mu u_x(b,t)=\beta(t)$ | $v(x,t)=\frac{\beta(t)-\alpha(t)}{b-a+\mu}(x-a)+\alpha(t)$ |
| $u(a,t)-\lambda u_x(a,t)=\alpha(t), u(b,t)=\beta(t)$ | $v(x,t)=\frac{\alpha(t)-\beta(t)}{b-a+\lambda}(b-x)+\beta(t)$ |
| $u_x(a,t)=\alpha(t), u(b,t)+\mu u_x(b,t)=\beta(t)$ | $v(x,t)=\alpha(t)x+\beta(t)-(b+\mu)\alpha(t)$ |
| $u(a,t)-\lambda u_x(a,t)=\alpha(t), u_x(b,t)=\beta(t)$ | $v(x,t)=\beta(t)x+\alpha(t)+(\lambda-a)\beta(t)$ |
| $u(a,t)-\lambda u_x(a,t)=\alpha(t)$<br>$u(b,t)+\mu u_x(b,t)=\beta(t)$ | $v(x,t)=\frac{\beta(t)-\alpha(t)}{\lambda+\mu+b-a}x+\frac{(\lambda-a)\beta(t)+(\mu+b)\alpha(t)}{\lambda+\mu+b-a}$ |

解: 由表 4.2.2 可知, 为使原问题边界条件 (4.2.78b) 齐次化, 可令

$$u(x,t)=x\sin t+w(x,t), \tag{4.2.79}$$

则 $w$ 满足

$$\begin{cases} w_{tt}=c^2w_{xx}+x\sin t,\ 0<x<L,t>0, & (4.2.80a)\\ w(0,t)=0,w_x(L,t)=0,\ t\geqslant 0, & (4.2.80b)\\ w(x,0)=x\Big(L-\dfrac{x}{2}\Big),w_t(x,0)=-x,\ 0\leqslant x\leqslant L. & (4.2.80c)\end{cases}$$

将 (4.2.80a) 对应的齐次方程和齐次边界条件 (4.2.80b) 构成线性齐次问题

$$\begin{cases} w_{tt}=c^2w_{xx},\ 0<x<L,t>0,\\ w(0,t)=0,w_x(L,t)=0,\ 0\leqslant x\leqslant L\end{cases}$$

并分离变量后得对应的S–L问题为

$$\begin{cases} X''(x)+\lambda X(x)=0,\ 0<x<L,\\ X(0)=0,X'(L)=0,\end{cases}$$

故 (4.2.80a) 和 (4.2.80b) 对应的本征值和本征函数系为

$$\lambda_n=\left(\frac{(2n-1)\pi}{2L}\right)^2,\ X_n(x)=\sin\left(\frac{(2n-1)\pi x}{2L}\right),\ n=1,2,\cdots.$$

将 (4.2.80) 的解 $w(x,t)$ 和非齐次项 $x\sin t, x\left(L-\frac{x}{2}\right), -x$ 均按本征函数系 $\{X_n(x)\}_{n=1}^{\infty}$ 展开成Fourier级数得

$$w(x,t)=\sum_{n=1}^{\infty}w_n(t)X_n(x), \tag{4.2.81}$$

$$x\sin t=\sum_{n=1}^{\infty}f_n(t)X_n(x),$$

$$f_n(t)=\frac{2}{L}\int_0^L x\sin(t)X_n(x)\mathrm{d}x=\frac{(-1)^{n+1}8L\sin t}{\big((2n-1)\pi\big)^2},$$

$$x\left(L-\frac{x}{2}\right)=\sum_{n=1}^{\infty}\phi_n X_n(x),$$

$$\phi_n=\frac{2}{L}\int_0^L x\left(L-\frac{x}{2}\right)X_n(x)\mathrm{d}x=\frac{16L^2}{\big(\pi(2n-1)\big)^3},$$

$$-x=\sum_{n=1}^{\infty}\psi_n X_n(x),$$

$$\psi_n=\frac{2}{L}\int_0^L(-x)X_n(x)\mathrm{d}x=\frac{8(-1)^nL}{\big(\pi(2n-1)\big)^2},$$

再将这些级数代入 (4.2.80a) 和 (4.2.80c)，并利用 $\{X_n(x)\}$ 的完备正交性可得关于系数 $w_n(t)$ 的二阶线性非齐次ODE初值问题:

$$\begin{cases} w_n''(t)=\dfrac{-((2n-1)\pi c)^2}{(2L)^2}w_n(t)+\dfrac{(-1)^{n+1}8L\sin t}{\big((2n-1)\pi\big)^2},\ t>0, \\ w_n(0)=\dfrac{16L^2}{\big(\pi(2n-1)\big)^3},\ w_n'(0)=\dfrac{8(-1)^nL}{\big(\pi(2n-1)\big)^2}. \end{cases}$$

由此解得

$$\begin{aligned} w_n(t)=&\frac{16(-1)^n cL^2\sin\left(\frac{\pi(2n-1)ct}{2L}\right)}{(2n-1)(-2\pi cn+\pi c-2L)(-2\pi cn+\pi c+2L)\pi}+\frac{16L^2\cos\left(\frac{\pi(2n-1)ct}{2L}\right)}{\big(\pi(2n-1)\big)^3} \\ &+\frac{32(-1)^nL^3\sin t}{(\pi(2n-1))^2(2\pi cn-\pi c+2L)(-2\pi cn+\pi c+2L)}. \end{aligned} \tag{4.2.82}$$

最后, 由 (4.2.79), (4.2.81) 和 (4.2.82) 便得原问题 (4.2.78) 的解为

$$
\begin{aligned}
u(x,t) =& w(x,t) + x\sin t \\
=& \sum_{n=1}^{\infty}\left(\frac{16(-1)^n cL^2 \sin\left(\frac{\pi(2n-1)ct}{2L}\right)}{(2n-1)(-2\pi cn+\pi c-2L)(-2\pi cn+\pi c+2L)\pi}\right. \\
&+\frac{32(-1)^n L^3 \sin t}{(\pi(2n-1))^2(2\pi cn-\pi c+2L)(-2\pi cn+\pi c+2L)} \\
&\left.+\frac{16L^2\cos\left(\frac{\pi(2n-1)ct}{2L}\right)}{\left(\pi(2n-1)\right)^3}\right)\cdot \sin\left(\frac{(2n-1)\pi x}{2L}\right) + x\sin t. \qquad \square
\end{aligned}
$$

例 4.2.9 求解线性非齐次热方程混合问题:

$$
\begin{cases}
u_t = k^2 u_{xx} + t,\ 0 < x < L, t > 0, k = \text{const.} > 0, & (4.2.83\text{a}) \\
u(0,t) = 5, u(L,t) + u_x(L,t) = 3L + 5,\ t > 0, & (4.2.83\text{b}) \\
u(x,0) = 3x^2 - 3Lx + 5,\ 0 \leqslant x \leqslant L. & (4.2.83\text{c})
\end{cases}
$$

**解**: 由表 4.2.2 可知, 为将原问题边界条件 (4.2.83b) 齐次化, 令

$$
u(x,t) = \frac{3Lx}{L+1} + 5 + w(x,t),
$$

则 $w$ 满足

$$
\begin{cases}
w_t(x,t) = k^2 w_{xx}(x,t) + t, 0 < x < L, t > 0, & (4.2.84\text{a}) \\
w(0,t) = 0, w(L,t) + w_x(L,t) = 0,\ t > 0, & (4.2.84\text{b}) \\
w(x,0) = 3x^2 - \dfrac{3L(L+2)}{L+1}x,\ 0 \leqslant x \leqslant L. & (4.2.84\text{c})
\end{cases}
$$

把 (4.2.84a) 对应的齐次方程和 (4.2.84b) 构成线性齐次问题

$$
\begin{cases}
w_t = k^2 w_{xx}(x,t),\ 0 < x < L, t > 0, \\
w(0,t) = w(L,t) + w_x(L,t) = 0,\ t > 0
\end{cases}
$$

并分离变量后得 S–L 问题:

$$
\begin{cases}
X''(x) + \lambda X(x) = 0,\ 0 < x < L, \\
X(0) = 0, X(L) + X'(L) = 0,
\end{cases}
$$

由此解得本征值和本征函数系为

$$\lambda_n,\ X_n(x)=\sin\left(\sqrt{\lambda_n}x\right),\ n=1,2,\cdots,$$

其中 $\lambda_n$ 满足

$$\sin\left(\sqrt{\lambda_n}L\right)=-\sqrt{\lambda_n}\cos\left(\sqrt{\lambda_n}L\right)$$

或者

$$\tan\left(\sqrt{\lambda_n}L\right)=-\sqrt{\lambda_n}.$$

现将 (4.2.84) 的解 $w(x,t)$ 和非齐次项 $t, 3x^2-\dfrac{3L(L+2)x}{L+1}$ 展开成关于本征函数系 $\{X_n(x)\}$ 的 Fourier 级数得

$$w(x,t)=\sum_{n=1}^{\infty}w_n(t)X_n(x),$$

$$t=\sum_{n=1}^{\infty}f_n(t)X_n(x),$$

$$f_n(t)=\frac{\displaystyle\int_0^L tX_n(x)\mathrm{d}x}{\displaystyle\int_0^L X_n^2(x)\mathrm{d}x}=\frac{2t(1-\cos(\sqrt{\lambda_n}L))}{\sqrt{\lambda_n}L-\cos(\sqrt{\lambda_n}L)\sin(\sqrt{\lambda_n}L)},$$

$$3x^2-\frac{3L(L+2)x}{L+1}=\sum_{n=1}^{\infty}\phi_nX_n(x),$$

$$\phi_n=\frac{\displaystyle\int_0^L\left(3x^2-\frac{3L(L+2)x}{L+1}\right)\sin(\sqrt{\lambda_n}x)\mathrm{d}x}{\displaystyle\int_0^L\sin^2(\sqrt{\lambda_n}x)\mathrm{d}x}=\frac{-12(\sqrt{\lambda_n}+\sin(\sqrt{\lambda_n}L))}{\lambda_n(L\lambda_n+\sin^2(\sqrt{\lambda_n}L))},$$

将之代入 (4.2.84a) 和 (4.2.84c) 后得关于系数 $w_n(t)$ 的一阶线性 ODE Cauchy 问题:

$$\begin{cases}w_n'(t)+\lambda_nk^2w_n(t)+\dfrac{2t(-1+\cos(\sqrt{\lambda_n}L))}{\sqrt{\lambda_n}L-\cos(\sqrt{\lambda_n}L)\sin(\sqrt{\lambda_n}L)}=0,\ t>0,\\ w_n(0)=\dfrac{-12(\sqrt{\lambda_n}+\sin(\sqrt{\lambda_n}L))}{\lambda_n(L\lambda_n+\sin^2(\sqrt{\lambda_n}L))}.\end{cases}$$

由此解得

$$w_n(t) = \frac{4(1-k^2\lambda_n t)(\cos(\sqrt{\lambda_n}L)-1)}{k^4\lambda_n^2\big(2\sqrt{\lambda_n}L-\sin(2\sqrt{\lambda_n}L)\big)} + \mathrm{e}^{-k^2\lambda_n t}\left(\frac{-12\big(\sqrt{\lambda_n}+\sin(\sqrt{\lambda_n}L)\big)}{\lambda_n\big(\sin^2(\sqrt{\lambda_n}L)+L\lambda_n\big)}\right.$$
$$\left.+\frac{4\big(1-\cos(\sqrt{\lambda_n}L)\big)}{k^4\lambda_n^2\big(2\sqrt{\lambda_n}L-\sin(\sqrt{\lambda_n}L)\big)}\right),$$

故原问题 (4.2.83) 的解为

$$\begin{aligned} u(x,t) =& \frac{3Lx}{L+1}+5+\sum_{n=1}^{\infty} w_n(t)X_n(x) \\ =& \frac{3Lx}{L+1}+5+\sum_{n=1}^{\infty}\left(\frac{4(1-k^2\lambda_n t)(\cos(\sqrt{\lambda_n}L)-1)}{k^4\lambda_n^2\big(2\sqrt{\lambda_n}L-\sin(2\sqrt{\lambda_n}L)\big)}\right. \\ &\left.+\mathrm{e}^{-k^2\lambda_n t}\left(\frac{-12\big(\sqrt{\lambda_n}+\sin(\sqrt{\lambda_n}L)\big)}{\lambda_n\big(\sin^2(\sqrt{\lambda_n}L)+L\lambda_n\big)}+\frac{4\big(1-\cos(\sqrt{\lambda_n}L)\big)}{k^4\lambda_n^2\big(2\sqrt{\lambda_n}L-\sin(\sqrt{\lambda_n}L)\big)}\right)\right) \\ &\cdot\sin(\sqrt{\lambda_n}x). \end{aligned}$$

□

例 4.2.10 求解 Poisson 方程非齐次边值问题:

$$\begin{cases} u_{xx}+u_{yy}=x(1-x),\ 0<x,y<1, & (4.2.85\text{a}) \\ u(0,y)=u(1,y)=1+y,\ 0\leqslant y\leqslant 1, & (4.2.85\text{b}) \\ u(x,0)=4x^2-4x+1, u(x,1)=2,\ 0\leqslant x\leqslant 1. & (4.2.85\text{c}) \end{cases}$$

解: 由于所给边值问题的四个边界条件均是 Dirichlet 型线性非齐次的边界, 所以需要先齐次化. 注意到边界条件 (4.2.85b) 中两侧边界是一致的, 所以对此边界齐次化相对而言要简单些. 由表 4.2.2 知, 令

$$u(x,y)=1+y+w(x,y),$$

则

$$\begin{cases} w_{xx}+w_{yy}=x(1-x),\ 0<x,y<1, & (4.2.86\text{a}) \\ w(0,y)=w(1,y)=0,\ 0\leqslant y\leqslant 1, & (4.2.86\text{b}) \\ w(x,0)=4x^2-4x, w(x,1)=0,\ 0\leqslant x\leqslant 1. & (4.2.86\text{c}) \end{cases}$$

把 (4.2.86a) 对应的齐次方程连同齐次边界 (4.2.86b) 分离变量后得到相应的

正则 S–L 问题, 再求解后可得定解问题 (4.2.86) 对应的本征值和本征函数系为

$$\lambda_n = (n\pi)^2,\ X_n(x) = \sin(n\pi x),\ n = 1, 2, \cdots.$$

再将 (4.2.86) 的解 $w(x,y)$ 和非齐次项 $x(1-x), 4x^2-4x$ 均按本征函数系 $\{X_n(x)\}_{n=1}^{\infty}$ 展开为 Fourier 级数得

$$w(x,y) = \sum_{n=1}^{\infty} w_n(y)\sin(n\pi x),$$

$$x(1-x) = \sum_{n=1}^{\infty} f_n \sin(n\pi x),$$

$$f_n = 2\int_0^1 x(1-x)\sin(n\pi x)\mathrm{d}x = \frac{4(1+(-1)^{1+n})}{(n\pi)^3},$$

$$4x^2-4x = \sum_{n=1}^{\infty} g_n \sin(n\pi x),$$

$$g_n = 2\int_0^1 (4x^2-4x)\sin(n\pi x)\mathrm{d}x = \frac{16(-1+(-1)^n)}{(n\pi)^3},$$

然后将这些级数代入 (4.2.86a) 和 (4.2.86c) 中, 并结合本征函数系的完备正交性得到 Fourier 系数 $w_n(y)$ 必满足

$$\begin{cases} w_n''(y) - (n\pi)^2 w_n(y) = \dfrac{4(1+(-1)^{1+n})}{(n\pi)^3},\ 0<y<1, \\ w_n(0) = \dfrac{16(-1+(-1)^n)}{(n\pi)^3}, w_n(1) = 0. \end{cases}$$

由此解得

$$w_n(y) = \frac{4(1-(-1)^n)}{n^5\pi^5(-\mathrm{e}^{-\pi n}+\mathrm{e}^{\pi n})}\Big(\mathrm{e}^{\pi n y} - \mathrm{e}^{\pi n} + \mathrm{e}^{-\pi n} - \mathrm{e}^{-\pi n y}$$

$$+ (4n^2\pi^2 - 1)\left(\mathrm{e}^{\pi n(y-1)} - \mathrm{e}^{-\pi n(y-1)}\right)\Big),$$

所以原问题 (4.2.85) 的解为

$$u(x,y) = 1 + y + \sum_{n=1}^{\infty} w_n(y)\sin(n\pi x).$$

$$=1+y+\sum_{n=1}^{\infty}\frac{4(1-(-1)^n)\sin(n\pi x)}{n^5\pi^5\left(-e^{-\pi n}+e^{\pi n}\right)}\Big(e^{\pi ny}-e^{\pi n}+e^{-\pi n}$$

$$-e^{-\pi ny}+\left(4n^2\pi^2-1\right)\Big(e^{\pi n(y-1)}-e^{-\pi n(y-1)}\Big)\Big).\qquad\square$$

## 习 题 4.2

1. 证明如下的命题: 设 $A, B$ 为给定非空集合, 函数 $f: A\to\mathbb{R}, g: B\to\mathbb{R}$, 则有: 如果 $f(x)=g(y), \forall x\in A, y\in B$, 那么必存在常数 $\lambda$, 使得

$$f(x)=g(y)=\lambda,\qquad \forall x\in A,\quad y\in B.$$

2. 请证明 S–L 问题

$$\begin{cases}\phi''(x)+q\phi(x)+\lambda\sigma\phi(x)=0,\ -\infty<a<x<b<+\infty,\\ \alpha_1\phi(a)-\beta_1\phi'(a)=0, \alpha_2\phi(b)+\beta_2\phi'(b)=0,\\ \text{或者 } \phi(a)=\phi(b), \phi'(a)=\phi'(b)\end{cases}$$

关于独立变量 $x$ 具有平移不变性, 其中 $q, \sigma$ 为常数, 且 $\sigma>0$, 即证明: $\forall\tau\in\mathbb{R}\backslash\{0\}$, 平移变换 $x\mapsto x-\tau$ 并不改变上述 S–L 问题的结构, 只是把区间 $[a,b]$ 映成 $[a-\tau, b-\tau]$; 然后利用此性质推导表 4.2.1 中相应边界条件下的本征值和本征函数.

3. 请用分离变量法求解下列抛物型方程初–边值问题:

(1) $\begin{cases}u_t-ku_{xx}=0,\ 0<x<\pi, t>0,\\ u(0,t)=u(\pi,t)=0,\ t\geqslant 0,\\ u(x,0)=\sin^3 x,\ 0\leqslant x\leqslant\pi;\end{cases}$

(2) $\begin{cases}u_t-ku_{xx}=0,\ 0<x<\pi, t>0,\\ u_x(0,t)=u_x(\pi,t)=0,\ t\geqslant 0,\\ u(x,0)=\sin x,\ 0\leqslant x\leqslant\pi;\end{cases}$

(3) $\begin{cases}u_t=u_{xx}-\alpha u,\ 0<x<\pi, t>0,\\ u(0,t)=u_x(\pi,t)=0,\ t\geqslant 0,\\ u(x,0)=x(\pi-x),\ 0\leqslant x\leqslant\pi;\end{cases}$

(4) $\begin{cases}u_t=ku_{xx},\ a<x<b, t>0,\\ u(a,t)=u(b,t)=0,\ t\geqslant 0,\\ u(x,0)=(x-a)(b-x),\ x\in(a,b);\end{cases}$

(5) $\begin{cases}u_t=u_{xx},\ 0<x<\pi, t>0,\\ u(0,t)=u(\pi,t)=0,\ t\geqslant 0,\\ u(x,0)=x,\ 0\leqslant x\leqslant\pi;\end{cases}$

(6) $\begin{cases}u_t=u_{xx},\ 0<x<1, t>0,\\ u_x(0,t)=u(1,t)=0,\ t\geqslant 0,\\ u(x,0)=x,\ 0\leqslant x\leqslant 1;\end{cases}$

(7) $\begin{cases}u_t=(1+x)^2u_{xx},\ 0<x<1, t>0,\\ u(0,t)=u(1,t)=0,\ t\geqslant 0,\\ u(x,0)=f(x),\ 0\leqslant x\leqslant 1;\end{cases}$

(8) $\begin{cases}u_t=u_{xx}+F(x,t),\ 0<x<\pi, t>0,\\ u(0,t)=u_x(\pi,t)=0,\ t\geqslant 0,\\ u(x,0)=0,\ 0\leqslant x\leqslant\pi;\end{cases}$

(9) $\begin{cases} u_t = k^2 u_{xx},\ 0<x<1, t>0, \\ u(0,t)=0, u(1,t)=1,\ t\geqslant 0, \\ u(x,0)=0,\ 0\leqslant x\leqslant 1; \end{cases}$

(10) $\begin{cases} u_t = u_{xx}+2x,\ 0<x<1, t>0, \\ u(0,t)=u(1,t)=0,\ t\geqslant 0, \\ u(x,0)=x(1-x),\ 0\leqslant x\leqslant 1; \end{cases}$

(11) $\begin{cases} u_t = u_{xx},\ 0<x<1, t>0, \\ u(0,t)=0, u(1,t)=t,\ t\geqslant 0, \\ u(x,0)=0,\ 0\leqslant x\leqslant 1; \end{cases}$

(12) $\begin{cases} u_t = u_{xx},\ 0<x<\pi, t>0, \\ u(0,t)=u(\pi,t)=0,\ t\geqslant 0, \\ u(x,0)=\begin{cases} x,\ 0\leqslant x\leqslant \dfrac{\pi}{2}, \\ \pi - x,\ \dfrac{\pi}{2}\leqslant x\leqslant \pi; \end{cases} \end{cases}$

(13) $\begin{cases} u_t = k^2 u_{xx},\ 0<x<\pi, t>0, \\ u(0,t)=u(\pi,t)=0,\ t\geqslant 0, \\ u(x,0)=\begin{cases} 0,\ 0\leqslant x\leqslant \dfrac{\pi}{2}, \\ 2,\ \dfrac{\pi}{2}<x\leqslant \pi; \end{cases} \end{cases}$

(14) $\begin{cases} u_t = k^2 u_{xx},\ 0<x<\pi, t>0, \\ u_x(0,t)=u_x(\pi,t)=0,\ t\geqslant 0, \\ u(x,0)=1+\sin^3 x,\ 0\leqslant x\leqslant \pi; \end{cases}$

(15) $\begin{cases} u_t = k^2 u_{xx},\ 0<x<1, t>0, \\ u_x(0,t)=u_x(1,t)=0,\ t\geqslant 0, \\ u(x,0)=\dfrac{x^2}{2}+x,\ 0\leqslant x\leqslant 1; \end{cases}$

(16) $\begin{cases} u_t = k^2 u_{xx}+\alpha\cos(\omega t),\ 0<x<L, t>0, \\ u_x(0,t)=u_x(L,t)=0,\ t\geqslant 0, \\ u(x,0)=x,\ 0\leqslant x\leqslant L; \end{cases}$

(17) $\begin{cases} u_t = u_{xx}-bu,\ x\in(0,\pi), t>0, \\ u(0,t)=0, u(\pi,t)=1,\ t\geqslant 0, \\ u(x,0)=0,\ 0\leqslant x\leqslant \pi, b>0; \end{cases}$

(18) $\begin{cases} u_t = u_{xx}+1+x\cos t,\ x\in(0,1), t>0, \\ u_x(0,t)=u_x(1,t)=\sin t,\ t\geqslant 0, \\ u(x,0)=1+\cos(2\pi x),\ 0\leqslant x\leqslant 1; \end{cases}$

(19) $\begin{cases} u_t = 13u_{xx},\ 0<x<1, t>0, \\ u_x(0,t)=u_x(1,t)=1,\ t\geqslant 0, \\ u(x,0)=\dfrac{x^2}{2}+x,\ 0\leqslant x\leqslant 1; \end{cases}$

(20) $\begin{cases} u_t = u_{xx}+\dfrac{x(1+\pi t)}{\pi},\ x\in(0,\pi), t>0, \\ u(0,t)=2, u(\pi,t)=t,\ t\geqslant 0, \\ u(x,0)=2-\dfrac{2x^2}{\pi^2},\ 0\leqslant x\leqslant \pi; \end{cases}$

(21) $\begin{cases} u_t = u_{xx}+2t+(9t+31)\sin\dfrac{3x}{2},\ 0<x<\pi, t>0, \\ u(0,t)=t^2, u_x(\pi,t)=1,\ t\geqslant 0, \\ u(x,0)=x+3,\ 0\leqslant x\leqslant \pi; \end{cases}$

(22) $\begin{cases} u_t = k^2 u_{xx}-\beta u,\ 0<x<L, t>0, \beta>0, \\ u(0,t)=u(L,t)=0,\ t\geqslant 0, \\ u(x,0)=x(L-x),\ 0\leqslant x\leqslant L. \end{cases}$

4. 请用Fourier本征函数展开法求解下列椭圆型方程边值问题:

(1) $\begin{cases} u_{xx}+u_{yy}=0,\ 0<x<B, 0<y<A, \\ u(0,y)=u(B,y)=0,\ 0\leqslant y\leqslant A, \\ u(x,0)=f(x), u(x,A)=0,\ 0\leqslant x\leqslant B; \end{cases}$

(2) $\begin{cases} u_{xx}+u_{yy}=0,\ (x,y)\in(0,\pi)\times(0,A), \\ u(0,y)=g(y), u(\pi,y)=0,\ y\in[0,A], \\ u(x,0)=u(x,A)=0,\ x\in[0,\pi]; \end{cases}$

(3) $\begin{cases} u_{xx}+u_{yy}=0,\ 0<x<\pi, 0<y<1, \\ u(x,0)=u(x,1)=\sin^3 x,\ 0\leqslant x\leqslant\pi, \\ u(0,y)=\sin(\pi y), u(\pi,y)=0,\ 0\leqslant y\leqslant 1; \end{cases}$

(4) $\begin{cases} u_{xx}+u_{yy}=0,\ 0<x<\pi, 0<y<\pi, \\ u(x,0)=x^2, u(x,\pi)=0,\ 0\leqslant x\leqslant\pi, \\ u_x(0,y)=u_x(\pi,y)=0,\ 0\leqslant y\leqslant\pi; \end{cases}$

(5) $\begin{cases} u_{xx}+u_{yy}=0,\ 0<x<1, 0<y<1, \\ u(x,0)=(1-x)^2, u(x,1)=0,\ 0\leqslant x\leqslant 1, \\ u_x(0,y)=u(1,y)=0,\ 0\leqslant y\leqslant 1; \end{cases}$

(6) $\begin{cases} u_{xx}+u_{yy}=0,\ 0<x<\pi, 0<y<\pi, \\ u(x,0)=u(x,\pi)=x^2,\ 0\leqslant x\leqslant\pi, \\ u(0,y)=0, u(\pi,y)=\pi^2,\ 0\leqslant y\leqslant\pi; \end{cases}$

(7) $\begin{cases} u_{xx}+u_{yy}=0,\ 0<x<\pi, 0<y<A, \\ u(0,y)=u_x(\pi,y)=0,\ 0\leqslant y\leqslant A, \\ u_y(x,0)=f(x), u(x,A)=0,\ 0\leqslant x\leqslant\pi; \end{cases}$

(8) $\begin{cases} u_{xx}+u_{yy}+u_x=0,\ 0<x<\pi, 0<y<\pi, \\ u(x,0)=u(x,\pi)=0,\ 0\leqslant x\leqslant\pi, \\ u(0,y)=0, u(\pi,y)=\sin y,\ 0\leqslant y\leqslant\pi; \end{cases}$

(9) $\begin{cases} u_{xx}+u_{yy}=0,\ 0<x+y<1, 0<x-y<1, \\ u(x,-x)=0, u(x,1-x)=0, \\ u(x,x-1)=0, u(x,x)=x(1-2x); \end{cases}$

(提示: 可引入坐标变换 $\xi=x+y, \eta=x-y$)

(10) $\begin{cases} u_{xx}+u_{yy}=0,\ 0<x<1,0<y<1, \\ u(x,0)=0,u(x,1)=1,\ 0\leqslant x\leqslant 1, \\ u(0,y)=u(1,y)=0,\ 0\leqslant y\leqslant 1; \end{cases}$

(11) $\begin{cases} u_{xx}+u_{yy}=-F(x,y),\ 0<x<\pi,0<y<A, \\ u(x,0)=u(x,A)=0,\ 0\leqslant x\leqslant \pi, \\ u(0,y)=u(\pi,y)=0,\ 0\leqslant y\leqslant A; \end{cases}$

(12) $\begin{cases} u_{xx}+u_{yy}=-F(x,y),\ 0<x<\pi,0<y<A, \\ u(x,0)=u_y(x,A)=0,\ 0\leqslant x\leqslant \pi, \\ u(0,y)=u_x(\pi,y)=0,\ 0\leqslant y\leqslant A; \end{cases}$

(13) $\begin{cases} u_{xx}+u_{yy}=-F(x,y),\ 0<x<1,0<y<1, \\ u(x,0)=u(x,1)=0,\ 0\leqslant x\leqslant 1, \\ u_x(0,y)-u(0,y)=0,u(1,y)=0,\ 0\leqslant y\leqslant 1; \end{cases}$

(14) $\begin{cases} u_{xx}+u_{yy}=\sin x-\sin^3 x,\ 0<x<\dfrac{\pi}{2},0<y<2, \\ u(0,y)=u_x\left(\dfrac{\pi}{2},y\right)=0,\ 0\leqslant y\leqslant 2, \\ u_y(x,0)=u_y(x,2)=0,\ 0\leqslant x\leqslant \dfrac{\pi}{2}; \end{cases}$

(15) $\begin{cases} u_{xx}+u_{yy}=0,\ 0<x<1,0<y<1, \\ u(x,0)=0,u(x,1)=x,\ 0\leqslant x\leqslant 1, \\ u(0,y)=0,u_x(1,y)=1,\ 0\leqslant y\leqslant 1; \end{cases}$

(16) $\begin{cases} u_{xx}+u_{yy}=x(1-x),\ 0<x,y<1, \\ u(x,0)=1+\sin(\pi x),u(x,1)=2,\ 0\leqslant x\leqslant 1, \\ u(0,y)=u(1,y)=1+y,\ 0\leqslant y\leqslant 1. \end{cases}$

5. 请用驻波法求解下列双曲型方程混合问题:

(1) $\begin{cases} u_{tt}+2au_t-c^2u_{xx}=0,\ 0<x<\pi,t>0, \\ u(x,0)=\sin^2 x,u_t(x,0)=0,\ 0\leqslant x\leqslant \pi, \\ u(0,t)=u(\pi,t)=0,t\geqslant 0; \end{cases}$

(其中$a>0,\lambda>0,a^2<c^2\lambda_n$, $\lambda_n$为该问题对应的所有本征值)

(2) $\begin{cases} u_{tt}+2au_t=c^2u_{xx},\ 0<x<\pi,t>0, \\ u(0,t)=u(\pi,t)=0,\ t\geqslant 0, \\ u(x,0)=0,u_t(x,0)=g(x),\ 0\leqslant x\leqslant \pi; \end{cases}$

(其中$a>0,\lambda>0,a^2<c^2\lambda_n$, $\lambda_n$为该问题对应的所有本征值)

(3) $\begin{cases} u_{tt}+u_t=u_{xx},\ 0<x<\pi, t>0, \\ u(0,t)=u_x(\pi,t)=0,\ t\geqslant 0, \\ u(x,0)=\sin^3\left(\dfrac{x}{2}\right), u_t(x,0)=0,\ 0\leqslant x\leqslant \pi; \end{cases}$

(4) $\begin{cases} u_{tt}+2au_t+bu=c^2u_{xx},\ 0<x<\pi, t>0, \\ u(0,t)=u(\pi,t)=0,\ t\geqslant 0, \\ u(x,0)=0, u_t(x,0)=g(x),\ 0\leqslant x\leqslant \pi; \end{cases}$

(5) $\begin{cases} u_{tt}+au_t=c^2u_{xx}+tx(1-x),\ 0<x<1, t>0,\ |a|<\dfrac{\pi c}{2}, \\ u(0,t)=u_x(1,t)=0,\ t\geqslant 0, \\ u(x,0)=\sin(\pi x/2), u_t(x,0)=0,\ 0\leqslant x\leqslant 1; \end{cases}$

(6) $\begin{cases} \dfrac{1}{(1+x)^2}u_{tt}-u_{xx}=0,\ 0<x<1, t>0, \\ u(0,t)=u(1,t)=0,\ t\geqslant 0, \\ u(x,0)=x(1-x)\sqrt{1+x}, u_t(x,0)=0,\ 0\leqslant x\leqslant 1; \end{cases}$

(7) $\begin{cases} \dfrac{1}{(1+x)^3}u_{tt}-\dfrac{\partial}{\partial x}\left(\dfrac{1}{1+x}u_x\right)=0,\ 0<x<1, t>0, \\ u(0,t)=u(1,t)=0,\ t\geqslant 0, \\ u(x,0)=f(x), u_t(x,0)=0,\ 0\leqslant x\leqslant 1; \end{cases}$

(8) $\begin{cases} u_{tt}=c^2u_{xx}+F(x)\cdot\cos(\omega t),\ 0<x<\pi, t>0, \\ u(0,t)=u_x(\pi,t)=0,\ t\geqslant 0, \\ u(x,0)=u_t(x,0)=0,\ 0\leqslant x\leqslant \pi; \end{cases}$

(9) $\begin{cases} u_{tt}=u_{xx}+e^x\cos t,\ 0<x<\pi, t>0, \\ u(0,t)=u(\pi,t)=0,\ t\geqslant 0, \\ u(x,0)=u_t(x,0)=0,\ 0\leqslant x\leqslant \pi; \end{cases}$

(10) $\begin{cases} u_{tt}=u_{xx}+\sin(2x)\cdot\cos t,\ 0<x<\pi, t>0, \\ u(0,t)=u(\pi,t)=0,\ t\geqslant 0, \\ u(x,0)=u_t(x,0)=0,\ 0\leqslant x\leqslant \pi; \end{cases}$

(11) $\begin{cases} u_{tt}=c^2u_{xx},\ 0<x<L, t>0, \\ u(0,t)=u(L,t)=0,\ t\geqslant 0, \\ u(x,0)=\sin\left(\dfrac{\pi x}{L}\right)+\sin\left(\dfrac{2\pi x}{L}\right), u_t(x,0)=0,\ 0\leqslant x\leqslant L; \end{cases}$

(12) $\begin{cases} u_{tt}=c^2u_{xx},\ 0<x<2, t>0, \\ u_x(0,t)=u_x(2,t)=0,\ t\geqslant 0, \\ u(x,0)=\begin{cases} kx,\ 0\leqslant x\leqslant 1, \\ k(2-x),\ 1\leqslant x\leqslant 2, \end{cases} \quad u_t(x,0)=0,\ 0\leqslant x\leqslant 2; \end{cases}$

(13) $\begin{cases} u_{tt}=c^2u_{xx},\ 0<x<1, t>0, \\ u_x(0,t)=u_x(1,t)=0,\ t\geqslant 0, \\ u(x,0)=\cos^2(\pi x), u_t(x,0)=\sin^2(\pi x)\cdot\cos(\pi x),\ 0\leqslant x\leqslant 1; \end{cases}$

(14) $\begin{cases} u_{tt}=u_{xx}+\cos(2\pi x)\cdot\cos(2\pi t),\ 0<x<1, t>0, \\ u_x(0,t)=u_x(1,t)=0,\ t\geqslant 0, \\ u(x,0)=\cos^2(\pi x), u_t(x,0)=2\cos(2\pi x),\ 0\leqslant x\leqslant 1; \end{cases}$

(15) $\begin{cases} u_{tt}=c^2u_{xx}+(1-x)\cos t,\ 0<x<\pi, t>0, \\ u_x(0,t)=\cos t-1, u_x(\pi,t)=\cos t,\ t\geqslant 0, \\ u(x,0)=\dfrac{x^2}{2\pi}, u_t(x,0)=\cos(3x),\ 0\leqslant x\leqslant \pi; \end{cases}$

(16) $\begin{cases} u_{tt}=c^2u_{xx},\ 0<x<1, t>0, \\ u(0,t)=1, u(1,t)=2\pi,\ t>0, \\ u(x,0)=x+\pi, u_t(x,0)=0,\ 0\leqslant x\leqslant 1; \end{cases}$

(17) $\begin{cases} u_{tt}=u_{xx}+\cos(2t)\cos(3x),\ 0<x<\pi, t>0, \\ u_x(0,t)=u_x(\pi,t)=0,\ t>0, \\ u(x,0)=\cos^2 x, u_t(x,0)=1,\ 0\leqslant x\leqslant \pi; \end{cases}$

(18) (Klein-Gordon Equation)

$$\begin{cases} u_{tt}=c^2u_{xx}-m^2u(x,t),\ 0<x<L, t>0, \\ u(0,t)=u(L,t)=0,\ t\geqslant 0, \\ u(x,0)=\phi(x), u_t(x,0)=\psi(x),\ 0\leqslant x\leqslant L. \end{cases}$$

6. 分离变量的思想也可用来求解一阶线性齐次 PDE (详见参考文献 [11]), 请尝试用分离变量法求一阶 PDE

$$a(x)b(y)\frac{\partial u(x,y)}{\partial x}+c(x)d(y)\frac{\partial u(x,y)}{\partial y}=0,$$

的特解, 其中 $a(x)b(y)c(x)d(y)\neq 0, (x,y)\in D\subset\mathbb{R}^2$, 进而求出其通解. (提示:

通解可表示为

$$u(x,y)=F\left(\int\frac{c(x)}{a(x)}\mathrm{d}x-\int\frac{b(y)}{d(y)}\mathrm{d}y\right),$$

其中 $F$ 是任意 $C^1$ 函数)

7. 求解 Jacques Hadamard 给出的不适定问题:

$$\begin{cases}\Delta u(x,y)=0,\ 0<x<\pi, y>0,\\ u(x,0)=0, u_y(x,0)=\dfrac{\sin(nx)}{n^k},\ n\ \text{是正整数}, k>0,\\ u(0,y)=u(\pi,y)=0,\ y\geqslant 0.\end{cases}$$

## 4.3 Sturm-Liouville 问题

为深入理解定理 4.2.1 的内容, 本节给出该定理大部分结论的证明.

### 4.3.1 自共轭微分算子

我们知道, $n$ 维复线性空间 $\mathbb{C}^n$ 上的线性变换 $T:\mathbb{C}^n\to\mathbb{C}^n$ 如果是自共轭 (Self-Adjoint) 的, 即如果

$$\langle Tx,y\rangle=\langle x,Ty\rangle,\ x,y\in\mathbb{C}^n,$$

那么线性变换 $T$ 的本征向量 (Eigenvectors) 构成 $\mathbb{C}^n$ 的一组标准正交 (Hamel) 基 (Orthonormal (Hamel) Basis). 类似地, 若二阶线性齐次常微分算子 $L$ 形如

$$L(u):=p(x)u''(x)+r(x)u'(x)+q(x)u(x),\ x\in(a,b),\ -\infty<a<b<\infty, \tag{4.3.1}$$

则如果 $L$ (在某种意义下) 是自共轭的话, 那么在一定条件下该算子的本征向量也构成 Hilbert 空间 $L^2([a,b])$ 上的一组标准正交基 (指 Schauder Basis). 下面我们就来寻找相应的条件.

先来回顾无限维 Hilbert 空间中的自共轭算子的定义. 设 $S$ 和 $T$ 是分别定义在 $L^2([a,b])$ 的子空间 $\mathcal{D}_S$ 和 $\mathcal{D}_T$ 上且映到 $L^2([a,b])$ 的线性算子, 如果它们满足条件

$$\langle S(x),y\rangle=\langle x,T(y)\rangle,\ \forall x\in\mathcal{D}_S, y\in\mathcal{D}_T,$$

则称 $S$ 和 $T$ 互为共轭算子. 如果 $S$ 与其自身互为共轭算子, 即满足

$$\langle S(x),y\rangle=\langle x,S(y)\rangle,\ \forall x,y\in\mathcal{D}_S,$$

那么就称 $S$ 是**自共轭**算子 (或者 Hermitian).

那么, 微分算子 (4.3.1) 在什么条件下才是自共轭算子呢? 考虑到上述的定义, 不妨先来计算复内积 $\langle L(u), v\rangle$. 由于实际问题中涉及的函数基本上都是实值的, 不妨假设 $p, r, q \in C^2([a,b];\mathbb{R})$, 于是对任意的 $u, v \in C^2([a,b];\mathbb{C})$, 有

$$\begin{aligned}
\langle L(u), v\rangle &:= \int_a^b L(u)\cdot \bar{v}\mathrm{d}x \quad (\text{复内积})\\
&= \int_a^b (pu''\bar{v} + ru'\bar{v} + qu\bar{v})\mathrm{d}x\\
&= (p\bar{v}u' + r\bar{v}u)\Big|_a^b + \int_a^b \big(qu\bar{v} - (p\bar{v})'u' - (r\bar{v})'u\big)\mathrm{d}x\\
&= \big(p\bar{v}u' + r\bar{v}u - (p\bar{v})'u\big)\Big|_a^b + \int_a^b \big(q\bar{v} + (p\bar{v})'' - (r\bar{v})'\big)u\mathrm{d}x\\
&= \big(p(u'\bar{v} - u\bar{v}') + (r-p')u\bar{v}\big)\Big|_a^b + \int_a^b u\big((p\bar{v})'' - (r\bar{v})' + q\bar{v}\big)\mathrm{d}x\\
&= \big(p(u'\bar{v} - u\bar{v}') + (r-p')u\bar{v}\big)\Big|_a^b + \int_a^b u\cdot\overline{\big((pv)'' - (rv)' + qv\big)}\mathrm{d}x\\
&= \big(p(u'\bar{v} - u\bar{v}') + (r-p')u\bar{v}\big)\Big|_a^b + \langle u, (pv)'' - (rv)' + qv\rangle.
\end{aligned}$$

由此, 记

$$L^*(v) := (pv)'' - (rv)' + qv, \tag{4.3.2}$$

并称 $L^*$ 为 (4.3.1) 的**形式共轭算子** (Formally Adjoint Operator), 于是我们得到恒等式

$$\langle L(u), v\rangle = \langle u, L^*(v)\rangle + \big(p(u'\bar{v} - u\bar{v}') + (r-p')u\bar{v}\big)\Big|_a^b. \tag{4.3.3}$$

根据 (4.3.3) 易知, $L$ 是自共轭算子, 当且仅当 $L = L^*$, 且使得 (4.3.3) 的右边第二项边界积分为零.

由 (4.3.2) 可知

$$\begin{aligned}
L^*(u) &= p''u + 2p'u' + pu'' - r'u - ru' + qu\\
&= pu'' + (2p'-r)u' + (p''-r'+q)u.
\end{aligned}$$

将上式与 (4.3.1) 比较后知, $L(u) = L^*(u)$ 当且仅当

$$2p' - r = r \text{ 或 } p' = r, \tag{4.3.4}$$

于是根据 (4.3.4) 和 (4.3.1) 可得 $L = L^*$ 当且仅当

$$L(u) = (pu')' + qu. \tag{4.3.5}$$

我们称 (4.3.5)为算子 (4.3.1) 的**形式自共轭算子**(Formally Self-Adjoint Operator).

由 (4.3.3) 和 (4.3.4) 可知: 如果$L$是形式自共轭的, 那么对任意的$u, v \in C^2([a,b];\mathbb{C})$,有下面的**Lagrange恒等式**:

$$\langle L(u), v\rangle = \langle u, L(v)\rangle + p(u'\bar{v} - u\bar{v}')\Big|_a^b. \tag{4.3.6}$$

综上所述, 形式自共轭算子 (4.3.5) 是自共轭算子, 当且仅当 (4.3.6) 中的边界积分为零, 而这只需让 (4.3.5) 中的$u$满足适当的边界条件即可.

在实际应用中经常遇到的边界条件是如下两种类型的边界条件 (更一般的边界条件请见参考文献 [15]):

$$\begin{cases} \mathbf{B}_1(u) := \alpha_1 u'(a) + \beta_1 u(a) = 0, \\ \mathbf{B}_2(u) := \alpha_2 u'(b) + \beta_2 u(b) = 0, \\ \alpha_i^2 + \beta_i^2 \neq 0,\ \alpha_i, \beta_i \in \mathbb{R}, i = 1, 2, \end{cases} \tag{4.3.7}$$

以及

$$u(a) = u(b),\ u'(a) = u'(b),\ p(a) = p(b), \tag{4.3.8}$$

或者写成

$$\boldsymbol{B}_{\text{per}}(u) := \big(u(a) - u(b), u'(a) - u'(b)\big) = \mathbf{0},$$

其中形如 (4.3.8) 的边界条件称为**周期边界条件**( Periodic Boundary Conditions).

容易证明如下的引理.

**引理 4.3.1** 如果$u$和$v$均满足边界条件 (4.3.7) 或者 (4.3.8), 即

$$\mathbf{B}_i(u) = \mathbf{B}_i(v) = 0\ (i = 1, 2) \text{ 或者 } \boldsymbol{B}_{\text{per}}(u) = \boldsymbol{B}_{\text{per}}(v) = \mathbf{0}, \tag{4.3.9}$$

**则必有**

$$p(u'\bar{v} - u\bar{v}')\Big|_a^b = 0,\ \forall u, v \in C^1([a,b];\mathbb{C}).$$

我们称形如 (4.3.7) 或者 (4.3.8) 的边界条件为形式自共轭算子 (4.3.5) 对

应的**自共轭边界条件**(Self-Adjoint Boundary Conditions), 于是形式自共轭算子 (4.3.5) 连同形如 (4.3.7) 或者 (4.3.8) 的边界条件就构成一个完整的 ODE **自共轭边值问题**.

### 4.3.2 Regular Sturm-Liouville 问题

自共轭算子 (4.3.5) 对应的本征值问题一般是比较复杂的, 尤其是当 $p$ 在区间 $[a,b]$ 上有奇异点时. 但是常见的绝大多数二阶线性发展方程混合问题和线性椭圆方程边值问题在使用分离变量法求解时得到的 S–L 问题都是正则的, 所以我们在此小节着重讨论**正则 S–L 问题**:

$$\begin{cases} (p(x)\phi'(x))' + q(x)\phi(x) + \lambda\sigma(x)\phi(x) = 0, \ a < x < b, & (4.3.10a) \\ \mathcal{B}\phi = 0, & (4.3.10b) \end{cases}$$

其中 ODE (4.3.10a) 中的系数满足**正则性条件**(Regularity Condition): $p, p', q, \sigma \in C([a,b];\mathbb{R}), p(x) > 0, \sigma(x) > 0, \forall x \in [a,b]$, 且 (4.3.10b) 指代自共轭边界条件 (4.3.7) 或者 (4.3.8).

下面我们来证明定理 4.2.1 的大多数结论.

(1) **正则 S–L 问题 (4.3.10) 的所有本征值都是实数.**

**证明**: 设 $\lambda \in \mathbb{C}$ 是 (4.3.10) 的本征值, $\phi$ 是其对应的本征函数, 则根据 Lagrange 恒等式 (4.3.6) 和 (4.3.9), 并注意到复内积以及 (4.3.10), 有

$$\begin{aligned} -\lambda \int_a^b \sigma|\phi|^2 \mathrm{d}x &= -\lambda \int_a^b \sigma\phi\bar{\phi}\mathrm{d}x \\ &= \langle L(\phi), \phi\rangle = \langle \phi, L(\phi)\rangle \\ &= \langle \phi, -\lambda\sigma\phi\rangle = -\bar{\lambda}\int_a^b \sigma|\phi|^2 \mathrm{d}x, \end{aligned}$$

从而

$$(\bar{\lambda} - \lambda)\int_a^b \sigma|\phi|^2 \mathrm{d}x = 0.$$

但是由于 $\phi$ 是本征函数, 故 $|\phi|^2 \neq 0$, 所以 $\lambda = \bar{\lambda}$, 从而 $\lambda \in \mathbb{R}$. □

**注 4.3.1 根据此结论, 并注意到 (4.3.10) 所满足的正则性条件可知, 如果**

$$\phi(x) = \xi(x) + \mathrm{i}\eta(x), \ \eta(x) \neq 0$$

是 (4.3.10) 的复值本征函数, 其中$\xi$和$\eta$是实值的, 那么易验证$\xi$和$\eta$均是 (4.3.10) 的本征函数, 所以在实际应用中只需找 (4.3.10) 的实值本征函数即可.

(2) **正则S–L问题 (4.3.10) 的不同本征值对应的本征函数关于权函数$\sigma$正交.**

**证明:** 设$\lambda$和$\mu$均是 (4.3.10) 的本征值, 且$\lambda \neq \mu, \phi$和$\psi$分别是$\lambda$和$\mu$对应的本征函数, 则由 Lagrange 恒等式 (4.3.6), (4.3.9) 以及 (1) 的结论有

$$\begin{aligned}-\lambda\langle\sigma\phi,\psi\rangle &= \langle L(\phi),\psi\rangle = \langle\phi, L(\psi)\rangle \\ &= \langle\phi, -\mu\sigma\psi\rangle = -\mu\langle\phi,\sigma\psi\rangle \\ &= -\mu\langle\sigma\phi,\psi\rangle,\end{aligned}$$

于是

$$(\mu-\lambda)\langle\sigma\phi,\psi\rangle = (\mu-\lambda)\int_a^b \sigma\phi\overline{\psi}\mathrm{d}x = 0.$$

又因为$\mu-\lambda\neq 0$,故

$$\int_a^b \sigma\phi\overline{\psi}\mathrm{d}x = 0.$$

再根据注 4.3.1, $\phi,\psi$均可取为实值本征函数, 故$\int_a^b \sigma\phi\psi\mathrm{d}x = 0.$ □

如果$\lambda$是 (4.3.10) 的本征值, 则$\lambda$对应的所有本征函数连同0函数作成 Hilbert 空间$L^2([a,b])$的线性子空间, 该子空间称为$\lambda$的**本征空间** (Eigenspace for $\lambda$).

(3) **正则S–L问题 (4.3.10) 的本征空间是一维的, 如果边界条件是 (4.3.7) 的形式.**

**证明:** 设$\phi$和$\psi$均是本征值$\lambda$所对应的本征函数, 则当边界条件是 (4.3.7) 时有:

$$\begin{cases}\alpha_1\phi'(a)+\beta_1\phi(a)=0,\\ \alpha_1\psi'(a)+\beta_1\psi(a)=0.\end{cases}$$

由于$\alpha_1^2+\beta_1^2\neq 0$, 所以$\phi$和$\psi$的 Wrónski 行列式

$$W(\phi,\psi)(a) = \begin{vmatrix}\phi(a) & \psi(a)\\ \phi'(a) & \psi'(a)\end{vmatrix} = 0,$$

由此可知$\phi$和$\psi$是常微分方程 (4.3.10a) 的线性相关非平凡解, 于是必然存在非零常数$C$使得$\psi(x)=C\phi(x), a<x<b$. 再由$\phi$和$\psi$的任意性可知$\lambda$的本征空间必

是一维的. □

**注 4.3.2** 当边界条件是周期边界 (4.3.8) 时, 本征空间一般是二维的, 这可由表 4.2.1 或者例 4.2.6 看出来,详见参考文献 [20].

(4) **正则 S–L 问题 (4.3.10) 的本征值和相应的本征函数满足 Rayleigh 商公式**.

证明: 设 $\lambda$ 和 $\phi$ 是正则 S–L 问题 (4.3.10) 的本征值和相应的本征函数,则由 (4.3.10a) 可得

$$\begin{aligned}\lambda\int_a^b \sigma\phi^2\mathrm{d}x &= \int_a^b\left(-(p\phi')'\phi - q\phi^2\right)\mathrm{d}x\\ &= -(p\phi\phi')\Big|_a^b + \int_a^b\left(p(\phi')^2 - q\phi^2\right)\mathrm{d}x.\end{aligned}$$

又由于 $\int_a^b \sigma\phi^2\mathrm{d}x > 0$, 于是可得 Rayleigh 商公式:

$$\lambda = \frac{-(p\phi\phi')\Big|_a^b + \int_a^b\left(p(\phi')^2 - q\phi^2\right)\mathrm{d}x}{\int_a^b \sigma\phi^2\mathrm{d}x}.$$ □

由该结论立即得到下面的推论.

**推论 4.3.1** 当 $q(x)\leqslant 0, -(p\phi\phi')\Big|_a^b \geqslant 0$ 时, 正则 S-L 问题 (4.3.10) 的本征值 $\lambda\geqslant 0$.

关于本征值和本征函数的存在性以及本征值的可列性, 由于涉及问题 (4.3.10) 的变分形式以及较多的线性泛函分析知识, 所以我们不打算在此给出相关结果,感兴趣的同学可以见参考文献 [3] 和 [7], 另外, S-L 问题在高维空间有更广泛和深入的结论, 而且相关结论在证明非线性 PDE 的解的存在性时用处很大, 关于这方面内容可以见参考文献 [13] 和 [14].

## 习 题 4.3

1. 请证明引理 4.3.1.
2. 证明: 正则 S-L 问题

$$\begin{cases}\phi''(x) + \lambda\phi(x) = 0,\ a < x < b, a, b\in\mathbb{R},\\ -\alpha_1\phi'(a) + \beta_1\phi(a) = 0, \alpha_2\phi'(b) + \beta_2\phi(b) = 0,\\ \alpha_i, \beta_i \geqslant 0, \alpha_i^2 + \beta_i^2 \neq 0,\ i = 1, 2\end{cases}$$

的本征值均非负, 且当$\beta_1+\beta_2>0$时本征值皆大于0.

## 4.4 波方程初值问题

本节和下一节介绍波方程和热方程这两类发展方程的初值问题的解法. 本节介绍波方程初值问题的解法, 先根据行波法给出一维波方程初值问题解的 d'Alembert 公式, 然后通过球面平均法构造出三维波方程初值问题解的 Kirchhoff 公式, 接着通过 Hadamard 的降维法得出二维波方程初值问题的 Poisson 公式, 最后通过延拓法给出波方程一维半直线问题的求解公式.

### 4.4.1 一维波方程情形 d'Alembert 公式

我们先来考虑如下的一维线性非齐次波方程初值问题:

$$\begin{cases} u_{tt}=c^2u_{xx}+f(x,t),\ t>0, x\in\mathbb{R}, c=\text{const.}>0,\\ u(x,0)=\phi(x), u_t(x,0)=\psi(x),\ x\in\mathbb{R}. \end{cases} \tag{4.4.1}$$

由于问题 (4.4.1) 中的 PDE 和初始条件都是非齐次的, 不便于处理. 但是, 由于方程和初始条件都是线性的, 所以总可以使用叠加原理把问题 (4.4.1) 分解成如下两个问题的叠加:

$$\begin{cases} v_{tt}=c^2v_{xx}+f(x,t),\ t>0, x\in\mathbb{R},\\ v(x,0)=0, v_t(x,0)=0,\ x\in\mathbb{R} \end{cases} \tag{4.4.2}$$

和

$$\begin{cases} w_{tt}=c^2w_{xx},\ t>0, x\in\mathbb{R},\\ w(x,0)=\phi(x), w_t(x,0)=\psi(x),\ x\in\mathbb{R}, \end{cases} \tag{4.4.3}$$

其中问题 (4.4.1), (4.4.2) 和 (4.4.3) 的解之间有如下关系:

$$u(x,t)=v(x,t)+w(x,t). \tag{4.4.4}$$

求解 (4.4.3) 是比较容易的, 前面已经遇到过此类问题 (见第 4.1.1 小节). 实际上由于$w_{tt}=c^2w_{xx}$的通解是两个行波的叠加, 即

$$w=F(x-ct)+G(x+ct),\ \text{其中}\ F,G\ \text{是任意的}\ C^2\ \text{函数},$$

把 (4.3.3) 的初始条件代入此通解后得

$$\phi(x) = F(x) + G(x),$$
$$\psi(x) = -cF'(x) + cG'(x).$$

积分第二式 (记 $c'$ 为积分常数), 再整理上述方程组后得到

$$\begin{cases} F(x) + G(x) = \phi(x), \\ -cF(x) + cG(x) = c' + \int_{x_0}^{x} \psi(\eta)\mathrm{d}\eta. \end{cases}$$

由此解得

$$\begin{bmatrix} F(x) \\ G(x) \end{bmatrix} = \frac{1}{2a} \begin{bmatrix} c & -1 \\ c & 1 \end{bmatrix} \cdot \begin{bmatrix} \phi(x) \\ c' + \int_{x_0}^{x} \psi(\eta)\mathrm{d}\eta \end{bmatrix}$$
$$= \frac{1}{2a} \begin{bmatrix} c\phi(x) - c' - \int_{x_0}^{x} \psi(\eta)\mathrm{d}\eta \\ c\phi(x) + c' + \int_{x_0}^{x} \psi(\eta)\mathrm{d}\eta \end{bmatrix},$$

从而

$$w(x,t) = \frac{1}{2c}\Big(c\phi(x-ct) - c' - \int_{x_0}^{x-ct} \psi(\eta)\mathrm{d}\eta + c\phi(x+ct) + c' + \int_{x_0}^{x+ct} \psi(\eta)\mathrm{d}\eta\Big)$$
$$= \frac{\phi(x-ct) + \phi(x+ct)}{2} + \frac{1}{2c}\int_{x-ct}^{x+ct} \psi(\eta)\mathrm{d}\eta.$$

上式就是一维齐次波方程非齐次 Cauchy 条件下的求解公式, 该公式就是著名的 **d'Alembert 公式**. 由此有下面的定理.

**定理 4.4.1** **如果** $\phi \in C^2(\mathbb{R}), \psi \in C^1(\mathbb{R}) \cap L^\infty(\mathbb{R})$, **那么, 一维线性齐次波方程 Cauchy 问题 (4.4.3) 的唯一解可表示为**

$$w(x,t) = \frac{\phi(x-ct) + \phi(x+ct)}{2} + \frac{1}{2c}\int_{x-ct}^{x+ct} \psi(\eta)\mathrm{d}\eta, \tag{4.4.5}$$

**且该解**

$$w \in C^{2,2}(\mathbb{R} \times (0,+\infty)) \cap C^{0,1}(\mathbb{R} \times [0,+\infty)).$$

**注 4.4.1** **根据** d'Alembert **公式可知, 如果** $\varPsi$ **是** $\psi$ **的一个原函数, 那么** (4.4.5)

就可写成

$$
\begin{aligned}
w(x,t) &= \frac{\phi(x-ct)+\phi(x+ct)}{2} + \frac{1}{2c}\Big(\Psi(x+ct)-\Psi(x-ct)\Big) \\
&= \frac{1}{2}\Big(\phi(x-ct)-\frac{1}{c}\Psi(x-ct)\Big) + \frac{1}{2}\Big(\phi(x+ct)+\frac{1}{c}\Psi(x+ct)\Big),
\end{aligned}
$$

这说明齐次波方程非齐次 Cauchy 问题 (4.4.3) 的解是左行波和右行波的叠加. 所以上述求解方法也称为**行波法** (Traveling Wave Method).

注 4.4.2 (时间反演不变性) 如果 $w = w(x,t)$ 是波方程 Cauchy 问题:

$$
\begin{cases}
w_{tt} = c^2 w_{xx},\ x\in\mathbb{R}, t>0, \\
w(x,0)=\phi(x), w_t(x,0)=0,\ x\in\mathbb{R}
\end{cases} \tag{4.4.6}
$$

的解, 则当令 $\tilde{w}(x,t) := w(x,-t), t\leqslant 0$ 时, 易知 $\tilde{w}$ 满足:

$$
\begin{cases}
\tilde{w}_{tt} = c^2 \tilde{w}_{xx},\ x\in\mathbb{R}, -\infty<t<0, \\
\tilde{w}(x,0)=\phi(x), \tilde{w}_t(x,0)=0,\ x\in\mathbb{R},
\end{cases}
$$

即初值问题 (4.4.6) 关于时间 $t$ 反演 $t\mapsto -t$ 是不变的 (Time Reversibility). (见习题 1.1 的第2题)

至此, 为求出 (4.4.1) 的解, 只要解出非齐次问题 (4.4.2) 即可. 关于此类线性非齐次发展方程线性齐次初值问题, 有如下很重要的**Duhamel原理** (也称为齐次化原理或者在力学上常称为冲量原理 (其物理意义详见参考文献 [1])).

定理 4.4.2 (Duhamel's Principle) 如果对于任意的 $\tau\geqslant 0$, 以 $\tau$ 为参数的函数

$$
u = u(x,s;\tau)
$$

关于空间变元 $x\in\mathbb{R}$ 和时间变元 $s>\tau$ 均是二阶光滑的, 关于参数 $\tau$ 是连续的, 且满足如下初值问题:

$$
\begin{cases}
\dfrac{\partial^2}{\partial s^2}u(x,s;\tau) = c^2\dfrac{\partial^2}{\partial x^2}u(x,s;\tau),\ x\in\mathbb{R}, s>\tau, c=\text{const.}>0, \\
u(x,s;\tau)|_{s=\tau}=0, u_s(x,s;\tau)|_{s=\tau}=f(x,\tau),\ x\in\mathbb{R},
\end{cases} \tag{4.4.7}
$$

那么, 函数

$$
v(x,t) := \int_0^t u(x,t;\tau)\mathrm{d}\tau \tag{4.4.8}
$$

必是线性非齐次波方程齐次初值问题

$$\begin{cases} v_{tt} = c^2 v_{xx} + f(x,t),\ t > 0, x \in \mathbb{R}, \\ v(x,0) = 0, v_t(x,0) = 0,\ x \in \mathbb{R}, \end{cases}$$

的解.

证明: 由于 (4.4.7) 的解关于 $\tau$ 是连续的, 根据 (4.4.8) 易知

$$v(x,0) = 0,\ v_t(x,t) = u(x,t;t) + \int_0^t u_t(x,t;\tau)\mathrm{d}\tau.$$

把 (4.4.7) 中的 $s$ 取成 $t$, 并注意到 (4.4.7) 的解关于 $\tau$ 连续, 可知 $u(x,t;t) = 0$, 于是 $v_t(x,t) = \int_0^t u_t(x,t;\tau)\mathrm{d}\tau$, 从而 $v_t(x,0) = 0$. 又 $v_{tt}(x,t) = \int_0^t u_{tt}(x,t;\tau)\mathrm{d}\tau + u_t(x,t;t)$, 于是再由 (4.4.7) 的解关于 $\tau$ 的连续性以及初始条件可知

$$\begin{aligned} v_{tt}(x,t) &= \int_0^t u_{tt}(x,t;\tau)\mathrm{d}\tau + f(x,t) = \int_0^t u_{ss}(x,t;\tau)\mathrm{d}\tau + f(x,t) \\ &= c^2 \int_0^t u_{xx}(x,t;\tau)\mathrm{d}\tau + f(x,t) = c^2 v_{xx}(x,t) + f(x,t). \end{aligned}$$

故 (4.4.8) 的确是 (4.4.2) 的解. □

易见 (4.4.7) 和问题 (4.4.3) 很相似, 除了时间变元不一样. 为求问题 (4.4.7) 的解, 对该问题的时间变元 $s$ 做平移变换, 即令 $s_1 = s - \tau, s \geqslant \tau$, 则 $u(x,s;\tau) = u(x, s_1 + \tau; \tau) =: \tilde{u}(x, s_1)$, 于是

$$\begin{cases} \tilde{u}_{s_1 s_1}(x,s_1) = c^2 \tilde{u}_{xx}(x,s_1),\ s_1 > 0, x \in \mathbb{R}, \\ \tilde{u}(x,0) = 0, \tilde{u}_{s_1}(x,0) = f(x,\tau),\ x \in \mathbb{R}. \end{cases}$$

再由 d'Alembert 公式 (4.4.5) 得

$$u(x,s;\tau) = \tilde{u}(x,s_1) = \frac{1}{2c}\int_{x-cs_1}^{x+cs_1} f(\eta,\tau)\mathrm{d}\eta = \frac{1}{2c}\int_{x-c(s-\tau)}^{x+c(s-\tau)} f(\eta,\tau)\mathrm{d}\eta.$$

根据定理 4.4.2 便得波方程初值问题 (4.4.2) 的解为

$$v(x,t) = \frac{1}{2c}\int_0^t \int_{x-c(t-\tau)}^{x+c(t-\tau)} f(\eta,\tau)\mathrm{d}\eta\mathrm{d}\tau = \frac{1}{2c}\iint_{D(x,t)} f(\eta,\tau)\mathrm{d}\eta\mathrm{d}\tau, \tag{4.4.9}$$

其中的积分域 $D(x,t)$ 是 $\eta o \tau$ 平面上过点 $(x,t), t > 0$ 向下方作的两条特征线 $l_\pm$ : $\eta = x \pm c(t-\tau)$ 和坐标轴 $\tau = 0$ 所围成的 (特征) 三角形闭区域 (如图 4.5 所示).

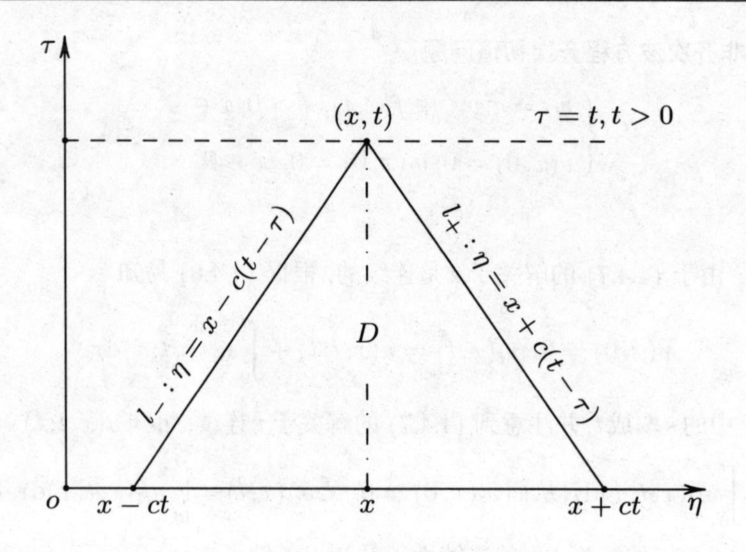


图 4.5 特征三角形闭区域

注 4.4.3 如果记 $\mathcal{R}_t$ 为波方程 Cauchy 问题

$$\begin{cases} u_{tt} = c^2 u_{xx}, \ x \in \mathbb{R}, t > 0, \\ u(x,0) = 0, u_t(x,0) = \psi(x), \ x \in \mathbb{R} \end{cases} \tag{4.4.10}$$

的解算子, 即 (4.4.10) 的解

$$u(x,t) = \mathcal{R}_t \psi := \int_{x-ct}^{x+ct} \psi(\eta) \mathrm{d}\eta,$$

那么波方程初值问题 (4.4.2) 解的表达式 (4.4.9) 通常也表示成解算子 $\mathcal{R}_t$ 和 $f(x,t)$ 在时间域上的 Duhamel 卷积的 (紧缩) 形式

$$u(x,t) = \mathcal{R}_t * f(x,t) := \int_0^t \mathcal{R}_{t-\tau} f(x,\tau) \mathrm{d}\tau.$$

综上所述, 只要给初始条件和外力项适当的正则性, 便可验证 (4.4.9) 的确是 (4.4.2) 解. 由此得到如下的定理.

**定理 4.4.3** 如果 $\phi \in C^2(\mathbb{R}), \psi \in C^1(\mathbb{R}) \cap L^\infty(\mathbb{R}), f(x,t) \in C^{1,1}(\mathbb{R} \times [0,\infty)) \cap L^\infty(\mathbb{R} \times [0,\infty))$, 那么, 一维非齐次波方程非齐次 Cauchy 问题 (4.4.1) 的唯一解可表示为

$$u(x,t) = \frac{\phi(x-ct) + \phi(x+ct)}{2} + \frac{1}{2c} \int_{x-ct}^{x+ct} \psi(\eta) \mathrm{d}\eta$$

$$+\frac{1}{2c}\int_0^t\int_{x-c(t-\tau)}^{x+c(t-\tau)} f(\eta,\tau)\mathrm{d}\eta\mathrm{d}\tau. \tag{4.4.11}$$

另外, 利用d'Alembert公式还可得到问题 (4.4.1) 的解关于初值的稳定性结果. 事实上, 对于任意的$T>0$, 在时间段$[0,T]$内, 根据 (4.4.5) 得

$$\begin{aligned}|w(x,t)| &\leqslant \frac{|\phi(x-ct)|+|\phi(x+ct)|}{2}+\frac{1}{2c}\int_{x-ct}^{x+ct}|\psi(\eta)|\mathrm{d}\eta\\ &\leqslant \sup_{x\in\mathbb{R}}|\phi(x)|+T\cdot\sup_{x\in\mathbb{R}}|\psi(x)|,\end{aligned}$$

从而

$$\sup_{\substack{x\in\mathbb{R}\\0\leqslant t\leqslant T}}|w(x,t)|\leqslant \sup_{x\in\mathbb{R}}|\phi(x)|+T\cdot\sup_{x\in\mathbb{R}}|\psi(x)|. \tag{4.4.12}$$

上式称为一维齐次波方程非齐次初值问题 (4.4.3) 之解关于初始数据的**连续模估计**, 其中$\phi\in C^2(\mathbb{R})\cap L^\infty(\mathbb{R}),\psi\in C^1(\mathbb{R})\cap L^\infty(\mathbb{R})$. 根据 (4.4.12) 立即得到一维非齐次波方程非齐次初值问题解关于初始数据的稳定性结果:

**定理 4.4.4** **如果**$u_i=u_i(x,t)$**是** (4.4.1) **在初始数据为**$\phi_i(x)$**和**$\psi_i(x)$**时的解** $(i=1,2)$, **那么有**

$$\sup_{\substack{x\in\mathbb{R}\\0\leqslant t\leqslant T}}|u_1(x,t)-u_2(x,t)|\leqslant \sup_{x\in\mathbb{R}}|\phi_1(x)-\phi_2(x)|+T\cdot\sup_{x\in\mathbb{R}}|\psi_1(x)-\psi_2(x)|. \tag{4.4.13}$$

根据此定理和定理 4.4.3 易知一维非齐次波方程非齐次初值问题 (4.4.1) 是适定的.

**注 4.4.4** **估计式** (4.4.13) **是在事先得出**Cauchy**问题解的解析表达式后得出的, 这种根据解的具体表达式 (或者至少事先知道解已经存在) 而得到的估计式称为后验估计** (Aposteriori Estimate).

### 4.4.2 三维波方程初值问题 球面平均

本小节我们先利用球面平均法得到三维波方程Cauchy问题

$$\begin{cases}u_{tt}=c^2\Delta_3 u(x,t),\ (x,t)\in\mathbb{R}^3\times(0,\infty), c=\text{const.}>0,\\ u(x,0)=\phi(x),u_t(x,0)=\psi(x),\ x\in\mathbb{R}^3,\end{cases} \tag{4.4.14}$$

的解, 这里的 $\Delta_3$ 表示三维空间中的Laplace算子, 然后再用类似于一维非齐次波方程的处理方法, 即三维非齐次波方程的Duhamel原理得到

$$\begin{cases} u_{tt} = c^2 \Delta_3 u(x,t) + f(x,t),\ (x,t) \in \mathbb{R}^3 \times (0,\infty), \\ u(x,0) = \phi(x), u_t(x,0) = \psi(x),\ x \in \mathbb{R}^3 \end{cases} \tag{4.4.15}$$

的解.

容易明白, 要想构造出 (4.4.14) 的解, 直接使用前面的d'Alembert公式 (4.4.5) 是不行的. 但是, 我们可利用**球面平均法** (Method of Spherical Means) 把问题 (4.4.14) 转化成一维波方程, 进而便可求得其解. 为此需要先引入如下两个引理 (见参考文献 [14] 和 [25]) .

**引理 4.4.1** (Co-Area Formula) **设函数** $u: \mathbb{R}^n \to \mathbb{R}$ **是** Lipschitz **连续的, 且对** a.e. $r \in \mathbb{R}$, **水平集** (Level Set)

$$\{u = r\} := \{x \in \mathbb{R}^n | u(x) = r\}$$

**是** $\mathbb{R}^n$ **中的光滑** $n-1$ **维超曲面. 如果** $f: \mathbb{R}^n \to \mathbb{R}$ **连续且可和** (Summable), **那么有**

$$\int_{\mathbb{R}^n} f|Du| \mathrm{d}x = \int_{-\infty}^{\infty} \left( \int_{\{u=r\}} f \mathrm{d}S \right) \mathrm{d}r.$$

**特别地, 当取** $u(x) = |x - x_0|, x_0 \in \mathbb{R}^n$, **则有** $|Du| = 1$, **从而**

$$\int_{B(x_0,r)} f(x) \mathrm{d}x = \int_0^r \left( \int_{\partial B(x_0,\rho)} f(x) \mathrm{d}S(x) \right) \mathrm{d}\rho,$$

**由此可得**

$$\frac{\mathrm{d}}{\mathrm{d}r} \int_{B(x_0,r)} f(x) \mathrm{d}x = \int_{\partial B(x_0,r)} f(x) \mathrm{d}S(x),$$

**其中,** $\mathrm{d}S(x)$ **表示超曲面** $\partial B(x_0,\rho)$ **上的** $n-1$ **维曲面测度.**

**引理 4.4.2** (**曲面积分的变量替换**) **如果** $\mathbb{R}^n$ **中的** $n-1$ **维曲面** $S$ **在变量替换**

$$x = ky + x_0,\ k \in \mathbb{R}, k \neq 0, x_0 \in \mathbb{R}^n, x \in S$$

**下变为**

$$y = \frac{x - x_0}{k},\ y \in S^*,$$

那么有

$$\int_S f(x)\mathrm{d}S(x) \xlongequal{x=x_0+ky} \int_{S^*} f(x_0+ky)k^{n-1}\mathrm{d}S^*(y),$$

其中 $\mathrm{d}S(x), \mathrm{d}S^*(y)$ 分别表示曲面 $S$ 和 $S^*$ 上的 $n-1$ 维曲面测度. 由此有

$$\int_{\partial B(x_0,r)} f(x)\mathrm{d}S(x) \xlongequal{x=x_0+r\omega} \int_{\partial B(0,1)} f(x_0+r\omega)r^{n-1}\mathrm{d}S(\omega).$$

下面给出函数的**球面平均** (Spherical Means) 的定义.

**定义 4.4.1** 对任意的 $x\in\mathbb{R}^3, t>0, r>0$, 定义于 $\mathbb{R}^3\times[0,+\infty)$ 上的函数 $u=u(y,t)$ 在二维球面 $\partial B(x,r)$ 上的积分平均值记为

$$\begin{aligned}\overline{u}(x,t;r) &:= \frac{1}{4\pi r^2}\int_{\partial B(x,r)} u(y,t)\mathrm{d}S(y)\\ &\xlongequal[y=x+r\omega]{\text{引理 4.4.2}} \frac{1}{4\pi}\int_{\partial B(0,1)} u(x+r\omega,t)\mathrm{d}S(\omega),\end{aligned}$$

并称 $\overline{u}(x,t;r)$ 为 $u$ 在球面 $\partial B(x,r)$ 上的球面平均.

利用 $u$ 的球面平均 $\overline{u}$ 可将 (4.4.14) 降阶为一维波方程, 进而可求其行波解. 再注意到: 如果 $u$ 连续, 则

$$\lim_{r\to 0^+}\overline{u}(x,t;r)=u(x,t), \tag{4.4.16}$$

于是 (4.4.14) 的解就可以求得了. 为此, 设 $u$ 是 (4.4.14) 的解, 并记

$$\varDelta_y u=\frac{\partial^2 u(y,t)}{\partial y_1^2}+\frac{\partial^2 u(y,t)}{\partial y_2^2}+\frac{\partial^2 u(y,t)}{\partial y_3^2},$$

则必有

$$u_{tt}(y,t)=c^2\varDelta_y u(y,t),\ y\in\mathbb{R}^3, t>0.$$

任取 $(x,t)\in\mathbb{R}^3\times(0,+\infty), r>0$, 将上式两端在球 $B(x,r)$ 上积分得

$$\begin{aligned}&\int_{B(x,r)} u_{tt}(y,t)\mathrm{d}y\\ &=c^2\int_{B(x,r)}\varDelta_y u(y,t)\mathrm{d}y\\ &\xlongequal{\text{定理 1.6.4}} c^2\int_{\partial B(x,r)}\nabla_y u(y,t)\cdot\boldsymbol{n}\mathrm{d}S(y)\end{aligned}$$

$$
\begin{aligned}
&= c^2\int_{\partial B(x,r)} \nabla_y u(y,t)\cdot \frac{y-x}{r}\mathrm{d}S(y) \\
&\xlongequal[\text{引理 4.4.2}]{y=x+r\omega} c^2r^2\int_{\partial B(0,1)} \nabla_x u(x+r\omega,t)\cdot\omega\mathrm{d}S(\omega) \\
&= c^2r^2\int_{\partial B(0,1)} \frac{\partial}{\partial r}u(x+r\omega,t)\mathrm{d}S(\omega) \\
&= c^2r^2\frac{\partial}{\partial r}\int_{\partial B(0,1)} u(x+r\omega,t)\mathrm{d}S(\omega) \\
&\xlongequal{y=x+r\omega} c^2r^2\frac{\partial}{\partial r}\int_{\partial B(x,r)} u(y,t)\frac{1}{r^2}\mathrm{d}S(y) \\
&= 4\pi c^2r^2\frac{\partial}{\partial r}\left(\frac{1}{4\pi r^2}\int_{\partial B(x,r)} u(y,t)\mathrm{d}S(y)\right) \\
&= 4\pi c^2r^2\frac{\mathrm{d}}{\mathrm{d}r}\overline{u}(x,t;r),
\end{aligned}
$$

而

$$
\begin{aligned}
\int_{B(x,r)} u_{tt}\mathrm{d}y &= \frac{\partial^2}{\partial t^2}\int_{B(x,r)} u(y,t)\mathrm{d}y \xlongequal{\text{引理 4.4.1}} \frac{\partial^2}{\partial t^2}\int_0^r\left(\int_{\partial B(x,\rho)} u(y,t)\mathrm{d}S(y)\right)\mathrm{d}\rho \\
&= \frac{\partial^2}{\partial t^2}\int_0^r 4\pi\rho^2\overline{u}(x,t;\rho)\mathrm{d}\rho,
\end{aligned}
$$

故有

$$
\frac{\partial^2}{\partial t^2}\int_0^r 4\pi\rho^2\overline{u}(x,t;\rho)\mathrm{d}\rho = 4\pi c^2r^2\frac{\mathrm{d}}{\mathrm{d}r}\overline{u}(x,t;r),
$$

两边关于 $r$ 微分并整理得

$$
\left(r^2\overline{u}(x,t;r)\right)_{tt} = c^2\left(r^2\overline{u}_r(x,t;r)\right)_r,
$$

即

$$
r^2\overline{u}_{tt}(x,t;r) = c^2(2r\overline{u}_r + r^2\overline{u}_{rr}),
$$

两端除以 $r$ 后得

$$
(r\overline{u})_{tt} = r\overline{u}_{tt} = c^2(2\overline{u}_r + r\overline{u}_{rr}) = c^2(r\overline{u})_{rr},
$$

故

$$
(r\overline{u})_{tt} = c^2(r\overline{u})_{rr},
$$

从而由行波法知该方程的通解为

$$r\bar{u}(x,t;r) = f(r+ct) + g(r-ct),\ f,g \text{ 为任意的 } C^2 \text{ 函数}. \tag{4.4.17}$$

往下只要利用 (4.4.16) 求出 $u$ 即可. 为此, 先对 (4.4.17) 两边关于 $r$ 微分:

$$(r\bar{u})_r = \bar{u} + r\bar{u}_r = f'(r+ct) + g'(r-ct), \tag{4.4.18}$$

然后再令 $r \to 0^+$, 得

$$u(x,t) = f'(ct) + g'(-ct).$$

为了求出 $u$, 我们还需要找到另一组关系式, 以便确定出 $f'(ct), g'(-ct)$. 为此, 对 (4.4.17) 关于 $t$ 微分得

$$r\bar{u}_t = cf'(r+ct) - cg'(r-ct), \tag{4.4.19}$$

再令 $r \to 0^+$, 解得

$$f'(ct) = g'(-ct),$$

从而

$$u(x,t) = 2f'(ct).$$

接下来只要代入初始条件以便确定出 $f'$ 即可.

实际上, 由 $c\cdot$(4.4.18) + (4.4.19) 得

$$2cf'(r+ct) = c\bar{u} + cr\bar{u}_r + r\bar{u}_t = c(r\bar{u})_r + r\bar{u}_t,$$

即 $2f'(r+ct) = (r\bar{u})_r + \dfrac{r}{c}\bar{u}_t$. 然后令 $t \to 0^+$ 得

$$2f'(r) = \frac{\partial}{\partial r}\big(r\cdot\bar{u}(x,0;r)\big) + \frac{r}{c}\cdot\frac{\partial}{\partial t}\bar{u}(x,0;r),$$

再代入初始条件得

$$\begin{aligned}2f'(r) &= \frac{\partial}{\partial r}\left(\frac{1}{4\pi}\int_{\partial B(x,r)}\frac{\phi(y)}{r}\mathrm{d}S(y)\right) + \frac{1}{4\pi c}\int_{\partial B(x,r)}\frac{\psi(y)}{r}\mathrm{d}S(y)\\ &= \frac{1}{4\pi}\left(\frac{\partial}{\partial r}\left(\int_{\partial B(x,r)}\frac{\phi(y)}{r}\mathrm{d}S(y)\right) + \frac{1}{c}\int_{\partial B(x,r)}\frac{\psi(y)}{r}\mathrm{d}S(y)\right).\end{aligned}$$

再令 $r = ct$, 则 $\dfrac{\partial}{\partial t} = \dfrac{\partial r}{\partial t}\dfrac{\partial}{\partial r} = c\dfrac{\partial}{\partial r}$, 故 $\dfrac{\partial}{\partial r} = \dfrac{1}{c}\dfrac{\partial}{\partial t}$, 于是

$$u(x,t) = 2f'(ct) = \frac{1}{4\pi}\left(\frac{\partial}{\partial t}\left(\int_{\partial B(x,ct)}\frac{\phi(y)}{c^2t}\mathrm{d}S(y)\right) + \int_{\partial B(x,ct)}\frac{\psi(y)}{c^2t}\mathrm{d}S(y)\right)$$

$$= \frac{1}{4\pi c}\frac{\partial}{\partial t}\int_{\partial B(x,ct)} \frac{\phi(y)}{ct}\mathrm{d}S(y) + \frac{1}{4\pi c}\int_{\partial B(x,ct)} \frac{\psi(y)}{ct}\mathrm{d}S(y) \tag{4.4.20}$$

$$= \frac{1}{4\pi}\frac{\partial}{\partial t}\left(t\int_{\partial B(0,1)} \phi(x+ct\omega)\mathrm{d}S(\omega)\right) + \frac{t}{4\pi}\int_{\partial B(0,1)} \psi(x+ct\omega)\mathrm{d}S(\omega). \tag{4.4.21}$$

如果记

$$u_\phi(x,t) := \frac{1}{4\pi c}\int_{\partial B(x,ct)} \frac{\phi(y)}{ct}\mathrm{d}S(y) = \frac{t}{4\pi}\int_{\partial B(0,1)} \phi(x+ct\omega)\mathrm{d}S(\omega),$$

那么 (4.4.14) 的形式解就表示成如下的紧缩形式

$$u(x,t) = \frac{\partial}{\partial t}u_\phi + u_\psi. \tag{4.4.22}$$

容易验证 (详见参考文献[1]), 当$\phi$和$\psi$分别是三阶和二阶连续可微时, (4.4.20), (4.4.21) 或者 (4.4.22) 是 (4.4.14) 的古典解, 于是有下面的定理.

**定理 4.4.5 (三维波方程 Kirchhoff 公式)** **如果$\phi \in C^3(\mathbb{R}^3), \psi \in C^2(\mathbb{R}^3)$, 则**

$$u(x,t) = \frac{1}{4\pi}\frac{\partial}{\partial t}\left(t\int_{\partial B(0,1)} \phi(x+ct\omega)\mathrm{d}S(\omega)\right) + \frac{t}{4\pi}\int_{\partial B(0,1)} \psi(x+ct\omega)\mathrm{d}S(\omega) \tag{4.4.23}$$

**是三维齐次波方程非齐次初值问题**

$$\begin{cases} u_{tt} = c^2\Delta_3 u(x,t),\ x \in \mathbb{R}^3, t > 0, \\ u(x,0) = \phi(x), u_t(x,0) = \psi(x),\ x \in \mathbb{R}^3 \end{cases}$$

**的解.**

这里的 (4.4.23) 或者 (4.4.20) 称为三维波方程初值问题 (4.4.14) 解的**Kirchhoff 公式**.

下面利用Duhamel原理和叠加原理来求解非齐次问题 (4.4.15).

类似于一维情形, 三维波方程Cauchy问题也有下面的Duhamel原理:

**定理 4.4.6 (Duhamel's Principle)** **对任意给定的$\tau \geqslant 0$, 如果以$\tau$为参数的函数$w = w(x,s;\tau)$关于空间变元$x \in \mathbb{R}^3$和时间变元$s > \tau$是二阶光滑的, 关于**

参数 $\tau$ 是连续的, 且满足三维齐次波方程非齐次初值问题:

$$\begin{cases} w_{ss}(x,s;\tau) = c^2 \Delta_3 w(x,s;\tau),\ x \in \mathbb{R}^3, s > \tau, \\ w(x,s;\tau)|_{s=\tau} = 0, w_s(x,s;\tau)|_{s=\tau} = f(x,\tau),\ x \in \mathbb{R}^3, \end{cases} \tag{4.4.24}$$

那么, 函数

$$u(x,t) := \int_0^t w(x,t;\tau)\mathrm{d}\tau$$

必是三维非齐次波方程齐次初值问题

$$\begin{cases} u_{tt} = c^2 \Delta_3 u + f(x,t),\ x \in \mathbb{R}^3, t > 0, \\ u(x,0) = 0, u_t(x,0) = 0,\ x \in \mathbb{R}^3 \end{cases} \tag{4.4.25}$$

的解.

该定理的证明和一维情形相仿, 故此处略.

**注 4.4.5** 在实际应用时, 定理 4.4.6 的结论通常也表示成如下形式: 如果记 $\mathcal{R}_t$ 为三维波方程 Cauchy 问题

$$\begin{cases} w_{tt} = c^2 \Delta w(x,t),\ x \in \mathbb{R}^3, t > 0, \\ w(x,0) = 0, w_t(x,0) = \psi(x),\ x \in \mathbb{R}^3 \end{cases}$$

对应的解算子, 即该问题的解

$$\begin{aligned} w(x,t) =& \mathcal{R}_t \psi := \frac{t}{4\pi} \int_{\partial B(0,1)} \psi(x + ct\omega)\mathrm{d}S(\omega) \\ =& \frac{1}{4\pi c} \int_{\partial B(x,ct)} \frac{\psi(y)}{ct} \mathrm{d}S(y), \end{aligned}$$

那么

$$\begin{cases} w_{tt} = c^2 \Delta w(x,t) + f(x,t),\ x \in \mathbb{R}^3, t > 0, \\ w(x,0) = 0, w_t(x,0) = 0,\ x \in \mathbb{R}^3 \end{cases}$$

的解是解算子 $\mathcal{R}_t$ 与 $f(x,t)$ 在时间域 $[0,t]$ 上的 Duhamel 卷积 $\mathcal{R}_t * f(x,t)$, 即

$$\begin{aligned} w(x,t) =& \mathcal{R}_t * f(x,t) \\ :=& \int_0^t \mathcal{R}_{t-\tau} f(x,\tau)\mathrm{d}\tau. \end{aligned}$$

于是, 由 Duhamel 原理得 (4.4.25) 的解为

$$u(x,t)=\frac{1}{4\pi c}\int_0^t\int_{\partial B(x,c(t-\tau))}\frac{f(y,\tau)}{c(t-\tau)}\mathrm{d}S(y)\mathrm{d}\tau.$$

由此, 注意到 (4.4.15) 的方程和初始条件都是线性的, 和一维情形类似, 可得 (4.4.15) 的解为

$$\begin{aligned}u(x,t)&=\frac{\partial u_\phi}{\partial t}+u_\psi+\frac{1}{4\pi c}\int_0^t\int_{\partial B(x,c(t-\tau))}\frac{f(y,\tau)}{c(t-\tau)}\mathrm{d}S(y)\mathrm{d}\tau\\&\xlongequal{r=c(t-\tau)}\frac{\partial u_\phi}{\partial t}+u_\psi+\frac{1}{4\pi c^2}\int_0^{ct}\int_{\partial B(x,r)}\frac{f\left(y,t-\dfrac{r}{c}\right)}{r}\mathrm{d}S(y)\mathrm{d}r\\&=\frac{\partial u_\phi}{\partial t}+u_\psi+\frac{1}{4\pi c^2}\int_{\{y:|y-x|\leqslant ct\}}\frac{f\left(y,t-\dfrac{|y-x|}{c}\right)}{|y-x|}\mathrm{d}y,\end{aligned}$$

由此得到下面的定理.

**定理 4.4.7** 如果 $\phi\in C^3(\mathbb{R}^3),\psi\in C^2(\mathbb{R}^3),f(x,t)\in C^{2,2}(\mathbb{R}^3\times[0,\infty))$, 那么三维波方程 Cauchy 问题

$$\begin{cases}u_{tt}=c^2\Delta_3u(x,t)+f(x,t),x\in\mathbb{R}^3,t>0,\\u(x,0)=\phi(x),\ u_t(x,0)=\psi(x),x\in\mathbb{R}\end{cases}$$

的解可表示为

$$\begin{aligned}u(x,t)=&\frac{\partial}{\partial t}\left(\frac{1}{4\pi c}\int_{\partial B(x,ct)}\frac{\phi(y)}{ct}\mathrm{d}S(y)\right)+\frac{1}{4\pi c}\int_{\partial B(x,ct)}\frac{\psi(y)}{ct}\mathrm{d}S(y)\\&+\frac{1}{4\pi c^2}\int_{\{y||y-x|\leqslant ct\}}\frac{f(y,t-|y-x|/c)}{|y-x|}\mathrm{d}y\end{aligned}\tag{4.4.26}$$

$$\begin{aligned}=&\frac{\partial}{\partial t}\left(\frac{t}{4\pi}\int_{\partial B(0,1)}\phi(x+ct\omega)\mathrm{d}S(\omega)\right)+\frac{t}{4\pi}\int_{\partial B(0,1)}\psi(x+ct\omega)\mathrm{d}S(\omega)\\&+\frac{1}{4\pi c^2}\int_{\{y||y-x|\leqslant ct\}}\frac{f(y,t-|y-x|/c)}{|y-x|}\mathrm{d}y.\end{aligned}\tag{4.4.27}$$

注意 (4.4.27) 中的右边第三项积分表明**外力项在时刻** $t-|y-x|/c$ **在点** $y\in\mathbb{R}^3$ **附近的瞬间微小扰动要经过有限时间** $|y-x|/c$ **才能"传到"观测点** $x$ **处**. 这一现象通常称为**迟滞现象**, 而此积分项也称为**推迟势** (Retarded Potential).

### 4.4.3 二维波方程初值问题 降维法

上一小节通过球面平均法得到了三维波方程 Cauchy 问题的解的 Kirchhoff 公式, 本小节我们利用 Hadamard 的**降维法** (Hadamard's Method of Descent) 来构造二维波方程初值问题的解. 为了便于讨论, 我们仅考察二维齐次波方程情形, 即

$$\begin{cases} u_{tt}=c^2\varDelta_2 u,\ x=(x_1,x_2)\in\mathbb{R}^2, t>0, \\ u(x,0)=g(x), u_t(x,0)=h(x),\ x\in\mathbb{R}^2. \end{cases} \tag{4.4.28}$$

易知, 如果 $u=u(x_1,x_2,t)$ 是 (4.4.28) 的解, 那么

$$u^*=u^*(x_1,x_2,x_3,t):=u(x_1,x_2,t)$$

必是

$$\begin{cases} u^*_{tt}=c^2\varDelta_3 u^*,\ (x_1,x_2,x_3,t)\in\mathbb{R}^3\times(0,\infty), \\ u^*(x_1,x_2,x_3,0)=g(x_1,x_2), u^*_t(x_1,x_2,x_3,0)=h(x_1,x_2) \end{cases} \tag{4.4.29}$$

的解; 反之, 如果三维波方程初值问题 (4.4.29) 中的初始数据 $g,h$ 均与 $x_3$ 无关, 根据 Kirchhoff 公式可知, 该问题的解为

$$\begin{aligned} u^*=&\frac{1}{4\pi c}\frac{\partial}{\partial t}\int_{\partial B((x_1,x_2,x_3),ct)}\frac{g(y_1,y_2)}{ct}\mathrm{d}S(y_1,y_2,y_3) \\ &+\frac{1}{4\pi c}\int_{\partial B((x_1,x_2,x_3),ct)}\frac{h(y_1,y_2)}{ct}\mathrm{d}S(y_1,y_2,y_3), \end{aligned} \tag{4.4.30}$$

容易看出上述表达式的右端两项积分值实际上与 $x_3$ 无关, 从而 $u^*$ 是 (4.4.28) 的解.

现在只需把 (4.4.30) 中的曲面积分回拉成二重积分即可.

由于 $\mathbb{R}^3$ 中的二维球面的方程为

$$\partial B((x_1,x_2,x_3),ct):\ \sum_{i=1}^{3}(y_i-x_i)^2=(ct)^2,$$

所以

$$y_3=x_3\pm\sqrt{(ct)^2-(y_1-x_1)^2-(y_2-x_2)^2},$$

从而

$$\sqrt{1+\left(\frac{\partial y_3}{\partial y_1}\right)^2+\left(\frac{\partial y_3}{\partial y_2}\right)^2}=\frac{ct}{\sqrt{(ct)^2-(y_1-x_1)^2-(y_2-x_2)^2}},$$

再注意到二维球面 $\partial B((x_1,x_2,x_3),ct)$ 被过点 $(0,0,x_3)$ 且与坐标平面 $x_3=0$ 平行的平面分成的上、下两部分半球面在平面 $x_3=0$ 上的投影均为

$$D=\left\{(y_1,y_2)\in\mathbb{R}^2 \,\middle|\, |(y_1,y_2)-(x_1,x_2)|\leqslant ct\right\}, \tag{4.4.31}$$

于是 (4.4.28) 的解可以表示为 (注意 (4.4.30) 中的曲面积分是上、下两个半球面上积分之和)

$$\begin{aligned} u(x_1,x_2,t)=&\frac{1}{2\pi c}\frac{\partial}{\partial t}\int_D \frac{g(y_1,y_2)}{\sqrt{(ct)^2-(y_1-x_1)^2-(y_2-x_2)^2}}\mathrm{d}y_1\mathrm{d}y_2 \\ &+\frac{1}{2\pi c}\int_D \frac{h(y_1,y_2)}{\sqrt{(ct)^2-(y_1-x_1)^2-(y_2-x_2)^2}}\mathrm{d}y_1\mathrm{d}y_2 \end{aligned} \tag{4.4.32}$$

$$\begin{aligned} \overset{\text{极坐标}}{=\!=\!=}&\frac{1}{2\pi c}\frac{\partial}{\partial t}\int_0^{ct}\int_0^{2\pi}\frac{g(x_1+r\cos\theta,x_2+r\sin\theta)\cdot r}{\sqrt{(ct)^2-r^2}}\mathrm{d}\theta\mathrm{d}r \\ &+\frac{1}{2\pi c}\int_0^{ct}\int_0^{2\pi}\frac{h(x_1+r\cos\theta,x_2+r\sin\theta)\cdot r}{\sqrt{(ct)^2-r^2}}\mathrm{d}\theta\mathrm{d}r. \end{aligned} \tag{4.4.33}$$

公式 (4.4.32) 或者 (4.4.33) 称为二维波方程初值问题 (4.4.28) 解的 **Poisson 公式**.

至此我们给出了二维和三维波方程 Cauchy 问题的解, 对于任意有限维数波方程 Cauchy 问题的解法, 请见参考文献 [14].

### 4.4.4　一维波方程半直线问题　延拓法

下面以一维波方程半直线问题

$$\begin{cases} u_{tt}=c^2u_{xx}+f(x,t),\ x>0,t>0, \\ u(0,t)=g(t),\ t\geqslant 0, \\ u(x,0)=\phi(x),u_t(x,0)=\psi(x),\ x\geqslant 0 \end{cases} \tag{4.4.34}$$

为例来说明如何运用延拓法 (Method of Continuation) 求解波方程半直线问题 (高维情形可类似处理).

首先, 为了把问题 (4.4.34) 延拓到全直线上, 以便使用 d'Alembert 公式, 需要把左侧边界条件 $u(0,t)=g(t)$ 齐次化, 为此只要令

$$u=v+g(t),$$

则关于 $v \doteq v(x,t)$ 而言, 左侧边界条件就齐次化了. 如果左侧边界条件是形如 $-u_x(0,t)=g(t)$ 的 Neumann 非齐次边界条件, 那么只要令

$$u(x,t)=v(x,t)-xg(t)$$

便可将之齐次化为 $v_x(0,t)=0$. 故对问题 (4.4.34) 而言, 不失一般性, 只需考察如下问题即可:

$$\begin{cases} u_{tt}=c^2u_{xx}+f(x,t),\ x>0,t>0, & (4.4.35\text{a})\\ u(0,t)=0,\ t\geqslant 0, & (4.4.35\text{b})\\ u(x,0)=\phi(x),u_t(x,0)=\psi(x),\ x\geqslant 0. & (4.4.35\text{c})\end{cases}$$

那么该如何求解问题 (4.4.35) 呢? 如果 $x\in\mathbb{R}$, 那么只要用 d'Alembert 公式即可给出解的表达式, 但需保证该表达式满足齐次单侧边界条件 (4.4.35b). 为此, 只需把 (4.4.35) 中的外力项和初始数据 $f,\phi,\psi$ 关于空间变元作奇延拓即可. 事实上, 我们知道: ① 如果 $h=h(x)$ 是 $\mathbb{R}$ 上的奇函数, 那么 $h(0)=0$; ② 如果 $h=h(x)\in C^1(\mathbb{R})$ 且 $h$ 是偶函数, 那么 $h'(0)=0$. 另外, 根据 d'Alembert 公式可知, Cauchy 问题:

$$\begin{cases} v_{tt}=c^2v_{xx}+\tilde{f}(x,t),\ x\in\mathbb{R},t>0,\\ v(x,0)=\tilde{\phi}(x),v_t(x,0)=\tilde{\psi}(x),\ x\in\mathbb{R}\end{cases}\tag{4.4.36}$$

的解

$$v(x,t)=\frac{\tilde{\phi}(x-ct)+\tilde{\phi}(x+ct)}{2}+\frac{1}{2c}\int_{x-ct}^{x+ct}\tilde{\psi}(\eta)\mathrm{d}\eta$$
$$+\frac{1}{2c}\int_0^t\int_{x-c(t-\tau)}^{x+c(t-\tau)}\tilde{f}(\eta,\tau)\mathrm{d}\eta\mathrm{d}\tau.\tag{4.4.37}$$

再者, 关于波方程 Cauchy 问题的解, 有如下的对称性结论.

**定理 4.4.8 (波方程 Cauchy 问题解的对称性)** **如果 (4.4.36) 中的 $\tilde{f},\tilde{\phi},\tilde{\psi}$ 关于空间变元 $x$ 均是奇 (偶或以 $T$ 为周期的周期) 函数, 那么 (4.4.36) 的解也必是奇 (偶或以 $T$ 为周期的周期) 函数.**

**证明:** 只给出奇函数情形的证明, 其余情形的证明类似. 根据 (4.4.37) 知

$$v(-x,t)=\frac{\tilde{\phi}(-x-ct)+\tilde{\phi}(-x+ct)}{2}+\frac{1}{2c}\int_{-x-ct}^{-x+ct}\tilde{\psi}(\eta)\mathrm{d}\eta$$

$$
+\frac{1}{2c}\int_0^t\int_{-x-c(t-\tau)}^{-x+c(t-\tau)}\tilde{f}(\eta,\tau)\mathrm{d}\eta\mathrm{d}\tau
$$

$$
\xlongequal{\eta=-\xi}\frac{-\tilde{\phi}(x+ct)-\tilde{\phi}(x-ct)}{2}+\frac{1}{2c}\int_{x+ct}^{x-ct}\tilde{\psi}(\xi)\mathrm{d}\xi
$$

$$
+\frac{1}{2c}\int_0^t\int_{x+c(t-\tau)}^{x-c(t-\tau)}\tilde{f}(\xi,\tau)\mathrm{d}\xi\mathrm{d}\tau
$$

$$
=-v(x,t),
$$

故 $v$ 关于 $x$ 是奇函数. □

根据上述定理, 如果我们把 (4.4.35) 中的数据 $f,\phi,\psi$ 都关于 $x$ 做奇延拓 (Odd Continuation) 到整个空间, 那么所得的解必然满足条件 (4.4.35b). 于是令

$$
\tilde{f}(x,t)=\begin{cases}f(x,t),\ x\geqslant 0,\\-f(-x,t),\ x<0,\end{cases}\quad \tilde{\phi}(x)=\begin{cases}\phi(x),\ x\geqslant 0,\\-\phi(-x),\ x<0,\end{cases}\quad \tilde{\psi}(x)=\begin{cases}\psi(x),\ x\geqslant 0,\\-\psi(-x),\ x<0,\end{cases}\tag{4.4.38}
$$

由于 (4.4.35b) 和 (4.4.35c) 在点 $(0,0)$ 处还应满足相容性条件, 即

$$
\phi(0)=\psi(0)=0,
$$

故上述的奇延拓在 $(0,0)$ 处的取值是合理的.

于是, 根据 (4.4.37) 可知, 延拓到全直线上的问题的解是

$$
\tilde{u}(x,t)=\frac{\tilde{\phi}(x-ct)+\tilde{\phi}(x+ct)}{2}+\frac{1}{2c}\int_{x-ct}^{x+ct}\tilde{\psi}(\eta)\mathrm{d}\eta+\frac{1}{2c}\int_0^t\int_{x-c(t-\tau)}^{x+c(t-\tau)}\tilde{f}(\eta,\tau)\mathrm{d}\eta\mathrm{d}\tau.\tag{4.4.39}
$$

接下来只需把 $\tilde{u}(x,t)$ 限制在 $x\geqslant 0,t\geqslant 0$ 即可. 注意到 $c>0$, 所以 (4.4.39) 的右边第三项积分的积分域是特征三角形, 并且 $x-ct$ 可能小于零, 所以分情况讨论如下 (见图 4.6).

**① 当 $x\geqslant ct$ 时**

此时由于

$$
x-ct\geqslant 0,\ x+ct\geqslant 0,\ x-c(t-\tau)\geqslant 0,\ t\geqslant\tau\geqslant 0,
$$

故解为

$$
u(x,t)=\frac{\phi(x-ct)+\phi(x+ct)}{2}+\frac{1}{2c}\int_{x-ct}^{x+ct}\psi(\eta)\mathrm{d}\eta+\frac{1}{2c}\int_0^t\int_{x-c(t-\tau)}^{x+c(t-\tau)}f(\eta,\tau)\mathrm{d}\eta\mathrm{d}\tau.\tag{4.4.40}
$$

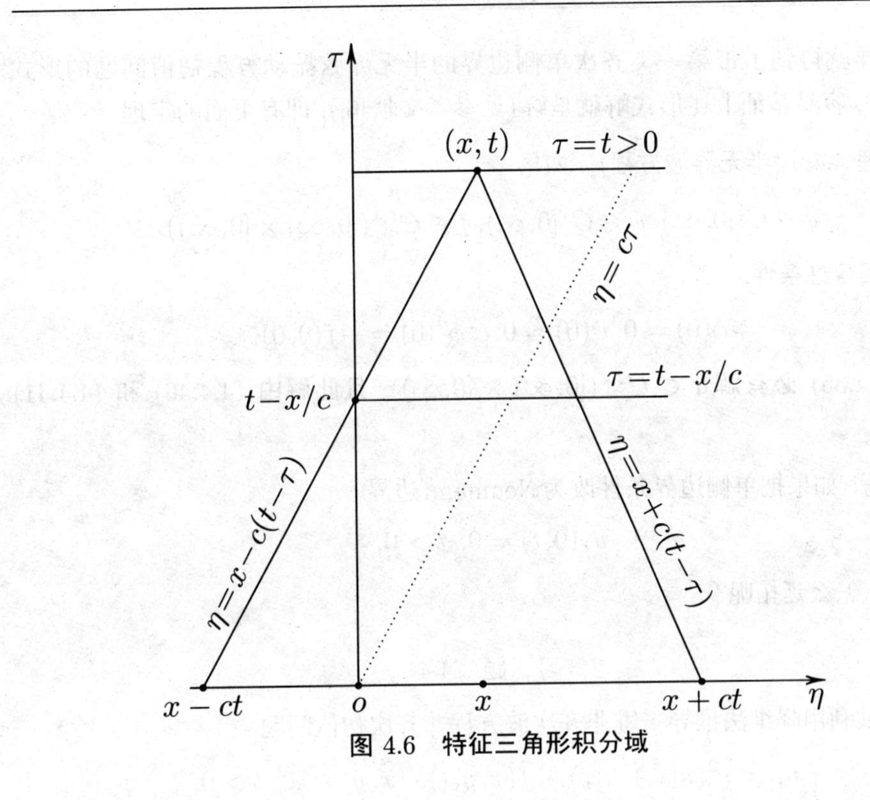

图 4.6 特征三角形积分域

**② 当$0 \leqslant x < ct$时**

此时由于有 $x+ct>0$, 故有

$$
\begin{aligned}
u(x,t) = & \frac{-\phi(-x+ct)+\phi(x+ct)}{2} + \frac{1}{2c}\left(\left(\int_{x-ct}^{0} + \int_{0}^{x+ct}\right)\tilde{\psi}(\eta)\mathrm{d}\eta\right. \\
& + \int_{0}^{t-\frac{x}{c}}\left(\left(\int_{x-c(t-\tau)}^{0} + \int_{0}^{x+c(t-\tau)}\right)\tilde{f}(\eta,\tau)\mathrm{d}\eta\right)\mathrm{d}\tau \\
& \left. + \int_{t-\frac{x}{c}}^{t}\left(\int_{x-c(t-\tau)}^{x+c(t-\tau)}\tilde{f}(\eta,\tau)\mathrm{d}\eta\right)\mathrm{d}\tau\right) \\
\xlongequal{(4.4.38)} & \frac{-\phi(-x+ct)+\phi(x+ct)}{2} + \frac{1}{2c}\int_{-x+ct}^{x+ct}\psi(\eta)\mathrm{d}\eta \\
& + \frac{1}{2c}\int_{0}^{t-\frac{x}{c}}\int_{-x+c(t-\tau)}^{x+c(t-\tau)} f(\eta,\tau)\mathrm{d}\eta\mathrm{d}\tau \\
& + \frac{1}{2c}\int_{t-\frac{x}{c}}^{t}\int_{x-c(t-\tau)}^{x+c(t-\tau)} f(\eta,\tau)\mathrm{d}\eta\mathrm{d}\tau. \qquad (4.4.41)
\end{aligned}
$$

这样就得到了带第一类齐次单侧边界的半无界弦振动方程初值问题的形式解. 另外, 容易验证上述形式解就是解 (见参考文献 [6]), 即有下面的定理.

**定理 4.4.9 (半无界波方程)** 如果

$$\phi \in C^2[0,\infty), \psi \in C^1[0,\infty), f \in C^{1,1}([0,\infty)\times[0,\infty)),$$

且满足相容性条件:

$$\phi(0)=0, \psi(0)=0, c^2\phi''(0)=-f(0,0),$$

那么 (4.4.35) 必有解 $u \in C^{2,2}([0,\infty)\times[0,\infty))$, 且此解由 (4.4.40) 和 (4.4.41) 给出.

思考: 如果把单侧边界条件改为 Neumann 边界

$$u_x(0,t)=0,\ t>0,$$

那么应该怎么延拓呢?

## 习 题 4.4

1. 试利用降维法推导二维非齐次波方程非齐次初值问题

$$\begin{cases} u_{tt}=c^2(u_{xx}+u_{yy})+f(x,y,t),\ (x,y)\in\mathbb{R}^2, t>0, \\ u(x,y,0)=\phi(x,y), u_t(x,y,0)=\psi(x,y),\ (x,y)\in\mathbb{R}^2 \end{cases}$$

解的 Poisson 公式:

$$\begin{aligned} u(x,y,t) &= \frac{1}{2\pi c}\frac{\partial}{\partial t}\iint_D \frac{\phi(\xi,\eta)}{\sqrt{(ct)^2-(\xi-x)^2-(\eta-y)^2}}\mathrm{d}\xi\mathrm{d}\eta \\ &\quad + \frac{1}{2\pi c}\iint_D \frac{\psi(\xi,\eta)}{\sqrt{(ct)^2-(\xi-x)^2-(\eta-y)^2}}\mathrm{d}\xi\mathrm{d}\eta \\ &\quad + \frac{1}{2\pi c}\int_0^t\iint_{D_\tau} \frac{f(\xi,\eta,\tau)}{\sqrt{c^2(t-\tau)^2-(\xi-x)^2-(\eta-y)^2}}\mathrm{d}\xi\mathrm{d}\eta\mathrm{d}\tau \\ &= \frac{1}{2\pi c}\frac{\partial}{\partial t}\int_0^{2\pi}\int_0^{ct}\frac{\phi(x+\rho\cos\theta, y+\rho\sin\theta)\cdot\rho}{\sqrt{(ct)^2-\rho^2}}\mathrm{d}\rho\mathrm{d}\theta \\ &\quad + \frac{1}{2\pi c}\int_0^{2\pi}\int_0^{ct}\frac{\psi(x+\rho\cos\theta, y+\rho\sin\theta)\cdot\rho}{\sqrt{(ct)^2-\rho^2}}\mathrm{d}\rho\mathrm{d}\theta \\ &\quad + \frac{1}{2\pi c}\int_0^t\int_0^{2\pi}\int_0^{c(t-\tau)}\frac{f(x+\rho\cos\theta, y+\rho\sin\theta,\tau)\cdot\rho}{\sqrt{c^2(t-\tau)^2-\rho^2}}\mathrm{d}\rho\mathrm{d}\theta\mathrm{d}\tau, \end{aligned}$$

其中积分域 $D=\{(\xi,\eta)\in\mathbb{R}^2 \mid (\xi-x)^2+(\eta-y)^2\leqslant(ct)^2\}, D_\tau=\{(\xi,\eta)\in\mathbb{R}^2 \mid (\xi-x)^2+(\eta-y)^2\leqslant c^2(t-\tau)^2\}, 0<\tau<t, \phi\in C^3(\mathbb{R}^2), \psi\in C^2(\mathbb{R}^2), f\in C^{2,2}(\mathbb{R}^2\times[0,+\infty))$.

2. 求解下列波方程 Cauchy 问题:

(1) $\begin{cases} u_{tt}=u_{xx}+1,\ x\in\mathbb{R}, t>0, \\ u(x,0)=x^2, u_t(x,0)=1,\ x\in\mathbb{R}; \end{cases}$

(2) $\begin{cases} u_{tt}=4u_{xx}+\mathrm{e}^x+\sin t,\ x\in\mathbb{R}, t>0, \\ u(x,0)=0, u_t(x,0)=\dfrac{1}{1+x^2},\ x\in\mathbb{R}; \end{cases}$

(3) $\begin{cases} u_{tt}=u_{xx}+xt,\ x\in\mathbb{R}, t>0, \\ u(x,0)=0, u_t(x,0)=\mathrm{e}^x,\ x\in\mathbb{R}; \end{cases}$

(4) $\begin{cases} u_{tt}=u_{xx}+u_{yy},\ (x,y)\in\mathbb{R}^2, t>0, \\ u(x,y,0)=\mathrm{e}^{-x^2}+\arctan y, u_t(x,y,0)=\cos x+\sin y,\ (x,y)\in\mathbb{R}^2; \end{cases}$

(5) $\begin{cases} u_{tt}=\Delta_3 u(x,t),\ x\in\mathbb{R}^3, t>0, \\ u(x,0)=0, u_t(x,0)=|x|^2,\ x\in\mathbb{R}^3; \end{cases}$

(6) $\begin{cases} u_{tt}=\Delta_3 u(x,t),\ x\in\mathbb{R}^3, t>0, \\ u(x,0)=0, u_t(x,0)=\dfrac{1}{1+|x|^2},\ x\in\mathbb{R}^3; \end{cases}$

(7) $\begin{cases} u_{tt}=4\Delta_3 u(x,t),\ x=(x_1,x_2,x_3)\in\mathbb{R}^3, t>0, \\ u(x,0)=\phi(x), u_t(x,0)=0,\ x\in\mathbb{R}^3. \end{cases}$

(其中, ① $\phi=\sin x_1+\mathrm{e}^{2x_3}$, ② $\phi=(x_2x_3)^2$, ③ $\phi=(3x_1-x_2+x_3)\mathrm{e}^{3x_1-x_2+x_3}$)

3. 利用 Kirchhoff 公式求解三维波方程 Cauchy 问题:

$$\begin{cases} u_{tt}=c^2(u_{xx}+u_{yy}+u_{zz}),\ (x,y,z)\in\mathbb{R}^3, t>0, \\ u(x,y,z,0)=0, u_t(x,y,z,0)=x^3+y^2z,\ (x,y,z)\in\mathbb{R}^3. \end{cases}$$

## 4.5 热方程 Cauchy 问题　Fourier 变换

本节我们来求解 $n$ 维热方程 Cauchy 问题:

$$\begin{cases} u_t = a^2 \Delta u(x,t) + f(x,t),\ x \in \mathbb{R}^n, t > 0, a = \text{const.} > 0, & \text{(4.5.1a)} \\ u(x,0) = g(x),\ x \in \mathbb{R}^n. & \text{(4.5.1b)} \end{cases}$$

我们使用的方法是对空间变量施行 Fourier 变换, 目的是通过此变换把 (4.5.1) 转化成相应的一阶常微分方程初值问题, 从而易于求解, 然后再取 Fourier 逆变换即可. 之后再介绍求解热方程半直线问题的延拓法. 最后我们介绍求解半直线上的波方程和半直线上的热方程以及带形区域上的 Laplace 方程的 Fourier 正弦变换与余弦变换法.

### 4.5.1 Fourier 变换

先给出 Fourier 变换的定义.

**定义 4.5.1**　如果 $f \in L^1(\mathbb{R}^n)$, 则称

$$\hat{f}(y) := (2\pi)^{-\frac{n}{2}} \int_{\mathbb{R}^n} \mathrm{e}^{-\mathrm{i}x\cdot y} f(x)\mathrm{d}x \qquad (y \in \mathbb{R}^n)$$

为 $f$ 的 Fourier **变换**, 也称之为 $f$ 的 Fourier **像函数**, 而把

$$\check{f}(x) := (2\pi)^{-\frac{n}{2}} \int_{\mathbb{R}^n} \mathrm{e}^{\mathrm{i}x\cdot y} f(y)\mathrm{d}y \qquad (y \in \mathbb{R}^n)$$

称为 $f$ 的 Fourier **逆变换**. 通常也把 $f$ 的 Fourier 变换和 Fourier 逆变换分别记为 $\mathcal{F}(f) = \hat{f}, \mathcal{F}^{-1}(f) = \check{f}$.

**注 4.5.1**　有的书上给出的 Fourier 变换和逆变换的系数和这里的系数 $(2\pi)^{-\frac{n}{2}}$ 不同, 但这并没有本质区别.

如果 $u \in L^2(\mathbb{R}^n)$, 则任意取序列 $u_n(x) \in L^1(\mathbb{R}^n) \cap L^2(\mathbb{R}^n)$, 使得

$$u_n(x) \to u(x), \quad \text{in } L^2(\mathbb{R}^n),$$

那么, 如果

$$\hat{u}_n(y) \to v(y), \quad \text{in } L^2(\mathbb{R}^n),$$

则称 $v(y)$ 为 $u$ 的 Fourier 变换, 同时也形式地记为 $v(y) = \hat{u}(y)$. 容易证明 $\hat{u}$ 与序列 $\{u_n\}$ 的选取无关.

下面给出 Fourier 变换的一些性质, 这些性质后面将会用到.

**定理 4.5.1** 如果 $u, v \in L^2(\mathbb{R}^n; \mathbb{C})$, 那么有

(1) $\int_{\mathbb{R}^n} u(x)\bar{v}(x)\mathrm{d}x = \int_{\mathbb{R}^n} \hat{u}(y)\bar{\hat{v}}(y)\mathrm{d}y$;

(2) 对任意的 $n$ 重指标 $\alpha$, 有

$$(D^\alpha u(x))^\vee(y) = (\mathrm{i}y)^\alpha \hat{u}(y) = \mathrm{i}^{|\alpha|} y^\alpha \hat{u}(y),$$

如果 $D^\alpha u \in L^2(\mathbb{R}^n)$;

(3) $u = (\hat{u})^\vee$;

(4) $(u * v)^\wedge = (2\pi)^{\frac{n}{2}} \hat{u}\hat{v}$, 其中 $u * v$ 表示 $u$ 和 $v$ 的**卷积** (Convolution), 即

$$(u * v)(x) := \int_{\mathbb{R}^n} u(x-\eta)v(\eta)\mathrm{d}\eta = \int_{\mathbb{R}^n} u(\eta)v(x-\eta)\mathrm{d}\eta;$$

(5) 线性: $(au + bv)^\wedge = a\hat{u} + b\hat{v}, \forall a, b \in \mathbb{R}$.

**注 4.5.2** (1) 由性质 (2) 可知, Fourier 变换把微分运算转化为代数运算;

(2) 由性质 (3) 和性质 (4) 可得: 对任意的 $u, v \in L^2(\mathbb{R}^n)$, 有

$$(\hat{u}\hat{v})^\vee(x) = (2\pi)^{-\frac{n}{2}}(u * v)(x) = (2\pi)^{-\frac{n}{2}}((\hat{u})^\vee * (\hat{v})^\vee)(x) \tag{4.5.2}$$

以及

$$(fg)^\vee(x) = (2\pi)^{-\frac{n}{2}} \check{f} * \check{g}(x), \qquad \forall f, g \in L^2(\mathbb{R}^n).$$

### 4.5.2 热方程 Cauchy 问题

下面我们利用 Fourier 变换来求解热方程 Cauchy 问题 (4.5.1). 我们的步骤如下: 先用 Fourier 变换求得形式解 (仅作形式推导), 然后再通过对 (4.5.1) 中的 $f, g$ 的正则性做适当限制, 进而验证形式解就是原 Cauchy 问题的解.

为此, 记

$$\hat{u}(y,t) = (2\pi)^{-\frac{n}{2}} \int_{\mathbb{R}^n} \mathrm{e}^{-\mathrm{i}x\cdot y} u(x,t)\mathrm{d}x,$$

则根据性质 (2) 得

$$(\Delta u)^\wedge = \left(\sum_{j=1}^n \frac{\partial^2}{\partial x_j^2} u\right)^\wedge = \sum_{j=1}^n (\mathrm{i}y_j)^2 \hat{u} = -|y|^2 \hat{u},$$

$$(u_t)^\wedge = (\hat{u})_t,$$

由此得到$u$的Fourier变换的像函数$\hat{u}$满足一阶常微分方程初值问题:

$$\begin{cases}\hat{u}_t=-a^2|y|^2\hat{u}+\hat{f}(y,t),\ y\in\mathbb{R}^n,t>0,\\ \hat{u}(y,0)=\hat{g}(y),\ y\in\mathbb{R}^n.\end{cases}$$

解此常微分方程得到

$$\hat{u}(y,t)=\mathrm{e}^{-a^2|y|^2t}\hat{g}(y)+\int_0^t\mathrm{e}^{-a^2|y|^2(t-\tau)}\hat{f}(y,\tau)\mathrm{d}\tau.$$

然后再对上述解取Fourier逆变换, 则得

$$u(x,t)=(\hat{u}(y,t))^\vee=\left(\mathrm{e}^{-a^2|y|^2t}\hat{g}(y)\right)^\vee+\int_0^t\left(\mathrm{e}^{-a^2|y|^2(t-\tau)}\hat{f}(y,\tau)\right)^\vee\mathrm{d}\tau.$$

再由 (4.5.2) 知

$$\left(\mathrm{e}^{-a^2|y|^2t}\hat{g}(y)\right)^\vee=(2\pi)^{-\frac{n}{2}}(\mathrm{e}^{-a^2|y|^2t})^\vee(x)*g(x).$$

又因为

$$(\mathrm{e}^{-a^2|y|^2t})^\vee(x)=(2\pi)^{-\frac{n}{2}}\int_{\mathbb{R}^n}\mathrm{e}^{\mathrm{i}x\cdot y}\mathrm{e}^{-a^2|y|^2t}\mathrm{d}y=(2\pi)^{-\frac{n}{2}}\int_{\mathbb{R}^n}\mathrm{e}^{\mathrm{i}x\cdot y-a^2|y|^2t}\mathrm{d}y,$$

如果记$x=(x_1,\ldots,x_n),y=(y_1,\ldots,y_n)$, 则对任意的$t>0$,

$$\mathrm{i}x\cdot y-a^2|y|^2t=\sum_{j=1}^n(\mathrm{i}x_jy_j-a^2ty_j^2)=-\sum_{j=1}^n\left(a\sqrt{t}y_j-\frac{\mathrm{i}x_j}{2a\sqrt{t}}\right)^2-\frac{|x|^2}{4a^2t},$$

于是

$$\int_{\mathbb{R}^n}\mathrm{e}^{\mathrm{i}x\cdot y-a^2|y|^2t}\mathrm{d}y=\mathrm{e}^{-\frac{|x|^2}{4a^2t}}\prod_{j=1}^n\int_{-\infty}^{+\infty}\mathrm{e}^{-\left(a\sqrt{t}y_j-\frac{\mathrm{i}x_j}{2a\sqrt{t}}\right)^2}\mathrm{d}y_j.$$

如果令$z=a\sqrt{t}y_j-\dfrac{\mathrm{i}x_j}{2a\sqrt{t}}$, 则$\mathrm{d}y_j=\dfrac{1}{a\sqrt{t}}\mathrm{d}z$, 其中$j=1,2,\ldots,n$, 再取围道(Contour)

$$\gamma=\left\{z\in\mathbb{C}\mid \mathrm{Im}\,(z)=-\frac{x_j}{2a\sqrt{t}}\right\},$$

则

$$\int_{\mathbb{R}^n}\mathrm{e}^{\mathrm{i}x\cdot y-a^2|y|^2t}\mathrm{d}y=\frac{1}{(a\sqrt{t})^n}\mathrm{e}^{-\frac{|x|^2}{4a^2t}}\prod_{j=1}^n\int_\gamma\mathrm{e}^{-z^2}\mathrm{d}z.$$

记$\alpha=\dfrac{-x_j}{2a\sqrt{t}}$, 则当$\alpha=0$时,

$$\int_\gamma \mathrm{e}^{-z^2}\mathrm{d}z \xlongequal{x=z} \int_{-\infty}^{+\infty} e^{-x^2}\mathrm{d}x=\sqrt{\pi}.$$

当$\alpha\neq 0$时, 不失一般性, 设$\alpha>0$. 考虑如图 4.7 所示的围道, 则有

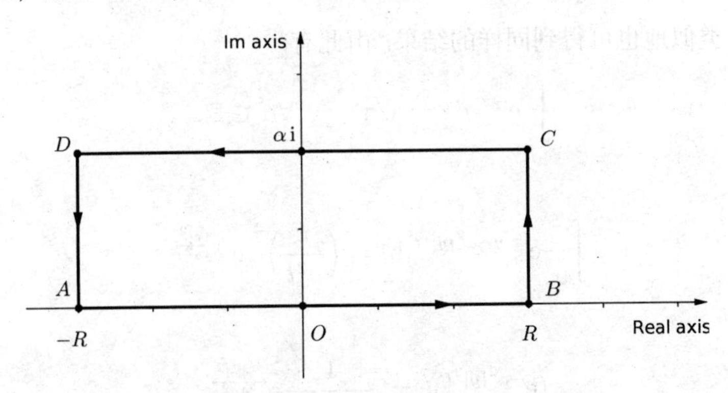


图 4.7 积分围道示意图

$$\int_\gamma \mathrm{e}^{-z^2}\mathrm{d}z=\lim_{R\to+\infty}\int_{DC}\mathrm{e}^{-z^2}\mathrm{d}z.$$

又由于$z\to e^{-z^2}$在$\mathbb{C}$中解析, 故有

$$\int_{AB}\mathrm{e}^{-z^2}\mathrm{d}z+\int_{BC}\mathrm{e}^{-z^2}\mathrm{d}z+\int_{CD}\mathrm{e}^{-z^2}\mathrm{d}z+\int_{DA}\mathrm{e}^{-z^2}\mathrm{d}z=0.$$

而

$$\begin{aligned}&\text{BC: } z=R+y\mathrm{i}, \qquad 0\leqslant y\leqslant\alpha,\\ &\text{AD: } z=-R+y\mathrm{i}, \qquad 0\leqslant y\leqslant\alpha,\end{aligned}$$

从而有

$$\begin{aligned}\left|\int_{BC}\mathrm{e}^{-z^2}\mathrm{d}z\right|&=\left|\int_0^\alpha \mathrm{e}^{-(R+y\mathrm{i})^2}\mathrm{i}\mathrm{d}y\right|\\ &\leqslant\int_0^\alpha \mathrm{e}^{-R^2+y^2}\mathrm{d}y\leqslant\alpha\mathrm{e}^{-R^2+\alpha^2}\to 0, \text{ 当 } R\to+\infty \text{ 时},\\ \left|\int_{DA}\mathrm{e}^{-z^2}\mathrm{d}z\right|&=\left|\int_0^\alpha \mathrm{e}^{-(-R+y\mathrm{i})^2}\mathrm{i}\mathrm{d}y\right|\\ &\leqslant\int_0^\alpha \mathrm{e}^{-R^2+y^2}\mathrm{d}y\leqslant\alpha\mathrm{e}^{-R^2+\alpha^2}\to 0, \text{ 当 } R\to+\infty \text{ 时}.\end{aligned}$$

于是

$$\int_\gamma \mathrm{e}^{-z^2}\mathrm{d}z = \lim_{R\to+\infty}\left(-\int_{CD}\mathrm{e}^{-z^2}\mathrm{d}z\right) = \lim_{R\to+\infty}\int_{AB}\mathrm{e}^{-z^2}\mathrm{d}z$$

$$\xlongequal{z=x}\int_{-\infty}^{+\infty}\mathrm{e}^{-x^2}\mathrm{d}x = \sqrt{\pi}.$$

当$\alpha < 0$时类似地也可得到同样的结果. 由此有

$$\int_\gamma \mathrm{e}^{-z^2}\mathrm{d}z = \sqrt{\pi}, \qquad \forall\alpha\in\mathbb{R}.$$

从而

$$\int_{\mathbb{R}^n}\mathrm{e}^{\mathrm{i}x\cdot y - a^2|y|^2 t}\mathrm{d}y = \left(\frac{\pi}{a^2 t}\right)^{\frac{n}{2}}\mathrm{e}^{-\frac{|x|^2}{4a^2 t}},$$

于是有

$$(\mathrm{e}^{-a^2|y|^2 t})^\vee = \frac{1}{(2a^2 t)^{\frac{n}{2}}}\mathrm{e}^{-\frac{|x|^2}{4a^2 t}}. \tag{4.5.3}$$

由此便得 (4.5.1) 的形式解为

$$\begin{aligned} u(x,t) =& \frac{1}{(4\pi a^2 t)^{n/2}}\int_{\mathbb{R}^n}\mathrm{e}^{-\frac{|x-y|^2}{4a^2 t}}g(y)\mathrm{d}y \\ &+\int_0^t\int_{\mathbb{R}^n}\frac{1}{\big(4\pi a^2(t-\tau)\big)^{n/2}}\mathrm{e}^{-\frac{|x-y|^2}{4a^2(t-\tau)}}f(y,\tau)\mathrm{d}y\mathrm{d}\tau. \end{aligned} \tag{4.5.4}$$

如果记

$$\varPhi(x,t) := \begin{cases} \dfrac{1}{(4\pi a^2 t)^{n/2}}\mathrm{e}^{-\frac{|x|^2}{4a^2 t}},\ x\in\mathbb{R}^n, t>0, \\ 0,\ x\in\mathbb{R}^n, t\leqslant 0, \end{cases} \tag{4.5.5}$$

则 (4.5.1) 的解可以写成紧缩形式:

$$u(x,t) = \varPhi * g(x,t) + \int_0^t \varPhi * f(x,t-\tau)\mathrm{d}\tau. \tag{4.5.6}$$

**注 4.5.3** (4.5.5) 称为$n$维热方程$u_t = a^2\Delta u$的**基本解** (Fundamental Solution), 也称为**热核** (Heat Kernel), 或者热方程 Cauchy 问题的 Green **函数**. 于是 (4.5.6) 表明非齐次热方程初值问题的解可通过基本解分别和初值以及热源做卷积表示出来.

需要注意的是, 对于非齐次问题 (4.5.1), 和波方程情形类似, 也有相应的Duhamel原理 (其实Jean-Marie Duhamel最初就是在研究热方程时得出该原理的), 即有下面的定理.

**定理 4.5.2 (热方程Duhamel原理)** 对于任意取定的$\tau \geqslant 0$, 如果以$\tau$为参数的函数$w = w(x,s;\tau)$关于空间变元$x \in \mathbb{R}^n$二阶光滑, 关于时间变元$s > \tau$一阶光滑, 关于参数$\tau$连续, 且满足齐次热方程非齐次初值问题:

$$\begin{cases} w_s(x,s;\tau) = a^2 \Delta w(x,s;\tau),\ x \in \mathbb{R}^n, s > \tau, \\ w(x,s;\tau)|_{s=\tau} = f(x,\tau),\ x \in \mathbb{R}^n, \end{cases}$$

那么函数

$$v(x,t) := \int_0^t w(x,t;\tau)\mathrm{d}\tau$$

必是非齐次热方程齐次初值问题

$$\begin{cases} v_t = a^2 \Delta v + f(x,t),\ x \in \mathbb{R}^n, t > 0, \\ v(x,0) = 0 \end{cases}$$

的解.

证明: 易见$v(x,0) = 0$. 又

$$v_t(x,t) = w(x,t;t) + \int_0^t w_t(x,t;\tau)\mathrm{d}\tau,$$

再根据$w(x,s;\tau)$关于$\tau$的连续性知$w(x,t;t) = f(x,t)$, 从而

$$\begin{aligned} v_t &= f(x,t) + \int_0^t w_t(x,t;\tau)\mathrm{d}\tau \\ &= f(x,t) + \int_0^t w_s(x,t;\tau)\mathrm{d}\tau \\ &= f(x,t) + \int_0^t a^2 \Delta w(x,t;\tau)\mathrm{d}\tau = f(x,t) + a^2 \Delta v. \end{aligned}$$

□

注 4.5.4 在实际应用时, 热方程Cauchy的Duhamel原理通常表示成如下形式: 如果记$\mathcal{R}_t$为热方程Cauchy问题

$$\begin{cases} u_t = a^2 \Delta u(x,t),\ x \in \mathbb{R}^n, t > 0, \\ u(x,0) = g(x),\ x \in \mathbb{R}^n \end{cases}$$

的解算子, 即

$$u(x,t)=\mathcal{R}_t g(x):=\Phi*g(x,t),$$

则非齐次问题

$$\begin{cases}u_t=a^2\Delta u(x,t)+f(x,y),\ x\in\mathbb{R}^n,t>0,\\ u(x,0)=0,\ x\in\mathbb{R}^n\end{cases}$$

的解必可表示成解算子 $\mathcal{R}_t$ 与源项 $f(x,t)$ 在时间域上的 Duhamel 卷积 $\mathcal{R}_t*f(x,t)$, 即

$$u(x,t)=\mathcal{R}_t*f(x,t):=\int_0^t\mathcal{R}_{t-\tau}f(x,\tau)\mathrm{d}\tau.$$

据此 Cauchy 问题 (4.5.1) 的解也可这样得到: 令 $u=v+w$, 其中 $v$ 和 $w$ 分别是

$$\begin{cases}v_t=a^2\Delta v+f(x,t),\ (x,t)\in\mathbb{R}^n\times(0,+\infty),\\ v(x,0)=0,\ x\in\mathbb{R}^n\end{cases}$$

和

$$\begin{cases}w_t=a^2\Delta w(x,t),\ (x,t)\in\mathbb{R}^n\times(0,+\infty),\\ w(x,0)=g(x),\ x\in\mathbb{R}^n\end{cases}$$

的解, 则

$$w=\int_{\mathbb{R}^n}\Phi(x-y,t)g(y)\mathrm{d}y,$$

$$v=\int_0^t\int_{\mathbb{R}^n}\Phi(x-y,t-\tau)f(y,\tau)\mathrm{d}y\mathrm{d}\tau.$$

再代入 $u=v+w$ 后同样可得到解的表达式 (4.5.6).

下面我们来证明在一定条件下上述的形式解就是 Cauchy 问题 (4.5.1) 的古典解 (见参考文献 [14]), 即有下面的定理.

**定理 4.5.3** 如果 $g\in C(\mathbb{R}^n)\cap L^\infty(\mathbb{R}^n)$, $f\in C_0^{2,1}(\mathbb{R}^n\times[0,\infty))$, 那么 (4.5.1) 的解是

$$u(x,t)=\int_{\mathbb{R}^n}\Phi(x-y,t)g(y)\mathrm{d}y+\int_0^t\int_{\mathbb{R}^n}\Phi(x-y,t-\tau)f(y,\tau)\mathrm{d}y\mathrm{d}\tau.\qquad(4.5.7)$$

**证明:** 证明分两步进行.

第1步: 证明函数

$$u(x,t)=\int_{\mathbb{R}^n}\Phi(x-y,t)g(y)\mathrm{d}y$$
$$=\frac{1}{(4\pi a^2t)^{n/2}}\int_{\mathbb{R}^n}\mathrm{e}^{-\frac{|x-y|}{4a^2t}}g(y)\mathrm{d}y \tag{4.5.8}$$

是齐次热方程非齐次初值问题

$$\begin{cases}u_t=a^2\Delta u,\ (x,t)\in\mathbb{R}^n\times(0,\infty), & (4.5.9\text{a})\\ u(x,0)=g(x),\ x\in\mathbb{R}^n & (4.5.9\text{b})\end{cases}$$

的解, 如果 $g\in C(\mathbb{R}^n)\cap L^\infty(\mathbb{R}^n)$. 我们分三部分来证明.

① 证明 $u\in C^\infty(\mathbb{R}^n\times(0,\infty))$;

② 证明当 $(x,t)\in\mathbb{R}^n\times(0,\infty)$ 时有 (4.5.9a) 成立;

③ 证明对任意的 $x_0\in\mathbb{R}^n$, 当 $\mathbb{R}^n\times(0,+\infty)\ni(x,t)\to(x_0,0^+)$ 时,

$$u(x,t)\to g(x_0).$$

为此, 需要用到热核的一个重要性质 (见习题 4.5 ): 对任意的 $x\in\mathbb{R}^n$, 有

$$\int_{\mathbb{R}^n}(4\pi a^2t)^{-n/2}\mathrm{e}^{-\frac{|x-y|^2}{4a^2t}}\mathrm{d}y=1,\ \forall t>0. \tag{4.5.10}$$

① 由于当 $t>0$ 时, $\Phi(x,t)\in C^\infty(\mathbb{R}^n\times(0,+\infty))$, 且对任意的非负整数 $k$ 和任意的 $n$ 重指标 $\alpha$, 以及任意的 $\delta>0$, 必存在常数 $M=M(k,|\alpha|,\delta,n)>0$, 使得

$$|D_t^kD_x^\alpha\Phi(x,t)|\leqslant M,\qquad\forall x\in\mathbb{R},t\geqslant\delta.$$

据此, 在积分号下微分后便知 $u\in C^\infty(\mathbb{R}\times(0,\infty))$.

② 直接计算便知在 $t>0$ 时, 热核满足

$$\frac{\partial}{\partial t}\Phi(x-y,t)=a^2\Delta_x\Phi(x-y,t),$$

从而

$$u_t-a^2\Delta u=\int_{\mathbb{R}^n}(\Phi_t-a^2\Delta_x\Phi)(x-y,t)g(y)\mathrm{d}y=0,\ t>0.$$

③ 只需证明: $\forall x_0\in\mathbb{R}\ \forall\epsilon>0\ \exists\delta>0\ \forall(x,t)\in\mathbb{R}^n\times(0,+\infty):|(x,t)-(x_0,0)|<\delta\Rightarrow|u(x,t)-g(x_0)|<\epsilon$.

利用 (4.5.10) 有

$$|u(x,t)-g(x_0)| = \left|\iint_{\mathbb{R}^n} (\varPhi(x-y,t)g(y)-\varPhi(x-y,t)g(x_0))\mathrm{d}y\right|$$
$$\leqslant \int_{\mathbb{R}^n} \varPhi(x-y,t)|g(y)-g(x_0)|\mathrm{d}y, \tag{4.5.11}$$

又由于 $g\in C(\mathbb{R}^n)\cap L^\infty(\mathbb{R}^n)$, 故对任意的 $x_0\in\mathbb{R}^n$, 对上述的 $\epsilon>0, \exists\delta_1>0$, 使得当 $|y-x_0|<\delta_1$ 时, $|g(y)-g(x_0)|<\epsilon/2$. 于是根据 (4.5.11) 可知: $\forall t>0$, 有

$$|u(x,t)-g(x_0)| \leqslant \int_{B(x_0,\delta_1)} \varPhi(x-y,t)|g(y)-g(x_0)|\mathrm{d}y$$
$$+\int_{\mathbb{R}^n\backslash B(x_0,\delta_1)} \varPhi(x-y,t)|g(y)-g(x_0)|\mathrm{d}y =: I_1+I_2,$$

从而

$$I_1 \leqslant \frac{\epsilon}{2}\int_{B(x_0,\delta_1)} \varPhi(x-y,t)\mathrm{d}y \leqslant \frac{\epsilon}{2}.$$

再来对第二项积分 $I_2$ 进行估计. 由于当 $y\in\mathbb{R}^n\backslash B(x_0,\delta_1)$ 时, $|y-x_0|\geqslant\delta_1$, 又当 $(x,t)\to(x_0,0)$ 时必有 $x\to x_0$, 从而当 $y\in\mathbb{R}^n\backslash B(x_0,\delta_1)$ 时, 若 $|x-x_0|\leqslant\delta_1/2$, 则 $|x-x_0|\leqslant|y-x_0|/2$, 由此: 如果 $|x-x_0|\leqslant\delta_1/2$, 那么必有

$$|x-y| \geqslant |y-x_0|-|x-x_0|$$
$$\geqslant \frac{|y-x_0|}{2},$$

于是

$$I_2 \leqslant 2\|g\|_{L^\infty}\int_{\mathbb{R}^n\backslash B(x_0,\delta_1)} (4\pi a^2t)^{-n/2}\exp\Big(-\frac{|y-x_0|^2}{16a^2t}\Big)\mathrm{d}y$$
$$= 2\|g\|_{L^\infty}\int_{\delta_1}^{\infty} (4\pi a^2t)^{-n/2}\left(\int_{\partial B(x_0,\rho)} \mathrm{e}^{-\frac{\rho^2}{16a^2t}}\mathrm{d}S(y)\right)\mathrm{d}\rho \quad \text{(Co-Area Formula)}$$
$$= 2\|g\|_{L^\infty}(4\pi a^2t)^{-n/2}\omega_n\int_{\delta_1}^{\infty} \rho^{n-1}\mathrm{e}^{-\frac{\rho^2}{16a^2t}}\mathrm{d}\rho,$$

其中

$$\omega_n := \frac{n\pi^{\frac{n}{2}}}{\varGamma(\frac{n}{2}+1)}$$

表示$\mathbb{R}^n$中单位球面的表面积. 再令$\dfrac{\rho^2}{16a^2t}=s$便得

$$I_2 \leqslant C\int_{\frac{\delta_1^2}{16a^2t}}^{\infty} \mathrm{e}^{-s}s^{\frac{n}{2}-1}\mathrm{d}s,\ C:=C(g,a,n)\text{是与}s,t\text{无关的常数}.$$

再由Gamma函数$\varGamma\left(\dfrac{n}{2}\right)=\displaystyle\int_0^\infty \mathrm{e}^{-s}s^{\frac{n}{2}-1}\mathrm{d}s$的性质知, 当$t\to 0^+$时, 必有$I_2\to 0^+$, 从而可知, $\exists\,\delta_2>0$, 使得当$|x-x_0|\leqslant \delta_1/2$, 且$0<t<\delta_2$时, $I_2<\epsilon/2$.

于是对任意的$\epsilon>0$, 取$0<\delta<\min\{\delta_1/2,\delta_2\}$, 则当$|(x,t)-(x_0,0)|<\delta$时, 必有$|u(x,t)-g(x_0)|<\epsilon$. 由此便证明了对任意的$x_0\in\mathbb{R}^n$而言, 当$\mathbb{R}^n\times(0,+\infty)\ni(x,t)\to(x_0,0^+)$时有$u(x,t)\to g(x_0)$.

第2步: 证明如果$f\in C_0^{2,1}(\mathbb{R}^n\times[0,+\infty))$, 那么函数

$$u(x,t)=\int_0^t\int_{\mathbb{R}^n}\varPhi(x-y,t-\tau)f(y,\tau)\mathrm{d}y\mathrm{d}\tau$$

满足:

(i) $u\in C^{2,1}(\mathbb{R}^n\times(0,+\infty))$;

(ii) 当$t>0$时, $u_t=a^2\Delta u+f(x,t)$;

(iii) 对任意的$x_0\in\mathbb{R}^n$, 有

$$\lim_{(x,t)\to(x_0,0^+)}u(x,t)=0.$$

此时只要利用第一步的结论和Duhamel原理便可得到上述结论, 也可用和第一步类似的方法直接证明 (见参考文献[14]), 这里不再赘述. □

**注 4.5.5** **公式 (4.5.10) 表明热核$\varPhi(x,t)$在全空间上的积分等于1. $\varPhi(x,t)$在概率中表示多维正态分布的概率密度.**

下面通过两个例子来说明如何使用Fourier变换求解全空间上的发展方程Cauchy问题.

**例 4.5.1** 求解Schrödinger方程的初值问题:

$$\begin{cases}\mathrm{i}u_t+\Delta u(x,t)=0,\ x\in\mathbb{R}^n, t>0,\\ u(x,0)=g(x),\ x\in\mathbb{R}^n.\end{cases}\tag{4.5.12}$$

**解:** 对PDE和初始条件关于空间变元$x$作Fourier变换, 并记

$$\hat{u}(y,t)=(2\pi)^{-n/2}\int_{\mathbb{R}^n}\mathrm{e}^{-\mathrm{i}x\cdot y}u(x,t)\mathrm{d}x,$$

则得关于 $\hat{u}(y,t)$ 的 ODE 初值问题:

$$\begin{cases} \mathrm{i}\dfrac{\partial}{\partial t}\hat{u}(y,t) = |y|^2\hat{u}(y,t),\ t>0, \\ \hat{u}(y,0) = \hat{g}(y),\ y\in\mathbb{R}^n. \end{cases}$$

解此初值问题得

$$\hat{u}(y,t) = \hat{g}(y)\mathrm{e}^{-\mathrm{i}|y|^2 t},$$

再施行逆 Fourier 变换得原初值问题的解为

$$\begin{aligned} u(x,t) &= \left(\hat{u}(y,t)\right)^{\vee} \xlongequal{(4.5.2)} (2\pi)^{-n/2}g(x) * \left(\mathrm{e}^{-\mathrm{i}|y|^2 t}\right)^{\vee}(x) \\ &\xlongequal{(4.5.3)} (2\pi)^{-n/2}g(x) * \frac{1}{(2\mathrm{i}t)^{n/2}}\mathrm{e}^{-\frac{|x|^2}{4\mathrm{i}t}} \\ &= \frac{1}{(4\pi\mathrm{i}t)^{\frac{n}{2}}}\int_{\mathbb{R}^n}\mathrm{e}^{\frac{\mathrm{i}|x-y|^2}{4t}}g(y)\mathrm{d}y. \end{aligned}$$

□

**注 4.5.6** 此题也可这样求解: 如果令 $\mathrm{i}t=\tau$, 那么 $\dfrac{\partial}{\partial t} = \mathrm{i}\dfrac{\partial}{\partial \tau}$, 故有 $\mathrm{i}\dfrac{\partial}{\partial t} = -\dfrac{\partial}{\partial \tau}$, 从而, 当记

$$u(x,t) = u\left(x, \frac{\mathrm{i}t}{\mathrm{i}}\right) \xlongequal{\mathrm{i}t=\tau} u\left(x, \frac{\tau}{\mathrm{i}}\right) =: v(x,\tau)$$

时, 由问题 (4.5.12) 知 $v$ 满足

$$\begin{cases} v_\tau = \Delta v(x,\tau),\ x\in\mathbb{R}^n, \tau=\mathrm{i}t, t>0, \\ v(x,0) = g(x),\ x\in\mathbb{R}^n. \end{cases}$$

于是, 由公式 (4.5.6) 知

$$\begin{aligned} v(x,\tau) &= \Phi * g(x,\tau) \\ &\xlongequal{\tau=\mathrm{i}t} \Phi * g(x,\mathrm{i}t) \\ &= u(x,t), \end{aligned}$$

也就是说, 只要把 (4.5.1) 中的时间变元 $t$ 换为 $\mathrm{i}t$ 便可得到 (4.5.12) 的解, 即

$$\begin{aligned} u(x,t) &= \int_{\mathbb{R}^n}\frac{1}{(4\pi\mathrm{i}t)^{n/2}}\mathrm{e}^{\frac{-|x-y|^2}{4\mathrm{i}t}}g(y)\mathrm{d}y \\ &= \int_{\mathbb{R}^n}\frac{1}{(4\pi\mathrm{i}t)^{n/2}}\mathrm{e}^{\frac{\mathrm{i}|x-y|^2}{4t}}g(y)\mathrm{d}y. \end{aligned}$$

**例 4.5.2** 用Fourier变换求解下面的无界梁横振动方程初值问题 (见参考文献[1]):

$$\begin{cases} u_{tt}+a^2\dfrac{\partial^4 u}{\partial x^4}=0,\ t>0, x\in\mathbb{R}, a=\text{const.}>0, \\ u(x,0)=f(x), u_t(x,0)=ag''(x),\ x\in\mathbb{R}. \end{cases} \tag{4.5.13}$$

**解:** 由于$x\in\mathbb{R}$, 故对$u$关于变量$x$做Fourier变换, 则

$$\left(\frac{\partial^4 u}{\partial x^4}\right)^{\wedge}(y)=(\mathrm{i}y)^4\hat{u}(y)=y^4\hat{u}(y),\ (g''(x))^{\vee}(y)=(\mathrm{i}y)^2\hat{g}(y)=-y^2\hat{g}(y).$$

于是 (4.5.13) 化为如下的二阶线性常微分方程初值问题:

$$\begin{cases} \dfrac{\mathrm{d}^2\hat{u}}{\mathrm{d}t^2}+a^2y^4\hat{u}=0,\ t>0, \\ \hat{u}(y,0)=\hat{f}(y), \hat{u}_t(y,0)=-ay^2\hat{g}(y). \end{cases}$$

解此初值问题得

$$\hat{u}(y,t)=\hat{f}(y)\cos(ay^2t)-\hat{g}(y)\sin(ay^2t).$$

由于

$$\begin{aligned}
\big(\cos(ay^2t)\big)^{\vee}(x) &= \frac{1}{\sqrt{2\pi}}\int_{\mathbb{R}}\mathrm{e}^{\mathrm{i}xy}\left(\frac{\mathrm{e}^{\mathrm{i}ay^2t}+\mathrm{e}^{-\mathrm{i}ay^2t}}{2}\right)\mathrm{d}y \\
&= \frac{1}{2\sqrt{2\pi}}\int_{\mathbb{R}}\left(\mathrm{e}^{\mathrm{i}(ay^2t+xy)}+\mathrm{e}^{\mathrm{i}(xy-ay^2t)}\right)\mathrm{d}y \\
&= \frac{1}{2\sqrt{2\pi}}\int_{\mathbb{R}}\left(\mathrm{e}^{\mathrm{i}\left(at(y+\frac{x}{2at})^2-\frac{x^2}{4at}\right)}+\mathrm{e}^{\mathrm{i}\left(-at(y-\frac{x}{2at})^2+\frac{x^2}{4at}\right)}\right)\mathrm{d}y \\
&= \frac{1}{2\sqrt{2\pi}}\left(\mathrm{e}^{-\frac{\mathrm{i}x^2}{4at}}\int_{\mathbb{R}}\mathrm{e}^{\mathrm{i}at(y+\frac{x}{2at})^2}\mathrm{d}y+\mathrm{e}^{\frac{\mathrm{i}x^2}{4at}}\int_{\mathbb{R}}\mathrm{e}^{-\mathrm{i}at(y-\frac{x}{2at})^2}\mathrm{d}y\right),
\end{aligned}$$

再令

$$\sqrt{at}\left(y+\frac{x}{2at}\right)=\eta,\ \sqrt{at}\left(y-\frac{x}{2at}\right)=\zeta,$$

则

$$\big(\cos(ay^2t)\big)^{\vee}(x)=\frac{1}{2\sqrt{2\pi at}}\left(\mathrm{e}^{-\frac{\mathrm{i}x^2}{4at}}\int_{\mathbb{R}}\mathrm{e}^{\mathrm{i}\eta^2}\mathrm{d}\eta+\mathrm{e}^{\frac{\mathrm{i}x^2}{4at}}\int_{\mathbb{R}}\mathrm{e}^{-\mathrm{i}\zeta^2}\mathrm{d}\zeta\right)$$

$$
\begin{aligned}
&=\frac{1}{2\sqrt{2\pi a t}}\left(\mathrm{e}^{-\frac{\mathrm{i}x^2}{4at}}\cdot 2\int_0^{+\infty}\left(\cos(\eta^2)+\mathrm{i}\sin(\eta^2)\right)\mathrm{d}\eta\right.\\
&\quad\left.+\,\mathrm{e}^{\frac{\mathrm{i}x^2}{4at}}\cdot 2\int_0^{+\infty}\left(\cos(\zeta^2)-\mathrm{i}\sin(\zeta^2)\right)\mathrm{d}\zeta\right)\\
&=\frac{1}{\sqrt{2\pi a t}}\left(\mathrm{e}^{-\frac{\mathrm{i}x^2}{4at}}\frac{\sqrt{2\pi}}{4}(1+\mathrm{i})+\mathrm{e}^{\frac{\mathrm{i}x^2}{4at}}\frac{\sqrt{2\pi}}{4}(1-\mathrm{i})\right) \qquad (*)\\
&=\frac{1}{2\sqrt{at}}\left(\cos\left(\frac{x^2}{4at}\right)+\sin\left(\frac{x^2}{4at}\right)\right),
\end{aligned}
$$

其中 $(*)$ 用到Fresnel积分的极限公式

$$
\int_0^{+\infty}\sin(\eta^2)\mathrm{d}\eta=\int_0^{+\infty}\cos(\eta^2)\mathrm{d}\eta=\frac{\sqrt{2\pi}}{4}.
$$

同理有

$$
\left(\sin(ay^2t)\right)^{\vee}(x)=\frac{1}{2\sqrt{at}}\left(\cos\left(\frac{x^2}{4at}\right)-\sin\left(\frac{x^2}{4at}\right)\right).
$$

由此, 结合Fourier变换的性质 (4.5.2) 便得解的表达式为

$$
\begin{aligned}
u(x,t)=&\frac{1}{2\sqrt{2\pi a t}}\left(\int_{-\infty}^{\infty}f(y)\left(\cos\left(\frac{(x-y)^2}{4at}\right)+\sin\left(\frac{(x-y)^2}{4at}\right)\right)\mathrm{d}y\right.\\
&\left.-\int_{-\infty}^{\infty}g(y)\left(\cos\left(\frac{(x-y)^2}{4at}\right)-\sin\left(\frac{(x-y)^2}{4at}\right)\right)\mathrm{d}y\right).
\end{aligned}
$$

□

### 4.5.3 热方程半直线问题 延拓法

和波方程的半直线问题类似, 热方程的半直线问题也可以通过把数据适当地延拓到全直线上, 然后再利用全直线上热方程的解来构造出半直线上热方程的解.

下面以半直线问题

$$
\begin{cases}
u_t=a^2u_{xx}+f(x,t),\ x>0,t>0,\\
u(x,0)=\phi(x),\ x\geqslant 0,\\
u(0,t)=g(t),\ t\geqslant 0
\end{cases}
$$

为例来说明如何使用延拓法. 首先, 和波方程类似, 为了便于延拓, 需要把左侧边界条件齐次化, 为此只需令

$$u(x,t)=v(x,t)+g(t)$$

即可. 不失一般性, 下面考察半直线上带单侧齐次边界的边值问题:

$$\begin{cases} u_t=a^2u_{xx}+f(x,t),\ x>0,t>0, & (4.5.14\text{a})\\ u(0,t)=0,\ t\geqslant 0, & (4.5.14\text{b})\\ u(x,0)=\phi(x),\ x\geqslant 0. & (4.5.14\text{c})\end{cases}$$

为了便于把 (4.5.14) 延拓到全直线上, 需要先考察全直线上的热方程

$$\begin{cases} \tilde{u}_t=a^2\tilde{u}_{xx}+\tilde{f}(x,t),\ x\in\mathbb{R},t>0,\\ \tilde{u}(x,0)=\tilde{\phi}(x),\ x\in\mathbb{R}\end{cases} \tag{4.5.15}$$

的解的性质. 实际上, 和波方程类似, 有下面的定理.

**定理 4.5.4 (一维热方程 Cauchy 问题解的对称性)** **如果** $\tilde{f},\tilde{\phi}$ **关于** $x$ **是奇函数 (偶函数或者以** $T$ **为周期的周期函数), 则 (4.5.15) 的解关于** $x$ **也是奇函数 (偶函数或者以** $T$ **为周期的周期函数).**

**证明:** 仅就奇函数情形给出证明, 其余类似. 根据 (4.5.15) 的解的表达式有

$$\tilde{u}(x,t)=\int_{\mathbb{R}}\varPhi(x-y,t)\tilde{\phi}(y)\mathrm{d}y+\int_0^t\int_{\mathbb{R}}\varPhi(x-y,t-\tau)\tilde{f}(y,\tau)\mathrm{d}y\mathrm{d}\tau.$$

由此

$$\begin{aligned}\tilde{u}(-x,t)&=\int_{-\infty}^{\infty}\varPhi(-x-y,t)\tilde{\phi}(y)\mathrm{d}y+\int_0^t\int_{-\infty}^{\infty}\varPhi(-x-y,t-\tau)\tilde{f}(y,\tau)\mathrm{d}y\mathrm{d}\tau\\ &=\int_{-\infty}^{\infty}\varPhi(x+y,t)\tilde{\phi}(y)\mathrm{d}y+\int_0^t\int_{-\infty}^{\infty}\varPhi(x+y,t-\tau)\tilde{f}(y,\tau)\mathrm{d}y\mathrm{d}\tau\\ &\xlongequal{y=-\xi}\int_{\infty}^{-\infty}\varPhi(x-\xi,t)\tilde{\phi}(\xi)\mathrm{d}\xi+\int_0^t\int_{\infty}^{-\infty}\varPhi(x-\xi,t-\tau)\tilde{f}(\xi,\tau)\mathrm{d}\xi\mathrm{d}\tau\\ &=-\left(\int_{-\infty}^{\infty}\varPhi(x-\xi,t)\tilde{\phi}(\xi)\mathrm{d}\xi+\int_0^t\int_{-\infty}^{\infty}\varPhi(x-\xi,t-\tau)\tilde{f}(\xi,\tau)\mathrm{d}\xi\mathrm{d}\tau\right)\\ &=-\tilde{u}(x,t),\end{aligned}$$

故只要 $\tilde{f},\tilde{\phi}$ 关于 $x$ 是奇函数, 那么解 $\tilde{u}(x,t)$ 也关于 $x$ 是奇函数. □

由此可知, 为了利用全直线上的热方程 Cauchy 问题解的表达式, 只需把 (4.5.14) 中的热源和初始温度分布延拓到全直线即可. 但为了保证条件 (4.5.14b) 也成立, 根据上述定理, 只需对 $f, \phi$ 关于空间变量 $x$ 作奇延拓即可. 为此, 把 $f, \phi$ 按如下方式延拓:

$$\tilde{f}(x,t) = \begin{cases} f(x,t), \ x \geqslant 0, \\ -f(-x,t), \ x < 0, \end{cases} \qquad \tilde{\phi}(x) = \begin{cases} \phi(x), \ x \geqslant 0, \\ -\phi(-x), \ x < 0, \end{cases}$$

于是延拓后的问题就是 (4.5.15), 从而解为

$$\tilde{u}(x,t) = \int_{-\infty}^{\infty} \varPhi(x-y,t)\tilde{\phi}(y)\mathrm{d}y + \int_0^t \int_{-\infty}^{\infty} \varPhi(x-y,t-\tau)\tilde{f}(y,\tau)\mathrm{d}y\mathrm{d}\tau, \ x \in \mathbb{R}, t \geqslant 0. \tag{4.5.16}$$

再把 $\tilde{u}(x,t)$ 限制在 $x \geqslant 0$ 后便可得到半直线问题的解.

实际上, 由于

$$\begin{aligned}\int_{-\infty}^0 \varPhi(x-y,t)\tilde{\phi}(y)\mathrm{d}y &= \int_{-\infty}^0 \varPhi(x-y,t)\big(-\phi(-y)\big)\mathrm{d}y \\ &\xlongequal{y=-\xi} \int_{\infty}^0 \varPhi(x+\xi,t)\phi(\xi)\mathrm{d}\xi \\ &= -\int_0^{\infty} \varPhi(x+\xi,t)\phi(\xi)\mathrm{d}\xi = -\int_0^{\infty} \varPhi(x+y,t)\phi(y)\mathrm{d}y.\end{aligned}$$

同理, 有

$$\int_0^t \int_{-\infty}^0 \varPhi(x-y,t-\tau)\tilde{f}(y,\tau)\mathrm{d}y\mathrm{d}\tau = -\int_0^t \int_0^{\infty} \varPhi(x+y,t-\tau)f(y,\tau)\mathrm{d}y\mathrm{d}\tau.$$

于是 (4.5.14) 的解的表达式是

$$\begin{aligned}u(x,t) = &\int_0^{\infty} \Big(\varPhi(x-y,t) - \varPhi(x+y,t)\Big)\phi(y)\mathrm{d}y \\ &+ \int_0^t \int_0^{\infty} \Big(\varPhi(x-y,t-\tau) - \varPhi(x+y,t-\tau)\Big)f(y,\tau)\mathrm{d}y\mathrm{d}\tau.\end{aligned}$$

通常记

$$G(x,t;y,\tau) = \varPhi(x-y,t-\tau) - \varPhi(x+y,t-\tau),$$

并称 $G$ 为半直线问题 (4.5.14)对应的 **Green 函数**, 于是其解可写成

$$u(x,t)=\int_0^\infty G(x,t;y,0)\phi(y)\mathrm{d}y+\int_0^t\int_0^\infty G(x,t;y,\tau)f(y,\tau)\mathrm{d}y\mathrm{d}\tau.$$

类似地, 对于如下的单侧齐次 Neumann 边界半直线问题:

$$\begin{cases}u_t=a^2u_{xx}+f(x,t),\ x>0,t>0,\\ u_x(0,t)=0,\ t\geqslant 0,\\ u(x,0)=\phi(x),\ x\geqslant 0,\end{cases}\tag{4.5.17}$$

如果对所给数据 $f,\phi$ 关于 $x$ 作偶延拓, 则可得到 (4.5.17) 的解为

$$u(x,t)=\int_0^\infty G(x,t;y,0)\phi(y)\mathrm{d}y+\int_0^t\int_0^\infty G(x,t;y,\tau)f(y,\tau)\mathrm{d}y\mathrm{d}\tau,$$

其中 $G$ 是该问题对应的 **Green 函数**, 即

$$G(x,t;y,\tau)=\varPhi(x-y,t-\tau)+\varPhi(x+y,t-\tau).$$

### 4.5.4 Fourier 正弦变换和余弦变换

对于一维热方程半直线 Cauchy 问题, 除了使用前一小节的延拓法之外, 还可使用 Fourier 正弦变换或者余弦变换求解, 而且这两种变换还可用来求解一维双曲型方程半直线 Cauchy 问题和二维椭圆型方程半无界带形区域上的边值问题.

1) Fourier 正弦变换和余弦变换

对于 $u\in L^1(\mathbb{R};\mathbb{C})\cap L^2(\mathbb{R};\mathbb{C})$, 由 Fourier 变换性质知

$$u(x)=(\hat{u}(y))^\vee(x),$$

即

$$u(x)=\frac{1}{\sqrt{2\pi}}\int_{\mathbb{R}}\left(\frac{1}{\sqrt{2\pi}}\int_{\mathbb{R}}u(s)\mathrm{e}^{-\mathrm{i}sy}\mathrm{d}s\right)\mathrm{e}^{\mathrm{i}xy}\mathrm{d}y,$$

特别地, 当 $u$ 关于 $x$ 是奇函数时, 有

$$\begin{aligned}u(x)&=\frac{1}{2\pi}\int_{\mathbb{R}}\int_{\mathbb{R}}u(s)\mathrm{e}^{\mathrm{i}xy}\big(\cos(sy)-\mathrm{i}\sin(sy)\big)\mathrm{d}s\mathrm{d}y\\&=\frac{1}{2\pi}\int_{\mathbb{R}}\int_0^{+\infty}(-2\mathrm{i})\mathrm{e}^{\mathrm{i}xy}u(s)\sin(sy)\mathrm{d}s\mathrm{d}y\\&=\frac{-\mathrm{i}}{\pi}\int_{\mathbb{R}}\int_0^{+\infty}\big(\cos(xy)+\mathrm{i}\sin(xy)\big)u(s)\sin(sy)\mathrm{d}s\mathrm{d}y\end{aligned}$$

$$= \frac{-\mathrm{i}}{\pi}\int_0^{+\infty}\int_{\mathbb{R}} u(s)\big(\cos(xy)+\mathrm{i}\sin(xy)\big)\sin(sy)\mathrm{d}y\mathrm{d}s$$

$$= \frac{-\mathrm{i}}{\pi}\int_0^{+\infty}\int_0^{+\infty} 2\mathrm{i}u(s)\sin(xy)\sin(sy)\mathrm{d}y\mathrm{d}s$$

$$= \sqrt{\frac{2}{\pi}}\int_0^{+\infty}\left(\sqrt{\frac{2}{\pi}}\int_0^{+\infty} u(s)\sin(sy)\mathrm{d}s\right)\sin(xy)\mathrm{d}y.$$

类似地, 当 $u=u(x)$ 关于 $x$ 是偶函数时, 有

$$u(x) = \sqrt{\frac{2}{\pi}}\int_0^{+\infty}\left(\sqrt{\frac{2}{\pi}}\int_0^{+\infty} u(s)\cos(sy)\mathrm{d}s\right)\cos(xy)\mathrm{d}y.$$

由此, 给出如下定义.

**定义 4.5.2** 如果 $u\in L^1((0,+\infty))\cap L^2((0,+\infty))$, 则称

$$\hat{u}_s(y) := \sqrt{\frac{2}{\pi}}\int_0^{+\infty} u(x)\sin(xy)\mathrm{d}x,\ y\geqslant 0$$

为 $u(x)$ 的 Fourier **正弦变换**,

$$\check{u}_s(x) := \sqrt{\frac{2}{\pi}}\int_0^{+\infty} u(y)\sin(xy)\mathrm{d}y,\ x\geqslant 0$$

为 $u(y)$ 的**逆** Fourier **正弦变换**,

$$\hat{u}_c(y) := \sqrt{\frac{2}{\pi}}\int_0^{+\infty} u(x)\cos(xy)\mathrm{d}x,\ y\geqslant 0$$

为 $u(x)$ 的 Fourier **余弦变换**,

$$\check{u}_c(x) := \sqrt{\frac{2}{\pi}}\int_0^{+\infty} u(y)\cos(xy)\mathrm{d}y,\ x\geqslant 0$$

为 $u(y)$ 的**逆** Fourier **余弦变换**.

由此可知, 对于 Fourier 正弦变换和余弦变换, 有

$$(\hat{u}_s(y))_s^{\vee}(x) = u(x),\ (\hat{u}_c(y))_c^{\vee}(x) = u(x).$$

根据上述定义可知: 如果

$$\lim_{x\to+\infty} u(x) = 0,\quad u'(x)\in L^1((0,+\infty))\cap L^2((0,+\infty));$$

那么有

$$(u')^{\wedge}_s(y) = \sqrt{\frac{2}{\pi}}\int_0^{+\infty} u'(x)\sin(xy)\mathrm{d}x$$

$$= \sqrt{\frac{2}{\pi}}u(x)\sin(xy)\Big|_0^{+\infty} - \sqrt{\frac{2}{\pi}}\int_0^{+\infty} yu(x)\cos(xy)\mathrm{d}x$$

$$= -y\hat{u}_c(y),$$

同理, 有

$$(u')^{\wedge}_c(y) = \sqrt{\frac{2}{\pi}}\int_0^{+\infty} u'(x)\cos(xy)\mathrm{d}x$$

$$= \sqrt{\frac{2}{\pi}}u(x)\cos(xy)\Big|_0^{+\infty} + \sqrt{\frac{2}{\pi}}\int_0^{+\infty} yu(x)\sin(xy)\mathrm{d}x$$

$$= -\sqrt{\frac{2}{\pi}}u(0) + y\hat{u}_s(y).$$

类似地, 如果 $u''(x) \in L^1\big((0,+\infty)\big) \cap L^2\big((0,+\infty)\big)$, $\lim\limits_{x\to+\infty} u(x) = 0 = \lim\limits_{x\to+\infty} u'(x)$, 那么有

$$(u'')^{\wedge}_s(y) = -y(u')^{\wedge}_c(y)$$

$$= y\sqrt{\frac{2}{\pi}}u(0) - y^2\hat{u}_s(y),$$

同理,

$$(u'')^{\wedge}_c(y) = -\sqrt{\frac{2}{\pi}}u'(0) + y(u')^{\wedge}_s(y)$$

$$= -\sqrt{\frac{2}{\pi}}u'(0) - y^2\hat{u}_c(y).$$

由此有如下的定理.

**定理 4.5.5 (Fourier 正弦变换和余弦变换的微分性质)** (1) 如果 $\lim\limits_{x\to+\infty} u(x) = 0, u'(x) \in L^1\big((0,+\infty)\big) \cap L^2\big((0,+\infty)\big)$, 那么有

$$(u')^{\wedge}_s(y) = -y\hat{u}_c(y),$$

$$(u')^{\wedge}_c(y) = -\sqrt{\frac{2}{\pi}}u(0) + y\hat{u}_s(y).$$

(2) 如果 $u''(x)\in L^1\big((0,+\infty)\big)\cap L^2\big((0,+\infty)\big)$, $\lim\limits_{x\to+\infty}u(x)=0=\lim\limits_{x\to+\infty}u'(x)$, 那么有

$$(u'')_s^\wedge(y)=y\sqrt{\frac{2}{\pi}}u(0)-y^2\hat{u}_s(y),$$

$$(u'')_c^\wedge(y)=-\sqrt{\frac{2}{\pi}}u'(0)-y^2\hat{u}_c(y).$$

根据该定理可知, **对于二阶线性 PDE 半直线 (空间变量 $x\in(0,+\infty)$) 定解问题, 如果 PDE 中关于 $x$ 只出现偶数阶偏导数, 且未知函数 $u$ 在左边界 $x=0$ 处的函数值 $u(0)$ 或者 $u'(0)$ 已知, 则可分别对该 PDE 关于空间变量 $x$ 施行 Fourier 正弦或者余弦变换来求解.**

2) Fourier 正弦变换和余弦变换的应用

下面通过具体例题来说明如何使用 Fourier 正弦变换和余弦变换求解定解问题.

例 4.5.3 (**半直线上的热方程**) 设 $u$ 满足

$$\begin{cases}u_t=a^2u_{xx}+f(x,t),\ x,t>0,\\ u(0,t)=g(t),\ t\geqslant 0,\\ u(x,0)=h(x),\ x\geqslant 0,\end{cases}$$

其中 $f,g,h$ 足够正则, $a=\text{const.}>0$, 求 $u$ 的表达式.

解: 对方程和初始条件的两端均施行关于空间变元 $x$ 的 Fourier 正弦变换, 得频域 $y\geqslant 0$ 上的一阶 ODE Cauchy 问题:

$$\begin{cases}\dfrac{\partial}{\partial t}\hat{u}_s(y,t)=a^2\left(-y^2\hat{u}_s(y,t)+y\sqrt{\dfrac{2}{\pi}}g(t)\right)+\hat{f}_s(y,t),\ t>0,\\ \hat{u}_s(y,0)=\hat{h}_s(y).\end{cases}$$

求解得

$$\hat{u}_s(y,t)=\mathrm{e}^{-(ay)^2t}\hat{h}_s(y)+\int_0^t\mathrm{e}^{-(ay)^2(t-\tau)}\left(\sqrt{\frac{2}{\pi}}a^2yg(\tau)+\hat{f}_s(y,\tau)\right)\mathrm{d}\tau,$$

再对上式两端施行逆 Fourier 正弦变换得

$$u(x,t)=\sqrt{\frac{2}{\pi}}\int_0^{+\infty}\hat{u}_s(y,t)\sin(xy)\mathrm{d}y$$

$$
\begin{aligned}
&=\sqrt{\frac{2}{\pi}}\int_0^{+\infty}\mathrm{e}^{-(ay)^2t}\hat{h}_s(y)\sin(xy)\mathrm{d}y+\sqrt{\frac{2}{\pi}}\int_0^t\int_0^{+\infty}\mathrm{e}^{-(ay)^2(t-\tau)}\\
&\quad\cdot\left(\sqrt{\frac{2}{\pi}}a^2yg(\tau)+\sqrt{\frac{2}{\pi}}\int_0^{+\infty}f(\xi,\tau)\sin(\xi y)\mathrm{d}\xi\right)\sin(xy)\mathrm{d}y\mathrm{d}\tau\\
&=\int_0^{+\infty}\frac{1}{\pi}\int_0^{+\infty}\mathrm{e}^{-(ay)^2t}\Big(\cos\big(y(x-\xi)\big)-\cos\big(y(x+\xi)\big)\Big)\mathrm{d}y\cdot h(\xi)\mathrm{d}\xi\\
&\quad-2a^2\int_0^t\frac{\partial}{\partial x}\left(\frac{1}{\pi}\int_0^{+\infty}\mathrm{e}^{-(ay)^2(t-\tau)}\cos(xy)\mathrm{d}y\right)g(\tau)\mathrm{d}\tau\\
&\quad+\int_0^t\int_0^{+\infty}\frac{1}{\pi}\int_0^{+\infty}f(\xi,\tau)\cdot\mathrm{e}^{-(ay)^2(t-\tau)}\Big(\cos\big(y(x-\xi)\big)\\
&\quad-\cos\big(y(x+\xi)\big)\Big)\mathrm{d}y\mathrm{d}\xi\mathrm{d}\tau.
\end{aligned}
$$

再注意到积分公式

$$
\int_0^{+\infty}\mathrm{e}^{-(Ay)^2}\cos(By)\mathrm{d}y=\frac{\sqrt{\pi}}{2A}\mathrm{e}^{-\frac{B^2}{4A^2}},\ A\neq 0, \tag{4.5.18}
$$

于是有

$$
\begin{aligned}
&\frac{1}{\pi}\int_0^{+\infty}\mathrm{e}^{-(ay)^2(t-\tau)}\cos\big((x\pm\xi)y\big)\mathrm{d}y\\
=&\frac{1}{2a\sqrt{\pi(t-\tau)}}\mathrm{e}^{-\frac{(x\pm\xi)^2}{4a^2(t-\tau)}}\\
=&\varPhi(x\pm\xi,t-\tau),
\end{aligned}
$$

故原问题的解可表示为

$$
\begin{aligned}
u(x,t)=&\int_0^{+\infty}\big(\varPhi(x-\xi,t)-\varPhi(x+\xi,t)\big)h(\xi)\mathrm{d}\xi-2a^2\int_0^t\frac{\partial\varPhi(x,t-\tau)}{\partial x}g(\tau)\mathrm{d}\tau\\
&+\int_0^t\int_0^{+\infty}\big(\varPhi(x-\xi,t-\tau)-\varPhi(x+\xi,t-\tau)\big)f(\xi,\tau)\mathrm{d}\xi\mathrm{d}\tau.
\end{aligned}
$$

□

类似地, 对于热方程半直线 Neumann 型边界 Cauchy 问题:

$$
\begin{cases}
u_t=a^2u_{xx}+f(x,t),\ x,t>0,\\
-u_x(0,t)=g(t),\ t\geqslant 0,\\
u(x,0)=h(x),\ x\geqslant 0,
\end{cases} \tag{4.5.19}
$$

只要对PDE和初始条件均关于变元$x$施行Fourier 余弦变换便可求出解的表达式为

$$u(x,t)=\int_0^{+\infty}\big(\Phi(x-\xi,t)+\Phi(x+\xi,t)\big)h(\xi)\mathrm{d}\xi+2a^2\int_0^t\Phi(x,t-\tau)g(\tau)\mathrm{d}\tau$$
$$+\int_0^t\int_0^{+\infty}\big(\Phi(x-\xi,t-\tau)+\Phi(x+\xi,t-\tau)\big)f(\xi,\tau)\mathrm{d}\xi\mathrm{d}\tau. \tag{4.5.20}$$

**例 4.5.4 (半直线上的波方程)** 请用Fourier 余弦变换求解波方程Neumann型左边界Cauchy问题:

$$\begin{cases}u_{tt}=c^2u_{xx},\ x,t>0,c=\text{const.}>0,\\ -u_x(0,t)=g(t),\ t\geqslant 0,\\ u(x,0)=u_t(x,0)=0,\ x\geqslant 0.\end{cases}$$

**解**: 将方程和初始条件的两端均关于$x$施行Fourier 余弦变换得

$$\begin{cases}\dfrac{\partial^2}{\partial t^2}\hat{u}_c(y,t)+(cy)^2\hat{u}_c(y,t)=c^2\sqrt{\dfrac{2}{\pi}}g(t),\ y>0,t>0,\\ \hat{u}_c(y,0)=\dfrac{\partial}{\partial t}\hat{u}_c(y,0)=0.\end{cases}$$

解此ODE初值问题得

$$\hat{u}_c(y,t)=\frac{c}{y}\sqrt{\frac{2}{\pi}}\int_0^t\sin\big(cy(t-\tau)\big)g(\tau)\mathrm{d}\tau,$$

从而, 再取逆变换得

$$\begin{aligned}u(x,t)&=\sqrt{\frac{2}{\pi}}\int_0^{+\infty}\hat{u}_c(y,t)\cos(xy)\mathrm{d}y\\ &=\frac{2c}{\pi}\int_0^t\int_0^{+\infty}\frac{1}{y}\sin\big(cy(t-\tau)\big)\cos(xy)\mathrm{d}y\cdot g(\tau)\mathrm{d}\tau\\ &=\frac{c}{\pi}\int_0^t\int_0^{+\infty}\frac{1}{y}\Big(\sin\Big(y\big(c(t-\tau)+x\big)\Big)+\sin\Big(y\big(c(t-\tau)-x\big)\Big)\Big)\mathrm{d}y\cdot g(\tau)\mathrm{d}\tau.\end{aligned}$$

由于$c>0,t\geqslant 0,x\geqslant 0$, 所以$c(t-\tau)+x\geqslant 0$, 故

$$\frac{c}{\pi}\int_0^t\int_0^{+\infty}\frac{1}{y}\sin\Big(y\big(c(t-\tau)+x\big)\Big)g(\tau)\mathrm{d}y\mathrm{d}\tau=\frac{c}{2}\int_0^t g(\tau)\mathrm{d}\tau,$$

上式用到正弦积分

$$\int_0^{+\infty}\frac{\sin(Ay)}{y}\mathrm{d}y \xlongequal{A\neq 0} \operatorname{sgn}(A)\cdot\frac{\pi}{2}.$$

而当$t\leqslant x/c$时, $c(t-\tau)-x\leqslant ct-x\leqslant 0$, 故

$$\begin{aligned}&\frac{c}{\pi}\int_0^t\int_0^{+\infty}\frac{1}{y}\sin\Big(y\big(c(t-\tau)-x\big)\Big)g(\tau)\mathrm{d}y\mathrm{d}\tau\\ =&\frac{c}{\pi}\int_0^t\Big(-\frac{\pi}{2}\Big)g(\tau)\mathrm{d}\tau=-\frac{c}{2}\int_0^t g(\tau)\mathrm{d}\tau,\end{aligned}$$

但当$t>x/c$时, 由于若$t-x/c\geqslant\tau$,则$c(t-\tau)-x\geqslant 0$, 而若$t-x/c<\tau\leqslant t$, 则$c(t-\tau)-x\leqslant 0$, 故

$$\begin{aligned}&\frac{c}{\pi}\int_0^t\int_0^{+\infty}\frac{1}{y}\sin\Big(y\big(c(t-\tau)-x\big)\Big)g(\tau)\mathrm{d}y\mathrm{d}\tau\\ =&\frac{c}{\pi}\int_0^{t-\frac{x}{c}}\int_0^{+\infty}\frac{1}{y}\sin\Big(y\big(c(t-\tau)-x\big)\Big)g(\tau)\mathrm{d}y\mathrm{d}\tau\\ &+\frac{c}{\pi}\int_{t-\frac{x}{c}}^t\int_0^{+\infty}\frac{1}{y}\sin\Big(y\big(c(t-\tau)-x\big)\Big)g(\tau)\mathrm{d}y\mathrm{d}\tau\\ =&\frac{c}{2}\int_0^{t-\frac{x}{c}}g(\tau)\mathrm{d}\tau-\frac{c}{2}\int_{t-\frac{x}{c}}^t g(\tau)\mathrm{d}\tau.\end{aligned}$$

所以, 当$t\leqslant x/c$时, 有

$$u(x,t)=\frac{c}{2}\int_0^t g(\tau)\mathrm{d}\tau-\frac{c}{2}\int_0^t g(\tau)\mathrm{d}\tau=0,$$

当$t>x/c$时有

$$\begin{aligned}u(x,t)&=\frac{c}{2}\int_0^t g(\tau)\mathrm{d}\tau+\frac{c}{2}\int_0^{t-\frac{x}{c}}g(\tau)\mathrm{d}\tau-\frac{c}{2}\int_{t-\frac{x}{c}}^t g(\tau)\mathrm{d}\tau\\ &=c\int_0^{t-\frac{x}{c}}g(\tau)\mathrm{d}\tau.\end{aligned}$$

综上可知, 原问题的解为

$$u(x,t)=\begin{cases}0,\ 0\leqslant t\leqslant\dfrac{x}{c},\\ c\displaystyle\int_0^{t-\frac{x}{c}}g(\tau)\mathrm{d}\tau,\ t>\dfrac{x}{c}.\end{cases}$$

□

**例 4.5.5 (半无界带形区域上的Laplace方程)** 请用Fourier 正弦变换求解半无界带形区域上的Laplace方程边值问题:

$$\begin{cases} u_{xx}+u_{yy}=0,\ x>0,0<y<\beta, & (4.5.21)\\ u(0,y)=0,\ 0\leqslant y\leqslant \beta, \\ u(x,0)=f(x),u(x,\beta)=0,\ x\geqslant 0. & (4.5.22)\end{cases}$$

**解**: 由于$x>0$, 故只需对 (4.5.21) 和 (4.5.22) 两端关于$x$变元施行Fourier正弦变换即可. 记

$$\hat{u}_s(\omega,y)=\sqrt{\frac{2}{\pi}}\int_0^{+\infty}u(x,y)\sin(\omega x)\mathrm{d}x,$$

则将原问题变换到频域$\omega\geqslant 0$后得

$$\begin{cases} \dfrac{\partial^2}{\partial y^2}\hat{u}_s(\omega,y)-\omega^2\hat{u}_s(\omega,y)=0,\ 0<y<\beta,\\ \hat{u}_s(\omega,0)=\hat{f}_s(\omega),\hat{u}_s(\omega,\beta)=0.\end{cases}$$

解此两点边值问题得

$$\hat{u}_s(\omega,y)=\frac{\sinh\left(\omega(\beta-y)\right)}{\sinh(\beta\omega)}\hat{f}_s(\omega),$$

从而原问题的解为

$$\begin{aligned} u(x,y)&=\sqrt{\frac{2}{\pi}}\int_0^{+\infty}\hat{u}_s(\omega,y)\sin(\omega x)\mathrm{d}\omega\\ &=\frac{2}{\pi}\int_0^{+\infty}\int_0^{+\infty}\frac{\sinh\left(\omega(\beta-y)\right)}{\sinh(\omega\beta)}\sin(s\omega)\sin(\omega x)f(s)\mathrm{d}s\mathrm{d}\omega. \qquad \square\end{aligned}$$

## 习 题 4.5

1. 证明热核的性质 (4.5.10), 即: 对任意的$x\in\mathbb{R}^n$, 有

$$\int_{\mathbb{R}^n}(4\pi a^2t)^{-n/2}\mathrm{e}^{-\frac{|x-y|^2}{4a^2t}}\mathrm{d}y=1,\ \forall\, t>0.$$

2. 设$u(x,t)$满足如下热方程Robin型半无界Cauchy问题:

$$\begin{cases} u_t=k^2u_{xx},\ x>0,t>0,\\ u(0,t)-hu_x(0,t)=f(t),\ t\geqslant 0,\\ u(x,0)=g(x),\ x\geqslant 0,\end{cases}$$

且 $\lim\limits_{x\to+\infty} u(x,t)=0$, 其中常数 $k>0, h>0$, 请推导在变量替换

$$v(x,t)=u(x,t)-hu_x(x,t)$$

下 $v$ 满足的方程和左边界条件以及初始条件, 并 (在假设 $v$ 已经求得时) 用 $v$ 将 $u$ 表示出来; 然后尝试将上述变换应用到波方程 Robin 型半无界 Cauchy 问题:

$$\begin{cases} u_{tt}=c^2u_{xx},\ x>0, t>0, \\ u(0,t)-hu_x(0,t)=f(t),\ t\geqslant 0, \\ u(x,0)=\phi(x), u_t(x,0)=\psi(x),\ x\geqslant 0, \end{cases}$$

求出用 $v$ 表示 $u$ 的关系式, 其中常数 $c>0, h>0$, $\lim\limits_{x\to+\infty} u(x,t)=0,\ \forall t>0$.

3. 验证 Green 函数

$$\begin{aligned} &\Phi(x-y,t-\tau) \\ =&\frac{1}{\big(4\pi a(t-\tau)\big)^{n/2}}\exp\left(-\frac{|x-y|^2}{4a^2(t-\tau)}\right),\ x,y\in\mathbb{R}^n, t>\tau\geqslant 0 \end{aligned}$$

满足方程

$$\Phi_t=a^2\Delta_x\Phi,\quad \Phi_\tau=-a^2\Delta_y\Phi.$$

4. 求解下列半无界 Cauchy 问题, 其中 $a,c,h,k$ 均是给定的正数, $A,\omega$ 是给定的实数:

$$(1)\begin{cases} u_{tt}=c^2u_{xx},\ x>0,t>0, \\ u(0,t)=A\sin(\omega t),\ t\geqslant 0, \\ u(x,0)=u_t(x,0)=0,\ x>0; \end{cases}\qquad (2)\begin{cases} u_t=a^2u_{xx},\ x>0,t>0, \\ -u_x(0,t)=A\cos(\omega t),\ t\geqslant 0, \\ u(x,0)=0,\ x>0; \end{cases}$$

$$(3)\begin{cases} u_t=a^2u_{xx}+f(x,t),\ x>0,t>0, \\ u_x(0,t)=\phi(t),\ t\geqslant 0, \\ u(x,0)=\psi(x),\ x\geqslant 0; \end{cases}\qquad (4)\begin{cases} u_t=a^2u_{xx}+f(x,t),\ x,t>0, \\ u_x(0,t)-hu(0,t)=-h\phi(t),\ t\geqslant 0, \\ u(x,0)=\psi(x),\ x\geqslant 0; \end{cases}$$

$$(5)\begin{cases} u_t=a^2u_{xx},\ x,t>0, \\ -u_x(0,t)=0,\ t\geqslant 0, \\ u(x,0)=0,\ x\geqslant 0; \end{cases}\qquad (6)\begin{cases} u_t=a^2u_{xx},\ x,t>0, \\ u_x(0,t)-hu(0,t)=-Ah\cos(\omega t),\ t\geqslant 0, \\ u(x,0)=0,\ x\geqslant 0; \end{cases}$$

(7) $\begin{cases} u_t = a^2 u_{xx},\ t > 0, x > v_0 t, \\ u(x,0) = 0,\ x \geqslant 0, \\ u(v_0 t, t) = \mu(t),\ t \geqslant 0; \end{cases}$ (8) $\begin{cases} u_t = a^2 u_{xx} + f(x,t),\ t > 0, x > v_0 t, \\ u_x(v_0 t, t) = \mu(t),\ t \geqslant 0, \\ u(x,0) = f(x),\ x \geqslant 0; \end{cases}$

(9) $\begin{cases} u_{tt} = c^2 u_{xx},\ x, t > 0, \\ u(0,t) = 0,\ t \geqslant 0, \\ u(x,0) = 1, u_t(x,0) = 0,\ x \geqslant 0; \end{cases}$ (10) $\begin{cases} u_{tt} = c^2 u_{xx},\ x, t > 0, \\ u(0,t) = t^2,\ t > 0, \\ u(x,0) = x, u_t(x,0) = 0,\ x \geqslant 0; \end{cases}$

(11) $\begin{cases} u_{tt} = c^2 u_{xx},\ x, t > 0, \\ u_t(0,t) + a u_x(0,t) = 0,\ t \geqslant 0, a > c > 0, \\ u(x,0) = 0, u_t(x,0) = V,\ x \geqslant 0, V > 0; \end{cases}$

(12) $\begin{cases} u_t = k^2 u_{xx} - u,\ t, x > 0, \\ -u_x(0,t) = f(t),\ t \geqslant 0, \\ u(x,0) = 0, |u(x,t)| \leqslant C,\ 0 \leqslant x, t < +\infty; \end{cases}$

(13) $\begin{cases} u_t = k^2 u_{xx} - tu,\ x, t > 0, \\ -u_x(0,t) = 0,\ t \geqslant 0, \\ u(x,0) = \mathrm{e}^{-x},\ x \geqslant 0, \\ u(x,t) \rightrightarrows 0,\ \text{当 } x \to +\infty \text{ 时}; \end{cases}$

(14) $\begin{cases} u_{xx} + u_{yy} = 0,\ x > 0, 0 < y < 1, \\ u(0,y) = y(1-y),\ 0 \leqslant y \leqslant 1, \\ u(x,0) = u(x,1) = 0,\ x \geqslant 0, \\ u(x,y) \rightrightarrows 0,\ \text{当 } x \to +\infty \text{ 时}; \end{cases}$

(15) $\begin{cases} u_{xx} + u_{yy} = 0,\ x, y > 0, \\ -u_x(0,y) = 0,\ y > 0, \\ u(x,0) = \begin{cases} 1,\ 0 < x < 1, \\ 0,\ x \geqslant 1, \end{cases} \\ u(x,y) \rightrightarrows 0,\ \text{当 } (x,y) \to (+\infty, +\infty) \text{ 时}; \end{cases}$

(16) $\begin{cases} u_{xx} + u_{yy} = 0,\ x > 0, 0 < y < \beta, \\ u(0,y) = 1,\ 0 \leqslant y \leqslant \beta, \\ u(x,0) = \mathrm{e}^{-x}, u(x,\beta) = 0,\ x \geqslant 0, \\ u(x,y) \rightrightarrows 0,\ \text{当 } x \to +\infty \text{ 时}; \end{cases}$

(17) $\begin{cases} u_{tt} = c^2 u_{xx}, \ x, t > 0, \\ u_x(0,t) = 0, \ t \geqslant 0, \\ u(x,0) = \mathrm{e}^{-x^2}, u_t(x,0) = 0, \ x \geqslant 0. \end{cases}$

5. 用 Fourier 变换求解 Cauchy 问题:

$$\begin{cases} u_{tt} = c^2(u_{xx} + u_{yy} + u_{zz}), \ (x,y,z) \in \mathbb{R}^3, t > 0, \\ u(x,y,z,0) = 0, u_t(x,y,z,0) = x^3 + y^2 z, \ (x,y,z) \in \mathbb{R}^3. \end{cases}$$

6. 用延拓法求解问题 (4.5.17).

7. 证明积分公式 (4.5.18).

8. 验证 $\sin(aty^2)$ 的逆 Fourier 变换公式: 对任意的 $a = \text{const.} > 0, t > 0$, 有

$$\left(\sin(aty^2)\right)^{\vee}(x) = \frac{1}{2\sqrt{at}}\left(\cos\left(\frac{x^2}{4at}\right) - \sin\left(\frac{x^2}{4at}\right)\right).$$

9. 验证函数

$$u(x,t) = \frac{1}{(4\pi a^2 t)^{n/2}} \int_{\mathbb{R}^n} \mathrm{e}^{-\frac{|x-y|}{4a^2 t}} g(y)\mathrm{d}y \in C^{2,1}(\mathbb{R}^n \times (0,+\infty)),$$

如果 $g \in C(\mathbb{R}^n) \cap L^\infty(\mathbb{R}^n)$, 其中 $a = \text{const.} > 0$.

10. 请用 Fourier 余弦变换推导热方程半直线 Neumann 边界 Cauchy 问题 (4.5.19) 的求解公式 (4.5.20).

11. 验证第 4 题的第 (6) 小题用第 2 题的方法得到的解必可用如下的 Green 函数

$$G(x,\xi,t) = \frac{1}{2a\sqrt{\pi t}}\left[\mathrm{e}^{-\frac{(x-\xi)^2}{4a^2 t}} + \mathrm{e}^{-\frac{(x+\xi)^2}{4a^2 t}} - 2h\int_0^{+\infty} \mathrm{e}^{-\frac{(x+\xi+\eta)^2}{4a^2 t} - h\eta}\mathrm{d}\eta\right]$$

表示成

$$u(x,t) = -a^2 \int_0^t G(x,0,t-\tau) \cdot \left[-Ah\cos(\omega t)\right]\mathrm{d}\tau$$

的形式.

# 第 5 章　二阶线性偏微分方程解的定性理论

本章是本书另一重要构成部分, 主要讲解如何使用能量法以及极值原理等方法研究三类二阶线性方程解的唯一性以及关于数据的稳定性. 第 5.1 节先介绍了低维波方程解的物理解释, 然后分别讲解了如何利用能量法研究双曲型方程混合问题以及 Cauchy 问题解的唯一性和稳定性; 第 5.2 节介绍了椭圆型方程的能量估计; 第 5.3 节先构造出 Laplace 方程的基本解, 再推导出调和函数的平均值公式, 然后利用该公式得到了调和函数诸如正则性、解析性和 Harnack 不等式等结果, 最后通过 Green 第二恒等式得到了 Poisson 方程边值问题的 Green 函数表示; 第 5.4 节介绍了线性椭圆型方程的极值原理, 并得到了基于极值原理的线性椭圆型方程边值问题解的唯一性和稳定性; 第 5.5 节首先介绍热方程混合问题的能量估计, 然后讲解抛物型方程极值原理, 进而得出抛物型方程混合问题解的唯一性和稳定性结论, 之后讨论抛物型方程 Cauchy 问题的唯一性, 最后分析了热方程逆时间问题的不适定性.

## 5.1　双曲型方程　能量估计

### 5.1.1　波方程初值问题解的物理解释　Huygens 原理

1) 一维情形

我们来考察一维波方程初值问题

$$\begin{cases} u_{tt} = c^2 u_{xx},\ x \in \mathbb{R}, t > 0, c\text{=const.} > 0, \\ u(x,0) = \phi(x), u_t(x,0) = \psi(x),\ x \in \mathbb{R}. \end{cases} \tag{5.1.1}$$

根据 d'Alembert 公式可知, 其解表示为

$$u(x,t) = \frac{\phi(x-ct) + \phi(x+ct)}{2} + \frac{1}{2c}\int_{x-ct}^{x+ct} \psi(\eta)\mathrm{d}\eta. \tag{5.1.2}$$

我们在第 4 章已经根据此解给出了该定解问题的适定性结果, 在此我们给出解的一些物理解释.

在 $xot$ 坐标平面的上半平面 $\mathbb{R} \times (0,\infty)$ 中任意取一点 $P(x,t)$, 则根据一维波方程 Cauchy 问题的 d'Alembert 公式 (5.1.2) 可知, $u$ 在 $(x,t)$ 处的函数值只与初始数据 $\phi$ 和 $\psi$ 在闭区间 $[x-ct, x+ct]$ 上的取值有关, 而初始数据在该区间的余集 $\mathbb{R}\backslash[x-ct,x+ct]$ 上的取值对解在 $P$ 点的取值没有影响, 因此我们称区间 $[x-ct,x+ct]$ 为解 $u$ 在点 $P(x,t)$ 处对初始数据的**依赖域** (Domain of Dependence). 由于在一维情形时该依赖域是区间, 所以也称此区间为解在 $(x,t)$ 处对初始数据的**依赖区间** (Interval of Dependence) (见图 5.1). 再来考察 $x$ 轴上任意取定的

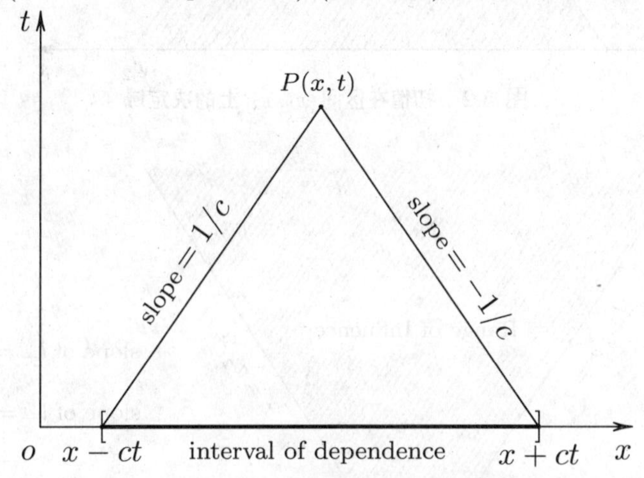


图 5.1 解在点 $P(x,t)$ 处对初值的依赖域 (区间)

非退化闭区间 $[x_1,x_2]$, 记由 $[x_1,x_2]$ 和过该区间两端点 $(x_1,0),(x_2,0)$ 的特征线 $x=x_1+ct$ 和 $x=x_2-ct$ 围成的三角形闭区域为 $\triangle(x_1,x_2)$, 即

$$\triangle(x_1,x_2) := \left\{(x,t)\in\mathbb{R}^2 \,\middle|\, 0\leqslant t\leqslant \frac{x_2-x_1}{2c}, x_1+ct\leqslant x\leqslant x_2-ct\right\},$$

则由于解 $u$ 在该闭区域中的任意点处对初始数据的依赖域都是 $[x_1,x_2]$ 的子集, 故初始数据在区间 $[x_1,x_2]$ 上的取值完全确定了解在 $\triangle(x_1,x_2)$ 中的函数值, 而初始数据在区间 $[x_1,x_2]$ 外的取值对解在 $\triangle(x_1,x_2)$ 中的取值没有影响. 据此, 我们称三角形闭区域 $\triangle(x_1,x_2)$ 为初始数据在区间 $[x_1,x_2]$ 上的限制对解的**决定域** (Domain of Determinacy) (见图 5.2).

再来考察初值对解 $u(x,t), t>0$ 的影响情况. 如图 5.3 所示, 当在 $x$ 轴上任意取定非退化闭区间 $[x_1,x_2]$ 后, 由过 $(x_1,0),(x_2,0)$ 作的特征线 $x=x_1-ct$ 和

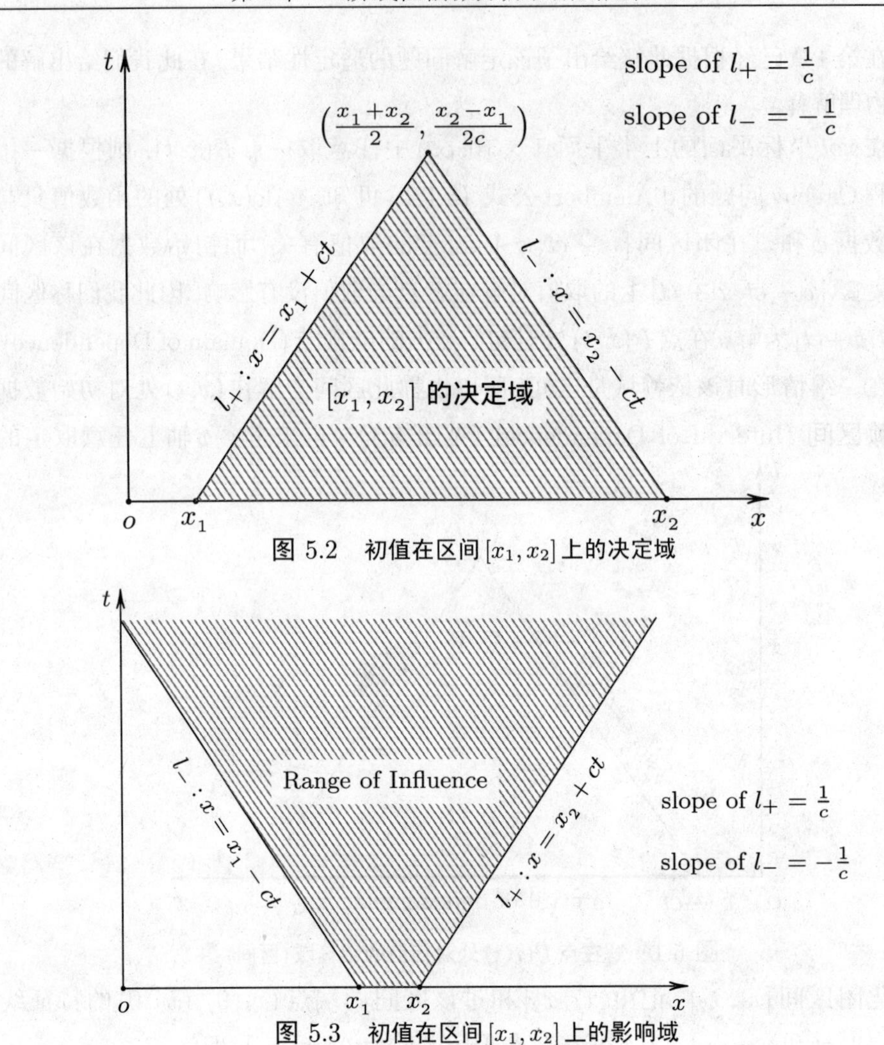


图 5.2 初值在区间 $[x_1, x_2]$ 上的决定域



图 5.3 初值在区间 $[x_1, x_2]$ 上的影响域

$x = x_2 + ct$ 和区间 $[x_1, x_2]$ 所围成的无界连通闭集

$$\mathrm{RI} := \left\{(x,t) \in \mathbb{R}^2 \,\middle|\, x_1 - ct \leqslant x \leqslant x_2 + ct, t \geqslant 0\right\} \tag{5.1.3}$$

具有如下性质: 解在该闭区域中的任意点处的取值对初值的依赖域与区间 $[x_1, x_2]$ 的交集均非空, 由此可见解 $u$ 在闭区域 RI 中的函数值都要受到初始数据在区间 $[x_1, x_2]$ 上的取值的影响 (但未必由之唯一决定); 另外, 初始数据在 $[x_1, x_2]$ 外的取值对解在 RI 中的函数值没有影响. 基于此, 称上述无界连通闭集 RI 为区间 $[x_1, x_2]$ (上的初始数据对解) 的影响域 (Range of Influence).

下面来考察这样一个问题: 如果波方程 Cauchy 问题 (5.1.1) 的初始数据 $\phi$ 或者 $\psi$ 只在 $\mathbb{R}$ 的某非空紧子集 $E$ 上有瞬间初始振动 (比如脉冲信号), 那么, 如果在

(比如振动的弦上的) 另一点 $x$ 处进行观测, 则该瞬间扰动要多久才能被观测到? 之后又会怎样呢? 这里我们以如下两种情形为例来分析初始扰动的传播方式:

(1) 当 $\psi(x)=0\ (\forall x\in\mathbb{R})$ 时. 此时由 (5.1.2) 知 (5.1.1) 的解为

$$u(x,t)=\frac{\phi(x-ct)+\phi(x+ct)}{2}. \tag{5.1.4}$$

不妨设 $\phi$ 的支集 $\mathrm{supp}(\phi)$ 是非空连通紧子集, 即 $E:=\mathrm{supp}(\phi)=[\alpha,\beta]$. 任取观测点 $x\ (x\notin E)$, 并记

$$d_m:=\inf\{|x-y|\mid y\in E\},\qquad d_M:=\sup\{|x-y|\mid y\in E\},$$

则由解的表达式 (5.1.4) 知有如下结论:

(i) 当 $0\leqslant t<d_m/c$ 时, 由于 $x\pm ct\notin E$, 故 $u(x,t)=0$, 即此时在 $x$ 处还没有观测到扰动信号;

(ii) 当 $t=\mathrm{d}_m/c$ 时, 在 $x$ 处首次观测到扰动信号;

(iii) 当 $d_m/c<t\leqslant d_M/c$ 时, $u(x,t)\neq 0$, 即在此时间段内在 $x$ 处将持续观测到扰动信号;

(iv) 当 $t>d_M/c$ 时, 由于 $x\pm ct\notin E$, 故 $u(x,t)=0$, 即此时扰动信号已经“经过”了观测点 $x$.

由此可知初始位移 $\phi$ (当 $\psi=0$ 时) 在 $E$ 中的初始扰动在 $xot$ 平面中是以有限速率 $c$ 沿特征线 $x\pm ct=x_0$ 传播的, 或者说一维波方程解对应的波是以有限速度传播的, 并且波速正好是 $c$, 且当 $t>d_M/c$ 后, 此瞬间扰动就从观测点 $x$ 传播过去了, 亦即一维波在 $\psi=0$ 时初始位移的扰动在传播过程中有明显的波前 (Wavefront) 和明显的波后, 这一物理现象称为**无后效现象**.

(2) 当 $\phi(x)=0\ (\forall x\in\mathbb{R})$ 且 $\exists x_0\in\mathbb{R}:\phi(x_0)\neq 0$ 时. 不妨也设 $\mathrm{supp}(\psi)$ 是 $\mathbb{R}$ 中的非空连通紧子集, 即 $E:=\mathrm{supp}(\psi)=[\xi,\eta]$. 此时 Cauchy 问题 (5.1.1) 的解为

$$u(x,t)=\frac{1}{2c}\int_{x-ct}^{x+ct}\psi(\eta)\mathrm{d}\eta. \tag{5.1.5}$$

任取观测点 $x\notin E$, 并记 $d=\inf\{|x-y|\mid y\in E\}$. 则由解的表达式 (5.1.5) 知有:

(i) 当 $0\leqslant t<d/c$ 时, 由于 $E\cap[x-ct,x+ct]=\emptyset$, 从而 $u(x,t)=0$, 即此时在 $x$ 处还没有观测到扰动信号;

(ii) 当 $t=d/c$ 时, 在 $x$ 处首次观测到扰动信号;

(iii) 当 $t>d/c$ 时, 由于 $E\cap[x-ct,x+ct]\neq\emptyset$, 从而 $u(x,t)\neq 0$, 即在时刻

$d/c$以后在$x$处将持续观测到扰动信号.

由此可知, 当初始速度$\psi$ (当$\phi=0$时) 在$E$中有瞬间扰动时, 该扰动 (的波前) 也是以速度$c$在$xot$平面中沿特征线$x\pm ct=c'$ ($c'$为任意常数) 传播的, 或者说一维波方程解对应的波是以有限速度传播的, 且当经过$t=d_M/c$到达观测点$x$后, 此瞬间扰动并不消失, 而是将一直影响$x$点, 这说明在初始速度$\psi$发生扰动时产生的一维波在传播过程中有明显的波前, 但是没有波后, 这一物理现象称为**后效现象**. 另外, 根据d'Alembert公式可知, 解 (5.1.2) 在两条特征线$\{(x,t)\in\mathbb{R}^2\,\big|\,t\geqslant 0, x=x_0\pm ct, x_0\text{是任意给定的实数}\}$上取常值.

2) 二维波方程情形

接下来我们研究如下二维齐次波方程非齐次初值问题:

$$\begin{cases} u_{tt}=c^2(u_{xx}+u_{yy}),\ (x,y)\in\mathbb{R}^2, t>0,\\ u(x,y,0)=g(x,y), u_t(x,y,0)=h(x,y),\ (x,y)\in\mathbb{R}^2. \end{cases}$$

根据Poisson公式 (4.4.32) 可知, 该问题的解为

$$\begin{aligned} u(x,y,t)=&\frac{1}{2\pi c}\frac{\partial}{\partial t}\iint_{D((x,y),ct)}\frac{g(\xi,\eta)}{\sqrt{(ct)^2-(\xi-x)^2-(\eta-y)^2}}\mathrm{d}\xi\mathrm{d}\eta\\ &+\frac{1}{2\pi c}\iint_{D((x,y),ct)}\frac{h(\xi,\eta)}{\sqrt{(ct)^2-(\xi-x)^2-(\eta-y)^2}}\mathrm{d}\xi\mathrm{d}\eta, \end{aligned} \tag{5.1.6}$$

其中$D((x,y),ct)$表示$\mathbb{R}^2$中以$(x,y)$为圆心, 以$ct$为半径的闭圆盘, 即

$$D((x,y),ct)=\left\{(\xi,\eta)\in\mathbb{R}^2\mid(\xi-x)^2+(\eta-y)^2\leqslant(ct)^2\right\}.$$

先来考察解$u(x,y,t)$在$t>0$时对初始数据的依赖关系. 任取点$Q(x,y,t)\in\mathbb{R}^2\times(0,\infty)$, 记$P=(x,y)$, 则根据公式 (5.1.6) 可知, 解在$Q$的值由初始数据$g,h$在二维闭圆盘$D((x,y),ct)$中的取值唯一确定, 而$g,h$在$\mathbb{R}^2\backslash D((x,y),ct)$中的取值对解在$Q$处的取值没有影响. 基于此, 二维闭圆盘$D((x,y),ct)$称为解在$t$时刻在点$(x,y)$处对初始数据的**依赖域**.

接着来考察初始数据如何决定解. 为此, 记

$$\mathcal{C}(x,y;ct):=\{(\xi,\eta,\zeta)\in\mathbb{R}^3\mid(\xi-x)^2+(\eta-y)^2\leqslant c^2(\zeta-t)^2, 0\leqslant\zeta\leqslant t\},$$

则$\mathcal{C}(x,y;ct)$是三维空间$o\xi\eta\zeta$中以$(x,y,t)$为顶点, 以$D((x,y),ct)$为底, 高为$t$的闭正圆锥体. 于是, 对任意$Q_1=(x_1,y_1,t_1)\in\mathcal{C}(x,y;ct)$, 解在$Q_1$处对初始数据的依赖域都是$D((x,y),ct)$的非空子集, 从而初始数据在$D((x,y),ct)$中的取值完

全决定了解在$\mathcal{C}(x,y;ct)$中的取值, 因此我们称闭圆锥体$\mathcal{C}(x,y;ct)$为初始数据在$D((x,y),ct)$上的限制对解的**决定域**. $\mathcal{C}(x,y;ct)$常称为**特征锥**, 相对于时间轴正向而言, $\mathcal{C}(x,y;ct)$也常称为**向后(光)锥** (Backward (Light) Cone) (见图 5.4).

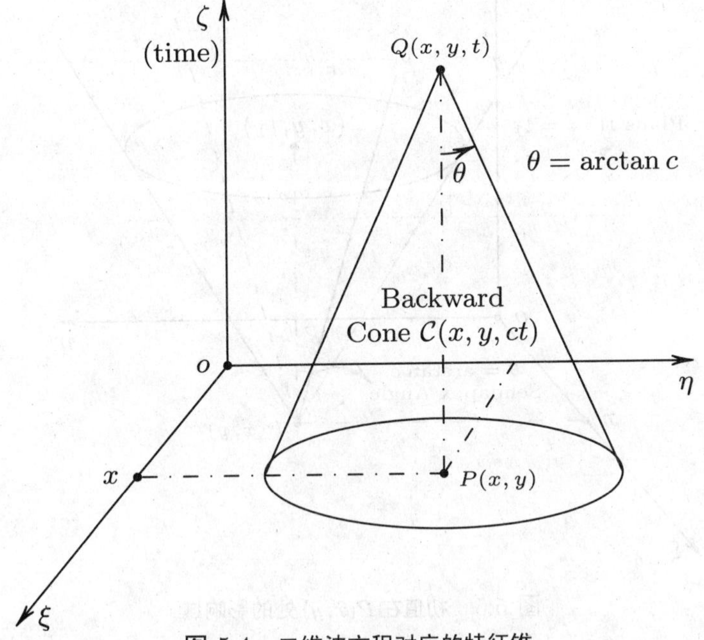


图 5.4 二维波方程对应的特征锥

再来研究初始扰动对解的影响. 假设初始数据$g,h$只在初始$\mathbb{R}^2$平面的某个很小范围非零, 为了便于讨论, 不妨就假定初始数据只在点$P(x,y)\in\mathbb{R}^2$处非零, 而在其余点均为零, 下面来分析解会在哪些点的取值非零, 或者说, 初始数据在点$P$处的瞬间扰动对解在哪些点处的取值有影响. 根据依赖域可知, $u$在点$Q_1=(x_1,y_1,t_1),t_1>0$处非零, 当且仅当

$$
\begin{aligned}
(x,y,0)\in\mathcal{C}(x_1,y_1;ct_1)=&\big\{(\xi,\eta,\zeta)\in\mathbb{R}^3\ \big|\ (\xi-x_1)^2+(\eta-y_1)^2\\
&\leqslant c^2(\zeta-t_1)^2,\ 0\leqslant\zeta\leqslant t_1\big\}.
\end{aligned}
$$

从而可知, 初始数据在$P$处的取值对解的影响范围是由所有满足上述条件的点$Q_1=(x_1,y_1,z_1)$全体构成的无界闭集:

$$
\tilde{\mathcal{C}}(x,y;ct):=\big\{(\xi,\eta,t)\in\mathbb{R}^3\ \big|\ (\xi-x)^2+(\eta-y)^2\leqslant(ct)^2,t\geqslant 0\big\}.
$$

这是一个空间$o\xi\eta t$中以$(x,y,0)$为顶点, 半顶角 (Semiapex Angle) 为$\theta=\arctan c$的无界闭正圆锥体, 相对于时间轴正向而言, 常称该锥为**向前(光)锥** (Forward

(Light) Cone). 基于上述讨论, 称$\tilde{\mathcal{C}}(x,y;ct)$为初始数据在点$P(x,y)$处对解的**影响域** (见图 5.5). 由此, 解$u$在$\tilde{\mathcal{C}}(x,y;ct)$中任意点的取值都要受到初始数据在初

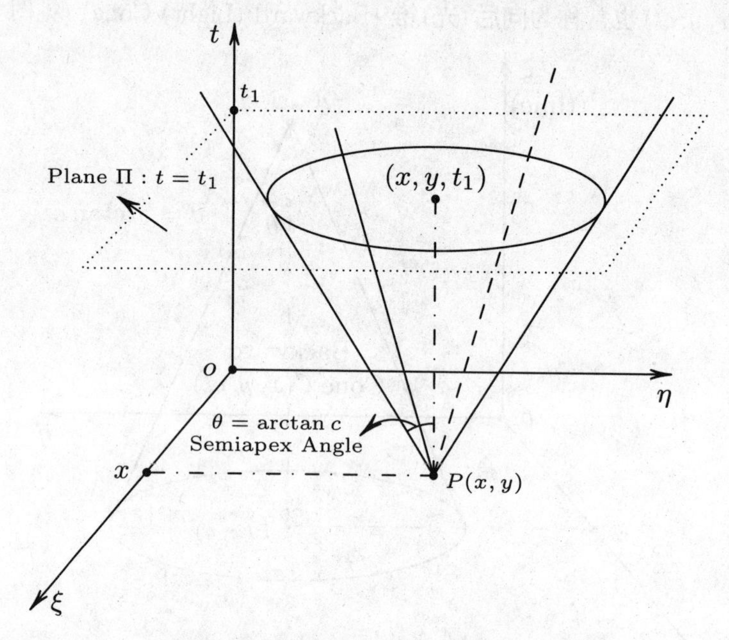


图 5.5 初值在$P(x,y)$处的影响域

始$\xi o\eta$平面上的点$P(x,y)$处的取值的影响, 尽管未必由其唯一决定.

下面来研究初始瞬间扰动的传播方式. 假设初始数据在点$P_0(x_0,y_0)$有瞬间扰动 (为便于讨论, 不妨设$g,h$只在该点取值非零), 任意取定一观测点$P_1(x_1,y_1), P_1\neq P_0$, 记初次观测到瞬间扰动的时间为$t_1$, 则根据初始数据在$P_0$点处的影响域的定义易知: **当且仅当$Q_1=(x_1,y_1,t_1)\in\partial\tilde{\mathcal{C}}(x_0,y_0;ct_1)$时, 在$t_1$时刻在$P_1$点首次观测到扰动**. 于是有

$$(x_1-x_0)^2+(y_1-y_0)^2=:\big(d(P_0,P_1)\big)^2=(ct_1)^2,$$

从而$t_1=d(P_0,P_1)/c$, 即初始数据在$P_0$处的瞬间扰动要经过$d(P_0,P_1)/c$时间后方能到达$P_1$点, 这说明波是以有限速率$c$向周围传播的.

进一步, 如果初始数据$g,h$在连通紧集$E\subset\mathbb{R}^2$上非零, 而在$\mathbb{R}^2\backslash E$上恒为零, 点$P=(x,y)\in\mathbb{R}^2$, 但$P\notin E$, 那么, 若记$d(P,E)$表示$P$到$E$的欧式距离, 则

(1) 当$t<d(P,E)/c$时, $u(P,t)=0$, 即此时初始扰动还没有到达$P$点;

(2) 当$t=d(P,E)/c$时, $u(P,t)\neq 0$, 此时初始扰动刚好到达$P$点;

(3) 当 $t > d(P,E)/c$ 时, 由于此时测度

$$m\Big(\big((\mathrm{supp}\, f) \cup (\mathrm{supp}\, g)\big) \cap D\big((x,y),ct\big)\Big) > 0,$$

所以根据 (5.1.6) 可知 $u(P,t) \neq 0$, 即 $E$ 中的瞬间扰动在到达 $P$ 以后将一直影响解在 $P$ 的取值. 这表明二维波有明显的**后效现象**.

3) 三维波方程情形

最后我们来研究如下的三维波方程 Cauchy 问题

$$\begin{cases} u_{tt} = c^2 \Delta_3 u(x_1,x_2,x_3),\ (x_1,x_2,x_3) \in \mathbb{R}^3, t > 0, \\ u(x_1,x_2,x_3,0) = \phi(x_1,x_2,x_3), u_t(x_1,x_2,x_3,0) = \psi(x_1,x_2,x_3) \end{cases}$$

解的性质. 根据 Kirchhoff 公式可知, 如果记 $x = (x_1,x_2,x_3)$, 那么该解可表示为

$$u(x,t) = \frac{1}{4\pi c}\frac{\partial}{\partial t}\int_{\partial B(x,ct)} \frac{\phi(y)}{ct}\mathrm{d}S(y) + \frac{1}{4\pi c}\int_{\partial B(x,ct)} \frac{\psi(y)}{ct}\mathrm{d}S(y), \tag{5.1.7}$$

其中 $\partial B(x,ct) := \big\{y \in \mathbb{R}^3 \,\big|\, |y-x| = ct\big\}$.

由上式可知, 解 $u$ 在时刻 $t > 0$ 时在点 $P = (x_1,x_2,x_3)$ 处的值只与初始数据 $\phi$ 和 $\psi$ 在 $\mathbb{R}^3$ 中的二维球面 $\partial B(P,ct)$ 上的取值有关 (即**球面波**). 和一维与二维情形类似, 称 $\partial B(P,ct)$ 为解在 $t > 0$ 时刻在点 $P$ 处 (对初值) 的**依赖域**.

下面来研究初始 (瞬间) 扰动在三维空间中的传播方式. 为此假设初始数据只在 $\mathbb{R}^3$ 中的连通紧子集 $E$ 中非零 (即只在 $E$ 中有瞬间初始扰动), 任意取 $P \notin E$, 并记 $d_m = d(P,E), d_M = \sup\limits_{Q\in E} d(P,Q)$, 则 (如图 5.6 所示) 有

(1) 当 $t < d_m/c$ 时, $E \cap \partial B(P,d_m) = \emptyset$, 故由 (5.1.7) 可知, $u(P,t) = 0$, 此时初始扰动还没有到达点 $P$ 处;

(2) 当 $t = d_m/c$ 时, $E \cap \partial B(P,d_m) \neq \emptyset$, 此时刚好在 $P$ 处首次观测到初始扰动;

(3) 当 $d_m/c \leqslant t \leqslant d_M/c$ 时, $E \cap \partial B(P,ct) \neq \emptyset$, 于是在此时间段内在 $P$ 点处均能观测到初始扰动;

(4) 当 $t > d_M/c$ 时, $E \cap \partial B(P,ct) = \emptyset$, 于是由 (5.1.7) 可知 $u(P,t) = 0$, 此时初始扰动已经经过了 $P$ 点.

由此可知, 三维齐次波方程 Cauchy 问题的解在 $\mathbb{R}^3 \times \{t > 0\}$ 中有明显的波前和波后, 且波以有限速率 $c$ 在空间中呈辐射状传播, 无后效现象. 这是三维波和二

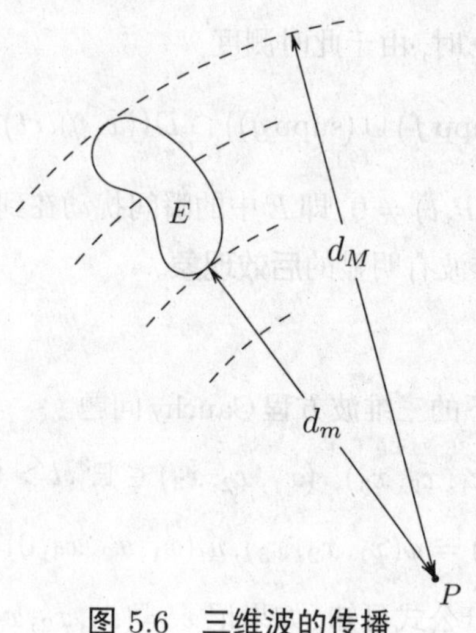


图 5.6 三维波的传播

维波的本质区别, 正是由于三维齐次波方程 Cauchy 问题解随时间演化过程中没有后效现象, 所以我们才能通过说话来进行交流. 这表明空间的维数的奇偶性对波的传播过程有重要影响. 该现象称为 **Huygens 原理** (Huygens' Principle). 需要注意的是, 由前面的分析知一维齐次波方程 Cauchy 问题 (5.1.1) 的解在一定意义下既具有和三维波类似的无后效现象 (对应于初始位移的瞬间扰动), 又具有和二维波类似的后效现象 (对应于初始速度的瞬间扰动). 对于任意有限维 (空间维数 $n \geqslant 4$ 且 $n < +\infty$) 的波方程也有类似结果, 详情请见参考文献 [14].

### 5.1.2 双曲型方程能量估计 解的适定性

前面我们利用 d'Alembert 公式得到了一维波方程解的连续模估计 (4.4.12), 以此为基础得到了一维波方程 Cauchy 问题解的唯一性以及解关于初始数据的连续依赖性结果. 其实, 对于双曲型方程定解问题, 除了直接对解析解 (如果能够找到的话) 进行估计得到适定性结论 (本章的 "适定性" 均指定解问题解的唯一性及关于已知数据的稳定性) 这一方法之外, 实际上经常使用的是能量积分法 (Energy Integral Method), 简称为**能量法** (Energy Method). 该方法来源于物理中的能量守恒定律, 它的基本思想是通过对所考察的 PDE 定解问题构造适当的能量积分, 然后对该积分进行估计, 得到描述能量守恒或者 (对发展方程而言指相对于时间变量) 衰减的关系式 (即能量估计或能量不等式), 进而得到定解问题解的唯一性和稳定性结论. 实际上, 大家熟悉的三类二阶线性 PDE 定解问题的唯一性和稳定性都可使用该方法来进行研究.

那么如何构造适当的能量积分呢? 先回顾一下在第1.1.1小节的3)中所考察的定解问题 (1.1.21), (1.1.22) 相应的能量积分和能量守恒问题是有启发的. 为便于分析, 仅考察该问题的如下情形即可:

$$\begin{cases} u_{tt} = c^2 u_{xx},\ 0 < x < L, t > 0, & (5.1.8\text{a}) \\ u(0,t) = a, u(L,t) = b,\ t > 0, & (5.1.8\text{b}) \\ u(x,0) = \phi(x), u_t(x,0) = \psi(x),\ 0 \leqslant x \leqslant L. \end{cases}$$

当时我们是直接从动能积分

$$E_k(t) = \int_0^L \frac{\rho_0}{2}(u_t)^2 \mathrm{d}x$$

出发, 对其微分后就得到相应结果的, 而此能量积分是从物理角度"直接地"给出的, 能否从数学角度"间接地"构造该积分呢? 实际上是可以的. 注意到动能积分的微分

$$E_k'(t) = \int_0^L \frac{\partial}{\partial t}\Big(\frac{\rho_0}{2}(u_t)^2\Big)\mathrm{d}x = \int_0^L \rho_0 u_t u_{tt} \mathrm{d}x$$

实际上是使用了

$$\rho_0 u_t u_{tt} = \frac{\partial}{\partial t}\Big(\frac{\rho_0}{2}(u_t)^2\Big), \tag{5.1.9}$$

故我们也可这样得到定解问题 (5.1.8) 的总能量 (积分): 注意到 $c^2 = \frac{\tau_0}{\rho_0}$, 先把 (5.1.8a) 改写成 $\rho_0 u_{tt} = \tau_0 u_{xx}$ 并用 $u_t$ 乘以其两端, 然后关于 $x$ 从 0 到 $L$ 积分得

$$\int_0^L \rho_0 u_t u_{tt} \mathrm{d}x = \int_0^L \tau_0 u_t u_{xx} \mathrm{d}x,$$

再结合 (5.1.9) 即得

$$\begin{aligned} \frac{\mathrm{d}}{\mathrm{d}t}\int_0^L \frac{\rho_0}{2}(u_t)^2 \mathrm{d}x &= \int_0^L \tau_0 u_t u_{xx} \mathrm{d}x \\ &\xlongequal{\text{IBP}} \tau_0 u_t u_x \Big|_0^L - \int_0^L \tau_0 u_{tx} u_x \mathrm{d}x \\ &\xlongequal{(5.1.8\text{b})} -\int_0^L \tau_0 u_{tx} u_x \mathrm{d}x \\ &= -\frac{\mathrm{d}}{\mathrm{d}t}\int_0^L \frac{\tau_0}{2}(u_x)^2 \mathrm{d}x, \end{aligned}$$

再整理后便得到描述(总)能量守恒的关系式

$$\frac{\mathrm{d}}{\mathrm{d}t}\int_0^L\left(\frac{\rho_0}{2}(u_t)^2+\frac{\tau_0}{2}(u_x)^2\right)\mathrm{d}x=0,\ \forall t>0.$$

实际上上述推导过程是可以更一般化的, 读者不妨思考这个问题: 对于形如如下的关于时间微分的最高阶数为 $k$ ($k\geqslant 1$) 的偏微分方程

$$\frac{\partial^k u(x,t)}{\partial t^k}=\text{关于}\,t\,\text{的至多}\,k-1\,\text{阶偏微分项},\ x\in\Omega\subset\mathbb{R}^n,t>0$$

是否都可以通过先在该方程两端乘以 $\dfrac{\partial^{k-1}u(x,t)}{\partial t^{k-1}}$ 后再在空间 $\Omega$ (或其适当子集上) 积分得到某个能量积分关于时间 $t$ 的导数所满足的等式(或不等式)呢?

本小节我们来研究如何使用能量法考察双曲型方程的混合问题及 Cauchy 问题解的存在性和稳定性. 至于椭圆型方程和抛物型方程定解问题适定性的能量法将分别在第 5.2 节和第 5.5.1 小节介绍.

先来考察线性双曲型方程混合问题情形.

5.1.2.1 混合问题 能量估计

考虑如下的线性双曲型方程混合问题:

$$\begin{cases}\rho u_{tt}+du_t-\nabla\cdot(\tau\nabla u)+au=f(x,t),\ x\in\Omega,t>0, & (5.1.10\text{a})\\ \alpha u+\beta\dfrac{\partial u}{\partial \boldsymbol{n}}=g(x,t),\ x\in\partial\Omega,t>0, & (5.1.10\text{b})\\ u(x,0)=\phi(x),u_t(x,0)=\psi(x),\ x\in\overline{\Omega}, & (5.1.10\text{c})\end{cases}$$

其中:

$\Omega$ 是 $\mathbb{R}^n$ 中的边界 $\partial\Omega$ 足够光滑的有界区域, $\partial\Omega=\Gamma_1\cup\Gamma_2\cup\Gamma_3,\Gamma_i\cap\Gamma_j=\emptyset,i\neq j,i,j\in\{1,2,3\}$; $\alpha=\alpha(x),\beta=\beta(x)$ 满足: $\alpha(x)\geqslant 0,\beta(x)\geqslant 0,\alpha^2(x)+\beta^2(x)\neq 0,\forall x\in\partial\Omega$, 且 $\Gamma_1\neq\emptyset$ 时, $\alpha\neq 0,\beta=0$, 当 $\Gamma_2\neq\emptyset$ 时, $\alpha=0,\beta\neq 0$, 当 $\Gamma_3\neq\emptyset$ 时, $\alpha\neq 0,\beta\neq 0;\rho=\rho(x)>0,d=d(x)\geqslant 0,a=a(x),\forall x\in\Omega;\tau=\tau(x)>0,\forall x\in\Omega\cup\Gamma_3;f,g,\phi,\psi$ 具有足够好的正则性, 以保证 (5.1.10) 有古典解. (5.1.11)

PDE (5.1.10a) 中的 $du_t$ 表示**耗散项** (Dissipative Term). 当 $\tau=\text{const.}$ 时, 该

方程正好是Klein-Gordon方程, 特别地, 当$n=1$时, 正好是电报方程.

请注意 PDE (5.1.10a) 中关于空间变元的二阶偏微分项是形如 $\nabla\cdot(\tau\nabla u)$ 的**散度形式** (Divergence Form).

为了研究混合问题 (5.1.10) 的唯一性, 设$u_1,u_2$均为 (5.1.10) 的解, 令$v=u_1-u_2$, 并注意到 (5.1.10a), (5.1.10b) 和 (5.1.10c) 均是线性的, 那么$v$必满足

$$\begin{cases}\rho v_{tt}+dv_t-\nabla\cdot(\tau\nabla v)+av=f(x,t),\ x\in\Omega,t>0,\\ \alpha v(x,t)+\beta\dfrac{\partial v}{\partial \boldsymbol{n}}=0,\ x\in\partial\Omega,t>0,\\ v(x,0)=\phi(x),v_t(x,0)=\psi(x),\ x\in\Omega,\end{cases}\tag{5.1.12}$$

其中$f=0,\phi=\psi=0$, 故只需证明 (5.1.12) 只有零解即可. 而要考察稳定性则相对麻烦些. 为便于讨论, 我们只考察解关于外力项$f(x,t)$以及初始数据$\phi,\psi$的稳定性, 即是说, 如果记$u_i=u_i(x,t)$ $(i=1,2)$是混合问题

$$\begin{cases}\rho\dfrac{\partial^2}{\partial t^2}u_i+d\dfrac{\partial}{\partial t}u_i-\nabla\cdot(\tau\nabla u_i)+au_i=f_i(x,t),\ x\in\Omega,t>0,\\ \alpha u_i+\beta\dfrac{\partial}{\partial\boldsymbol{n}}u_i=g(x,t),\ x\in\Omega,t>0,\\ u_i(x,0)=\phi_i(x),\dfrac{\partial}{\partial t}u_i(x,0)=\psi_i(x),\ x\in\Omega\end{cases}$$

的解, 则当令$v=u_1-u_2$后, 只要记$f=f_1-f_2,\phi=\phi_1-\phi_2,\psi=\psi_1-\psi_2$, 那么$v$必是 (5.1.12) 的解, 所以只要得到如下形式的估计式: $||v||\leqslant C(||f||+||\phi||+||\psi||)$, 则必有 $||u_1-u_2||\leqslant C(||f_1-f_2||+||\phi_1-\phi_2||+||\psi_1-\psi_2||)$, 即混合问题 (5.1.10) 的解关于外力项和初始数据按某种范数$||\cdot||$是稳定的, 其中$C$是只与已知数据有关的常数. 由此可见, 为分析混合问题 (5.1.10) 解的唯一性和稳定性, 只需对混合问题 (5.1.12) 进行分析即可.

下面分别就$d\equiv0$和$d\not\equiv0$两种情形进行讨论.

1) 无耗散情形 ($d\equiv0$)

此时 (5.1.12) 成为混合问题:

$$\begin{cases}\rho v_{tt}-\nabla\cdot(\tau\nabla v)+av=f(x,t),\ x\in\Omega,t>0, & (5.1.13\text{a})\\ \alpha v(x,t)+\beta\dfrac{\partial v}{\partial\boldsymbol{n}}=0,\ x\in\partial\Omega,t>0, & (5.1.13\text{b})\\ v(x,0)=\phi(x),v_t(x,0)=\psi(x),\ x\in\Omega. & (5.1.13\text{c})\end{cases}$$

如前所述, 为构造该定解问题的能量积分, 先用 $v_t$ 乘以 (5.1.13a) 的两端, 并在空间区域 $\Omega$ 上积分, 则有

$$\int_{\Omega}\left(\rho v_t v_{tt} - v_t \nabla\cdot(\tau\nabla v) + a v v_t\right)\mathrm{d}x = \int_{\Omega} f v_t\,\mathrm{d}x. \tag{5.1.14}$$

由于 $\tau$ 与时间 $t$ 无关, 故有微分恒等式

$$\begin{aligned} v_t\nabla\cdot(\tau\nabla v) &= \nabla\cdot(\tau v_t\nabla v) - (\nabla v_t)\cdot(\tau\nabla v)\\ &= \nabla\cdot(\tau v_t\nabla v) - \frac{\partial}{\partial t}\left(\frac{1}{2}\tau|\nabla v|^2\right), \end{aligned}$$

于是, 注意到 $\rho$ 和 $a$ 均与 $t$ 无关, 可得

$$\begin{aligned} &\int_{\Omega}\left(\rho v_t v_{tt} - v_t\nabla\cdot(\tau\nabla v) + a v v_t\right)\mathrm{d}x\\ =&\int_{\Omega}\left(\frac{1}{2}\frac{\partial}{\partial t}\left(\rho(v_t)^2\right) - \nabla\cdot(\tau v_t\nabla v) + \frac{\partial}{\partial t}\left(\frac{\tau}{2}|\nabla v|^2\right) + \frac{1}{2}\frac{\partial}{\partial t}(a v^2)\right)\mathrm{d}x\\ =&\frac{\partial}{\partial t}\left(\frac{1}{2}\int_{\Omega}\left(\rho(v_t)^2 + \tau|\nabla v|^2 + a v^2\right)\mathrm{d}x\right) - \int_{\partial\Omega}\tau v_t\frac{\partial v}{\partial \boldsymbol{n}}\mathrm{d}S(x). \end{aligned} \tag{5.1.15}$$

由于根据 (5.1.13b) 以及条件 (5.1.11), 有

$$-\tau v_t\frac{\partial v}{\partial \boldsymbol{n}}\bigg|_{\Gamma_3} = \tau\frac{\alpha}{\beta}v v_t = \frac{\partial}{\partial t}\left(\frac{\tau}{2}\frac{\alpha}{\beta}v^2\right), \tag{5.1.16}$$

从而, 结合 (5.1.14), (5.1.15) 和 (5.1.16) 便得

$$\frac{\partial}{\partial t}\left(\frac{1}{2}\int_{\Omega}\left(\rho(v_t)^2 + \tau|\nabla v|^2 + a v^2\right)\mathrm{d}x + \frac{1}{2}\int_{\Gamma_3}\tau\frac{\alpha}{\beta}v^2\mathrm{d}S(x)\right) = \int_{\Omega} f v_t\,\mathrm{d}x. \tag{5.1.17}$$

注意: 如果 (5.1.13b) 是齐次的 Dirichlet 边界条件或者 Neumann 边界条件时, (5.1.17) 中的边界积分为 0.

由于 $a$ 未必是非负的, 所以暂时还不能利用 (5.1.17) 来分析混合问题 (5.1.13) 的唯一性和稳定性. 下面再分两种情形讨论.

(1) 当 $a(x)\geqslant 0, \forall x\in\Omega$ 时

此时 (5.1.17) 的左端的被积函数是 $v$ 及其相应偏微分的平方的线性组合, 且组合系数非负. 由此, 我们给出如下的定义.

**定义 5.1.1** 当 $a \geqslant 0$ 时, 称积分

$$E(t) := \frac{1}{2}\int_{\Omega}\left(\rho(v_t)^2 + \tau|\nabla v|^2 + av^2\right)\mathrm{d}x + \frac{1}{2}\int_{\Gamma_3}\tau\frac{\alpha}{\beta}v^2\,\mathrm{d}S(x) \tag{5.1.18}$$

为混合问题 (5.1.13) 对应的能量积分. 当 $\Gamma_3 = 0$ 时取边界积分为 0.

于是

$$E(t) \geqslant 0,\ \forall t \geqslant 0,$$

且由 (5.1.17) 得能量关系式:

$$E'(t) = \int_{\Omega} f v_t\,\mathrm{d}x. \tag{5.1.19}$$

由 (5.1.19) 立即可得 (5.1.10) 在无耗散项时解的唯一性结论.

**定理 5.1.1 (唯一性, 无耗散情形, $a \geqslant 0$)** 设 $u_i = u_i(x,t)\,(i=1,2)$ 均是混合问题

$$\begin{cases} \rho u_{tt} - \nabla\cdot(\tau\nabla u) + au = f(x,t),\ x\in\Omega, t>0,\\ \alpha u + \beta\dfrac{\partial u}{\partial \boldsymbol{n}} = g(x,t),\ x\in\partial\Omega, t>0,\\ u(x,0) = \phi(x), u_t(x,0) = \psi(x),\ x\in\Omega \end{cases}$$

的解, 其中 $a \geqslant 0$, 条件 (5.1.11) 满足 (其中 $d \equiv 0$), 则必有

$$u_1(x,t) = u_2(x,t),\ x\in\overline{\Omega}, t\geqslant 0.$$

**证明:** 令 $v = u_1 - u_2$, 则 $v$ 是

$$\begin{cases} \rho v_{tt} - \nabla\cdot(\tau\nabla v) + av(x,t) = 0,\ x\in\Omega, t>0,\\ \alpha v(x,t) + \beta\dfrac{\partial v}{\partial \boldsymbol{n}} = 0,\ x\in\Omega, t>0,\\ v(x,0) = 0 = v_t(x,0),\ x\in\Omega \end{cases}$$

的解, 于是由(5.1.19) 得

$$E'(t) = 0,\ \forall t\geqslant 0, \tag{5.1.20}$$

所以

$$E(t) = E(0) = 0,\ \forall t\geqslant 0,$$

即对任意的 $t \geqslant 0$, 有

$$\frac{1}{2}\int_{\Omega}\left(\rho(v_t)^2 + \tau|\nabla v|^2 + av^2\right)\mathrm{d}x + \frac{1}{2}\int_{\Gamma_3}\tau\frac{\alpha}{\beta}v^2\,\mathrm{d}S(x) = 0,$$

由此有 $v_t = |\nabla v| = 0$, 故

$$v(x,t) = \text{const.},\ \forall x \in \Omega, t \geqslant 0,$$

又 $v(x,0) = 0$, 故

$$v(x,t) = 0,\ \forall x \in \overline{\Omega}, t \geqslant 0,$$

此即

$$u_1(x,t) = u_2(x,t), x \in \overline{\Omega}, t \geqslant 0.$$

□

**注 5.1.1** 由证明过程中的 (5.1.20) 可知, 如果 (5.1.10) 的边界条件 (5.1.10b) 是齐次的, (5.1.10a) 是齐次的, 且 $d \equiv 0, a \geqslant 0$, 则 $E'(t) = 0, \forall t \geqslant 0$, 从而 $E(t) = E(0), \forall t > 0$, 即此时 (5.1.10)对应的能量是守恒的.

接下来考察混合问题 (5.1.10) 的解关于外力 $f$ 和初始数据的稳定性.

由 (5.1.19) 得

$$E'(t) \leqslant \frac{1}{2}\int_\Omega f^2(x,t)\mathrm{d}x + \frac{1}{2}\int_\Omega (v_t)^2\mathrm{d}x.$$

如果

$$\rho(x) \geqslant \rho_0 > 0,\ \forall x \in \Omega, \tag{5.1.21}$$

那么

$$\begin{aligned}E'(t) &\leqslant \frac{1}{2}\int_\Omega f^2(x,t)\mathrm{d}x + \frac{1}{\rho_0}\int_\Omega \frac{\rho}{2}(v_t)^2\mathrm{d}x \\ &\leqslant \frac{1}{2}\int_\Omega f^2(x,t)\mathrm{d}x + \frac{1}{\rho_0}E(t),\end{aligned}$$

故

$$\left(\mathrm{e}^{-\frac{t}{\rho_0}}E(t)\right)' \leqslant \frac{1}{2}\mathrm{e}^{-\frac{t}{\rho_0}}\int_\Omega f^2(x,t)\mathrm{d}x,$$

从而

$$0 \leqslant E(t) \leqslant \mathrm{e}^{\frac{t}{\rho_0}}\left(E(0) + \frac{1}{2}\int_0^t \mathrm{e}^{-\frac{\tau}{\rho_0}}\int_\Omega f^2(x,\tau)\mathrm{d}x\mathrm{d}\tau\right),\ t \geqslant 0. \tag{5.1.22}$$

该不等式描述了混合问题 (5.1.10) 对应的能量随时间演化的方式, 故称 (5.1.22) 为 (5.1.10) 在 $d \equiv 0, a \geqslant 0$ 时对应的**能量不等式**.

利用上述能量不等式容易得到下面的定理.

**定理 5.1.2** (稳定性, 无耗散, $a \geqslant 0$) 如果条件 (5.1.11) 满足, $u_i = u_i(x,t)$ 是混合问题

$$\begin{cases} \rho \dfrac{\partial^2}{\partial t^2} u_i - \nabla \cdot (\tau \nabla u_i) + a u_i = f_i(x,t),\ x \in \Omega, t > 0, \\ \alpha u_i + \beta \dfrac{\partial}{\partial \boldsymbol{n}} u_i = g(x,t),\ x \in \partial\Omega, t > 0, \\ u_i(x,0) = \phi_i(x), \dfrac{\partial}{\partial t} u_i(x,0) = \psi_i(x),\ x \in \Omega \end{cases}$$

的解, $i = 1, 2$, 且存在常数 $\rho_0, \rho_1, \tau_1, M_1, \alpha_1, \beta_0$, 使得 $0 < \rho_0 \leqslant \rho \leqslant \rho_1, \tau \leqslant \tau_1, 0 \leqslant a \leqslant M_1, 0 \leqslant \alpha \leqslant \alpha_1, \beta \geqslant \beta_0 > 0$, 那么, 对任意的 $T > 0$, 记双曲内部为 $\Omega_T := \Omega \times (0,T]$, 必存在 $C = C(T, \rho_0, \rho_1, \beta_0, \alpha_1, \tau_1, M_1) > 0$, 使得

$$\begin{aligned} \|u_1 - u_2\|_{L^2(\Omega_T)} \leqslant & C\Big( \|\phi_1 - \phi_2\|_{L^2(\Omega)} + \|\phi_1 - \phi_2\|_{L^2(\Gamma_3)} + \|\nabla\phi_1 - \nabla\phi_2\|_{L^2(\Omega)} \\ & + \|\psi_1 - \psi_2\|_{L^2(\Omega)} + \|f_1 - f_2\|_{L^2(\Omega_T)} \Big). \end{aligned} \tag{5.1.23}$$

当 $\Gamma_3 = \emptyset$ 时,只要取其中的 $\|\phi_1 - \phi_2\|_{L^2(\Gamma_3)} = 0$ 即可.

**证明:** 令 $v = u_1 - u_2$, 则 $v$ 满足 (5.1.13), 其中

$$f = f_1 - f_2,\ \phi = \phi_1 - \phi_2,\ \psi = \psi_1 - \psi_2,$$

又

$$a(x) \geqslant 0,\quad 且\ \rho \geqslant \rho_0 > 0,$$

故能量不等式 (5.1.22) 成立.

记

$$E_0(t) := \int_\Omega v^2(x,t) \mathrm{d}x,$$

则

$$\begin{aligned} E_0'(t) &= \int_\Omega 2 v v_t \,\mathrm{d}x \leqslant \int_\Omega v^2 \mathrm{d}x + \int_\Omega (v_t)^2 \mathrm{d}x \\ &\leqslant E_0(t) + \frac{2}{\rho_0} \int_\Omega \frac{\rho}{2} (v_t)^2 \mathrm{d}x \leqslant E_0(t) + \frac{2}{\rho_0} E(t), \end{aligned}$$

从而由 (5.1.22) 得

$$E_0'(t) - E_0(t) \leqslant \frac{2}{\rho_0} \mathrm{e}^{\frac{t}{\rho_0}} \Big( E(0) + \frac{1}{2} \int_0^t \mathrm{e}^{-\frac{\tau}{\rho_0}} \int_\Omega f^2(x,\tau) \mathrm{d}x \mathrm{d}\tau \Big),$$

所以

$$\left(\mathrm{e}^{-t}E_0(t)\right)' \leqslant \frac{2}{\rho_0}\mathrm{e}^{\frac{t}{\rho_0}-t}\left(E(0)+\frac{1}{2}\int_0^t \mathrm{e}^{-\frac{\tau}{\rho_0}}\int_\Omega f^2(x,\tau)\mathrm{d}x\mathrm{d}\tau\right).$$

解此微分不等式得

$$E_0(t) \leqslant \mathrm{e}^t\left[E_0(0)+\frac{2}{\rho_0}\mathrm{e}^{\frac{t}{\rho_0}}\left(E(0)+\frac{1}{2}\int_0^t \mathrm{e}^{-\frac{\tau}{\rho_0}}\int_\Omega f^2(x,\tau)\mathrm{d}x\mathrm{d}\tau\right)\right],$$

所以, $\forall T>0$, 关于 $t$ 从 0 到 $T$ 积分得

$$\begin{aligned}\int_0^T E_0(t)\mathrm{d}t &\leqslant E_0(0)\mathrm{e}^T+\frac{2}{\rho_0}\int_0^T \mathrm{e}^{t+\frac{t}{\rho_0}}\left(E(0)+\frac{1}{2}\int_0^t \mathrm{e}^{-\frac{\tau}{\rho_0}}\int_\Omega f^2(x,\tau)\mathrm{d}x\mathrm{d}\tau\right)\mathrm{d}t\\ &\leqslant E_0(0)\mathrm{e}^T+2\mathrm{e}^{T+\frac{T}{\rho_0}}\left(E(0)+\frac{1}{2}\int_0^T\int_\Omega f^2(x,\tau)\mathrm{d}x\mathrm{d}\tau\right)\\ &= E_0(0)\mathrm{e}^T+2\mathrm{e}^{T+\frac{T}{\rho_0}}E(0)+\mathrm{e}^{T+\frac{T}{\rho_0}}\|f\|^2_{L^2(\Omega_T)},\end{aligned}$$

故

$$\begin{aligned}&\int_0^T\int_\Omega (u_1-u_2)^2(x,t)\mathrm{d}x\mathrm{d}t\\ \leqslant&\mathrm{e}^T\int_\Omega(\phi_1-\phi_2)^2\mathrm{d}x+2\mathrm{e}^{T+\frac{T}{\rho_0}}\left[\frac{1}{2}\int_\Omega\left(\rho(\psi_1-\psi_2)^2+\tau|\nabla\phi_1-\nabla\phi_2|^2\right.\right.\\ &\left.\left.+a(\phi_1-\phi_2)^2\right)\mathrm{d}x+\frac{1}{2}\int_{\Gamma_3}\tau\frac{\alpha}{\beta}(\phi_1-\phi_2)^2\mathrm{d}S(x)\right]+\mathrm{e}^{T+\frac{T}{\rho_0}}\|f\|^2_{L^2(\Omega_T)}\\ \leqslant&\left(\mathrm{e}^T+\mathrm{e}^{T+\frac{T}{\rho_0}}M_1\right)\int_\Omega(\phi_1-\phi_2)^2\mathrm{d}x+\mathrm{e}^{T+\frac{T}{\rho_0}}\int_\Omega\left(\rho_1(\psi_1-\psi_2)^2+\tau_1|\nabla\phi_1-\nabla\phi_2|^2\right)\mathrm{d}x\\ &+\mathrm{e}^{T+\frac{T}{\rho_0}}\int_{\Gamma_3}\tau_1\frac{\alpha_1}{\beta_0}(\phi_1-\phi_2)^2\mathrm{d}S(x)+\mathrm{e}^{T+\frac{T}{\rho_0}}\|f\|^2_{L^2(\Omega_T)},\end{aligned}$$

于是, 对上式两边开方, 并利用 $C_{\frac{1}{2}}$ 不等式得

$$\begin{aligned}\|u_1-u_2\|_{L^2(\Omega_T)}\leqslant&\sqrt{\mathrm{e}^T+\mathrm{e}^{T+\frac{T}{\rho_0}}M_1}\,\|\phi_1-\phi_2\|_{L^2(\Omega)}+\sqrt{\mathrm{e}^{T+\frac{T}{\rho_0}}}\max\{\rho_1,\tau_1\}\\ &\cdot\left(\|\psi_1-\psi_2\|_{L^2(\Omega)}+\|\nabla\phi_1-\nabla\phi_2\|_{L^2(\Omega)}\right)\\ &+\sqrt{\frac{\tau_1\alpha_1\mathrm{e}^{T+\frac{T}{\rho_0}}}{\beta_0}}\|\phi_1-\phi_2\|_{L^2(\Gamma_3)}+\sqrt{\mathrm{e}^{T+\frac{T}{\rho_0}}}\|f\|_{L^2(\Omega_T)}\end{aligned}$$

$$\leqslant C(T,\rho_0,\rho_1,\beta_0,\alpha_1,\tau_1,M_1)\Big(||\phi_1-\phi_2||_{L^2(\Omega)}+||\phi_1-\phi_2||_{L^2(\Gamma_3)}$$

$$+||\nabla\phi_1-\nabla\phi_2||_{L^2(\Omega)}+||\psi_1-\psi_2||_{L^2(\Omega)}+||f_1-f_2||_{L^2(\Omega_T)}\Big).$$

如果 $\Gamma_3=\emptyset$, 则只需取上式中的 $||\phi_1-\phi_2||_{L^2(\Gamma_3)}=0$ 即可. □

**注 5.1.2** 上述证明的最后一个不等式用到 $C_p$ 不等式: 对任意的 $a,b\in\mathbb{R},p>0$, 有

$$(|a|+|b|)^p\leqslant C_p(|a|^p+|b|^p),\ \text{其中}\ C_p=\begin{cases}1,\ 0<p\leqslant 1,\\2^{p-1},\ p>1.\end{cases}$$

**注 5.1.3** 上述能量估计 (5.1.22) 实际上是一种**先验估计** (Apriori Estimate), 即如果 $u$ 是 (5.1.10) 在 $d\equiv 0,a\geqslant 0$ 时的解, 那么必有 (5.1.22) 成立, 至于该解是否真的存在, 并不需要事先知道.

(2) 当 $\exists x_0\in\Omega:a(x_0)<0$ 时

此时由于能量积分可能为负,所以能量不等式 (5.1.22) 未必成立, 从而要研究混合问题 (5.1.10) 的唯一性和稳定性是比较难处理的. 但是当 $a$ 有下界时, 可通过选择适当的变量替换将之转化为易于处理的类型. 实际上, 如果:

$$\exists m_1<0,\ \text{使得}\ a(x)>m_1,\forall x\in\Omega, \tag{5.1.24}$$

则可令

$$v(x,t)=\mathrm{e}^{\delta t}w(x,t),$$

其中 $\delta>0$ 待定, 将之代入混合问题 (5.1.13) 并整理后得

$$\begin{cases}\rho w_{tt}+2\delta\rho w_t+(\rho\delta^2+a)w-\nabla\cdot(\tau\nabla w)=\mathrm{e}^{-\delta t}f(x,t),\ x\in\Omega,t>0,\\\alpha w(x,t)+\beta\dfrac{\partial w}{\partial \boldsymbol{n}}=0,\ x\in\partial\Omega,t>0,\\w(x,0)=\phi(x),w_t(x,0)=\psi(x)-\delta\phi(x),\ x\in\Omega.\end{cases} \tag{5.1.25}$$

此时, 如果 (5.1.21) 成立, 则可选择 $\delta>0$, 使得

$$\rho_0\delta^2+m_1\geqslant 0,\ \forall x\in\Omega.$$

但 (5.1.25) 并非是形如 (5.1.13) 的形式, 而是属于耗散型的. 所以接下来只需研究耗散型问题, 然后再将相应结果直接应用到 (5.1.25) 即可.

2) 耗散型 ($d \not\equiv 0$)

此时如果 (5.1.12) 中的 $a$ 满足:

$$\exists x_0 \in \Omega : a(x_0) < 0,$$

则只要 (5.1.24) 成立, 令

$$u(x,t) = \mathrm{e}^{\delta t} w(x,t),\ \delta \text{ 待定},$$

代入 (5.1.12) 并整理得

$$\begin{cases} \rho w_{tt} + (2\rho\delta + d) w_t + (\rho\delta^2 + d\delta + a) w - \nabla\cdot(\tau\nabla w) = \mathrm{e}^{-\delta t} f(x,t),\ x \in \Omega, t > 0, \\ \alpha w(x,t) + \beta \dfrac{\partial w}{\partial \boldsymbol{n}} = 0,\ x \in \partial\Omega, t > 0, \\ w(x,0) = \phi(x), w_t(x,0) = \psi(x) - \delta\phi(x),\ x \in \Omega. \end{cases}$$

由此可知, 只要 (5.1.21) 和 (5.1.24) 成立, 则可选择足够大的 $\delta$, 使得

$$\rho_0\delta^2 + d\delta + m_1 \geqslant 0.$$

故接下来在分析 (5.1.10) 在耗散情形时解的唯一性和稳定性时, 只需考察 (5.1.12) 在 $a \geqslant 0$ 时即可, 即

$$\begin{cases} \rho v_{tt} + d v_t - \nabla\cdot(\tau\nabla v) + a v = f(x,t),\ x \in \Omega, t > 0, & (5.1.26\text{a}) \\ \alpha v(x,t) + \beta \dfrac{\partial v}{\partial \boldsymbol{n}} = 0,\ x \in \partial\Omega, t > 0, & (5.1.26\text{b}) \\ v(x,0) = \phi(x), v_t(x,0) = \psi(x),\ x \in \Omega, & (5.1.26\text{c}) \end{cases}$$

其中条件 (5.1.11) 成立, 且 $a(x) \geqslant 0, \forall x \in \Omega$.

为了构造混合问题 (5.1.26) 对应的能量积分, 和前面类似, 用 $v_t$ 乘以 (5.1.26a) 两端, 并在 $\Omega$ 上积分得

$$\int_\Omega \Big[\rho v_t v_{tt} + d(v_t)^2 - v_t \nabla\cdot(\tau\nabla v) + a v v_t\Big] \mathrm{d}x = \int_\Omega f(x,t) v_t \,\mathrm{d}x.$$

由分部积分得

$$\begin{aligned} &\int_\Omega \Big[\rho v_t v_{tt} + d(v_t)^2 - v_t \nabla\cdot(\tau\nabla v) + a v v_t\Big] \mathrm{d}x \\ &= \int_\Omega \Big[\rho v_t v_{tt} + \tau\nabla v\cdot\nabla(v_t) + a v v_t + d(v_t)^2\Big] \mathrm{d}x - \int_{\partial\Omega} \tau v_t \frac{\partial v}{\partial \boldsymbol{n}} \mathrm{d}S(x) \\ &= \int_\Omega \Big[\rho v_t v_{tt} + d(v_t)^2 + \tau\nabla v\cdot\nabla(v_t) + a v v_t\Big] \mathrm{d}x + \int_{\Gamma_3} \tau \frac{\alpha}{\beta} v v_t \mathrm{d}S(x), \end{aligned}$$

从而

$$\frac{\partial}{\partial t}\left[\frac{1}{2}\int_{\Omega}\left(\rho(v_t)^2+\tau|\nabla v|^2+av^2\right)\mathrm{d}x+\frac{1}{2}\int_{\Gamma_3}\tau\frac{\alpha}{\beta}v^2\mathrm{d}S(x)\right]$$

$$=-\int_{\Omega}d(v_t)^2\mathrm{d}x+\int_{\Omega}v_t f(x,t)\mathrm{d}x,$$

由此可见, 如果把 (5.1.18) 作为 (5.1.26) 的能量积分, 则该能量积分满足关系式

$$E'(t)=-\int_{\Omega}d(v_t)^2\mathrm{d}x+\int_{\Omega}v_t f(x,t)\mathrm{d}x, \tag{5.1.27}$$

于是, 混合问题 (5.1.26) 对应的能量 $E(t)$ 在 $f\equiv 0$ 时未必守恒, 而是满足

$$E'(t)=-\int_{\Omega}d(v_t)^2\mathrm{d}x\leqslant 0,\ \forall t\geqslant 0, \tag{5.1.28}$$

即能量是随时间的发展而逐渐衰减的 (比如当 (5.1.28) 中的积分严格大于零时), 这种衰减是由 (5.1.26a) 中出现的耗散项 $dv_t$ $(d\geqslant 0)$ 引起的, 这也是该项被称作耗散项的原因.

由 (5.1.28) 立即得如下的定理.

**定理 5.1.3 (唯一性, 耗散情形)** **设条件 (5.1.11) 满足, 且** $a\geqslant 0$, $u_i=u_i(x,t)$ $(i=1,2)$ **均为 (5.1.10) 的解, 则必有**

$$u_1(x,t)=u_2(x,t),\ \forall x\in\overline{\Omega},t\geqslant 0.$$

此定理的证明和定理 5.1.1 类似, 故略.

由该定理和变换 $u=\mathrm{e}^{\delta t}v(x,t)$ 立即得到:

**推论 5.1.1 (唯一性, 无耗散, $\neg(a\geqslant 0)$)** **设条件 (5.1.11) 和 (5.1.24) 均满足,** $u_i=u_i(x,t)$ $(i=1,2)$ **均是混合问题**

$$\begin{cases}\rho u_{tt}-\nabla\cdot(\tau\nabla u)+au=f(x,t),\ x\in\Omega,t>0,\\[2mm] \alpha u+\beta\dfrac{\partial u}{\partial \boldsymbol{n}}=g(x,t),\ x\in\partial\Omega,t>0,\\[2mm] u(x,0)=\phi(x),u_t(x,0)=\psi(x),\ x\in\Omega\end{cases}$$

**的解, 则有**

$$u_1(x,t)=u_2(x,t),\ \forall x\in\overline{\Omega},t\geqslant 0.$$

下面来分析 (5.1.10) 的解关于外力和初始数据的稳定性.

由于

$$d(x) \geqslant 0, \ \forall x \in \Omega,$$

由 (5.1.27) 得

$$E'(t) \leqslant \int_{\Omega} v_t f(x,t) \mathrm{d}x,$$

重复 (5.1.22) 的推导过程, 易知对于 (5.1.26) 而言, 只要 (5.1.21) 成立, 则必有 (5.1.22) 也成立, 从而利用定理 5.1.2 易得下面的定理.

**定理 5.1.4** (稳定性, 耗散情形, $a \geqslant 0$) 设条件 (5.1.11) 满足, 且存在常数 $\rho_0, \rho_1, \tau_1, M_1, \alpha_1, \beta_0$, 使得 $\rho(x), \tau(x), a(x), \alpha(x)$ 和 $\beta(x)$ 满足关系式

$$\rho_1 \geqslant \rho(x) \geqslant \rho_0 > 0,$$

$$\tau(x) \leqslant \tau_1, \ 0 \leqslant a(x) \leqslant M_1,$$

$$0 \leqslant \alpha(x) \leqslant \alpha_1,$$

$$\beta(x) \geqslant \beta_0 > 0,$$

$u_i = u_i(x,t) \ (i=1,2)$ 是双曲型方程混合问题

$$\begin{cases} \rho \dfrac{\partial^2}{\partial t^2} u_i + d \dfrac{\partial}{\partial t} u_i - \nabla \cdot (\tau \nabla u_i) + a u_i = f_i(x,t), \ x \in \Omega, t > 0, \\ \alpha u_i + \beta \dfrac{\partial}{\partial \boldsymbol{n}} u_i = g(x,t), \ x \in \partial\Omega, t > 0, \\ u_i(x,0) = \phi_i(x), \dfrac{\partial}{\partial t} u_i(x,0) = \psi_i(x), \ x \in \Omega \end{cases}$$

的解, 则对任意的 $T > 0$, 存在 $C = C(T, \rho_0, \rho_1, \beta_0, \alpha_1, \tau_1, M_1) > 0$, 使得

$$\begin{aligned} ||u_1 - u_2||_{L^2(\Omega_T)} \leqslant & C\Big( ||\phi_1 - \phi_2||_{L^2(\Omega)} + ||\phi_1 - \phi_2||_{L^2(\Gamma_3)} + ||\nabla\phi_1 - \nabla\phi_2||_{L^2(\Omega)} \\ & + ||\psi_1 - \psi_2||_{L^2(\Omega)} + ||f_1 - f_2||_{L^2(\Omega_T)} \Big). \end{aligned}$$

根据该定理立即可得下面的推论.

**推论 5.1.2** (稳定性, 无耗散, $\neg(a \geqslant 0)$) 设条件 (5.1.11) 满足, 且存在常数 $m_1 < 0, \delta > 0, \rho_0, \rho_1, \tau_1, M_1, \alpha_1, \beta_0$, 使得

$$\rho_0 \delta^2 + m_1 \geqslant 0, \ \rho_1 \geqslant \rho(x) \geqslant \rho_0 > 0,$$

$$\tau(x) \leqslant \tau_1, \ m_1 \leqslant a(x) \leqslant M_1,$$

$$0 \leqslant \alpha(x) \leqslant \alpha_1,\ \beta(x) \geqslant \beta_0 > 0,$$

$u_i = u_i(x,t)\ (i=1,2)$ 是双曲型方程混合问题

$$\begin{cases} \rho \dfrac{\partial^2}{\partial t^2} u_i - \nabla \cdot (\tau \nabla u_i) + a u_i = f_i(x,t),\ x \in \Omega, t > 0, \\ \alpha u_i + \beta \dfrac{\partial}{\partial \boldsymbol{n}} u_i = g(x,t),\ x \in \partial\Omega, t > 0, \\ u_i(x,0) = \phi_i(x), \dfrac{\partial}{\partial t} u_i(x,0) = \psi_i(x),\ x \in \Omega \end{cases}$$

的解, 则对任意的 $T > 0$, 必存在

$$\tilde{C} = \tilde{C}(T, \delta, \rho_0, \rho_1, \beta_0, \alpha_1, \tau_1, M_1) > 0,$$

使得

$$\begin{aligned} ||u_1 - u_2||_{L^2(\Omega_T)} \leqslant & \tilde{C}\Big(||\phi_1 - \phi_2||_{L^2(\Omega)} + ||\phi_1 - \phi_2||_{L^2(\Gamma_3)} + ||\nabla\phi_1 - \nabla\phi_2||_{L^2(\Omega)} \\ & + ||\psi_1 - \psi_2||_{L^2(\Omega)} + ||f_1 - f_2||_{L^2(\Omega_T)}\Big). \end{aligned}$$

特别地, 对于波方程情形, 立即有如下的推论.

**推论 5.1.3** (Dirichlet 问题唯一性) 如果 $u_i = u_i(x,t)\ (i=1,2)$ 均是 Dirichlet 问题

$$\begin{cases} u_{tt} = c^2 \Delta u + f(x,t),\ x \in \Omega \subset \mathbb{R}^n, t > 0, c = \text{const.} > 0, \\ u(x,t) = g(x,t),\ (x,t) \in \partial\Omega \times \{t > 0\}, \\ u(x,0) = \phi(x), u_t(x,0) = \psi(x),\ x \in \overline{\Omega} \end{cases}$$

的解, 那么

$$u_1(x,t) = u_2(x,t),\ \forall (x,t) \in \overline{\Omega} \times [0,\infty).$$

**推论 5.1.4** (Dirichlet 问题稳定性) 设 $u_i = u_i(x,t)\ (i=1,2)$ 是如下波方程 Dirichlet 问题

$$\begin{cases} (u_i)_{tt} = c^2 \Delta(u_i) + f_i(x,t),\ x \in \Omega, t > 0, c = \text{const.} > 0, \\ u_i(x,t) = g(x),\ (x,t) \in \partial\Omega \times \{t > 0\}, \\ u_i(x,0) = \phi_i(x), \dfrac{\partial}{\partial t}(u_i) = \psi_i(x),\ x \in \overline{\Omega} \end{cases}$$

的解, 其中 $\Omega$ 是 $\mathbb{R}^n$ 中的有界开集, 那么对任意的 $T > 0$, 存在 $C = C(c,T) > 0$,

使得

$$\begin{aligned}||u_1-u_2||_{L^2(\Omega_T)} \leqslant & C\big(||\phi_1-\phi_2||_{L^2(\Omega)}+||\nabla\phi_1-\nabla\phi_2||_{L^2(\Omega)} \\ & +||\psi_1-\psi_2||_{L^2(\Omega)}+||f_1-f_2||_{L^2(\Omega_T)}\big).\end{aligned}$$

**推论 5.1.5 (Robin 问题的唯一性)** 设 $u_i=u_i(x,t)$ $(i=1,2)$ 是如下波方程 Robin 问题

$$\begin{cases}(u_i)_{tt}=c^2\Delta(u_i)+f(x,t),\ (x,t)\in\Omega\times\{t>0\}, c=\text{const.}>0, \\ \sigma u_i+\tau\dfrac{\partial u_i}{\partial \boldsymbol{n}}=g(x,t),\ (x,t)\in\partial\Omega\times\{t>0\}, \\ u_i(x,0)=\phi(x), (u_i)_t(x,0)=\psi(x),\ x\in\overline{\Omega}\end{cases}$$

的解, 则

$$u_1(x,t)=u_2(x,t),\ (x,t)\in\overline{\Omega}\times\{t\geqslant 0\}.$$

**推论 5.1.6 (Robin 问题关于外力和初值的稳定性)** 设 $u_i=u_i(x,t)$ $(i=1,2)$ 是下列 Robin 边值问题

$$\begin{cases}(u_i)_{tt}=c^2\Delta(u_i)+f_i(x,t),\ (x,t)\in\Omega\times\{t>0\},\ c=\text{const.}>0, \\ \sigma u_i+\tau\dfrac{\partial u_i}{\partial \boldsymbol{n}}=g(x,t),\ (x,t)\in\partial\Omega\times\{t>0\}, \\ u_i(x,0)=\phi_i(x), (u_i)_t(x,0)=\psi_i(x),\ x\in\overline{\Omega}\end{cases}$$

的解, 则对任意的 $T>0$, 存在常数 $C=C(c,\sigma,T,\tau)>0$, 使得下述估计式成立:

$$\begin{aligned}||u_1-u_2||_{L^2(\Omega_T)} \leqslant & C\Big(||\phi_1-\phi_2||_{L^2(\Omega)}+||\nabla\phi_1-\nabla\phi_2||_{L^2(\Omega)} \\ & +||\phi_1-\phi_2||_{L^2(\partial\Omega)}+||\psi_1-\psi_2||_{L^2(\Omega)}+||f_1-f_2||_{L^2(\Omega_T)}\Big).\end{aligned}$$

5.1.2.2 Cauchy 问题 能量估计

1) 波方程 Cauchy 问题 能量估计

前面我们利用 d'Alembert 公式给出了一维波方程 Cauchy 问题解的连续模估计 (4.4.12), 现在我们来考察如何利用能量估计研究高维波方程 Cauchy 问题解的适定性.

我们来考察如下的Cauchy问题:

$$\begin{cases} u_{tt} = c^2 \Delta u + f(x,t),\ (x,t) \in \mathbb{R}^n \times \{t>0\}, c = \text{const.} > 0, & (5.1.29\text{a}) \\ u(x,0) = \phi(x), u_t(x,0) = \psi(x),\ x \in \mathbb{R}^n. & (5.1.29\text{b}) \end{cases}$$

为了构造该问题的解 $u$ 对应的能量积分, 和混合问题类似, 用 $u_t$ 乘以 (5.1.29a) 两端, 然后在适当的紧集上积分(此时一般不能在整个空间 $\mathbb{R}^n$ 上积分). 结合前面对波方程依赖域的分析知道, Cauchy 问题 (5.1.29) 的解 $u(x,t)$ 在任意点 $(x_0,t_0) \in \mathbb{R}^n \times \{t>0\}$ 处对初始数据的依赖域是特征锥

$$\mathcal{C}(x_0, ct_0) := \big\{(x,t) \in \mathbb{R}^n \times (0,\infty) \,\big|\, |x - x_0| \leqslant c(t_0 - t), 0 \leqslant t \leqslant t_0\big\}$$

的底

$$\mathcal{C}(x_0, ct_0) \cap \{t = 0\} = \big\{x \in \mathbb{R}^n \,\big|\, |x - x_0| \leqslant ct_0\big\},$$

且对任意的 $0 \leqslant t \leqslant t_0$, 有 $\mathcal{C}(x_0, ct_0) \cap \{t = t\} = \overline{B}\big(x_0, c(t_0 - t)\big)$, 所以只需在紧集 $\overline{B}\big(x_0, c(t_0-t)\big)$ 上积分即可. 于是对任意的 $x_0 \in \mathbb{R}^n, t_0 > 0$, 由 (5.1.29a) 得

$$\int_{\overline{B}(x_0,c(t_0-t))} (u_t u_{tt} - c^2 u_t \Delta u) \mathrm{d}x = \int_{\overline{B}(x_0,c(t_0-t))} f u_t \mathrm{d}x,\ t \in [0, t_0),$$

而

$$\begin{aligned} &\int_{\overline{B}(x_0,c(t_0-t))} (u_t u_{tt} - c^2 u_t \Delta u) \mathrm{d}x \\ &\xlongequal{\text{IBP}} \int_{\overline{B}(x_0,c(t_0-t))} (u_t u_{tt} + c^2 \nabla u \cdot \nabla u_t) \mathrm{d}x - \int_{\partial B(x_0,c(t_0-t))} c^2 u_t \frac{\partial u}{\partial \boldsymbol{n}} \mathrm{d}S(x), \end{aligned}$$

所以

$$\begin{aligned} &\int_{\overline{B}(x_0,c(t_0-t))} (u_t u_{tt} + c^2 \nabla u \cdot \nabla u_t) \mathrm{d}x \\ =& \int_{\partial B(x_0,c(t_0-t))} c^2 u_t \frac{\partial u}{\partial \boldsymbol{n}} \mathrm{d}S(x) + \int_{\overline{B}(x_0,c(t_0-t))} f u_t \mathrm{d}x, \end{aligned}$$

即

$$\begin{aligned} &\frac{1}{2} \int_{\overline{B}(x_0,c(t_0-t))} \frac{\partial}{\partial t} \big[(u_t)^2 + c^2 |\nabla u|^2\big] \mathrm{d}x \\ =& \int_{\partial B(x_0,c(t_0-t))} c^2 u_t \frac{\partial u}{\partial \boldsymbol{n}} \mathrm{d}S(x) + \int_{\overline{B}(x_0,c(t_0-t))} f u_t \mathrm{d}x. \end{aligned}$$

再由Co-Area公式得

$$\frac{\partial}{\partial t}\left\{\frac{1}{2}\int_{\overline{B}(x_0,c(t_0-t))}\left[(u_t)^2+c^2|\nabla u|^2\right]\mathrm{d}x\right\}$$
$$=\int_{\partial B(x_0,c(t_0-t))}\left[c^2u_t\frac{\partial u}{\partial \boldsymbol{n}}-\frac{c}{2}(u_t)^2-\frac{c^3}{2}|\nabla u|^2\right]\mathrm{d}S(x)+\int_{\overline{B}(x_0,c(t_0-t))}fu_t\mathrm{d}x, \tag{5.1.30}$$

又

$$\begin{aligned} c^2u_t\frac{\partial u}{\partial \boldsymbol{n}} &\leqslant c^2|u_t|\cdot\left|\frac{\partial u}{\partial \boldsymbol{n}}\right|\leqslant c^2|u_t||\nabla u|=(\sqrt{c}|u_t|)\cdot(c^{\frac{3}{2}}|\nabla u|) \\ &\leqslant \frac{c}{2}(u_t)^2+\frac{c^3}{2}|\nabla u|^2, \end{aligned} \tag{5.1.31}$$

将 (5.1.31) 代入 (5.1.30) 即得

$$\frac{\partial}{\partial t}\left\{\frac{1}{2}\int_{\overline{B}(x_0,c(t_0-t))}\left[(u_t)^2+c^2|\nabla u|^2\right]\mathrm{d}x\right\}\leqslant\int_{\overline{B}(x_0,c(t_0-t))}fu_t\mathrm{d}x.$$

据此, 我们给出下面的定义.

**定义 5.1.2** 对任意的 $x_0\in\mathbb{R}^n, t_0>0$, 称

$$E(t):=\frac{1}{2}\int_{\overline{B}(x_0,c(t_0-t))}\left[(u_t)^2+c^2|\nabla u|^2\right]\mathrm{d}x,\ 0\leqslant t<t_0 \tag{5.1.32}$$

为波方程Cauchy问题 (5.1.29) 对应的能量积分.

由此, 有

$$E'(t)\leqslant\int_{\overline{B}(x_0,c(t_0-t))}fu_t\,\mathrm{d}x,\ \forall t\in[0,t_0). \tag{5.1.33}$$

根据 (5.1.33) 立即可得下面的定理.

**定理 5.1.5 (波方程Cauchy问题解的唯一性)** 设 $u_i=u_i(x,t)\ (i=1,2)$ 均是如下Cauchy问题

$$\begin{cases} u_{tt}=c^2\Delta u+f(x,t),\ x\in\mathbb{R}^n,t>0,c=\text{const.}>0, \\ u(x,0)=\phi,u_t(x,0)=\psi,\ x\in\mathbb{R}^n\ . \end{cases}$$

的解, 则

$$u_1(x,t)=u_2(x,t),\ (x,t)\in\mathbb{R}^n\times[0,\infty)\ .$$

证明: 令 $w=u_1-u_2$, 则

$$\begin{cases} w_{tt}-c^2\Delta w(x,t)=0,\ x\in\mathbb{R}^n, t>0,\\ w(x,0)=w_t(x,0)=0,\ x\in\mathbb{R}^n. \end{cases}$$

于是对任意的 $(x_0,t_0)\in\mathbb{R}^n\times(0,\infty)$, 当 $0\leqslant t\leqslant t_0$ 时, 由 (5.1.33) 有

$$E'(t)\leqslant 0,\ \forall t\in[0,t_0),$$

从而

$$E(t)=\frac{1}{2}\int_{\overline{B}(x_0,c(t_0-t))}\left((w_t)^2+c^2|\nabla w|^2\right)\mathrm{d}x\leqslant E(0)=0,$$

所以, 当 $(x,t)\in\{(x,t)\in\mathbb{R}^n\times[0,t_0]\,\big|\,|x-x_0|\leqslant c(t_0-t)\}$ 时, $w_t=|\nabla w|=0$, 故 $w|_{\mathcal{C}(x_0,ct_0)}=\text{const.}$. 再由 $w(x,0)=w_t(x,0)=0$ 知, 必有 $w(x_0,t_0)=0$, 从而 $u_1(x_0,t_0)=u_2(x_0,t_0)$. 最后由 $(x_0,t_0)$ 的任意性便得到解的唯一性. □

再来考察解关于 $f$ 和初始数据的稳定性. 由 (5.1.33) 得

$$\begin{aligned} E'(t) &\leqslant \int_{\overline{B}(x_0,c(t_0-t))} u_t f\mathrm{d}x\\ &\leqslant \int_{\overline{B}(x_0,c(t_0-t))}\frac{(u_t)^2}{2}\mathrm{d}x+\int_{\overline{B}(x_0,c(t_0-t))}\frac{f^2}{2}\mathrm{d}x, \end{aligned}$$

从而 $E'(t)\leqslant E(t)+F(t)$, 其中 $F(t)=\int_{\overline{B}(x_0,c(t_0-t))}\frac{f^2}{2}\mathrm{d}x\geqslant 0$. 于是解此微分不等式得

$$E(t)\leqslant \mathrm{e}^t\left(E(0)+\int_0^t F(s)\mathrm{d}s\right),\ 0\leqslant t\leqslant t_0. \tag{5.1.34}$$

此式就是波方程 Cauchy 问题 (5.1.29) 解对应的**能量估计式**. 利用此估计式便可得到如下的波方程 Cauchy 问题解的连续依赖性结论.

**定理 5.1.6 (波方程 Cauchy 问题解的连续依赖性)** 如果 $u_i=u_i(x,t)$ $(i=1,2)$ 满足波方程 Cauchy 问题:

$$\begin{cases} \dfrac{\partial^2}{\partial t^2}u_i(x,t)=c^2\Delta(u_i)+f_i(x,t),\ (x,t)\in\mathbb{R}^n\times(0,\infty), c=\text{const.}>0,\\ u_i(x,0)=\phi_i(x), \dfrac{\partial}{\partial t}u_i(x,0)=\psi_i(x),\ x\in\mathbb{R}^n, \end{cases}$$

则对任意的 $(x_0,t_0)\in\mathbb{R}^n\times(0,\infty)$, 存在 $C=C(c,t_0)>0$, 使得

$$\begin{aligned}||u_1-u_2||_{L^2(\mathcal{C}(x_0,ct_0))}\leqslant C\Big(&||\phi_1-\phi_2||_{L^2(B(x_0,ct_0))}+||\nabla\phi_1-\nabla\phi_2||_{L^2(B(x_0,ct_0))}\\&+||\psi_1-\psi_2||_{L^2(B(x_0,ct_0))}+||f_1-f_2||_{L^2(\mathcal{C}(x_0,ct_0))}\Big).\end{aligned}$$

**证明**: 任取 $(x_0,t_0)\in\mathbb{R}^n\times(0,\infty)$, 令 $w=u_1-u_2$, 则 $w$ 满足如下的 Cauchy 问题:

$$\begin{cases}w_{tt}=c^2\Delta w+(f_1-f_2)(x,t),\ (x,t)\in\mathbb{R}^n\times(0,\infty),\\ w(x,0)=(\phi_1-\phi_2)(x),w_t(x,0)=(\psi_1-\psi_2)(x),\ x\in\mathbb{R}^n.\end{cases}$$

记

$$E_0(t):=\int_{\overline{B}(x_0,c(t_0-t))}w^2(x,t)\mathrm{d}x,\ 0\leqslant t<t_0,$$

则微分上式, 并根据引理 4.4.1 的余面积公式 (Co-Area Formula) 可得

$$\begin{aligned}E_0'(t)&=2\int_{\overline{B}(x_0,c(t_0-t))}ww_t\mathrm{d}x-c\int_{\partial\overline{B}(x_0,c(t_0-t))}w^2(x,t)\mathrm{d}S(x)\\&\leqslant 2\int_{\overline{B}(x_0,c(t_0-t))}ww_t\mathrm{d}x\leqslant\int_{\overline{B}(x_0,c(t_0-t))}w^2\mathrm{d}x+\int_{\overline{B}(x_0,c(t_0-t))}(w_t)^2\mathrm{d}x\\&\leqslant E_0(t)+2E(t),\end{aligned}\tag{5.1.35}$$

其中

$$E(t)=\int_{\overline{B}(x_0,c(t_0-t))}\left(\frac{1}{2}(w_t)^2+\frac{c^2}{2}|\nabla w|^2\right)\mathrm{d}x.$$

再根据能量估计式 (5.1.34) 得

$$\begin{aligned}E(t)&\leqslant \mathrm{e}^t\Big(E(0)+\int_0^t F(s)\mathrm{d}s\Big)\\&\leqslant \mathrm{e}^t\Big(E(0)+2\int_0^{t_0}F(s)\mathrm{d}s\Big)=\mathrm{e}^t\Big(E(0)+||f_1-f_2||^2_{L^2(\mathcal{C}(x_0,ct_0))}\Big),\end{aligned}\tag{5.1.36}$$

其中 $F(t)=\int_{\overline{B}(x_0,c(t_0-t))}\frac{1}{2}(f_1-f_2)^2(x,t)\mathrm{d}x\geqslant 0$, 然后把 (5.1.36) 代入 (5.1.35) 后整理得

$$\left(\mathrm{e}^{-t}E_0(t)\right)'\leqslant 2\Big(E(0)+||f_1-f_2||^2_{L^2(\mathcal{C}(x_0,ct_0))}\Big).$$

再积分上式得当 $0 \leqslant t < t_0$ 时有

$$\mathrm{e}^{-t}E_0(t) - E_0(0) \leqslant 2t_0\Big(E(0) + \|f_1 - f_2\|^2_{L^2(\mathcal{C}(x_0,ct_0))}\Big),$$

再整理得

$$E_0(t) \leqslant \mathrm{e}^{t_0}E_0(0) + 2t_0\mathrm{e}^{t_0}\Big(E(0) + \|f_1 - f_2\|^2_{L^2(\mathcal{C}(x_0,ct_0))}\Big),$$

最后对 $t$ 从 0 到 $t_0$ 积分后得到

$$\begin{aligned}
&\|u_1 - u_2\|^2_{L^2(\mathcal{C}(x_0,ct_0))} \\
\leqslant & t_0\mathrm{e}^{t_0}E_0(0) + 2t_0^2\mathrm{e}^{t_0}\Big(E(0) + \|f_1 - f_2\|^2_{L^2(\mathcal{C}(x_0,ct_0))}\Big) \\
= & t_0\mathrm{e}^{t_0}\|\phi_1 - \phi_2\|^2_{L^2(B(x_0,ct_0))} + t_0^2\mathrm{e}^{t_0}\int_{B(x_0,ct_0)}(\psi_1 - \psi_2)^2\mathrm{d}x \\
& + t_0^2\mathrm{e}^{t_0}\int_{B(x_0,ct_0)}c^2|\nabla\phi_1 - \nabla\phi_2|^2\mathrm{d}x + 2t_0^2\mathrm{e}^{t_0}\|f_1 - f_2\|^2_{L^2(\mathcal{C}(x_0,ct_0))},
\end{aligned}$$

由此, 结合 $C_p$ 不等式可知: 存在 $C = C(c, t_0) > 0$, 使得

$$\begin{aligned}
\|u_1 - u_2\|_{L^2(C(x_0,ct_0))} \leqslant & C\Big(\|\phi_1 - \phi_2\|_{L^2(B(x_0,ct_0))} + \|\nabla\phi_1 - \nabla\phi_2\|_{L^2(B(x_0,ct_0))} \\
& + \|\psi_1 - \psi_2\|_{L^2(B(x_0,ct_0))} + \|f_1 - f_2\|_{L^2(\mathcal{C}(x_0,ct_0))}\Big). \quad \square
\end{aligned}$$

2) 二阶线性双曲型方程 Cauchy 问题 能量估计

下面考虑把波方程 Cauchy 问题唯一性和稳定性的相关结果推广到二阶线性双曲型方程 Cauchy 问题情形, 为便于讨论, 我们考察如下形式的 Cauchy 问题:

$$\begin{cases} \rho u_{tt} + du_t - \nabla\cdot(\tau\nabla u) + au = f(x,t),\ x \in \mathbb{R}^n, t > 0, & (5.1.37\text{a}) \\ u(x,0) = \phi(x), u_t(x,0) = \psi(x),\ x \in \mathbb{R}^n, & (5.1.37\text{b}) \end{cases}$$

其中:

$$\begin{aligned}
& d = d(x) \geqslant 0, a = a(x) \geqslant 0, \rho = \rho(x), \tau = \tau(x),\ \forall x \in \mathbb{R}^n, \\
& \text{且存在常数 } \rho_0, \tau_1, \text{使得 } 0 < \rho_0 \leqslant \rho, 0 < \tau \leqslant \tau_1,\ \forall x \in \mathbb{R}^n.
\end{aligned} \qquad (5.1.38)$$

为构造该 Cauchy 问题对应的能量积分, 记

$$\alpha = \sqrt{\frac{\tau_1}{\rho_0}},$$

再任意选取 $(x_0, t_0) \in \mathbb{R}^n \times (0, +\infty)$, 用 $u_t$ 乘以 (5.1.37a) 的两端, 并在 $n$ 维闭球

$\overline{B}(x_0, \alpha(t_0-t))$ $(0 \leqslant t < t_0)$ 上积分得

$$\int_{\overline{B}(x_0,\alpha(t_0-t))} [\rho u_t u_{tt} + d(u_t)^2 - u_t \nabla \cdot (\tau \nabla u) + a u u_t] \mathrm{d}x = \int_{\overline{B}(x_0,\alpha(t_0-t))} f u_t \, \mathrm{d}x,$$

再分部积分得

$$\begin{aligned} &\int_{\overline{B}(x_0,\alpha(t_0-t))} [\rho u_t u_{tt} + \tau(\nabla u \cdot \nabla u_t) + a u u_t] \mathrm{d}x \\ =&\int_{\partial B(x_0,\alpha(t_0-t))} \tau u_t \frac{\partial u}{\partial \boldsymbol{n}} \mathrm{d}S(x) + \int_{\overline{B}(x_0,\alpha(t_0-t))} [f u_t - d(u_t)^2] \, \mathrm{d}x, \end{aligned}$$

注意到$\rho, \tau, a$均与$t$无关, 故有

$$\begin{aligned} &\frac{1}{2}\int_{\overline{B}(x_0,\alpha(t_0-t))} \frac{\partial}{\partial t}[\rho(u_t)^2 + \tau|\nabla u|^2 + a u^2] \mathrm{d}x \\ =&\int_{\partial B(x_0,\alpha(t_0-t))} \tau u_t \frac{\partial u}{\partial \boldsymbol{n}} \mathrm{d}S(x) + \int_{\overline{B}(x_0,\alpha(t_0-t))} [f u_t - d(u_t)^2] \, \mathrm{d}x, \end{aligned}$$

从而由 Co-Area 公式得

$$\begin{aligned} &\frac{\partial}{\partial t}\Big[\frac{1}{2}\int_{\overline{B}(x_0,\alpha(t_0-t))} (\rho(u_t)^2 + \tau|\nabla u|^2 + \alpha u^2) \mathrm{d}x\Big] \\ =&\int_{\partial B(x_0,\alpha(t_0-t))} \Big[\tau u_t \frac{\partial u}{\partial \boldsymbol{n}} - \frac{\alpha}{2}(\rho(u_t)^2 + \tau|\nabla u|^2) - \frac{\alpha}{2} a u^2\Big] \mathrm{d}S(x) \\ &+ \int_{\overline{B}(x_0,\alpha(t_0-t))} [f u_t - d(u_t)^2] \, \mathrm{d}x \\ \leqslant&\int_{\partial B(x_0,\alpha(t_0-t))} \Big[\tau u_t \frac{\partial u}{\partial \boldsymbol{n}} - \frac{\alpha}{2}(\rho_0(u_t)^2 + \tau|\nabla u|^2)\Big] \mathrm{d}S(x) + \int_{\overline{B}(x_0,\alpha(t_0-t))} f u_t \, \mathrm{d}x. \end{aligned}$$

由于

$$\begin{aligned} \tau u_t \frac{\partial u}{\partial \boldsymbol{n}} &\leqslant \tau|u_t||\nabla u| \leqslant (\tau_1^{\frac{1}{4}} \rho_0^{\frac{1}{4}} |u_t|) \cdot (\tau^{\frac{3}{4}} \rho_0^{-\frac{1}{4}} |\nabla u|) \\ &\leqslant \frac{1}{2}(\tau_1^{1/2} \rho_0^{1/2} (u_t)^2 + \tau^{3/2} \rho_0^{-1/2} |\nabla u|^2) \\ &\leqslant \frac{1}{2}(\tau_1^{1/2} \rho_0^{1/2} (u_t)^2 + \tau_1^{1/2} \tau \rho_0^{-1/2} |\nabla u|^2) \\ &= \frac{\alpha}{2}(\rho_0(u_t)^2 + \tau|\nabla u|^2), \end{aligned}$$

故有

$$\frac{\partial}{\partial t}\left\{\frac{1}{2}\int_{\overline{B}(x_0,\alpha(t_0-t))}\left[\rho(u_t)^2+\tau|\nabla u|^2+au^2\right]\mathrm{d}x\right\}\leqslant\int_{\overline{B}(x_0,\alpha(t_0-t))}fu_t\,\mathrm{d}x. \tag{5.1.39}$$

由此, 我们给出下面的定义.

**定义 5.1.3** 称积分

$$E(t):=\frac{1}{2}\int_{\overline{B}(x_0,\alpha(t_0-t))}\left[\rho(u_t)^2+\tau|\nabla u|^2+au^2\right]\mathrm{d}x,\ 0\leqslant t<t_0 \tag{5.1.40}$$

为当 $t\in[0,t_0),\forall t_0>0$ 时双曲型方程 Cauchy 问题 (5.1.37) 对应的能量积分.

于是, 根据 (5.1.39) 和 (5.1.40) 得

$$\begin{aligned}E'(t)&\leqslant\int_{\overline{B}(x_0,\alpha(t_0-t))}fu_t\,\mathrm{d}x\\&\leqslant\frac{1}{2}\int_{\overline{B}(x_0,\alpha(t_0-t))}f^2(x,t)\mathrm{d}x+\frac{1}{\rho_0}\int_{\overline{B}(x_0,\alpha(t_0-t))}\frac{\rho}{2}(u_t)^2\mathrm{d}x\\&\leqslant\frac{1}{2}\int_{\overline{B}(x_0,\alpha(t_0-t))}f^2(x,t)\mathrm{d}x+\frac{1}{\rho_0}E(t),\end{aligned}$$

解此微分不等式得

$$E(t)\leqslant\mathrm{e}^{\frac{t}{\rho_0}}\left(E(0)+\int_0^t\frac{\mathrm{e}^{-\frac{s}{\rho_0}}}{2}\int_{\overline{B}(x_0,\alpha(t_0-t)))}f^2(x,s)\mathrm{d}x\mathrm{d}s\right),\ 0\leqslant t<t_0, \tag{5.1.41}$$

此式即为 Cauchy 问题 (5.1.37) 对应的**能量估计**.

利用能量估计 (5.1.41) 易得下面的定理.

**定理 5.1.7 (双曲型方程 Cauchy 问题唯一性)** 设条件 (5.1.38) 满足, $u_i=u_i(x,t)\ (i=1,2)$ 均为双曲型方程 Cauchy 问题

$$\begin{cases}\rho u_{tt}+du_t-\nabla\cdot(\tau\nabla u)+au=f(x,t),\ x\in\mathbb{R}^n,t>0,\\u(x,0)=\phi(x),u_t(x,0)=\psi(x),\ x\in\mathbb{R}^n\end{cases}$$

的解, 则必有

$$u_1(x,t)=u_2(x,t),\ x\in\mathbb{R}^n,\ t\geqslant 0.$$

**证明:** 令 $v=u_1-u_2$, 则 $v$ 满足

$$\begin{cases}\rho v_{tt}+dv_t-\nabla\cdot(\tau\nabla)+av(x,t)=0,\ x\in\mathbb{R}^n,t>0,\\v(x,0)=v_t(x,0)=0,\ x\in\mathbb{R}^n,\end{cases}$$

于是, 对任意的 $(x_0,t_0)\in\mathbb{R}^n\times(0,+\infty)$, 由 (5.1.41) 得当 $0\leqslant t\leqslant t_0$ 时有

$$\frac{1}{2}\int_{\overline{B}(x_0,\alpha(t_0-t))}\Big[\rho(v_t)^2+\tau|\nabla v|^2+av^2\Big]\mathrm{d}x\leqslant 0.$$

又因为 $\rho\geqslant\rho_0>0,\tau>0,a\geqslant 0$, 所以 $v_t=|\nabla v|=0$, 从而 $v(x,t)=\text{const.}$, 当 $x\in\overline{B}(x_0,\alpha(t_0-t)),t\in[0,t_0]$ 时. 又 $v(x,0)=0$, 所以 $v(x,t)=0$, $\forall x\in\overline{B}(x_0,\alpha(t_0-t)),t\in[0,t_0]$, 故 $v(x_0,t_0)=0$. 再由 $(x_0,t_0)$ 的任意性知 $v(x,t)=0,\forall x\in\mathbb{R}^n,t\geqslant 0$, 所以

$$u_1(x,t)=u_2(x,t),\ \forall x\in\mathbb{R}^n,t\geqslant 0.$$

□

**定理 5.1.8** (双曲型方程 Cauchy 问题的稳定性) 设条件 (5.1.38) 满足, 且存在常数 $\rho_1,M_1$, 使得 $0<\rho_0\leqslant\rho\leqslant\rho_1,a(x)\leqslant M_1$, $u_i=u_i(x,t)$ $(i=1,2)$ 是双曲型方程 Cauchy 问题

$$\begin{cases}\rho\dfrac{\partial^2}{\partial t^2}u_i+d\dfrac{\partial}{\partial t}u_i-\nabla\cdot(\tau\nabla u_i)+au_i=f_i(x,t),\ x\in\mathbb{R}^n,t>0,\\[2ex] u_i(x,0)=\phi_i(x),\dfrac{\partial}{\partial t}u_i(x,0)=\psi_i(x),\ x\in\mathbb{R}^n\end{cases}$$

的解, 则对任意的 $(x_0,t_0)\in\mathbb{R}^n\times(0,+\infty)$, 存在常数 $\tilde{C}=\tilde{C}(t_0,\tau_1,\rho_0,\rho_1,M_1)>0$, 使得

$$\begin{aligned}||u_1-u_2||_{L^2(\mathcal{C}(x_0,\alpha t_0))}\leqslant\tilde{C}\Big(&||\phi_1-\phi_2||_{L^2(B(x_0,\alpha t_0))}+||\nabla\phi_1-\nabla\phi_2||_{L^2(B(x_0,\alpha t_0))}\\&+||\psi_1-\psi_2||_{L^2(B(x_0,\alpha t_0))}+||f_1-f_2||_{L^2(\mathcal{C}(x_0,\alpha t_0))}\Big),\end{aligned}$$

其中特征锥

$$\mathcal{C}(x_0,\alpha t_0):=\big\{(x,t)\in\mathbb{R}^n\times[0,+\infty)\ \big|\ |x-x_0|\leqslant\alpha(t_0-t),0\leqslant t\leqslant t_0\big\},$$

且这里的 $\alpha=\sqrt{\dfrac{\tau_1}{\rho_0}}$.

**证明:** 令 $v(x,t)=u_1(x,t)-u_2(x,t)$, 则如果记

$$f=f_1-f_2,\qquad\phi=\phi_1-\phi_2,\qquad\psi=\psi_1-\psi_2,$$

那么 $v$ 必满足 Cauchy 问题:

$$\begin{cases}\rho v_{tt}+dv_t-\nabla\cdot(\tau\nabla v)+av=f(x,t),\ x\in\mathbb{R}^n,t>0,\\ v(x,0)=\phi(x),v_t(x,0)=\psi(x),\ x\in\mathbb{R}^n.\end{cases}$$

任意取 $(x_0,t_0)\in\mathbb{R}^n\times(0,+\infty)$，记

$$E_0(t):=\int_{\overline{B}(x_0,\alpha(t_0-t))}v^2(x,t)\mathrm{d}x,$$

则

$$\begin{aligned}E_0'(t)&=\int_{\overline{B}(x_0,\alpha(t_0-t))}2vv_t\mathrm{d}x-\alpha\int_{\partial B(x_0,\alpha(t_0-t))}v^2\mathrm{d}S(x)\leqslant\int_{\overline{B}(x_0,\alpha(t_0-t))}2vv_t\mathrm{d}x\\&\leqslant\int_{\overline{B}(x_0,\alpha(t_0-t))}v^2\mathrm{d}x+\frac{2}{\rho_0}\int_{\overline{B}(x_0,\alpha(t_0-t))}\frac{\rho}{2}(v_t)^2\mathrm{d}x\leqslant E_0(t)+\frac{2}{\rho_0}E(t),\end{aligned}$$

其中

$$E(t)=\frac{1}{2}\int_{\overline{B}(x_0,\alpha(t_0-t))}\Big(\rho(v_t)^2+\tau|\nabla v|^2+av^2\Big)\mathrm{d}x.$$

再由 (5.1.41) 得

$$E_0'(t)-E_0(t)\leqslant\frac{1}{\rho_0}\mathrm{e}^{\frac{t}{\rho_0}}\Big[2E(0)+\int_0^t\mathrm{e}^{-\frac{s}{\rho_0}}\int_{\overline{B}(x_0,\alpha(t_0-t))}f^2(x,s)\mathrm{d}x\mathrm{d}s\Big],$$

即

$$E_0(t)\leqslant\mathrm{e}^t\left\{E_0(0)+\int_0^t\frac{1}{\rho_0}\mathrm{e}^{\frac{\eta}{\rho_0}}\left[2E(0)+\int_0^\eta\mathrm{e}^{-\frac{s}{\rho_0}}\int_{\overline{B}(x_0,\alpha(t_0-t))}f^2(x,s)\mathrm{d}x\mathrm{d}s\right]\mathrm{d}\eta\right\},$$

所以

$$\begin{aligned}\int_0^{t_0}E_0(t)\mathrm{d}t&\leqslant\int_0^{t_0}\mathrm{e}^t\left[E_0(0)+\int_0^t\frac{\mathrm{e}^{\frac{\eta}{\rho_0}}}{\rho_0}\Big(2E(0)+\int_0^\eta\mathrm{e}^{-\frac{s}{\rho_0}}\int_{\overline{B}(x_0,\alpha(t_0-t))}f^2(x,s)\mathrm{d}x\mathrm{d}s\Big)\mathrm{d}\eta\right]\mathrm{d}t\\&\leqslant\int_0^{t_0}\mathrm{e}^t\left[E_0(0)+\int_0^{t_0}\frac{\mathrm{e}^{\frac{\eta}{\rho_0}}}{\rho_0}\Big(2E(0)+\int_0^{t_0}\int_{\overline{B}(x_0,\alpha(t_0-t))}f^2(x,s)\mathrm{d}x\mathrm{d}s\Big)\mathrm{d}\eta\right]\mathrm{d}t\\&\leqslant\int_0^{t_0}\mathrm{e}^t\Big[E_0(0)+\mathrm{e}^{\frac{t_0}{\rho_0}}\big(2E(0)+||f||^2_{L^2(\mathcal{C}(x_0,at_0))}\big)\Big]\mathrm{d}t\\&\leqslant\mathrm{e}^{t_0}\left[E_0(0)+\mathrm{e}^{\frac{t_0}{\rho_0}}\Big(2E(0)+||f||^2_{L^2(\mathcal{C}(x_0,at_0))}\Big)\right],\end{aligned}$$

从而

$$\begin{aligned}&||u_1-u_2||^2_{L^2(\mathcal{C}(x_0,\alpha t_0))}\\&\leqslant\mathrm{e}^{t_0}\left\{\int_{\overline{B}(x_0,\alpha t_0)}(\phi_1-\phi_2)^2\mathrm{d}x+\mathrm{e}^{\frac{t_0}{\rho_0}}\int_{\overline{B}(x_0,\alpha t_0)}\Big[\rho(\psi_1-\psi_2)^2\right.\end{aligned}$$

$$+\tau|\nabla\phi_1-\nabla\phi_2|^2+a|\phi_1-\phi_2|^2\Big]\mathrm{d}x+\mathrm{e}^{\frac{t_0}{\rho_0}}\|f_1-f_2\|^2_{L^2(\mathcal{C}(x_0,\alpha t_0))}\Bigg\}.$$

故当 $\rho(x)\leqslant\rho_1,\tau\leqslant\tau_1,a\leqslant M_1$ 时, 由 $C_{\frac{1}{2}}$ 不等式知必存在 $\tilde{C}=\tilde{C}(t_0,\tau_1,\rho_0,\rho_1,M_1)>0$, 使得

$$\|u_1-u_2\|_{L^2(\mathcal{C}(x_0,\alpha t_0))}\leqslant\tilde{C}\Big(\|\phi_1-\phi_2\|_{L^2(B(x_0,\alpha t_0))}+\|\nabla\phi_1-\nabla\phi_2\|_{L^2(B(x_0,\alpha t_0))}+\|\psi_1-\psi_2\|_{L^2(B(x_0,\alpha t_0))}+\|f_1-f_2\|_{L^2(\mathcal{C}(x_0,\alpha t_0))}\Big).\qquad\square$$

## 习 题 5.1

1. 请用能量法证明波方程混合问题

$$\begin{cases}u_{tt}=c^2\Delta u(x,t)+f(x,t),\ (x,t)\in\Omega\times(0,+\infty),\\ u|_{\Gamma_1\times(0,+\infty)}=g(x,t),\ \left(\sigma u+\tau\dfrac{\partial u}{\partial\boldsymbol{n}}\right)\Big|_{\Gamma_2\times(0,+\infty)}=h(x,t),\\ u(x,0)=\phi(x),u_t(x,0)=\psi(x),\ x\in\Omega\end{cases}$$

解的唯一性以及解关于外力与初始数据的稳定性, 其中 $\Omega$ 是 $\mathbb{R}^n$ 中的边界足够光滑的有界区域, 且其边界 $\partial\Omega=\Gamma_1\cup\Gamma_2,\Gamma_i\neq\emptyset\ (i=1,2),\Gamma_1\cap\Gamma_2=\emptyset$, 常数 $\tau>0,\sigma>0,c>0$.

2. 请用能量法证明带阻尼波方程混合问题

$$\begin{cases}u_{tt}=c^2\Delta u(x,t)-au_t+f(x,t),\ (x,t)\in\Omega\times(0,+\infty),\\ u(x,t)=g(x,t),\ (x,t)\in\partial\Omega\times(0,+\infty),\\ u(x,0)=\phi(x),u_t(x,0)=\psi(x),\ x\in\Omega\end{cases}$$

解的唯一性和解关于外力与初始数据的稳定性, 其中阻尼系数 $a=a(x)\geqslant0,\Omega$ 是 $\mathbb{R}^n$ 中的边界足够光滑的有界区域, 常数 $c>0$.

3. 请利用形如

$$E(t):=\frac{1}{2}\int_{\Omega}((u_t)^2+c^2|\nabla u|^2+hu^2)\mathrm{d}x,\ \Omega\text{ 适当选定}$$

的能量积分证明 Cauchy 问题

$$\begin{cases}u_{tt}=c^2\Delta u(x,t)-hu+f(x,t),\ (x,t)\in\mathbb{R}^n\times(0,+\infty),\\ u(x,0)=\phi(x),u_t(x,0)=\psi(x),\ x\in\mathbb{R}^n\end{cases}$$

解的唯一性以及解关于外力与初始数据的稳定性, 其中 $h$ 是非负常数.

4. 请用能量积分证明定解问题

$$\begin{cases} u_{tt}+u_{xxxx}=0,\ 0<x<L, t>0, \\ u(0,t)=f_1(t), u_x(0,t)=g_1(t),\ t>0, \\ u(L,t)=f_2(t), u_x(L,t)=g_2(t),\ t>0, \\ u(x,0)=\phi(x), u_t(x,0)=\psi(x),\ 0\leqslant x\leqslant L \end{cases}$$

的解是唯一的, 其中 $f_i, g_i\ (i=1,2)$ 和 $\phi, \psi$ 是给定函数. $\Bigg($提示: 先证明微分恒等式 $u_t u_{xxxx}=(u_t u_{xxx})_x-(u_{tx}u_{xx})_x+\dfrac{1}{2}\dfrac{\partial}{\partial t}\Big[\big(u_{xx}\big)^2\Big].\Bigg)$

5. 请仿双曲型方程混合问题情形考察如下双曲型方程 Cauchy 问题

$$\begin{cases} \rho u_{tt}+du_t-\nabla\cdot(\tau\nabla u)+au=f(x,t),\ x\in\mathbb{R}^n, t>0, \\ u(x,0)=\phi(x), u_t(x,0)=\psi(x),\ x\in\mathbb{R}^n \end{cases}$$

解的唯一性, 其中 $f$ 和 $\phi, \psi$ 具有足够好的正则性以保证该问题有解, $\rho=\rho(x), d=d(x), a=a(x)$ 满足: 存在实数 $\rho_0, m_1>0$, 使得

$$\rho(x)\geqslant\rho_0,\ a(x)\geqslant -m_1,\ d(x)\geqslant 0,\ \forall x\in\mathbb{R}^n.$$

6. (Equipartition of Energy) 设 $u=u(x,t)$ 是如下一维波方程 Cauchy 问题

$$\begin{cases} u_{tt}=u_{xx},\ (x,t)\in\mathbb{R}\times(0,+\infty), \\ u(x,0)=g(x), u_t(x,0)=h(x),\ x\in\mathbb{R} \end{cases}$$

的解, 其中 $g, h$ 有紧支集. 记动能和势能分别为

$$k(t):=\frac{1}{2}\int_{-\infty}^{+\infty}(u_t)^2(x,t)\mathrm{d}x,$$

$$p(t):=\frac{1}{2}\int_{-\infty}^{+\infty}(u_x)^2(x,t)\mathrm{d}x.$$

证明: 当时间 $t$ 足够大以后, 有 $k(t)=p(t)$.

## 5.2　椭圆型方程能量估计

本节讨论怎样利用能量估计研究二阶线性椭圆型方程边值问题解的唯一性和稳定性.

考虑如下的二阶线性椭圆型方程边值问题:

$$\begin{cases} -\nabla\cdot(k\nabla u)+au=f(x),\ x\in\Omega, & (5.2.1\text{a})\\ \alpha u+\beta\dfrac{\partial u}{\partial \boldsymbol{n}}=g(x),\ x\in\partial\Omega, & (5.2.1\text{b})\end{cases}$$

其中:

$\Omega$ 是 $\mathbb{R}^n(n\geqslant 2)$ 中的有界光滑区域, 且 $\partial\Omega=\Gamma_1\cup\Gamma_2\cup\Gamma_3,\Gamma_i\cap\Gamma_j=\emptyset,i\neq j,i,j\in\{1,2,3\};a=a(x)\geqslant 0,\forall x\in\Omega;\alpha=\alpha(x)\geqslant 0,\beta=\beta(x)\geqslant 0,\alpha^2(x)+\beta^2(x)\neq 0,\forall x\in\partial\Omega$, 且当 $\Gamma_1\neq\emptyset$ 时, $\alpha(x)\neq 0,\beta(x)=0$, 当 $\Gamma_2\neq\emptyset$ 时, $\alpha(x)=0,\beta\neq 0$, 当 $\Gamma_3\neq\emptyset$ 时, $\alpha(x)>0,\beta(x)>0;k=k(x)>0,\forall x\in\Omega\cup\Gamma_3;f,g$ 有适当的正则性, 以保证 (5.2.1) 有解.　(5.2.2)

为构造出边值问题 (5.2.1) 对应的能量积分, 用 $u$ 乘以 (5.2.1a) 两端, 并在 $\Omega$ 上积分得

$$\int_\Omega\Big[-u\nabla\cdot(k\nabla u)+au^2\Big]\mathrm{d}x=\int_\Omega fu\,\mathrm{d}x,$$

再分部积分得

$$\int_\Omega(k|\nabla u|^2+au^2)\mathrm{d}x-\int_{\partial\Omega}ku\frac{\partial u}{\partial\boldsymbol{n}}\mathrm{d}S(x)=\int_\Omega fu\,\mathrm{d}x,\tag{5.2.3}$$

故当

$$\alpha u(x)+\beta\frac{\partial u}{\partial\boldsymbol{n}}=0,x\in\partial\Omega\tag{5.2.4}$$

时, 由 (5.2.3) 有

$$\int_\Omega(k|\nabla u|^2+au^2)\mathrm{d}x+\int_{\Gamma_3}k\frac{\alpha}{\beta}u^2\,\mathrm{d}S(x)=\int_\Omega fu\,\mathrm{d}x.\tag{5.2.5}$$

注意到上式左端积分中涉及 $u$ 及其偏微分项的组合系数皆非负, 故我们给出下面的定义.

**定义 5.2.1** 称

$$E := \int_{\Omega}(k|\nabla u|^2 + au^2)\mathrm{d}x + \int_{\Gamma_3} k\frac{\alpha}{\beta}u^2\,\mathrm{d}S(x)$$

为边值问题 (5.2.1) 对应的能量积分. 特别地, 当 $\Gamma_3 = \emptyset$ 时,

$$E = \int_{\Omega}(k|\nabla u|^2 + au^2)\,\mathrm{d}x.$$

### 5.2.1 边值问题的唯一性

利用 (5.2.5) 便可讨论边值问题 (5.2.1) 的唯一性.

1) 当 $a(x) \geqslant 0$, 但 $a(x) \not\equiv 0, \forall x \in \Omega$ 时

此时, 若 $f|_{\Omega} = 0$, 则由 (5.2.5) 有

$$\int_{\Omega}(k|\nabla u|^2 + au^2)\mathrm{d}x + \int_{\Gamma_3} k\frac{\alpha}{\beta}u^2\,\mathrm{d}S(x) = 0. \tag{5.2.6}$$

由此可得下面的定理.

**定理 5.2.1** (唯一性, $a \geqslant 0, a \not\equiv 0$) 设条件 (5.2.2) 满足, 且

$$a(x) \geqslant 0,\ a(x) \not\equiv 0,\ \forall x \in \Omega,$$

$u_i = u_i(x,t)$ $(i = 1,2)$ 均为椭圆型方程边值问题

$$\begin{cases} -\nabla\cdot(k\nabla u) + au = f(x),\ x \in \Omega, \\ \alpha u + \beta\dfrac{\partial u}{\partial \boldsymbol{n}} = g(x),\ x \in \partial\Omega \end{cases}$$

的解, 则

$$u_1(x) = u_2(x), \forall x \in \overline{\Omega}.$$

**证明:** 令 $v = u_1 - u_2$, 则 $v$ 满足

$$\begin{cases} -\nabla\cdot(k\nabla v) + av(x) = 0,\ x \in \Omega, \\ \alpha v(x) + \beta\dfrac{\partial v}{\partial \boldsymbol{n}} = 0,\ x \in \partial\Omega. \end{cases}$$

根据 (5.2.6) 可知当 $\Gamma_3 = \emptyset$ 时有

$$\int_{\Omega}(k|\nabla v|^2 + av^2)\mathrm{d}x = 0,$$

当 $\varGamma_3 \neq \emptyset$ 时有

$$0 \leqslant \int_{\Omega} (k|\nabla v|^2 + av^2)\mathrm{d}x = -\int_{\varGamma_3} k\frac{\alpha}{\beta} v^2(x)\mathrm{d}S(x) \leqslant 0.$$

又 $k(x) > 0, a(x) \geqslant 0, a(x) \not\equiv 0, \forall x \in \Omega$, 所以 $v(x) = 0, \forall x \in \overline{\Omega}$, 从而

$$u_1(x) = u_2(x),\ \forall x \in \overline{\Omega}.$$

□

2) 当 $a(x) \equiv 0, \forall x \in \Omega$ 时

此时, 边值问题 (5.2.1) 的解未必唯一. 实际上, 我们有如下的定理.

**定理 5.2.2 (唯一性, $a(x) \equiv 0, \forall x \in \Omega$)** 对于椭圆型边值问题:

$$\begin{cases} -\nabla \cdot (k\nabla u) = f(x),\ x \in \Omega, \\ \alpha u + \beta \dfrac{\partial u}{\partial \boldsymbol{n}} = g(x),\ x \in \partial\Omega, \end{cases} \tag{5.2.7}$$

如果条件 (5.2.2) 满足 (其中 $a(x) \equiv 0, \forall x \in \Omega$), 那么

(1) 当 $\varGamma_3 \neq \emptyset$ 时, 其解唯一.

(2) 当 $\varGamma_3 = \emptyset$ 但 $\varGamma_1 \neq \emptyset$ 时, 其解唯一.

(3) 当 $\varGamma_2 = \partial\Omega$ 时, 其解不唯一, 此时其任意两个解至多相差一个常数.

**证明**: 设 $u_1, u_2$ 均为 (5.2.7) 的解, 令 $v = u_1 - u_2$, 则

$$\begin{cases} -\nabla \cdot (k\nabla v(x)) = 0,\ x \in \Omega, \\ \alpha v(x) + \beta \dfrac{\partial v}{\partial \boldsymbol{n}} = 0,\ x \in \partial\Omega. \end{cases}$$

(1) 当 $\varGamma_3 \neq \emptyset$ 时, 由于

$$k(x) > 0,\ \forall x \in \Omega \cup \varGamma_3;\ \alpha(x) > 0, \beta(x) > 0,\ \forall x \in \varGamma_3,$$

从而由 (5.2.6) 得

$$\int_{\Omega} k|\nabla v|^2 \mathrm{d}x + \int_{\varGamma_3} k\frac{\alpha}{\beta} v^2 \mathrm{d}S(x) = 0,$$

所以 $v|_{\varGamma_3} = 0, |\nabla v|\big|_{\Omega} = 0$, 故 $v(x) = 0, \forall x \in \overline{\Omega}$, 即

$$u_1(x) = u_2(x),\ \forall x \in \overline{\Omega}.$$

(2) 当 $\varGamma_3 = \emptyset$ 但 $\varGamma_1 \neq \emptyset$ 时, 由于在 $\varGamma_1$ 上 $\alpha \neq 0, \beta = 0$, 从而 $v|_{\varGamma_1} = 0$, 又

$$E = \int_{\Omega} k|\nabla v|^2 \mathrm{d}x = 0,$$

故 $|\nabla v| = 0$, 于是 $v(x) = \text{const.}$, $\forall x \in \Omega$, 从而 $v(x) = 0, \forall x \in \overline{\Omega}$, 即

$$u_1(x) = u_2(x),\ \forall x \in \overline{\Omega}.$$

(3) 当 $\Gamma_2 = \partial\Omega$ 时, 由于 $E = \int_\Omega k|\nabla v|^2 \mathrm{d}x = 0$, 故 $|\nabla v(x)| = 0, \forall x \in \Omega$, 从而 $v(x) = \text{const.}$, $\forall x \in \overline{\Omega}$, 即

$$u_1(x) = u_2(x) + \text{const.},\ \forall x \in \overline{\Omega}.$$

易见, $v = c$ ($c$ 为任意常数) 均是

$$\begin{cases} -\nabla \cdot (k\nabla v(x)) = 0,\ x \in \Omega, \\ \dfrac{\partial v(x)}{\partial \boldsymbol{n}} = 0,\ x \in \partial\Omega \end{cases}$$

的解. □

### 5.2.2 边值问题的稳定性

在本小节我们来研究解关于非齐次项 $f$ 的稳定性. 为便于讨论, 在本小节内设边值问题 (5.2.1) 有唯一解.

由 (5.2.5) 可知

$$\begin{aligned} E &= \int_\Omega (k|\nabla u|^2 + au^2)\mathrm{d}x + \int_{\Gamma_3} k\frac{\alpha}{\beta}u^2 \mathrm{d}S(x) \\ &= \int_\Omega fu\,\mathrm{d}x. \end{aligned}$$

由带 $\epsilon$ 的 Cauchy 不等式

$$\xi\eta \leqslant \epsilon\xi^2 + \frac{\eta^2}{4\epsilon},\ \forall \xi, \eta \geqslant 0, \epsilon > 0$$

有

$$fu \leqslant |f|\cdot|u| \leqslant \epsilon f^2 + \frac{u^2}{4\epsilon}.$$

如果

$$a(x) \geqslant a_0 > 0,\ \forall x \in \Omega, \tag{5.2.8}$$

那么

$$fu \leqslant \epsilon f^2 + \frac{1}{4\epsilon a_0}au^2,$$

故

$$E \leqslant \epsilon \int_{\Omega} f^2 \mathrm{d}x + \frac{1}{4\epsilon a_0} \int_{\Omega} a u^2 \mathrm{d}x \leqslant \epsilon \int_{\Omega} f^2 \mathrm{d}x + \frac{1}{4\epsilon a_0} E,$$

所以, 当取 $\epsilon = \dfrac{1}{2a_0}$ 时, 有

$$E \leqslant \frac{1}{a_0} \int_{\Omega} f^2(x) \mathrm{d}x,$$

此不等式即为椭圆型边值问题 (5.2.1) 解 $u$ 在条件 (5.2.8) 下对应的能量估计. 据此, 有

$$\begin{aligned} \int_{\Omega} u^2(x) \mathrm{d}x &\leqslant \frac{1}{a_0} \int_{\Omega} a u^2(x) \mathrm{d}x \leqslant \frac{1}{a_0} E \\ &\leqslant \frac{1}{a_0^2} \int_{\Omega} f^2(x) \mathrm{d}x, \end{aligned}$$

由此便得下面的定理.

**定理 5.2.3 (关于源项 $f$ 的稳定性, $a(x) \geqslant a_0 > 0$)**　设条件 (5.2.2) 满足, 且存在常数 $a_0$, 使得

$$a(x) \geqslant a_0 > 0, \ \forall x \in \Omega,$$

$u_i = u_i(x)\ (i = 1, 2)$ 是椭圆型边值问题

$$\begin{cases} -\nabla \cdot (k \nabla u_i) + a u_i = f_i(x), \ x \in \Omega, \\ \alpha u_i + \beta \dfrac{\partial u_i}{\partial \boldsymbol{n}} = g(x), \ x \in \partial \Omega \end{cases}$$

的解, 则有

$$||u_1 - u_2||_{L^2(\Omega)} \leqslant \frac{1}{a_0} ||f_1 - f_2||_{L^2(\Omega)}.$$

如果 $a(x)$ 在 $\Omega$ 中没有正的下界, 为得到和上述定理类似的结论, 需要用到如下的 **Friedrichs 不等式** (见参考文献 [6]).

**引理 5.2.1 (Friedrichs 不等式)**　如果 $u \in C_0^1(\Omega)$, 其中 $\Omega$ 是 $\mathbb{R}^n$ 中的非空可测有界子集, 记 $d := \operatorname{diam} \Omega$, 那么

$$||u||_{L^2(\Omega)} \leqslant 2d ||\nabla u||_{L^2(\Omega)}.$$

**证明:**　由于 $d > 0$, 故可作 $\mathbb{R}^n$ 中的边长为 $2d$, 且各边与坐标轴平行的 $n$ 维闭立方体 $Q$, 使得 $\overline{\Omega} \subset Q$. 不失一般性, 可令 $Q = \big\{(x_1, \cdots, x_n) \in \mathbb{R}^n \,|\, 0 \leqslant x_i \leqslant$

$2d, i=1,\cdots,n\}$, 否则只要做适当的坐标平移即可. 再按如下方法延拓 $u$ 到 $Q$:

$$\tilde{u}(x)=\begin{cases} u(x),\ x\in\overline{\Omega}, \\ 0,\ x\in Q\backslash\overline{\Omega}, \end{cases}$$

则 $\tilde{u}\in C_0^1(Q)$, 且 $\tilde{u}|_{\partial Q}=0$, 从而, 由 Hölder 不等式得

$$\tilde{u}(x_1,\cdots,x_n)=\int_0^{x_1}\frac{\partial}{\partial\xi}\tilde{u}(\xi,x_2,\cdots,x_n)\mathrm{d}\xi=\int_0^{x_1}1\cdot\frac{\partial}{\partial\xi}\tilde{u}(\xi,x_2,\cdots,x_n)\mathrm{d}\xi$$

$$\leqslant\Big(\int_0^{x_1}1^2\mathrm{d}\xi\Big)^{1/2}\cdot\Big(\int_0^{x_1}\Big(\frac{\partial}{\partial\xi}\tilde{u}(\xi,x_2,\cdots,x_n)\Big)^2\mathrm{d}\xi\Big)^{1/2},$$

再注意到 $x_1\leqslant 2d$, 故有

$$\tilde{u}^2(x)\leqslant x_1\cdot\int_0^{x_1}\left|\frac{\partial}{\partial x_1}\tilde{u}(\xi,x_2,\cdots,x_n)\right|^2\mathrm{d}\xi\leqslant 2d\int_0^{2d}(u_{x_1})^2\mathrm{d}x_1.$$

积分上式得

$$\int_Q\tilde{u}^2(x)\mathrm{d}x\leqslant 4d^2\int_Q(u_{x_1})^2\mathrm{d}x\leqslant 4d^2\int_Q|\nabla\tilde{u}|^2\mathrm{d}x,$$

即

$$\int_\Omega u^2\mathrm{d}x\leqslant 4d^2\int_\Omega|\nabla u|^2\mathrm{d}x,$$

由此有

$$||u||_{L^2(\Omega)}\leqslant 2d||\nabla u||_{L^2(\Omega)}.$$ □

由引理 5.2.1 知如果 $u|_{\partial\Omega}=0$, 则

$$\int_\Omega u^2\mathrm{d}x\leqslant 4d^2\int_\Omega|\nabla u|^2\mathrm{d}x,$$

故当

$$k(x)\geqslant k_0>0,\ \forall x\in\Omega \tag{5.2.9}$$

时, 有

$$E=\int_\Omega(k|\nabla u|^2+au^2)\mathrm{d}x=\int_\Omega fu\mathrm{d}x$$

$$\leqslant\epsilon\int_\Omega f^2\mathrm{d}x+\frac{1}{4\epsilon}\int_\Omega u^2\mathrm{d}x$$

$$\leqslant \epsilon \int_{\Omega} f^2 \mathrm{d}x + \frac{4d^2}{4\epsilon k_0} \int_{\Omega} k|\nabla u|^2 \mathrm{d}x$$

$$\leqslant \epsilon \int_{\Omega} f^2 \mathrm{d}x + \frac{d^2}{\epsilon k_0} E,$$

所以, 当取

$$\epsilon = \frac{2d^2}{k_0}$$

时, 有

$$E = \int_{\Omega} (k|\nabla u|^2 + au^2) \mathrm{d}x \leqslant \frac{4d^2}{k_0} \int_{\Omega} f^2 \mathrm{d}x,$$

此不等式即为椭圆型边值问题 (5.2.1) 解 $u$ 在条件 (5.2.9) 下对应的能量估计. 根据该能量估计得

$$\begin{aligned}\int_{\Omega} u^2 \mathrm{d}x &\leqslant 4d^2 \int_{\Omega} |\nabla u|^2 \mathrm{d}x \\ &\leqslant \frac{4d^2}{k_0} \int_{\Omega} k|\nabla u|^2 \mathrm{d}x \leqslant \frac{4d^2}{k_0} E \\ &\leqslant \left(\frac{4d^2}{k_0}\right)^2 \int_{\Omega} f^2 \mathrm{d}x,\end{aligned}$$

由此有下面的定理.

**定理 5.2.4** (Dirichlet 问题关于源项 $f$ 的稳定性, $a \geqslant 0$)　设条件 (5.2.2) 满足, $d = \mathrm{diam}(\Omega)$, 且存在常数 $k_0$, 使得 $k(x) \geqslant k_0 > 0, a(x) \geqslant 0, \forall x \in \Omega, u_i = u_i(x)$ $(i = 1, 2)$ 是椭圆型方程 Dirichlet 边值问题

$$\begin{cases} -\nabla \cdot (k\nabla u_i) + au_i = f_i(x),\ x \in \Omega, \\ u_i(x) = g(x),\ x \in \partial\Omega \end{cases}$$

的解, 则存在常数 $C = C(k_0, d) > 0$, 使得

$$||u_1 - u_2||_{L^2(\Omega)} \leqslant C||f_1 - f_2||_{L^2(\Omega)}.$$

## 习　题　5.2

1. (1) 证明微分恒等式:

$$[(y^2 u_x)_x + (x^2 u_y)_y] u(x, y) = \mathrm{div}(y^2 u u_x, x^2 u u_y) - [(yu_x)^2 + (xu_y)^2];$$

(2) 用能量法证明椭圆边值问题

$$\begin{cases} (y^2u_x)_x + (x^2u_y)_y = f(x,y),\ (x,y)\in D, \\ u(x,y) = g(x,y),\ (x,y)\in \partial D \end{cases}$$

解的唯一性, 其中 $D$ 是位于 $\mathbb{R}^2$ 的第一象限中的边界足够光滑的有界区域.

2. 验证 $u(x,y)=\log(\sqrt{x^2+y^2}/a)$, $a>0$ 和 $u=0$ 均是Laplace方程外问题

$$\begin{cases} u_{xx}+u_{yy}=0,\ x^2+y^2>a^2, \\ u(x,y)=0,\ x^2+y^2=a^2 \end{cases}$$

的解.

3. 验证 $u(x,y,z)=\dfrac{a}{\sqrt{x^2+y^2+z^2}}$, $a>0$ 和 $u(x,y,z)=1$ 均是Laplace方程外问题

$$\begin{cases} u_{xx}+u_{yy}+u_{zz}=0,\ x^2+y^2+z^2>a^2, \\ u(x,y,z)=1,\ x^2+y^2+z^2=a^2 \end{cases}$$

的解.

4. 利用能量积分证明双调和方程边值问题

$$\begin{cases} \Delta^2 u(x)=0,\ x\in\Omega, \\ u(x)=f(x),\ \dfrac{\partial u}{\partial \boldsymbol{n}}=g(x),\ x\in\partial\Omega \end{cases}$$

的解是唯一的, 其中 $\Omega$ 是 $\mathbb{R}^n$ $(n\geqslant 2)$ 中的光滑有界区域, $f,g$ 是给定的足够光滑函数, $\Delta^2 u:=\Delta(\Delta u)$.

$\Big($提示: 先证明微分恒等式 $u\Delta^2 u=\nabla\cdot\big(u\nabla(\Delta u)\big)-\nabla\cdot\big(\Delta u(\nabla u)\big)+(\Delta u)^2\Big)$

## 5.3 Laplace方程的基本解　极值原理　Green函数

利用分离变量法和Fourier 正弦变换及余弦变换我们可求解低维Laplace方程边值问题, 但是当空间维数增加时, 分离变量法和Fourier 余弦正弦变换及余弦变换的运算量迅速增加, 这不仅不便于求解, 而且即使得到了形式解, 其表达式也是相当复杂, 要根据该表达式分析解的性质就变得相当困难, 所以有必要寻求别的较为可行的方法来表示解, 且希望通过解的该表示方式能够较为方便和清晰地

分析解的性质. 本节就从任意有限维全空间 $\mathbb{R}^n$ $(n \geqslant 2)$ 中的Laplace算子的旋转不变性出发, 通过构造基本解来得到全空间的Poisson方程解的表示; 然后通过极值原理得到解的先验估计; 接着研究了调和函数的正则性和解析性以及Harnack不等式等分析性质; 再通过基本解来构造Poisson方程边值问题解的Green函数表示; 最后通过对称性具体地构造出两类带边界区域(半空间和球形区域)上Laplace方程边值问题对应的Green函数, 进而得到Laplace方程Dirichlet边值问题解的Poisson公式.

### 5.3.1 Laplace方程基本解

由分析课程知道, $n$维空间中的Laplace算子 $\Delta := \sum_{i=1}^{n} \frac{\partial^2}{\partial x_i^2}$ 在旋转变换下是不变的, 这启发我们来寻找Laplace方程

$$-\Delta u(x) = 0,\ x = (x_1, \cdots, x_n) \in \mathbb{R}^n,\ n \geqslant 2 \tag{5.3.1}$$

的径向对称解 (Radial Solutions), 即形如

$$u(x) = u(r), \qquad r := |x| = \sqrt{x_1^2 + \cdots + x_n^2}$$

的特解. 满足方程 (5.3.1) 的函数通常也称为全空间 $\mathbb{R}^n$ 上的**调和函数** (Harmonic Function).

由于当 $r > 0$时, 有

$$\begin{aligned}
&\nabla r = \frac{x}{r},\ \nabla u = u'(r)\nabla r = u'\frac{x}{r}, \quad \Big(' := \frac{\mathrm{d}}{\mathrm{d}r}\Big),\\
&\Delta u = \nabla \cdot (\nabla u) = \nabla \cdot \big((r^{-1}u')x\big)\\
&\quad = \nabla(r^{-1}u') \cdot x + r^{-1}u'\nabla \cdot x\\
&\quad = u'' + \frac{n-1}{r}u' = 0,
\end{aligned}$$

即

$$r^{n-1}u'' + (n-1)r^{n-2}u' = 0. \tag{5.3.2}$$

当 $n = 2$时, (5.3.2) 成为 $ru'' + u' = 0$, 即 $(ru')' = 0$, 所以 $ru' = c_1$, 由于假设 $r > 0$, 所以 $u' = c_1/r$, 从而积分得 $u = c_1 \ln r + c_2$. 当 $n \geqslant 3$时, 由 (5.3.2) 有 $(r^{n-1}u')' = 0$, 所以 $r^{n-1}u' = \tilde{c}_1$, 从而 $u' = r^{1-n}\tilde{c}_1$, 所以 $u = \frac{\tilde{c}_1}{2-n}r^{2-n} + \tilde{c}_2$.

综上可知, 当 $r>0$ 时, Laplace 方程有 (适当调整积分常数记号后) 形如

$$u(x)=\begin{cases}c_1\ln r+c_2,\ n=2,\\ c_1r^{2-n}+c_2,\ n\geqslant 3\end{cases}$$

的特解.

为了便于根据上述特解构造 Laplace 方程边值问题的解, 一般选择特殊的 $c_1,c_2$, 于是有如下的定义.

**定义 5.3.1 (Laplace 方程基本解)　对任意的 $x\in\mathbb{R}^n, x\neq 0$, 称如下的径向对称函数**

$$\Phi(x)=\begin{cases}-\dfrac{1}{2\pi}\ln|x|,\ n=2,\\ \dfrac{1}{n(n-2)\hat{\alpha}(n)|x|^{n-2}},\ n\geqslant 3\end{cases}\tag{5.3.3}$$

**为 $n$ 维 Laplace 方程 (5.3.1) 的基本解, 其中 $\hat{\alpha}(n)$ 为 $n$ 维单位球的体积, 即**

$$\hat{\alpha}(n)=\frac{\pi^{n/2}}{\Gamma(\frac{n}{2}+1)}.$$

**注 5.3.1　(1) (5.3.3) 中的系数的选取理由将在本节的定理 5.3.1 的证明过程中给出.**

**(2) $\Phi(x)$ 是径向对称的, 即 $\Phi(x)=\Phi(|x|)$. 另外, 容易得到关于基本解的梯度和 Hesse 矩阵的估计: 存在 $C>0$, 使得当 $x\neq 0$ 时, 有**

$$|\nabla\Phi(x)|\leqslant\frac{C}{|x|^{n-1}},\ |D^2\Phi(x)|\leqslant\frac{C}{|x|^n}.\tag{5.3.4}$$

利用基本解, 容易得到全空间 $\mathbb{R}^n$ 中的 Poisson 方程解的表示, 即有 (见参考文献 [14]) 下面的定理.

**定理 5.3.1　如果 $f\in C_0^2(\mathbb{R}^n)$, 那么函数**

$$u(x):=\int_{\mathbb{R}^n}\Phi(x-y)f(y)\mathrm{d}y=:(\Phi*f)(x)\tag{5.3.5}$$

**满足:**

(1) $u\in C^2(\mathbb{R}^n)$;

(2) $-\Delta u(x)=f(x),\ x\in\mathbb{R}^n$.

注意: 由于基本解在$x=0$时有奇性, 并且根据 (5.3.4) 可知, 不能直接对 (5.3.5) 用在积分号下微分的办法来证明此定理.

证明: (1) 令$x-y=\eta$, 则易知下述卷积公式成立:

$$\int_{\mathbb{R}^n}\Phi(x-y)f(y)\mathrm{d}y=\int_{\mathbb{R}^n}\Phi(y)f(x-y)\mathrm{d}y,$$

即

$$\Phi*f=f*\Phi.$$

又由于$f\in C_0^2(\mathbb{R}^n)$, 故根据基本解的定义便易验证$u\in C^2(\mathbb{R}^n)$.

(2) 根据 (1), 有

$$\Delta u(x)=\Delta_x\int_{\mathbb{R}^n}\Phi(x-y)f(y)\mathrm{d}y=\Delta_x\int_{\mathbb{R}^n}\Phi(y)f(x-y)\mathrm{d}y$$
$$=\int_{\mathbb{R}^n}\Phi(y)\Delta_x f(x-y)\mathrm{d}y.$$

由于$\Phi(y)$在$y=0$时有奇性, 所以对任意的$\epsilon>0$, 且$\epsilon<1$, 需要把$\mathbb{R}^n$分解成$\mathbb{R}^n=B(0,\epsilon)\cup\left(\mathbb{R}^n\backslash B(0,\epsilon)\right)$, 以便处理被积函数的奇性. 于是

$$\Delta u=\int_{B(0,\epsilon)}\Phi(y)\Delta_x f(x-y)\mathrm{d}y+\int_{\mathbb{R}^n\backslash B(0,\epsilon)}\Phi(y)\Delta_x f(x-y)\mathrm{d}y=:I_\epsilon+J_\epsilon.$$

由于$f\in C_0^2(\mathbb{R}^n)$, 故

$$|\Delta_x f(x-y)|\leqslant||D^2f||_{L^\infty(\mathbb{R}^n)}:=\operatorname*{ess\,sup}_{y\in\mathbb{R}^n}\sum_{i,j=1}^n\left|f_{y_iy_j}\right|,$$

于是

$$|I_\epsilon|\leqslant||D^2f||_{L^\infty(\mathbb{R}^n)}\cdot\int_{B(0,\epsilon)}|\Phi(y)|\mathrm{d}y=||D^2f||_{L^\infty(\mathbb{R}^n)}\cdot\int_0^\epsilon\left(\int_{\partial B(0,\rho)}|\Phi(y)|\mathrm{d}S(y)\right)\mathrm{d}\rho.$$

记

$$K_\epsilon:=\int_0^\epsilon\left(\int_{\partial B(0,\rho)}|\Phi(y)|\mathrm{d}S(y)\right)\mathrm{d}\rho,$$

则必存在与$\epsilon$无关的常数$C>0$, 使得当$n=2$时有

$$K_\epsilon=\int_0^\epsilon\frac{1}{2\pi}|\ln\rho|\cdot2\pi\rho\,\mathrm{d}\rho=\left(-\frac{\rho^2}{2}\ln\rho+\frac{\rho^2}{4}\right)\Big|_0^\epsilon\leqslant C(|\epsilon^2\ln\epsilon|+\epsilon^2);$$

当$n \geqslant 3$时有

$$K_\epsilon = \int_0^\epsilon \frac{\rho^{2-n}}{n(n-2)\hat{\alpha}(n)} n\rho^{n-1}\hat{\alpha}(n)\mathrm{d}\rho \leqslant C\epsilon^2,$$

由此可知, 必存在与$\epsilon$无关的常数$C > 0$, 使得

$$|I_\epsilon| \leqslant \begin{cases} C(|\epsilon^2 \ln \epsilon| + \epsilon^2),\ n = 2, \\ C\epsilon^2,\ n \geqslant 3, \end{cases}$$

从而 $\lim\limits_{\epsilon \to 0^+} I_\epsilon = 0$.

由于当$y \in \mathbb{R}^n \backslash B(0, \epsilon)$时, $\Phi(y)$是调和的, 又

$$\Delta_x f(x-y) = \Delta_y f(x-y),$$

于是, 由Green第二恒等式得

$$\begin{aligned} J_\epsilon &= \int_{\mathbb{R}^n \backslash B(0,\epsilon)} \Phi(y) \Delta_x f(x-y)\mathrm{d}y = \int_{\mathbb{R}^n \backslash B(0,\epsilon)} \Phi(y)\Delta_y f(x-y)\mathrm{d}y \\ &= \int_{\mathbb{R}^n \backslash B(0,\epsilon)} f(x-y)\Delta_y \Phi(y)\mathrm{d}y \\ &\quad + \int_{\partial(\mathbb{R}^n \backslash B(0,\epsilon))} \left( \Phi(y) \frac{\partial f(x-y)}{\partial \boldsymbol{n}(y)} - f(x-y)\frac{\partial \Phi(y)}{\partial \boldsymbol{n}} \right) \mathrm{d}S(y) \\ &= \int_{\partial B(0,\epsilon)} \Phi(y) \frac{\partial f(x-y)}{\partial \boldsymbol{n}(y)} \mathrm{d}S(y) - \int_{\partial B(0,\epsilon)} f(x-y) \frac{\partial \Phi(y)}{\partial \boldsymbol{n}} \mathrm{d}S(y) \\ &=: L_\epsilon + M_\epsilon, \end{aligned}$$

其中$\boldsymbol{n} = \boldsymbol{n}(y)$表示$\partial B(0, \epsilon)$上$y$处的单位内法向量. 由于

$$|L_\epsilon| \leqslant ||\nabla f||_{L^\infty(\mathbb{R}^n)} \cdot \int_{\partial B(0,\epsilon)} |\Phi(y)|\mathrm{d}y \leqslant \begin{cases} C|\epsilon \ln \epsilon|, n = 2, \\ C\epsilon,\ n \geqslant 3, \end{cases}$$

其中常数$C$与$\epsilon$无关, $||\nabla f||_{L^\infty(\mathbb{R}^n)} := \operatorname*{ess\,sup}\limits_{y \in \mathbb{R}^n} \left( \sqrt{\sum_{i=1}^n (f_{y_i})^2} \right)$, 由此可知 $\lim\limits_{\epsilon \to 0^+} L_\epsilon = 0$. 又因为在球面$\partial B(0, \epsilon)$上$y$点处的单位内法向量$\boldsymbol{n}(y) = \frac{-y}{\epsilon}$, $\nabla \Phi(y) = \frac{-y}{n\hat{\alpha}(n)\epsilon^n}$, 由此

$$\frac{\partial \Phi(y)}{\partial \boldsymbol{n}} = \nabla \Phi(y) \cdot \boldsymbol{n} = \frac{1}{|\partial B(0,\epsilon)|} = \frac{1}{n\hat{\alpha}(n)\epsilon^{n-1}}$$

(这正好说明为什么基本解定义 (5.3.1) 中的系数要这样选取), 从而

$$M_\epsilon = -\frac{1}{n\hat{\alpha}(n)\epsilon^{n-1}}\int_{\partial B(0,\epsilon)} f(x-y)\mathrm{d}S(y)$$

$$\xlongequal{x-y=z} -\frac{1}{n\hat{\alpha}(n)\epsilon^{n-1}}\int_{\partial B(x,\epsilon)} f(z)\mathrm{d}S(z) \to -f(x),\ \text{当}\ \epsilon \to 0^+\ \text{时}. \quad (5.3.6)$$

由于

$$\Delta u = I_\epsilon + L_\epsilon + M_\epsilon,\quad \lim_{\epsilon\to 0^+} I_\epsilon = \lim_{\epsilon\to 0^+} L_\epsilon = 0,$$

所以由 (5.3.6) 立即可得

$$\Delta u(x) = -f(x),\ \forall x \in \mathbb{R}^n.$$

□

**注 5.3.2** 上述证明中的 (5.3.6) 实际上给出了 Laplace 方程基本解 (5.3.3) 在球面 $\partial B(x,\epsilon)$ 上的积分公式, 即

$$\boxed{\lim_{\epsilon\to 0^+}\int_{\partial B(x,\epsilon)} \frac{\partial \Phi(x-y)}{\partial \boldsymbol{n}(y)} f(y)\mathrm{d}S(y) = -f(x),} \quad (5.3.7)$$

其中 $\boldsymbol{n} = \boldsymbol{n}(y)$ 表示球面 $\partial B(x,\epsilon)$ 上 $y$ 处的单位外法向量.

由于全空间上的调和函数不唯一, 所以全空间上的 Poisson 方程的解也不唯一. 实际上, 如果 $u = u(x)$ 满足 $-\Delta u = f(x), x \in \mathbb{R}^n$, 那么对任意的 $k \in \mathbb{R}^n, b \in \mathbb{R}$, 映射 $x \mapsto u(x) + k\cdot x + b$ 也是该 Poisson 方程的解.

### 5.3.2 调和函数的平均值公式和极值原理

下面给出调和函数平均值公式, 由此可得出调和函数的极值原理.

我们知道, 一维调和函数满足平均值公式, 即如果

$$-u''(x) = 0,\quad x \in (a,b),\quad -\infty < a < b < \infty,$$

那么对任意的 $x \in (a,b), \epsilon > 0$, 当区间 $(x-\epsilon, x+\epsilon) \subset (a,b)$ 时, 成立如下的平均值公式

$$u(x) = \frac{1}{2\epsilon}\int_{x-\epsilon}^{x+\epsilon} u(\eta)\mathrm{d}\eta$$

$$= \frac{1}{|(x-\epsilon, x+\epsilon)|}\int_{(x-\epsilon,x+\epsilon)} u(\eta)\,\mathrm{d}\eta.$$

同样地, 对于高维调和函数, 有如下的定理.

**定理 5.3.2 (平均值公式)**　设$\Omega$是$\mathbb{R}^n$中的开集, 且$u \in C^2(\Omega)$满足

$$-\Delta u(x) = (\geqslant, \leqslant)0,\ x \in \Omega,$$

则: 对任意的$x \in \Omega, \forall r > 0$, 只要$B(x,r) \subset \Omega$, 必有

(1) $u(x) = (\geqslant, \leqslant)\fint_{\partial B(x,r)} u(y)\mathrm{d}S(y)$;

(2) $u(x) = (\geqslant, \leqslant)\fint_{B(x,r)} u(y)\mathrm{d}y$,

其中, $\fint$ 表示积分平均.

**注 5.3.3**　当函数$u = u(x)$满足$-\Delta u(x) \geqslant (\leqslant)0, x \in \mathbb{R}^n$时, 通常称$u$在$\mathbb{R}^n$上是上 (下) 调和的 (Super (Sub) Harmonic).

**证明:**　(1) 记

$$M(r) := \fint_{\partial B(x,r)} u(y)\mathrm{d}S(y) = \frac{1}{n\hat{\alpha}(n)r^{n-1}}\int_{\partial B(x,r)} u(y)\mathrm{d}S(y)$$

$$\xlongequal{y=x+rw} \frac{1}{n\hat{\alpha}(n)}\int_{\partial B(0,1)} u(x+rw)\mathrm{d}S(w),$$

则

$$\begin{aligned} M'(r) &= \frac{1}{n\hat{\alpha}(n)}\int_{\partial B(0,1)} \nabla_x u(x+rw)\cdot w\mathrm{d}S(w) \\ &\xlongequal{w=\frac{y-x}{r}} \frac{1}{n\hat{\alpha}(n)}\int_{\partial B(x,r)} \nabla u(y)\cdot\frac{y-x}{r}\frac{1}{r^{n-1}}\mathrm{d}S(y) \\ &= \frac{1}{n\hat{\alpha}(n)r^{n-1}}\int_{\partial B(x,r)} \nabla u(y)\cdot \boldsymbol{n}\mathrm{d}S(y) = \frac{1}{n\hat{\alpha}(n)r^{n-1}}\int_{B(x,r)} \Delta u(y)\mathrm{d}y \\ &= \frac{r}{n}\fint_{B(x,r)} \Delta u(y)\mathrm{d}y. \end{aligned} \tag{5.3.8}$$

由此, 当$-\Delta u(x) = (\geqslant, \leqslant)0, x \in \Omega$时, $M'(r) = (\leqslant, \geqslant)0$, 从而

$$M(r) = (\leqslant, \geqslant)\lim_{t\to 0^+} M(t) = u(x),$$

此即

$$u(x) = (\geqslant, \leqslant)\fint_{\partial B(x,r)} u(y)\mathrm{d}S(y).$$

(2) 由于当 $-\Delta u(x) = (\geqslant, \leqslant) 0, x \in \Omega$ 时, 根据 (1) 的结论有

$$\begin{aligned}
\int_{B(x,r)} u(y)\mathrm{d}y &= \int_0^r \left( \int_{\partial B(x,\rho)} u(y)\mathrm{d}S(y) \right) \mathrm{d}\rho \\
&= \int_0^r \left( n\hat{\alpha}(n)\rho^{n-1} \fint_{\partial B(x,\rho)} u(y)\mathrm{d}S(y) \right) \mathrm{d}\rho \\
&= (\leqslant, \geqslant) \int_0^r n\hat{\alpha}(n)u(x)\rho^{n-1}\mathrm{d}\rho \\
&= (\leqslant, \geqslant) \hat{\alpha}(n)u(x)r^n,
\end{aligned}$$

所以

$$u(x) = (\geqslant, \leqslant) \frac{1}{\hat{\alpha}(n)r^n} \int_{B(x,r)} u(y)\mathrm{d}y = (\geqslant, \leqslant) \fint_{B(x,r)} u(y)\mathrm{d}y. \qquad \square$$

实际上, 对于调和函数而言, 上述定理的逆定理也成立, 即有如下的逆平均值公式.

**定理 5.3.3 (逆平均值公式)** 如果 $u \in C^2(\Omega)$, $\Omega$ 为 $\mathbb{R}^n$ 中的开集, 且对任意的 $B(x,r) \subset \Omega$, 均成立平均值公式

$$u(x) = \fint_{\partial B(x,r)} u(y)\mathrm{d}S(y),$$

那么 $u$ 在 $\Omega$ 中调和.

**证明:** 如果 $u$ 不在 $\Omega$ 中调和, 则必存在点 $x_0 \in \Omega, \exists\, r_0 > 0$, 使得 $\overline{B}(x_0, r_0) \subset \Omega$, 且 $\Delta u|_{\overline{B}(x_0,r_0)} \neq 0$, 不失一般性, 设 $\Delta u|_{\overline{B}(x_0,r_0)} > 0$, 则由条件可知对任意的 $0 < r < r_0$, 有

$$M(r) := \fint_{\partial B(x_0,r)} u(y)\mathrm{d}S(y) = u(x_0),$$

从而

$$M'(r) = \frac{\mathrm{d}u(x_0)}{\mathrm{d}r} = 0.$$

但是根据上一定理的证明过程中的 (5.3.8) 知

$$\begin{aligned}
M'(r) &= \frac{r}{n} \fint_{B(x_0,r)} \Delta u(y)\mathrm{d}y \\
&> 0,
\end{aligned}$$

由此有$0 = M'(r) > 0$, 矛盾, 故假设不成立. 所以$u$必在$\Omega$中调和. □

根据平均值公式, 可得调和函数满足**极值原理**, 即有下面的定理.

**定理 5.3.4**　设$\Omega$是$\mathbb{R}^n$中的有界开集, 函数$u \in C^2(\Omega) \cap C(\overline{\Omega})$, 且满足

$$-\Delta u(x) = 0,\ x \in \Omega,$$

则有:

(1) 如果$\Omega$是连通的, 且存在$x_0 \in \Omega$, 使得$u(x_0) = \max\limits_{\overline{\Omega}} u$, 则$u|_{\overline{\Omega}} = u(x_0)$;

(2) $\max\limits_{\overline{\Omega}} u = \max\limits_{\partial\Omega} u$;

(3) $\min\limits_{\overline{\Omega}} u = \min\limits_{\partial\Omega} u$; 如果$\Omega$是连通的, 那么: 若存在$y_0 \in \Omega$, 使得$u(y_0) = \min\limits_{\overline{\Omega}} u$, 则$u|_{\overline{\Omega}} = u(y_0)$.

**证明:**　由于$\min\limits_{\overline{\Omega}} u = -\max\limits_{\overline{\Omega}}(-u)$, 故只需证明结论 (1) 和 (2) 成立即可.

(1) 令

$$A = \{x \in \Omega \mid u(x) = u(x_0)\},$$

根据题设, 由于$x_0 \in A$, 所以$A \neq \emptyset$. 由于$u \in C(\overline{\Omega})$, 故$A$是$\Omega$中的相对闭集. 现来证明$A$也是$\Omega$的相对开集. 在$A$中任意取点$x$, 则$x \in \Omega$, 且$u(x) = u(x_0)$, 由于$\Omega$是开集, 所以必存在$r > 0$, 使得$B(x,r) \subset \Omega$, 从而由平均值公式得

$$u(x_0) = u(x) = \fint_{B(x,r)} u(y)\mathrm{d}y \leqslant u(x_0),$$

由此我们断言必有$u|_{B(x,r)} = u(x_0)$, 理由如下: 若不然, 则存在$x_1 \in B(x,r)$, 使得$u(x_1) < u(x_0)$, 再由$u$的连续性知, 必存在$r_1 > 0$, 使得$B(x_1,r_1) \subset B(x,r)$, 且$u|_{B(x_1,r_1)} < \big(u(x_0) + u(x_1)\big)/2$, 于是由平均值公式有

$$\begin{aligned}
u(x_0) &= \frac{1}{|B(x,r)|}\int_{B(x,r)} u(y)\mathrm{d}y \\
&= \frac{1}{|B(x,r)|}\left(\int_{B(x_1,r_1)} + \int_{B(x,r)\backslash B(x_1,r_1)}\right) u(y)\mathrm{d}y \\
&< \frac{1}{|B(x,r)|}\left(\frac{u(x_0)+u(x_1)}{2}|B(x_1,r_1)| + u(x_0)|B(x,r)\backslash B(x_1,r_1)|\right) \\
&< \frac{u(x_0)}{|B(x,r)|}\Big(|B(x_1,r_1)| + |B(x,r)\backslash B(x_1,r_1)|\Big) = u(x_0),
\end{aligned}$$

从而$u(x_0) < u(x_0)$, 矛盾. 既然$u\big|_{B(x,r)} = u(x_0)$, 故$B(x,r) \subset A$, 由此可知$A$是$\Omega$中的相对开集. 又由于$\Omega$是连通的, 故$A = \Omega$, 从而$u|_\Omega = u(x_0)$, 再由连续性可知必有$u|_{\overline{\Omega}} = u(x_0)$.

(2) 当$\Omega$连通时, 如果结论不成立, 则必有$\max\limits_{\overline{\Omega}} u > \max\limits_{\partial\Omega} u$, 又由于$u \in C(\overline{\Omega})$, 而$\overline{\Omega}$是紧集, 所以必存在$x_0 \in \Omega$, 使得$u(x_0) = \max\limits_{\overline{\Omega}} u$, 于是根据(1)的结论可知, $u|_{\overline{\Omega}} = u(x_0)$, 从而$u|_{\partial\Omega} = u(x_0)$, 于是有$u(x_0) > u(x_0)$, 矛盾. 所以必有$\max\limits_{\overline{\Omega}} u = \max\limits_{\partial\Omega} u$. 当$\Omega$不连通时, 不失一般性, 设$\Omega = W_1 \cup W_2$, 其中$W_1, W_2$是$\Omega$的连通分支 (Connected Components). 如果此时结论不成立, 则必有$\max\limits_{\overline{\Omega}} u > \max\limits_{\partial\Omega} u$, 同前, 存在$x_0 \in \Omega$, 使得$u(x_0) = \max\limits_{\overline{\Omega}} u$, 不妨设$x_0 \in W_1$, 于是$u(x_0) = \max\limits_{W_1} u$, 由于$W_1$连通, 故根据 (1) 的结论可知, $u|_{W_1} = u(x_0)$, 于是根据刚才证明的结论有$u|_{\partial W_1} = u(x_0)$. 又由于$\partial\Omega \supset \partial W_1$, 所以$\max\limits_{\partial\Omega} u \geqslant \max\limits_{\partial W_1} u$, 从而 $u(x_0) = \max\limits_{\overline{\Omega}} u > \max\limits_{\partial\Omega} u \geqslant \max\limits_{\partial W_1} u = u(x_0)$, 矛盾. 故原结论成立. □

注 5.3.4 定理 5.3.4 中的结论 (1) 常称为调和函数的**强最大值原理** (Strong Maximum Principle), 该结论表明: 有界连通开集上的调和函数不可能在该集合的内部取得最大值, 除非该调和函数是常值函数. 结论 (2) 常称为调和函数的**弱最大值原理** (Weak Maximum Principle), 该结论表明: 有界开集$\Omega$上的、且能连续到$\Omega$的边界上的调和函数必在边界$\partial\Omega$上取到最大值. 结论(3)常称为调和函数的最小值原理, 其中的第一部分结论称为调和函数的**弱最小值原理** (Weak Minimum Principle), 第二部分称为调和函数的**强最小值原理** (Strong Minimum Principle). 调和函数的最大值原理和最小值原理统称为调和函数的**极值原理** (Extremum Principle).

根据定理 5.3.4 可得下面的推论.

推论 5.3.1 设$\Omega$是$\mathbb{R}^n$中的有界开集, $v \in C^2(\Omega) \cap C(\overline{\Omega})$, 且满足:

$$-\Delta v(x) = 0,\ x \in \Omega,$$

则有 $\max_{\overline{\Omega}} |v| = \max_{\partial\Omega} |v|$.

利用上面的极值原理, 立即可得Laplace方程的适定性结果, 即有下面的定理.

**定理 5.3.5 (Laplace方程解的正性)** 设$\Omega$是$\mathbb{R}^n$中的有界连通开集, $u \in C^2(\Omega) \cap C(\overline{\Omega})$, 且满足

$$\begin{cases} -\Delta u(x) = 0, & x \in \Omega, \\ u|_{\partial\Omega} = g, \end{cases}$$

则如果$g|_{\partial\Omega} \geqslant 0$, 且存在$x_0 \in \partial\Omega$, 使得$g(x_0) > 0$, 那么$u|_{\Omega} > 0$.

**证明:** 对任意的$x \in \Omega$, 根据定理 5.3.4 知, $u(x) \geqslant \min\limits_{\overline{\Omega}} u = \min\limits_{\partial\Omega} g \geqslant 0$, 所以$u|_{\overline{\Omega}} \geqslant 0$. 如果存在$y_0 \in \Omega$, 使得$u(y_0) = 0$, 则$y_0$是$u$的内部最小值点, 而$\Omega$是连通的, 故根据定理 5.3.4 又有$u|_{\overline{\Omega}} = 0$. 从而$u(y_0) = g(x_0) = 0$, 这与$g(x_0) > 0$矛盾. 由此$u|_{\Omega} > 0$. □

该定理表明: 如果记$u$表示热扩散过程中物体的温度, 那么在达到平衡状态(即温度不再随时间变化) 以后, 只要物体的边界温度非负且不恒为零, 那么物体内部任意点处的温度一定是正的.

**定理 5.3.6 (Poisson方程解的唯一性和稳定性)** 设$\Omega$是$\mathbb{R}^n$中的有界开集, $u_i \in C^2(\Omega) \cap C(\overline{\Omega})$ $(i = 1, 2)$, 且$u_i$满足

$$\begin{cases} -\Delta u_i = f(x), & x \in \Omega, \\ u_i(x) = g_i(x), & x \in \partial\Omega. \end{cases}$$

则有

$$\max_{x \in \overline{\Omega}} |u_1(x) - u_2(x)| \leqslant \max_{x \in \partial\Omega} |g_1(x) - g_2(x)|.$$

特别地, 当$g_1 = g_2$时, 有$u_1 = u_2$.

**证明:** 令$v = u_1 - u_2$, 则$v$满足

$$\begin{cases} -\Delta v(x) = 0, & x \in \Omega, \\ v|_{\partial\Omega} = g_1 - g_2. \end{cases}$$

再根据推论 5.3.1 即可得到相应结论. □

### 5.3.3 调和函数的性质

前面我们利用调和函数的平均值公式得到了调和函数的极值原理, 从而得到Laplace方程解的适定性结论. 下面我们利用平均值公式来研究调和函数的分析性质 (见参考文献 [14]).

1) 调和函数的正则性

先来考察调和函数的正则性. 和复变函数情形类似, $n$元实变量实值调和函数也是无穷次可微的. 为给出该结论的证明, 需要引入函数的光滑化定义.

**定义 5.3.2** 设$\Omega$是$\mathbb{R}^n$中的有界开集, $f:\Omega\to\mathbb{R}$是局部Lebesgue可积函数, 对任意$\epsilon>0$, 记$\Omega_\epsilon:=\{x\in\Omega\,|\,d(x,\partial\Omega)>\epsilon\}$, 称

$$f^\epsilon(x):=\eta_\epsilon*f(x)=\int_\Omega\eta_\epsilon(x-y)f(y)\mathrm{d}y=\int_{B(x,\epsilon)}\eta_\epsilon(x-y)f(y)\mathrm{d}y,\ x\in\Omega_\epsilon$$

为$f$的**光滑化** (Mollification), 其中$\eta_\epsilon$是带$\epsilon$的光滑化函数, 见定义1.4.2.

易知$f$的光滑化$f^\epsilon\in C^\infty(\Omega_\epsilon)$. 利用此结论, 容易证明下面的定理.

**定理 5.3.7** 设$\Omega$是$\mathbb{R}^n$中的非空开集, $u=u(x)$在$\Omega$中调和, 则$u\in C^\infty(\Omega)$.

证明: (1) 当$\Omega$是有界开集时.

对任意的$\epsilon>0$, 令$\Omega_\epsilon=\{x\in\Omega\,|\,d(x,\partial\Omega)>\epsilon\}$, 记$u^\epsilon$为$u$的光滑化, 则对任意的$x\in\Omega_\epsilon$, 有

$$\begin{aligned}u^\epsilon(x)&=\int_\Omega\eta_\epsilon(x-y)u(y)\mathrm{d}y=\frac{1}{\epsilon^n}\int_\Omega\eta\left(\frac{|x-y|}{\epsilon}\right)u(y)\mathrm{d}y\\&=\frac{1}{\epsilon^n}\int_{B(x,\epsilon)}\eta\left(\frac{|x-y|}{\epsilon}\right)u(y)\mathrm{d}y=\frac{1}{\epsilon^n}\int_0^\epsilon\eta\left(\frac{\rho}{\epsilon}\right)\left(\int_{\partial B(x,\rho)}u(y)\mathrm{d}S(y)\right)\mathrm{d}\rho\\&\xlongequal{\text{由定理5.3.2}}\frac{u(x)}{\epsilon^n}\int_0^\epsilon\eta\left(\frac{\rho}{\epsilon}\right)n\rho^{n-1}\hat{\alpha}(n)\mathrm{d}\rho=u(x)\int_{B(0,\epsilon)}\eta_\epsilon(y)\mathrm{d}y\\&=u(x),\end{aligned}$$

所以

$$u(x)=u^\epsilon(x)\in C^\infty(\Omega_\epsilon).$$

再根据$\epsilon$的任意性可知$u\in C^\infty(\Omega)$.

(2) 当$\Omega$是无界开集时.

对任意的$x\in\Omega$, 必存在$\Omega$的有界开子集$\Omega_0$, 使得$x\in\Omega_0\subset\subset\Omega$, 在$\Omega_0$上使用 (1) 的结论则有$u\in C^\infty(\Omega_0)$, 再由$x$的任意性得$u\in C^\infty(\Omega)$. □

2) Liouville定理

Liouville定理断言: **全空间$\mathbb{R}^n$上的有界调和函数只可能是常值函数**. 为给出该定理的证明, 需要如下的调和函数高阶偏微分估计.

**引理 5.3.1** 设$\Omega$是$\mathbb{R}^n$中的开集, $u$在$\Omega$中调和, 则对任意的$B(x,r)\subset\Omega$, 以及任意的$n$重指标$\alpha, |\alpha|=k$, 存在常数$C_k$, 满足

$$C_0=\frac{1}{\hat{\alpha}(n)},\ C_k=\frac{(2^{n+1}nk)^k}{\hat{\alpha}(n)},\ k=1,2,\cdots,$$

使得

$$|D^\alpha u(x)|\leqslant\frac{C_k}{r^{n+k}}||u||_{L^1(B(x,r))}.$$

证明: 我们对$k$用归纳法证明该引理. 当$k=0$时, 由于$u$在$\Omega$中调和, 而$B(x,r)\subset\Omega$, 所以根据平均值公式有

$$\begin{aligned}|u(x)|&=\left|\frac{1}{\hat{\alpha}(n)r^n}\int_{B(x,r)}u(y)\mathrm{d}y\right|\leqslant\frac{1}{\hat{\alpha}(n)r^n}\int_{B(x,r)}|u(y)|\mathrm{d}y\\&=\frac{||u||_{L^1(B(x,r))}}{\hat{\alpha}(n)r^n}=\frac{C_0}{r^n}||u||_{L^1(B(x,r))}.\end{aligned}\tag{5.3.9}$$

由此可知当$k=0$时结论成立.

当$k=1$时, 由定理 5.3.7 知 $u\in C^3(\Omega)$, 于是对$-\Delta u=0$两边关于$x_i$微分后得到

$$-\Delta(u_{x_i}(x))=0,\ i=1,2,\cdots,n,x\in\Omega,$$

故$u_{x_i}$在$\Omega$中调和, 又$B(x,r/2)\subset B(x,r)\subset\Omega$, 故再由平均值公式和Gauss-Green定理得

$$\begin{aligned}|u_{x_i}(x)|&=\left|⨍_{B(x,\frac{r}{2})}u_{x_i}(y)\mathrm{d}y\right|=\left|\frac{2^n}{\hat{\alpha}(n)r^n}\int_{B(x,\frac{r}{2})}u_{x_i}(y)\mathrm{d}y\right|\\&=\frac{2^n}{\hat{\alpha}(n)r^n}\left|\int_{\partial B(x,\frac{r}{2})}u(y)\cos\angle(\boldsymbol{n},\boldsymbol{e}_i)\mathrm{d}S(y)\right|\\&\leqslant\frac{2^n}{\hat{\alpha}(n)r^n}||u||_{L^\infty(\partial B(x,\frac{r}{2}))}\cdot n\hat{\alpha}(n)r^{n-1}2^{-(n-1)}\\&=\frac{2n}{r}||u||_{L^\infty(\partial B(x,\frac{r}{2}))}.\end{aligned}\tag{5.3.10}$$

再者, 当$y\in\partial B(x,r/2)$时, 有$B(y,r/2)\subset B(x,r)\subset\Omega$, 故由 (5.3.9) 有

$$|u(y)|\leqslant\frac{1}{\hat{\alpha}(n)}\left(\frac{2}{r}\right)^n||u||_{L^1(B(y,\frac{r}{2}))}\leqslant\frac{1}{\hat{\alpha}(n)}\left(\frac{2}{r}\right)^n||u||_{L^1(B(x,r))},$$

所以

$$||u||_{L^\infty(\partial B(x,\frac{r}{2}))} \leqslant \frac{1}{\hat{\alpha}(n)}\left(\frac{2}{r}\right)^n ||u||_{L^1(B(x,r))}. \tag{5.3.11}$$

于是由 (5.3.10) 和 (5.3.11) 可知当$n$重指标$\alpha$满足$|\alpha|=1$时有

$$\begin{aligned}|D^\alpha u(x)| &\leqslant \frac{2n}{r}||u||_{L^\infty(\partial B(x,\frac{r}{2}))} \leqslant \frac{2^{n+1}n}{\hat{\alpha}(n)r^{n+1}}||u||_{L^1(B(x,r))}\\ &= \frac{C_1}{r^{n+1}}||u||_{L^1(B(x,r))},\end{aligned}$$

其中 $C_1=\dfrac{2^{n+1}n}{\hat{\alpha}(n)}$, 故当$k=1$时结论成立.

现假设当$k\geqslant 2$时, 对任意的$B(x,r)\subset\Omega$以及任意的长度不超过$k-1$的$n$重指标, 结论均成立. 任意取定球$B(x,r)\subset\Omega$, 设$\alpha$是长度$|\alpha|=k$的$n$重指标, 则必存在$i\in\{1,2,\cdots,n\}$以及长度为$k-1$的$n$重指标$\beta$, 使得

$$D^\alpha u(x)=(D^\beta u(x))_{x_i}.$$

根据定理 5.3.7 可知$D^\alpha u$也在$\Omega$中调和, 而$B(x,r/k)\subset B(x,r)\subset\Omega$, 故由平均值公式得

$$\begin{aligned}D^\alpha u(x) &= ⨍_{B(x,\frac{r}{k})} D^\alpha u(y)\mathrm{d}y = ⨍_{B(x,\frac{r}{k})}(D^\beta u)_{y_i}(y)\mathrm{d}y\\ &= \frac{1}{\hat{\alpha}(n)(r/k)^n}\int_{\partial B(x,\frac{r}{k})} D^\beta u(y)\cos\angle(\boldsymbol{n},\boldsymbol{e}_i)\mathrm{d}S(y),\end{aligned}$$

所以

$$\begin{aligned}|D^\alpha u(x)| &\leqslant \frac{1}{\hat{\alpha}(n)(r/k)^n}||D^\beta u||_{L^\infty(\partial B(x,\frac{r}{k}))}\cdot\hat{\alpha}(n)n\left(\frac{r}{k}\right)^{n-1}\\ &= \frac{nk}{r}||D^\beta u||_{L^\infty(\partial B(x,\frac{r}{k}))}.\end{aligned} \tag{5.3.12}$$

由于当$y\in\partial B(x,r/k)$时, $B(y,(k-1)r/k)\subset B(x,r)\subset\Omega$, 故根据归纳假设, 以及$|\beta|=k-1$, 有

$$\begin{aligned}|D^\beta u(y)| &\leqslant \frac{\left(2^{n+1}n(k-1)\right)^{k-1}}{\hat{\alpha}(n)\left(\frac{k-1}{k}r\right)^{n+(k-1)}}||u||_{L^1(B(y,\frac{k-1}{k}r))}\\ &\leqslant \frac{\left(2^{n+1}n(k-1)\right)^{k-1}}{\hat{\alpha}(n)\left(\frac{k-1}{k}r\right)^{n+(k-1)}}||u||_{L^1(B(x,r))},\end{aligned} \tag{5.3.13}$$

所以, 根据 (5.3.12) 和 (5.3.13) 得:

$$|D^\alpha u(x)| \leqslant \frac{nk}{r}\frac{\left(2^{n+1}n(k-1)\right)^{k-1}}{\hat{\alpha}(n)(\frac{k-1}{k}r)^{n+(k-1)}}||u||_{L^1(B(x,r))}, \tag{5.3.14}$$

而

$$\frac{nk}{r}\frac{\left(2^{n+1}n(k-1)\right)^{k-1}}{\hat{\alpha}(n)(\frac{k-1}{k}r)^{n+(k-1)}} = \frac{(2^{n+1}nk)^k 2^{-(n+1)}}{r^{n+k}\hat{\alpha}(n)}\Big(\frac{k}{k-1}\Big)^n,$$

又当 $k \geqslant 2$ 时, $\left(\frac{k}{k-1}\right)^n \leqslant 2^n < 2^{n+1}$, 所以

$$\frac{nk}{r}\frac{\left(2^{n+1}n(k-1)\right)^{k-1}}{\hat{\alpha}(n)(\frac{k-1}{k}r)^{n+(k-1)}} \leqslant \frac{(2^{n+1}nk)^k}{r^{n+k}\hat{\alpha}(n)}, \tag{5.3.15}$$

由此, 根据 (5.3.14) 和 (5.3.15) 得

$$|D^\alpha u(x)| \leqslant \frac{(2^{n+1}nk)^k}{r^{n+k}\hat{\alpha}(n)}||u||_{L^1(B(x,r))}.$$ □

**定理 5.3.8 (Liouville 定理)**　**设 $u : \mathbb{R}^n \to \mathbb{R}$ 是有界调和函数, 则 $u$ 必是常值函数.**

**证明:**　由于 $u$ 在 $\mathbb{R}^n$ 中调和, 所以对任意的 $x \in \mathbb{R}^n$, $r > 0$, 根据引理 5.3.1 知必存在与 $r$ 和 $u$ 无关的常数 $C_1 > 0$, 使得

$$|Du(x)| = \Big(\sum_{i=1}^n \left(D_i u(x)\right)^2\Big)^{1/2} \leqslant \frac{nC_1}{r^{n+1}}||u||_{L^1(B(x,r))} \leqslant \frac{nC_1}{r^{n+1}}||u||_{L^\infty(\mathbb{R}^n)}\hat{\alpha}(n)r^n$$

$$= \frac{n\hat{\alpha}(n)C_1}{r}||u||_{L^\infty(\mathbb{R}^n)} \to 0,\ r \to \infty,$$

由此, $Du(x) = 0$, $\forall x \in \mathbb{R}^n$, 从而 $u$ 必是常值函数. □

3) 调和函数的解析性

根据引理 5.3.1 还可得到调和函数的解析性 (Analyticity), 即有下面的定理.

**定理 5.3.9**　**设 $\Omega$ 是 $\mathbb{R}^n$ 中的开集, $u$ 在 $\Omega$ 中调和, 则 $u$ 必然在 $\Omega$ 中解析.**

**证明:**　任意取 $x_0 \in \Omega$, 只需证明 $u$ 在 $x_0$ 附近可以表示成收敛的 Taylor 级数即可. 根据定理 5.3.7 知 $u \in C^\infty(\Omega)$, 而 $x_0 \in \Omega$, 故在 $x_0$ 附近 $u$ 的 Taylor 级数为

$$\sum_{|\alpha|\geqslant 0}\frac{D^\alpha u(x_0)}{\alpha!}(x-x_0)^\alpha.$$

为证明该级数收敛, 只需证明该级数的第 $N\,(N=1,2,\cdots)$ 个余项

$$R_N(x) := \sum_{|\alpha|=N} \frac{D^\alpha u\big(x_0+t(x-x_0)\big)(x-x_0)^\alpha}{\alpha!},\ 0<t<1 \tag{5.3.16}$$

满足

$$\lim_{N\to\infty} R_N(x)=0,\ \text{当}\,x\,\text{足够靠近}\,x_0\,\text{时}.$$

因为 $x_0\in\Omega$, 不失一般性, 可设 $\Omega$ 是有界的, 故 $d(x_0,\partial\Omega)>0$. 取 $r:=d(x_0,\partial\Omega)/3>0$, 则由于 $\Omega$ 是开集, 故 $B(x_0,2r)\subset\Omega$, 于是

$$M:=\frac{1}{\hat{\alpha}(n)r^n}||u||_{L^1(B(x_0,2r))}<\infty.$$

先对 (5.3.16) 中的偏微分进行估计. 由于当 $x\in B(x_0,r)$ 时, $B(x,r)\subset B(x_0,2r)$, 故根据引理 5.3.1 知

$$\begin{aligned}|D^\alpha u(x)| &\leqslant \frac{(2^{n+1}n)^{|\alpha|}}{\hat{\alpha}(n)r^n}\frac{|\alpha|^{|\alpha|}}{r^{|\alpha|}}||u||_{L^1(B(x,r))}\\ &\leqslant \frac{(2^{n+1}n)^{|\alpha|}}{\hat{\alpha}(n)r^n}\frac{|\alpha|^{|\alpha|}}{r^{|\alpha|}}||u||_{L^1(B(x_0,2r))}\\ &= M\left(\frac{2^{n+1}n}{r}\right)^{|\alpha|}|\alpha|^{|\alpha|},\end{aligned}$$

所以

$$||D^\alpha u(x)||_{L^\infty(B(x_0,r))}\leqslant M\left(\frac{2^{n+1}n}{r}\right)^{|\alpha|}|\alpha|^{|\alpha|}. \tag{5.3.17}$$

又因为对任意的正整数 $k$, 有 $\frac{k^k}{k!}<\mathrm{e}^k$, 所以 $|\alpha|^{|\alpha|}<\mathrm{e}^{|\alpha|}|\alpha|!$. 而

$$n^k=(1+\cdots+1)^k=\sum_{|\beta|=k}\frac{|\beta|!}{\beta!}\geqslant\frac{|\alpha|!}{\alpha!}, \tag{5.3.18}$$

故 $|\alpha|!\leqslant n^{|\alpha|}\alpha!$, 于是

$$|\alpha|^{|\alpha|}<\mathrm{e}^{|\alpha|}n^{|\alpha|}\alpha!=(n\mathrm{e})^{|\alpha|}\alpha!, \tag{5.3.19}$$

从而由 (5.3.17) 和 (5.3.19) 得

$$||D^\alpha u(x)||_{L^\infty(B(x_0,r))}\leqslant M\left(\frac{2^{n+1}n^2\mathrm{e}}{r}\right)^{|\alpha|}\alpha!. \tag{5.3.20}$$

由此, 当

$$|x - x_0| < \frac{r}{2^{n+2}n^3\mathrm{e}} \tag{5.3.21}$$

时, 由 (5.3.16), (5.3.20) 和 (5.3.21) 得

$$\begin{aligned}|R_N(x)| &\leqslant \sum_{|\alpha|=N} \frac{\left|D^\alpha u\big(x_0 + t(x - x_0)\big)\right|}{\alpha!}|x - x_0|^{|\alpha|} \\ &\leqslant \sum_{|\alpha|=N} M\left(\frac{2^{n+1}n^2\mathrm{e}}{r}\right)^N \cdot \left(\frac{r}{2^{n+2}n^3\mathrm{e}}\right)^N \\ &= \frac{M}{(2n)^N}\sum_{|\alpha|=N} 1\,. \end{aligned} \tag{5.3.22}$$

又由于对任意的而言 $n$ 重指标 $\beta$ 有 $\beta! \leqslant |\beta|!$, 故由 (5.3.18) 得

$$\sum_{|\alpha|=N} 1 \leqslant n^N, \tag{5.3.23}$$

于是根据 (5.3.22) 和 (5.3.23) 得到

$$|R_N(x)| \leqslant \frac{M}{2^N} \to 0, \ \text{当} \ N \to \infty \ \text{时, 其中} \ |x - x_0| < \frac{r}{2^{n+2}n^3\mathrm{e}}\,.$$

综上可知

$$u(x) = \sum_{|\alpha|\geqslant 0} \frac{D^\alpha u(x_0)}{\alpha!}(x - x_0)^\alpha, \ |x - x_0| < \frac{r}{2^{n+2}n^3\mathrm{e}},$$

从而 $u$ 在 $x_0$ 处解析, 再根据 $x_0$ 的任意性便知 $u$ 在 $\Omega$ 中解析. □

4) Harnack不等式

由平均值公式还可以推出如下的**Harnack不等式**.

**定理 5.3.10 (Harnack不等式)**　设 $\Omega$ 是 $\mathbb{R}^n$ 中的开集, $u$ 是 $\Omega$ 中的非负调和函数, 则对任意连通的开集 $D \subset\subset \Omega$ , 存在 $C = C(D, n, \Omega) > 0$, 使得

$$\sup_D u \leqslant C \inf_D u.$$

**证明:**　由于 $D \subset\subset \Omega$, 不失一般性, 设 $\Omega$ 是有界开集, 故 $r := d(\overline{D}, \partial\Omega)/4 > 0$. 任意取 $x, y \in \overline{D}$, 则当 $|x - y| < r$ 时, 故必有 $B(y, r) \subset B(x, 2r) \subset \Omega$, 由此根

据调和函数平均值公式得

$$u(x)=\fint_{B(x,2r)}u(z)\mathrm{d}z=\frac{1}{\hat{\alpha}(n)(2r)^n}\int_{B(x,2r)}u(z)\mathrm{d}z\ . \tag{5.3.24}$$

又由于 $u$ 是 $\Omega$ 中的非负函数, 故 $u|_{B(x,2r)}\geqslant 0$, 而 $B(y,r)\subset B(x,2r)$, 所以

$$\int_{B(x,2r)}u(z)\mathrm{d}z\geqslant\int_{B(y,r)}u(z)\mathrm{d}z, \tag{5.3.25}$$

于是由 (5.3.24) 和 (5.3.25) 得

$$u(x)\geqslant\frac{1}{\hat{\alpha}(n)2^nr^n}\int_{B(y,r)}u(z)\mathrm{d}z=\frac{1}{2^n}\fint_{B(y,r)}u(z)\mathrm{d}z=\frac{1}{2^n}u(y). \tag{5.3.26}$$

类似地 (或者交换 $x$ 和 $y$ 后) 可得:

$$u(y)\geqslant\frac{1}{2^n}u(x)\ . \tag{5.3.27}$$

于是根据 (5.3.26) 和 (5.3.27) 可知对 $\overline{D}$ 中的任意两点 $x,y$, 当 $|x-y|<r$ 时必有

$$2^nu(y)\geqslant u(x)\geqslant\frac{1}{2^n}u(y). \tag{5.3.28}$$

再来考察一般情形. 任意取定 $x,y\in D$. 由于 $D$ 是连通开集, 从而 $\overline{D}$ 也连通. 又由于 $D\subset\subset\Omega$, 故 $\overline{D}$ 是紧的. 注意到 $\overline{D}\subset\cup_{a\in\overline{D}}B(a,r)$, 故必存在正整数 $N=N(n,D,\Omega)$ 以及 $x_1,x_2,\dots,x_N\in\overline{D}$ 使得

$$\overline{D}\subset\bigcup_{i=1}^{N}B(x_i,r)\ \text{且}\ B(x_i,r)\cap B(x_{i+1},r)\neq\emptyset,\ i=1,2,\dots,N-1.$$

不失一般性, 设

$$x\in B(x_1,r),\qquad y\in B(x_N,r).$$

取

$$y_i\in B(x_i,r)\cap B(x_{i+1},r),\qquad i=1,2,\dots,N-1,$$

则由 (5.3.28) 可得

$$\begin{aligned}u(x)&\geqslant\frac{1}{2^n}u(x_1)\geqslant\frac{1}{2^{2n}}u(y_1)\geqslant\frac{1}{2^{3n}}u(x_2)\geqslant\cdots\\&\geqslant\frac{1}{2^{(2N-1)n}}u(x_N)\geqslant\frac{1}{2^{(2N-1)n+n}}u(y)=\frac{1}{4^{nN}}u(y),\end{aligned}$$

由于 $N=N(n,D,\Omega)$ 与 $x,y$ 的选取无关, 我们有 $\inf\limits_D u\geqslant\frac{1}{4^{nN}}u(y)$, 从而

$$\inf_D u\geqslant\frac{1}{4^{nN}}\sup_D u,$$

即

$$\sup_D u\leqslant 4^{nN}\inf_D u.$$

□

由 Harnack 不等式可知: 如果 $u$ 是 $\mathbb{R}^n$ 中的开集 $\Omega$ 上的非负调和函数, 则对任意连通的开子集 $D\subset\subset\Omega$, 存在 $C=C(D,n)>0$, 使得对任意的 $x,y\in D$, 有

$$u(x)\leqslant\sup_D u\leqslant C\inf_D u\leqslant Cu(y),\ \text{即}\ u(x)\leqslant Cu(y);$$

$$u(x)\geqslant\inf_D u\geqslant\frac{1}{C}\sup_D u\geqslant\frac{1}{C}u(y),\ \text{即}\ u(x)\geqslant\frac{1}{C}u(y).$$

由此推知: 当 $u(x)$ 较大时, $u(y)$ 必较大; 当 $u(x)$ 较小时, $u(y)$ 必较小. **即有界区域中的非负调和函数在任意两点处的函数值都是可比较的** (Comparable).

Harnack 不等式可以推广到一般的线性椭圆型方程情形, 相关结果请见参考文献 [14] 和 [27].

### 5.3.4 Poisson 方程边值问题解的 Green 函数表示

下面来研究如何求解 Poisson 方程边值问题:

$$\begin{cases}-\Delta u=f(x),\ x\in\Omega, & (5.3.29\text{a})\\ \alpha u+\beta\dfrac{\partial u}{\partial\boldsymbol{n}}=g(x),\ x\in\partial\Omega, & (5.3.29\text{b})\end{cases}$$

其中, $\Omega$ 是 $\mathbb{R}^n$ $(n\geqslant 2)$ 中带 $C^1$ 边界的有界非空开集; $\partial\Omega=\Gamma_1\cup\Gamma_2\cup\Gamma_3$, $\Gamma_i\cap\Gamma_j\neq\emptyset$, 当 $i\neq j,i,j=\{1,2,3\}$ 时; $\alpha=\alpha(x)\geqslant 0$, $\beta=\beta(x)\geqslant 0,\alpha^2(x)+\beta^2(x)\neq 0,\forall x\in\partial\Omega$, 当 $\Gamma_1\neq\emptyset$ 时 $\alpha\equiv 1,\beta\equiv 0$, 当 $\Gamma_2\neq\emptyset$ 时 $\alpha\equiv 0,\beta\equiv 1$, 当 $\Gamma_3\neq\emptyset$ 时 $\alpha>0,\beta\equiv 1$.

首先来考察如何利用 Laplace 方程的基本解 (5.3.3) 来构造 (5.3.29) 的形式解.

先任意取 $x\in\Omega$. 由于 $y=x$ 是基本解 $\Phi(y-x)$ 的奇点, 为避开此奇点, 注意到 $\Omega$ 是开集, 所以必存在 $\epsilon_0>0$, 使得 $B(x,\epsilon_0)\subset\Omega$, 于是对任意的 $\epsilon$, 当 $0<\epsilon<\epsilon_0$ 时, 如果记 $V_\epsilon=\Omega\backslash\overline{B(x,\epsilon)}$, 则 $\Phi(y-x)$ 作为 $y$ 的函数在 $V_\epsilon$ 中调和. 不

妨先设 $u \in C^2(\Omega) \cap C^1(\overline{\Omega})$, 则由 Green 公式得

$$\int_{V_\epsilon} \Big( u(y)\Delta_y \Phi(y-x) - \Phi(y-x)\Delta u(y) \Big) \mathrm{d}y$$

$$= \int_{\partial V_\epsilon} \left( u(y) \frac{\partial \Phi(y-x)}{\partial \boldsymbol{n}(y)} - \Phi(y-x) \frac{\partial u(y)}{\partial \boldsymbol{n}} \right) \mathrm{d}S(y),$$

即

$$- \int_{V_\epsilon} \Phi(y-x)\Delta u(y) \mathrm{d}y$$

$$= \int_{\partial\Omega} \left( u(y) \frac{\Phi(y-x)}{\partial \boldsymbol{n}(y)} - \Phi(y-x) \frac{\partial u(y)}{\partial \boldsymbol{n}} \right) \mathrm{d}S(y) - \int_{\partial B(x,\epsilon)} u(y) \frac{\partial \Phi(y-x)}{\partial \boldsymbol{n}(y)} \mathrm{d}S(y)$$

$$+ \int_{\partial B(x,\epsilon)} \Phi(y-x) \frac{\partial u(y)}{\partial \boldsymbol{n}} \mathrm{d}S(y),$$

其中后两个积分中的 $\boldsymbol{n}(y)$ 表示球面 $\partial B(x,\epsilon)$ 上 $y$ 点处对应的 (相对于球体 $B(x,\epsilon)$ 的) 单位外法向量.

由于

$$\left| \int_{\partial B(x,\epsilon)} \Phi(y-x) \frac{\partial u}{\partial \boldsymbol{n}} \mathrm{d}S(y) \right| \leqslant ||\nabla u||_{L^\infty(B(x,\epsilon_0))} \cdot \int_{\partial B(x,\epsilon)} |\Phi(y-x)| \mathrm{d}S(y)$$

$$\leqslant \begin{cases} C\epsilon|\log\epsilon|, \ n=2, \\ C\epsilon, \ n \geqslant 3, \end{cases}$$

其中 $C$ 是与 $\epsilon$ 无关的正数, 故

$$\lim_{\epsilon\to 0^+} \int_{\partial B(x,\epsilon)} \Phi(y-x) \frac{\partial u}{\partial \boldsymbol{n}} \mathrm{d}S(y) = 0.$$

又由积分公式 (5.3.7) 得

$$\int_{\partial B(x,\epsilon)} u(y) \frac{\partial \Phi(y-x)}{\partial \boldsymbol{n}(y)} \mathrm{d}S(y) \to -u(x), \text{ 当 } \epsilon \to 0^+ \ .$$

而 $\lim\limits_{\epsilon\to 0^+} V_\epsilon = \Omega$, 故当 $\epsilon \to 0^+$ 时, 就有

$$u(x) = \int_{\partial\Omega} \left( \Phi(y-x) \frac{\partial u(y)}{\partial \boldsymbol{n}} - u(y) \frac{\partial \Phi(y-x)}{\partial \boldsymbol{n}(y)} \right) \mathrm{d}S(y) - \int_{\Omega} \Phi(y-x)\Delta u(y) \mathrm{d}y.$$

再结合 (5.3.29a) 便得

$$u(x)=\int_{\Omega}\Phi(y-x)f(y)\mathrm{d}y+\int_{\partial\Omega}\left(\Phi(y-x)\frac{\partial u(y)}{\partial \boldsymbol{n}}-u(y)\frac{\partial\Phi(y-x)}{\partial \boldsymbol{n}(y)}\right)\mathrm{d}S(y).\tag{5.3.30}$$

于是根据 (5.3.30) 可知如果 $u\in C^2(\Omega)\cap C^1(\partial\Omega)$, 那么对任意的 $x\in\Omega$, $u(x)$ 可由 $-\Delta u$ 在 $\Omega$ 内的值和 $u$ 在边界 $\partial\Omega$ 上的 $\frac{\partial u}{\partial \boldsymbol{n}}$ 以及基本解 $\Phi$ 表示. 但是根据边界条件 (5.3.29b) 知 (5.3.30) 中的边界积分中的某些项并不知道, 为此接下来我们将尝试构造适当的易求解的辅助边值问题, 以便消去边界积分中的某些未知项. 下面分两种情形讨论.

(1) **当 $\Gamma_2\neq\partial\Omega$ 时**

此时由前面一节知道问题 (5.3.29) 的解是唯一的, 为消去 (5.3.30) 中边界积分中的未知项, 构造如下的辅助边值问题:

$$\begin{cases}-\Delta v(y)=0,\ y\in\Omega,\\ \alpha(y)v(y)+\beta(y)\dfrac{\partial v(y)}{\partial \boldsymbol{n}}=h(y,x),\ y\in\partial\Omega,x\in\Omega,\end{cases}\tag{5.3.31}$$

其中 $h(y,x)$ 是与 $x\in\Omega$ 有关的待定函数. 于是, 由 Green 公式得

$$\int_{\Omega}(u\Delta v-v\Delta u)\mathrm{d}y=\int_{\partial\Omega}\left(u\frac{\partial v}{\partial \boldsymbol{n}}-v\frac{\partial u}{\partial \boldsymbol{n}}\right)\mathrm{d}S(y),$$

即

$$0=\int_{\Omega}vf(y)\mathrm{d}y+\int_{\partial\Omega}\left(v\frac{\partial u}{\partial \boldsymbol{n}}-u\frac{\partial v}{\partial \boldsymbol{n}}\right)\mathrm{d}S(y).$$

将此式加到 (5.3.30) 得

$$\begin{aligned}u(x)=&\int_{\Omega}\left[\Phi(y-x)+v(y)\right]f(y)\mathrm{d}y+\int_{\partial\Omega}\left\{\left[\Phi(y-x)+v(y)\right]\frac{\partial u(y)}{\partial \boldsymbol{n}}\right.\\&\left.-u(y)\frac{\partial\left[\Phi(y-x)+v(y)\right]}{\partial \boldsymbol{n}(y)}\right\}\mathrm{d}S(y).\end{aligned}\tag{5.3.32}$$

当 $\Gamma_1\neq\emptyset$ 时, 由于

$$u(x)=g(x),\ x\in\Gamma_1,$$

故只需取

$$v(y)=-\Phi(y-x),\ x\in\Gamma_1,x\in\Omega,$$

则 (5.3.32) 中在 $\Gamma_1$ 上的边界积分

$$\int_{\Gamma_1}\left\{\left[\Phi(y-x)+v(y)\right]\frac{\partial u(y)}{\partial \boldsymbol{n}}-u(y)\frac{\partial\left[\Phi(y-x)+v(y)\right]}{\partial \boldsymbol{n}(y)}\right\}\mathrm{d}S(y)$$

$$=-\int_{\Gamma_1}g(y)\frac{\partial\left[\Phi(y-x)+v(y)\right]}{\partial \boldsymbol{n}(y)}\mathrm{d}S(y). \tag{5.3.33}$$

当 $\Gamma_2\neq\emptyset$ 时, 由于

$$\frac{\partial u(x)}{\partial \boldsymbol{n}}=g(x),\ x\in\Gamma_2,$$

故只要取

$$\frac{\partial v(y)}{\partial \boldsymbol{n}}=-\frac{\partial \Phi(y-x)}{\partial \boldsymbol{n}(y)},\ y\in\partial\Omega, x\in\Omega,$$

则 (5.3.32) 中在 $\Gamma_2$ 上的边界积分

$$\int_{\Gamma_2}\left\{\left[\Phi(y-x)+v(y)\right]\frac{\partial u(y)}{\partial \boldsymbol{n}}-u(y)\frac{\partial\left[\Phi(y-x)+v(y)\right]}{\partial \boldsymbol{n}(y)}\right\}\mathrm{d}S(y)$$

$$=\int_{\Gamma_2}\left[\Phi(y-x)+v(y)\right]g(y)\mathrm{d}S(y). \tag{5.3.34}$$

当 $\Gamma_3\neq\emptyset$ 时, 由于 $\alpha u+\dfrac{\partial u}{\partial \boldsymbol{n}}=g(x),\ x\in\Gamma_3$, 将此式代入 (5.3.32) 中在 $\Gamma_3$ 上的积分并整理得

$$\int_{\Gamma_3}\left\{\left[\Phi(y-x)+v(y)\right]\frac{\partial u(y)}{\partial \boldsymbol{n}}-u(y)\frac{\partial\left[\Phi(y-x)+v(y)\right]}{\partial \boldsymbol{n}(y)}\right\}\mathrm{d}S(y)$$

$$=\int_{\Gamma_3}\left\{\left[\Phi(y-x)+v(y)\right]g(y)-u(y)\left[\alpha(y)\big(\Phi(y-x)+v(y)\big)\right.\right.$$

$$\left.\left.+\frac{\partial\big(\Phi(y-x)+v(y)\big)}{\partial \boldsymbol{n}(y)}\right]\right\}\mathrm{d}S(y),$$

故只要取 $v$ 在 $\Gamma_3$ 上满足

$$\alpha(y)v(y)+\frac{\partial v(y)}{\partial \boldsymbol{n}}=-\alpha(y)\Phi(y-x)-\frac{\Phi(y-x)}{\partial \boldsymbol{n}(y)},\ y\in\Gamma_3, x\in\Omega,$$

则有

$$\int_{\Gamma_3}\left\{\left[\Phi(y-x)+v(y)\right]\frac{\partial u(y)}{\partial \boldsymbol{n}}-u(y)\frac{\partial\left[\Phi(y-x)+v(y)\right]}{\partial \boldsymbol{n}(y)}\right\}\mathrm{d}S(y)$$

$$=\int_{\Gamma_3}\left[\Phi(y-x)+v(y)\right]g(y)\mathrm{d}S(y). \tag{5.3.35}$$

所以, 综合 (5.3.33), (5.3.34) 和 (5.3.35) 可得下面的定理.

**定理 5.3.11** (Poisson方程边值问题解的Green函数表示 ($\Gamma_2\neq\partial\Omega$))　设 $\Omega$ 是 $\mathbb{R}^n$ 中的边界为 $C^1$ 的有界开集, 其中 $\Gamma_2\neq\partial\Omega$. 记

$$G(x,y):=\Phi(y-x)+v(y), \tag{5.3.36}$$

其中 $v(y)$ 满足Laplace方程

$$-\Delta v(y)=0,\ y\in\Omega \tag{5.3.37}$$

和边界条件:

当 $\Gamma_1\neq\emptyset$ 时, $v(y)=-\Phi(y-x),\ y\in\Gamma_1, x\in\Omega$,

$$\text{当 }\Gamma_2\neq\emptyset\text{ 时, }\frac{\partial v(y)}{\partial\boldsymbol{n}}=-\frac{\partial\Phi(y-x)}{\partial\boldsymbol{n}(y)},\ y\in\Gamma_2, x\in\Omega, \tag{5.3.38}$$

$$\text{当 }\Gamma_3\neq\emptyset\text{ 时, }\alpha(y)v(y)+\frac{\partial v(y)}{\partial\boldsymbol{n}}=-\alpha(y)\Phi(y-x)-\frac{\partial\Phi(y-x)}{\partial\boldsymbol{n}(y)},\ y\in\Gamma_3, x\in\Omega,$$

则Poisson方程边值问题

$$\begin{cases}-\Delta u(x)=f(x),\ x\in\Omega,\\ \alpha(x)u(x)+\dfrac{\partial u(x)}{\partial\boldsymbol{n}}=g(x),\ x\in\partial\Omega\end{cases} \tag{5.3.39}$$

的 $C^2(\Omega)\cap C^1(\overline{\Omega})$ 解必可表示为

$$\begin{aligned}u(x)=&\int_\Omega G(x,y)f(y)\mathrm{d}y+\int_{\Gamma_2\cup\Gamma_3}G(x,y)g(y)\mathrm{d}S(y)\\&-\int_{\Gamma_1}g(y)\frac{\partial G(x,y)}{\partial\boldsymbol{n}(y)}\mathrm{d}S(y),\ \forall x\in\Omega.\end{aligned} \tag{5.3.40}$$

**注 5.3.5**　① (5.3.36) 中的 $G(x,y)$ 称为Poisson方程边值问题 (5.3.39) 对应的Green**函数**.

② 如果 $u\in C^2(\Omega)\cap C^1(\overline{\Omega})$, 则由 (5.3.32) 的推导过程可得用Green函数 $G(x,y)$ 表示 $u$ 的Green **第三恒等式** (Green's Third Identity): $\forall x\in\Omega$,

$$u(x)=-\int_\Omega G(x,y)\Delta u(y)\mathrm{d}y+\int_{\partial\Omega}\left(G(x,y)\frac{\partial u(y)}{\partial\boldsymbol{n}}-u(y)\frac{\partial G(x,y)}{\partial\boldsymbol{n}(y)}\right)\mathrm{d}S(y).$$

(2) 当$\Gamma_2 = \partial\Omega$时

此时边值问题 (5.3.29) 成为 Poisson 方程 Neumann 边值问题

$$\begin{cases} -\Delta u(x) = f(x),\ x \in \Omega, & (5.3.41\text{a}) \\ \dfrac{\partial u}{\partial \boldsymbol{n}} = g(x),\ x \in \partial\Omega. & (5.3.41\text{b}) \end{cases}$$

由第5.2节可知该边值问题的解在允许相差一个常数的意义下是唯一的, 并且由定理 1.3.1 知(5.3.41) 有解的必要条件是

$$\int_\Omega f(x)\mathrm{d}x + \int_{\partial\Omega} g(x)\mathrm{d}S(x) = 0. \tag{5.3.42}$$

此时如果再像 (5.3.31) 那样构造辅助边值问题, 则 (5.3.31) 在边界$\Gamma_2 = \partial\Omega$时不满足形如 (5.3.42) 的有解的必要条件. 为此, 构造如下形式的辅助边值问题:

$$\begin{cases} -\Delta v(y) = C(x),\ y, x \in \Omega, \\ \dfrac{\partial v(y)}{\partial \boldsymbol{n}(y)} = h(y,x),\ y \in \partial\Omega, x \in \Omega, \end{cases} \tag{5.3.43}$$

其中 $h$和$C(x)$是分别与$(y,x)$和参变元$x$有关的待定函数. 于是由 (5.3.42) 可知要使 (5.3.43) 有解, 需

$$\int_\Omega C(x)\mathrm{d}y + \int_{\partial\Omega} h(y,x)\mathrm{d}S(y) = 0,$$

即

$$C := C(x) = \frac{-1}{|\Omega|}\int_{\partial\Omega} h(y,x)\mathrm{d}S(y). \tag{5.3.44}$$

又由 Green 公式得

$$\int_\Omega (u\Delta v - v\Delta u)\mathrm{d}y - \int_{\partial\Omega}\left(u\frac{\partial v}{\partial \boldsymbol{n}} - v\frac{\partial u}{\partial \boldsymbol{n}}\right)\mathrm{d}S(y) = 0,$$

再结合 (5.3.41a) 和 (5.3.43)得

$$\int_\Omega vf(y)\mathrm{d}y - C\int_\Omega u(y)\mathrm{d}y + \int_{\partial\Omega}\left(v\frac{\partial u}{\partial \boldsymbol{n}} - u\frac{\partial v}{\partial \boldsymbol{n}}\right)\mathrm{d}S(y) = 0. \tag{5.3.45}$$

将 (5.3.45) 加到 (5.3.30) 得

$$u(x) = \int_\Omega (\Phi(y-x) + v(y))f(y)\mathrm{d}y + \int_{\partial\Omega}\left\{[\Phi(y-x) + v(y)]\frac{\partial u(y)}{\partial \boldsymbol{n}}\right.$$

$$-u(y)\frac{\partial[\Phi(y-x)+v(y)]}{\partial \boldsymbol{n}(y)}\bigg\}\mathrm{d}S(y)-C\int_{\Omega}u(y)\mathrm{d}y. \tag{5.3.46}$$

由此可见, 只要取 $h(y,x)=\dfrac{\partial v(y)}{\partial \boldsymbol{n}}=-\dfrac{\partial \Phi(y-x)}{\partial \boldsymbol{n}(y)}$, $y\in\partial\Omega, x\in\Omega$, 则由 (5.3.41b), (5.3.44) 和 (5.3.46) 得

$$u(x)=\int_{\Omega}[\Phi(y-x)+v(y)]f(y)\mathrm{d}y+\int_{\partial\Omega}[\Phi(y-x)+v(y)]g(y)\mathrm{d}S(y)$$

$$-\frac{1}{|\Omega|}\int_{\Omega}u(y)\mathrm{d}y\cdot\int_{\partial\Omega}\frac{\Phi(y-x)}{\boldsymbol{n}(y)}\mathrm{d}S(y).$$

由此可知, 对于 Poisson 方程 Neumann 问题, 有如下定理.

**定理 5.3.12** (Poisson 方程 Neumann 问题解的 Green 函数表示)　如果记 Poisson 方程 Neumann 边值问题 (5.3.41) 对应的 Green 函数为

$$G(x,y):=\Phi(y-x)+v(y), \tag{5.3.47}$$

其中 $v(y)$ 满足 Poisson 方程 Neumann 边值问题:

$$\begin{cases}-\Delta v(y)=\dfrac{1}{|\Omega|}\displaystyle\int_{\partial\Omega}\frac{\partial\Phi(z-x)}{\partial \boldsymbol{n}(z)}\mathrm{d}S(z),\ y\in\Omega, x\in\Omega,\\[2ex] \dfrac{\partial v(y)}{\partial \boldsymbol{n}}=-\dfrac{\partial\Phi(y-x)}{\partial \boldsymbol{n}(y)},\ y\in\partial\Omega, x\in\Omega,\end{cases} \tag{5.3.48}$$

则 Neumann 问题 (5.3.41) 的解必可由 Green 函数表示为

$$\begin{aligned}u(x)=&\int_{\Omega}G(x,y)f(y)\mathrm{d}y+\int_{\partial\Omega}G(x,y)g(y)\mathrm{d}S(y)\\&-\frac{1}{|\Omega|}\int_{\Omega}u(y)\mathrm{d}y\cdot\int_{\partial\Omega}\frac{\partial\Phi(y-x)}{\partial \boldsymbol{n}(y)}\mathrm{d}S(y).\end{aligned} \tag{5.3.49}$$

根据上面的分析可知, 特别地, 对于 Dirichlet 边值问题, 有下面的定理.

**定理 5.3.13** (Poisson 方程 Dirichlet 边值问题解的 Green 函数表示)　设 $\Omega$ 是 $\mathbb{R}^n$ 中的边界为 $C^1$ 的有界开集, 且 $u\in C^2(\Omega)\cap C^1(\overline{\Omega})$ 是 Poisson 方程 Dirichlet 边值问题

$$\begin{cases}-\Delta u=f(x),\ x\in\Omega,\\ u=g(x),\ x\in\partial\Omega\end{cases}$$

的解, 则

$$u(x) = -\int_{\partial\Omega} g(y)\frac{\partial G(x,y)}{\partial \boldsymbol{n}}\mathrm{d}S(y) + \int_{\Omega} G(x,y)f(y)\mathrm{d}y,\ \forall x \in \Omega, \tag{5.3.50}$$

其中 Green 函数

$$G(x,y) := \Phi(y-x) + \Psi(y), \tag{5.3.51}$$

而辅助函数 $\Psi$ 由辅助边值问题

$$\begin{cases} -\Delta\Psi(y) = 0,\ y \in \Omega, \\ \Psi(y) = -\Phi(y-x),\ y \in \partial\Omega, x \in \Omega \end{cases} \tag{5.3.52}$$

来确定.

综上可知, 为求解有界开集 $\Omega \subset \mathbb{R}^n$ $(n \geqslant 2)$ 中的 Poisson 方程边值问题

$$\begin{cases} -\Delta u(x) = f(x),\ x \in \Omega, \\ \alpha(x)u(x) + \beta(x)\dfrac{\partial u}{\partial \boldsymbol{n}} = g(x),\ x \in \partial\Omega, \end{cases} \tag{5.3.53}$$

只要在当 $\Gamma_2 \neq \partial\Omega$ 时由辅助边值问题 (5.3.37) 和 (5.3.38) 求出相应的 Green 函数 (5.3.36), 当 $\Gamma_2 = \partial\Omega$ 时由辅助边值问题 (5.3.48) 求出相应的 Green 函数 (5.3.47)即可得到相应边值问题解的 Green 函数表示 (5.3.40) 和 (5.3.49). 尽管这两个辅助边值问题相对于边值问题 (5.3.53) 而言要简单很多, 但是要求解它们并非易事. 通常当 $\Omega$ 具有比较简单的几何结构时才能显式地求出 Green 函数. 接下来, 我们仅就当 $\Omega$ 是上半空间和 $n$ 维球体情形给出 Dirichlet 边值问题相应的 Green 函数.

注 5.3.6 当任意取定 $x \in \Omega$ 后, 如果把 Green 函数 $G(x,y)$ 看作以 $x$ 为参变量, 以 $y$ 为独立变量的函数, 则 (5.3.52) 和 (5.3.51) 也通常记为

$$\begin{cases} -\Delta_y G(x,y) = \delta(y-x),\ y \in \Omega, x \in \Omega, \\ G(x,y) = 0, y \in \partial\Omega,\ x \in \Omega. \end{cases} \tag{5.3.54}$$

其中 $\delta(y-x)$ 表示单位质量集中在 $x$ 处的广义函数 Dirac−**分布**. 更一般地, 当 $\Gamma_2 \neq \partial\Omega$ 时, Poisson 方程边值问题

$$\begin{cases} -\Delta u(x) = f(x),\ x \in \Omega, \\ \alpha u + \beta\dfrac{\partial u}{\partial \boldsymbol{n}} = g(x),\ x \in \partial\Omega \end{cases} \tag{5.3.55}$$

对应的 Green 函数 $G(x,y)$ 满足

$$\begin{cases} -\Delta_y G(x,y)=\delta(y-x),\ y,x\in\Omega, \\ \alpha(y)G(x,y)+\beta(y)\dfrac{\partial G(x,y)}{\partial \boldsymbol{n}(y)}=0,\ y\in\partial\Omega,x\in\Omega. \end{cases} \tag{5.3.56}$$

当 $\Gamma_2=\partial\Omega$ 时, 该边值问题对应的 $G(x,y)$ 满足

$$\begin{cases} -\Delta_y G(x,y)=\delta(y-x)+\dfrac{1}{|\Omega|}\displaystyle\int_{\partial\Omega}\dfrac{\partial\Phi(z-x)}{\partial \boldsymbol{n}(z)}\mathrm{d}S(z),\ x,y\in\Omega, \\ \dfrac{\partial G(x,y)}{\partial \boldsymbol{n}(y)}=0,\ y\in\partial\Omega,x\in\Omega. \end{cases}$$

关于广义函数相关知识, 请见参考文献 [17].

为便于求出 Dirichlet 边值问题对应的 Green 函数, 需要用到 Green **函数的对称性**.

**定理 5.3.14 (Green 函数的对称性)**　设 $\Omega$ 是带 $C^1$ 边界的有界开集, 且 $\Gamma_2\neq\partial\Omega$, $G(x,y)$ 是 $\Omega$ 上的 Poisson 方程边值问题 (5.3.55) 对应的 Green 函数 (即 $G(x,y)$ 是 (5.3.56) 的解), 则对任意的 $x,y\in\Omega$ $(x\neq y)$, 有 $G(y,x)=G(x,y)$.

**证明:**　任取 $x,y\in\Omega$, 且 $x\neq y$, 为证明 $G(y,x)=G(x,y)$, 若令

$$v(z)=G(x,z),w(z)=G(y,z),\ z\in\Omega,$$

则只需证明 $v(y)=w(x)$ 即可, 其中 $v(z)=G(x,z)$ 满足边值问题:

$$\begin{cases} -\Delta_z G(x,z)=\delta(z-x),\ x,z\in\Omega, \\ \alpha(z)G(x,z)+\beta(z)\dfrac{\partial G(x,z)}{\partial \boldsymbol{n}(z)}=0,\ z\in\partial\Omega,x\in\Omega, \end{cases}$$

而 $w(z)=G(y,z)$ 满足边值问题:

$$\begin{cases} -\Delta_z G(y,z)=\delta(z-y),\ y,z\in\Omega, \\ \alpha(z)G(y,z)+\beta(z)\dfrac{\partial G(y,z)}{\partial \boldsymbol{n}(z)}=0,\ z\in\partial\Omega,y\in\Omega. \end{cases}$$

由于 $v(z)$ 和 $w(z)$ 分别在 $z=x$ 和 $z=y$ 处出现奇性, 为避开这两个奇点, 注意到 $\Omega$ 是开集, 故必存在 $1>\epsilon_0>0$, 使得 $\overline{B(x,\epsilon_0)}\cap\overline{B(y,\epsilon_0)}=\emptyset$, $\overline{B(x,\epsilon_0)}\cup\overline{B(y,\epsilon_0)}\subset\Omega$. 对任意的 $0<\epsilon\leqslant\epsilon_0$, 记 $\Omega_\epsilon=\Omega\backslash\big(B(x,\epsilon)\cup B(y,\epsilon)\big)$, 则 $v$ 和 $w$(作

为 $z$ 的函数) 均在 $\Omega_\epsilon$ 中调和, 故由 Green 公式得

$$
\begin{aligned}
0 &= \int_{\Omega_\epsilon} (v\Delta w - w\Delta v)(z)\mathrm{d}z = \int_{\partial\Omega_\epsilon}\left(v\frac{\partial w}{\partial \boldsymbol{n}} - w\frac{\partial v}{\partial \boldsymbol{n}}\right)(z)\mathrm{d}S(z) \\
&= \int_{\partial\Omega}\left(v\frac{\partial w}{\partial \boldsymbol{n}} - w\frac{\partial v}{\partial \boldsymbol{n}}\right)(z)\mathrm{d}S(z) + \int_{\partial B(x,\epsilon)\cup\partial B(y,\epsilon)}\left(v\frac{\partial w}{\partial \boldsymbol{n}} - w\frac{\partial v}{\partial \boldsymbol{n}}\right)(z)\mathrm{d}S(z).
\end{aligned} \tag{5.3.57}
$$

由于当 $\Gamma_1 \neq \emptyset$ 时 $v\big|_{\Gamma_1} = 0 = w\big|_{\Gamma_1}$, 当 $\Gamma_2 \neq \emptyset$ 时 $\dfrac{\partial v}{\partial \boldsymbol{n}}\Big|_{\Gamma_2} = 0 = \dfrac{\partial w}{\partial \boldsymbol{n}}\Big|_{\Gamma_2}$, 当 $\Gamma_3 \neq \emptyset$ 时 $\dfrac{\partial v}{\partial \boldsymbol{n}}\Big|_{\Gamma_3} = -\alpha v, \dfrac{\partial w}{\partial \boldsymbol{n}}\Big|_{\Gamma_3} = -\alpha w$, 所以

$$
\left(v\frac{\partial w}{\partial \boldsymbol{n}} - w\frac{\partial v}{\partial \boldsymbol{n}}\right)\bigg|_{\Gamma_3} = -\alpha vw - w\cdot(-\alpha v) = 0,
$$

由此有

$$
\left(v\frac{\partial w}{\partial \boldsymbol{n}} - w\frac{\partial v}{\partial \boldsymbol{n}}\right)\bigg|_{\partial\Omega} = 0, \tag{5.3.58}
$$

从而由 (5.3.57) 和 (5.3.58) 得

$$
0 = \int_{\partial B(x,\epsilon)\cup\partial B(y,\epsilon)}\left(v\frac{\partial w}{\partial \boldsymbol{n}} - w\frac{\partial v}{\partial \boldsymbol{n}}\right)(z)\mathrm{d}S(z).
$$

其中法向量 $\boldsymbol{n} = \boldsymbol{n}(z) = \dfrac{z-x}{|z-x|}$ 或者 $\dfrac{z-y}{|z-y|}$. 于是有

$$
\int_{\partial B(x,\epsilon)}\left(v\frac{\partial w}{\partial \boldsymbol{n}} - w\frac{\partial v}{\partial \boldsymbol{n}}\right)(z)\mathrm{d}S(z) = \int_{\partial B(y,\epsilon)}\left(w\frac{\partial v}{\partial \boldsymbol{n}} - v\frac{\partial w}{\partial \boldsymbol{n}}\right)(z)\mathrm{d}S(z). \tag{5.3.59}
$$

由于当 $z \in \partial B(x,\epsilon)$ 时, $w$ 在 $\overline{B(x,\epsilon_0)}$ 调和, 又由 (5.3.51) 知 $v(z) = \Phi(z-x) + \Psi(z)$, 而 $\Psi(z)$ 在 $\Omega$, 从而在 $B(x,\epsilon_0)$ 中调和, 于是有

$$
\begin{aligned}
\left|\int_{\partial B(x,\epsilon)} v\frac{\partial w}{\partial \boldsymbol{n}}\mathrm{d}S(z)\right| &\leqslant \left(\operatorname*{ess\,sup}_{B(x,\epsilon_0)}|\nabla w|\right)\int_{\partial B(x,\epsilon)}\big(|\Phi(z-x)| + |\Psi(z)|\big)\mathrm{d}S(z) \\
&\leqslant \begin{cases}
\left(\operatorname*{ess\,sup}\limits_{B(x,\epsilon_0)}|\nabla w|\right)\Big(\epsilon\cdot|\ln\epsilon| + \|\Psi\|_{L^\infty(B(x,\epsilon_0))}\cdot 2\pi\epsilon\Big), & n = 2, \\
\left(\operatorname*{ess\,sup}\limits_{B(x,\epsilon_0)}|\nabla w|\right)\Big(\dfrac{\epsilon}{n-2} + \|\Psi\|_{L^\infty(B(x,\epsilon_0))}n\hat{\alpha}(n)\epsilon^{n-1}\Big), & n \geqslant 3,
\end{cases}
\end{aligned}
$$

从而

$$\int_{\partial B(x,\epsilon)} v\frac{\partial w}{\partial \boldsymbol{n}}\mathrm{d}S(z) \to 0, \qquad \text{当 } \epsilon \to 0^+ \text{ 时}.$$

又

$$\begin{aligned} &-\int_{\partial B(x,\epsilon)} w(z)\frac{\partial v}{\partial \boldsymbol{n}}\mathrm{d}S(z) \\ =&-\int_{\partial B(x,\epsilon)} w(z)\frac{\partial \Phi(z-x)}{\partial \boldsymbol{n}(z)}\mathrm{d}S(z) - \int_{\partial B(x,\epsilon)} w(z)\frac{\partial \Psi(z)}{\partial \boldsymbol{n}}\mathrm{d}S(z), \end{aligned}$$

由于 $w(z)$ 和 $\Psi(z)$ 均在 $B(x,\epsilon_0)$ 调和, 所以

$$\begin{aligned} &\left|\int_{\partial B(x,\epsilon)} w(z)\frac{\partial \Psi(z)}{\partial \boldsymbol{n}}\mathrm{d}z\right| \\ \leqslant & n\hat{\alpha}(n)\|w\|_{L^\infty(B(x,\epsilon_0))}\left(\operatorname*{ess\,sup}_{B(x,\epsilon_0)}|\nabla\Psi|\right)\epsilon^{n-1} \to 0, \text{ 当 } \epsilon \to 0 \text{ 时}. \end{aligned}$$

又根据 (5.3.7) 可得

$$\lim_{\epsilon\to 0^+} -\int_{\partial B(x,\epsilon)} w(z)\frac{\partial \Phi(z-x)}{\partial \boldsymbol{n}(z)}\mathrm{d}S(z) = w(x)$$

于是当 $\epsilon \to 0^+$ 时便得

$$w(x) = \lim_{\epsilon\to 0^+}\int_{\partial B(x,\epsilon)}\left(v\frac{\partial w}{\partial \boldsymbol{n}} - w\frac{\partial v}{\partial \boldsymbol{n}}\right)\mathrm{d}S(z).$$

同理, 也有

$$v(y) = \lim_{\epsilon\to 0^+}\int_{\partial B(y,\epsilon)}\left(w\frac{\partial v}{\partial \boldsymbol{n}} - v\frac{\partial w}{\partial \boldsymbol{n}}\right)\mathrm{d}S(z)\ .$$

最后根据 (5.3.59) 便得到 $w(x) = v(y)$, 此即 $G(y,x) = G(x,y)$. □

① 半空间中 Dirichlet 问题的 Poisson 公式

下面我们先来求解半空间中的 Laplace 方程 Dirichlet 边值问题. 记 $\mathbb{R}^n$ 中的上半空间为

$$\mathbb{R}^n_+ := \{x = (x_1,\cdots,x_n) \in \mathbb{R}^n \mid x_n > 0\},\ n \geqslant 2\ ,$$

则

$$\partial\mathbb{R}^n_+ = \{x = (x_1,\cdots,x_{n-1},0) \in \mathbb{R}^n\} = \mathbb{R}^{n-1}\times\{0\}.$$

于是半空间中的Laplace方程Dirichlet边值问题为

$$\begin{cases} -\Delta u(x)=0,\ x\in\mathbb{R}_+^n, \\ u=g(x),\ x\in\partial\mathbb{R}_+^n. \end{cases} \tag{5.3.60}$$

注意, 这里的$\mathbb{R}_+^n$是无界开集, 而定理 (5.3.13) 的结论是在假设$\Omega$为有界开集的前提下得出的, 所以此时该结论可能成立. 但是我们可以先求出问题 (5.3.60) 对应的Green函数, 然后假定在$\Omega=\mathbb{R}_+^n$时定理 (5.3.13) 也成立, 从而求得该问题的形式解, 然后再验证该形式解的确就是 (5.3.60) 的解即可.

为求出上半空间的Green函数, 根据Green函数的定义可知, 只需求解如下的辅助边值问题

$$\begin{cases} -\Delta\Psi(y)=0,\ y\in\mathbb{R}_+^n, \\ \Psi(y)=-\Phi(y-x),\ y\in\partial\mathbb{R}_+^n, x\in\mathbb{R}_+^n \end{cases} \tag{5.3.61}$$

即可. 但是如何求解该辅助边值问题呢? 考虑到基本解$\Phi(y-x)$在除去$y=x$时是调和的, 所以这里采用 (关于超平面$\partial\mathbb{R}_+^n$的) 反射变换来避开基本解的奇性. 为此, 对任意的$x=(x_1,\cdots,x_n)\in\mathbb{R}_+^n$, 令

$$\tilde{x}=(x_1,\cdots,-x_n),$$

则$x$和$\tilde{x}$关于超平面$\partial\mathbb{R}_+^n$对称, 且当$x\in\mathbb{R}_+^n$时, 必有$\tilde{x}\notin\mathbb{R}_+^n$. 于是, 如果取

$$\Psi(y)=-\Phi(y-\tilde{x}),$$

那么必有$-\Delta\Psi(y)=\Delta_y\Phi(y-\tilde{x})=0$, 当$y\in\mathbb{R}_+^n$时; 当$y\in\partial\mathbb{R}_+^n$时, 由于$|y-x|=|y-\tilde{x}|$, 从而$\Psi(y)=-\Phi(y-\tilde{x})=-\Phi(y-x)$, 故$\Psi(y)=-\Phi(y-\tilde{x})$是辅助边值问题 (5.3.61) 的解.

由此, 我们给出如下的定义.

**定义 5.3.3** 上半空间$\mathbb{R}_+^n$中的Laplace方程Dirichlet问题 (5.3.60) 对应的Green函数为

$$G(x,y)=\Phi(y-x)-\Phi(y-\tilde{x}),$$

其中$x\in\mathbb{R}_+^n, y\in\overline{\mathbb{R}_+^n}, x\neq y, \tilde{x}$为$x$关于$\partial\mathbb{R}_+^n$的对称点.

注意到当$y\in\partial\mathbb{R}_+^n, x\in\mathbb{R}_+^n$时有

$$\frac{\partial G(x,y)}{\partial\boldsymbol{n}(y)}=\nabla_y G(x,y)\cdot\boldsymbol{n}(y)=-\frac{\partial G(x,y)}{\partial y_n}=\frac{\partial}{\partial y_n}\Phi(y-\tilde{x})-\frac{\partial}{\partial y_n}\Phi(y-x)$$

$$= \frac{-1}{n\hat{\alpha}(n)}\left(\frac{y_n + x_n}{|y-\tilde{x}|^n} - \frac{y_n - x_n}{|y-x|^n}\right),$$

再注意到当$y \in \partial\mathbb{R}^n_+$时有$|y-\tilde{x}| = |y-x|$, 故

$$\frac{\partial G(x,y)}{\partial \boldsymbol{n}(y)} = \frac{-2x_n}{n\hat{\alpha}(n)|x-y|^n},\ y \in \partial\mathbb{R}^n_+, x \in \mathbb{R}^n_+,$$

于是根据 (5.3.50) 可知, Dirichlet问题 (5.3.60) 的形式解是

$$u(x) = \frac{2x_n}{n\hat{\alpha}(n)}\int_{\partial\mathbb{R}^n_+}\frac{g(y)}{|x-y|^n}\mathrm{d}y,\ \forall x \in \mathbb{R}^n_+. \tag{5.3.62}$$

**定义 5.3.4**　称函数

$$K(x,y) := \frac{2x_n}{n\hat{\alpha}(n)}\frac{1}{|x-y|^n},\ x \in \mathbb{R}^n_+, y \in \partial\mathbb{R}^n_+$$

为上半空间$\mathbb{R}^n_+$中的Laplace方程Dirichlet边值问题 (5.3.60) 对应的Poisson**核** (Poisson Kernel), 并称 (5.3.62) 是上半空间中的Laplace方程Dirichlet问题 (5.3.60) 解的Poisson**公式**.

下面来验证形式解 (5.3.62) 的确是Dirichlet边值问题 (5.3.60) 的解, 即有下面的定理.

**定理 5.3.15**　如果$g \in C(\partial\mathbb{R}^n_+) \cap L^\infty(\partial\mathbb{R}^n_+)$, 则

$$u(x) := \int_{\partial\mathbb{R}^n_+} K(x,y)g(y)\mathrm{d}y$$

满足:

(1) $u \in C^\infty(\mathbb{R}^n_+) \cap L^\infty(\mathbb{R}^n_+)$;

(2) $\Delta u(x) = 0,\ \forall x \in \mathbb{R}^n_+$;

(3) $\forall x_0 \in \partial\mathbb{R}^n_+$, 有$\lim\limits_{\substack{x\to x_0\\ x\in\mathbb{R}^n_+}} u(x) = g(x_0)$.

**证明**: (1) 由于对任意固定的$x \in \mathbb{R}^n_+$, 有$y \mapsto G(x,y)$调和 (当$y \neq x$时), 于是根据Green函数的对称性可知$G(x,y) = G(y,x)$, 从而$x \mapsto G(x,y)$也是调和的 (当$x \neq y$时). 于是当$y \in \partial\mathbb{R}^n_+, x \in \mathbb{R}^n_+$时, 映射$x \mapsto \frac{\partial G(x,y)}{\partial y_n} = -K(x,y)$也是调和的, 从而

$$\Delta_x K(x-y) = 0, \forall x \in \mathbb{R}^n_+, y \in \partial\mathbb{R}^n_+.$$

易验证Poisson核$K(x,y)$满足积分公式

$$\int_{\partial\mathbb{R}^n_+} K(x,y)\mathrm{d}y = 1,\ \forall x\in\mathbb{R}^n_+. \tag{5.3.63}$$

由于$g$有界, 故根据 (5.3.62) 和 (5.3.63)可知$u$也有界, 即$u\in L^\infty(\mathbb{R}^n_+)$. 又由于$y\in\partial\mathbb{R}^n_+, x\in\mathbb{R}^n_+$, 故由定理 5.3.7 知 $x\mapsto K(x,y)$是任意阶光滑的, 从而$u\in C^\infty(\mathbb{R}^n_+)$.

(2) 根据 (1), 有

$$\Delta u(x) = \int_{\partial\mathbb{R}^n_+} \Delta_x K(x-y)g(y)\mathrm{d}y = 0,\ \forall x\in\mathbb{R}^n_+.$$

(3) 由于$g\in C(\partial\mathbb{R}^n_+)$, 于是对任意取定的$x_0\in\partial\mathbb{R}^n_+$, $g$在$x_0$处连续, 即对任意的$\epsilon>0, \exists\delta>0$, 使得

$$|g(y)-g(x_0)|<\frac{\epsilon}{2},\ \text{当}\ |y-x_0|<\delta, y\in\partial\mathbb{R}^n_+\ \text{时}.$$

再由 (5.3.62) 和 (5.3.63) 可得

$$\begin{aligned}
|u(x)-g(x_0)| &= \left|\int_{\partial\mathbb{R}^n_+} K(x,y)\big(g(y)-g(x_0)\big)\mathrm{d}y\right| \\
&\leqslant \int_{\partial\mathbb{R}^n_+\cap B(x_0,\delta)} K(x,y)|g(y)-g(x_0)|\mathrm{d}y \\
&\quad + \int_{\partial\mathbb{R}^n_+\setminus B(x_0,\delta)} K(x,y)|g(y)-g(x_0)|\mathrm{d}y \\
&=: I + J,
\end{aligned}$$

其中$B(x_0,\delta)$是$\mathbb{R}^n$中的($n$维)开球. 于是有

$$0\leqslant I\leqslant \frac{\epsilon}{2}\int_{\partial\mathbb{R}^n_+\cap B(x_0,\delta)} K(x,y)\mathrm{d}y\leqslant\frac{\epsilon}{2}.$$

接下来估计积分$J$. 由于当$y\in\partial\mathbb{R}^n_+\setminus B(x_0,\delta)$时, $|y-x_0|\geqslant\delta$, 于是当$\forall x\in\mathbb{R}^n_+$, 且当$|x-x_0|\leqslant\delta/2$时, 有

$$|x-x_0|\leqslant\frac{\delta}{2}\leqslant\frac{|y-x_0|}{2},$$

$$|y-x|\geqslant|y-x_0|-|x_0-x|\geqslant|y-x_0|-\frac{|y-x_0|}{2}=\frac{|y-x_0|}{2},$$

于是

$$\begin{aligned}0 \leqslant J &\leqslant \frac{4x_n||g||_{L^\infty(\partial\mathbb{R}^n_+)}}{n\hat{\alpha}(n)}\int_{\partial\mathbb{R}^n_+\setminus B(x_0,\delta)}|x-y|^{-n}\mathrm{d}y\\ &\leqslant \frac{4x_n||g||_{L^\infty(\partial\mathbb{R}^n_+)}}{n\hat{\alpha}(n)}\int_{\partial\mathbb{R}^n_+\setminus B(x_0,\delta)}\left|\frac{y-x_0}{2}\right|^{-n}\mathrm{d}y\\ &= \frac{2^{n+2}x_n||g||_{L^\infty(\partial\mathbb{R}^n_+)}}{n\hat{\alpha}(n)}\int_\delta^{+\infty}\rho^{-n}(n-1)\rho^{n-2}\hat{\alpha}(n-1)\mathrm{d}\rho\\ &= \frac{2^{n+2}||g||_{L^\infty(\partial\mathbb{R}^n_+)}(n-1)\hat{\alpha}(n-1)}{n\hat{\alpha}(n)\delta}x_n \to 0,\ \text{当}\ x\to x_0\ \text{时}.\end{aligned}$$

于是, 对上述的 $\epsilon$, 取 $\delta_1$, 使得 $0<\delta_1\leqslant\delta/2$, 则当 $|x-x_0|\leqslant\delta_1$ 时, 必有 $J\leqslant\epsilon/2$, 从而有 $|u(x)-g(x_0)|<\epsilon$. □

② $n$ 维球体上 Dirichlet 问题的 Poisson 公式

下面我们来构造 $n$ 维球体上的 Laplace 方程 Dirichlet 边值问题解的 Green 函数表示. 不失一般性, 考察如下的问题:

$$\begin{cases}-\Delta u(x)=0,\ x\in B(0,R)\subset\mathbb{R}^n, n\geqslant 2, R>0,\\ u(x)=g(x),\ x\in\partial B(0,R).\end{cases}\tag{5.3.64}$$

考虑到基本解 $\Phi(y-x)$ 在 $y\neq x$ 时关于 $y$ 是调和的, 而为求 Green 函数 $G(x,y)$, 必须求解辅助边值问题:

$$\begin{cases}-\Delta\Psi(y)=0,\ y\in B(0,R),\\ \Psi(y)=-\Phi(y-x),\ y\in\partial B(0,R), x\in B(0,R).\end{cases}$$

所以可以利用球的对称性. 这里我们采用**球面反演** (Sphere Inversion) 来避开基本解的奇点. 对任意的 $x\in B(0,R)$, 令 $\tilde{x}$ 表示 $x$ 关于球面 $\partial B(0,R)$ 的反演点, 即 $\tilde{x}$ 满足 $\tilde{x}$ 对应的向径 $\overrightarrow{o\tilde{x}}$ 与向径 $\overrightarrow{ox}$ 同向, 且 $\left|\overrightarrow{o\tilde{x}}\right|\cdot|\overrightarrow{ox}|=R^2$. 由此

$$\tilde{x}=R^2\frac{x}{|x|^2}=\left(\frac{R}{|x|}\right)^2 x,\ x\neq 0,\tag{5.3.65}$$

且 $|\tilde{x}||x|=R^2$ (如图 5.7 所示). 由于 $|\tilde{x}|=R^2/|x|$, 故当 $x\in B(0,R)$ 时 $|x|<R$, 从而 $|\tilde{x}|>R$, 于是: 如果 $x\in B(0,R)$, 那么 $\tilde{x}\notin B(0,R)$. 又由于当 $y\in\partial B(0,R)$

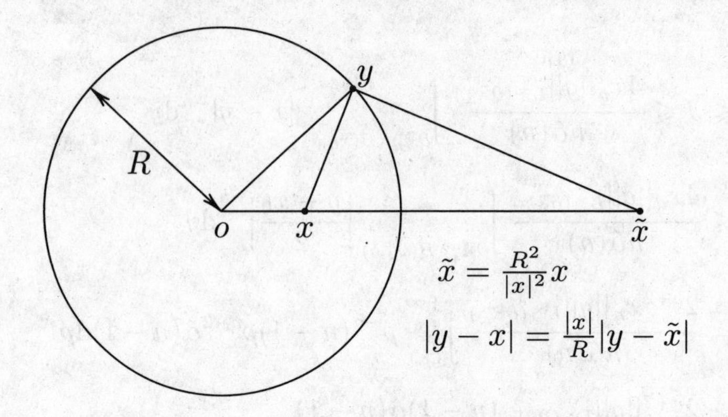


图 5.7 球面反演

时有

$$
\begin{aligned}
|y-\tilde{x}|^2 &= |y|^2 - 2y\cdot\tilde{x} + |\tilde{x}|^2 \\
&\xlongequal[(5.3.65)]{|y|=R} R^2 - 2y\cdot\frac{R^2x}{|x|^2} + \frac{R^4}{|x|^2} \\
&= \frac{R^2}{|x|^2}(|x|^2 - 2y\cdot x + |y|^2) = \frac{R^2}{|x|^2}|y-x|^2, \qquad (5.3.66)
\end{aligned}
$$

从而

$$
|y-x| = \frac{|x|}{R}|y-\tilde{x}|,\ \text{当}\ y\in\partial B(0,R)\ \text{时}. \qquad (5.3.67)
$$

由此, 如果令 $\Psi(y) := -\Phi\left(\frac{|x|}{R}(y-\tilde{x})\right)$, 那么

$$
\begin{cases}
-\Delta\Psi(y) = 0,\ y\in B(0,R), \\
\Psi(y) = -\Phi(y-x),\ y\in\partial B(0,R), x\in B(0,R).
\end{cases}
$$

由此, 根据 (5.3.51) 可知, $n$ 维球体上的 Green 函数是

$$
G(x,y) = \Phi(y-x) - \Phi\left(\frac{|x|}{R}(y-\tilde{x})\right), \qquad (5.3.68)
$$

其中 $\tilde{x} := R^2\frac{x}{|x|^2}, x\neq 0, x\in B(0,R), y\in\overline{B(0,R)}$.

于是球 $B(0,R)$ 上 Dirichlet 边值问题 (5.3.64) 的形式解为

$$
u(x) = -\int_{\partial B(0,R)} \frac{\partial G(x,y)}{\partial \boldsymbol{n}(y)} g(y)\mathrm{d}S(y).
$$

下面对该式进行必要的简化. 由于当$y\in\partial B(0,R)$时,

$$\boldsymbol{n}(y)=\frac{y}{|y|}=\frac{y}{R},\nabla_y\Phi(y-x)=\frac{x-y}{n\hat{\alpha}(n)|x-y|^n},$$

$$\begin{aligned}\Phi\left(\frac{|x|}{R}(y-\tilde{x})\right)&=\frac{1}{n(n-2)\hat{\alpha}(n)}\left(\frac{|x||y-\tilde{x}|}{R}\right)^{2-n}\\&=\left(\frac{|x|}{R}\right)^{2-n}\Phi(y-\tilde{x}),\ n\geqslant 3,\end{aligned}$$

$$\Phi\left(\frac{|x|}{R}(y-\tilde{x})\right)=\Phi\left(\frac{x}{R}\right)+\Phi(y-\tilde{x}),\ n=2,$$

所以基本解的梯度在$n\geqslant 3$时为

$$\begin{aligned}\nabla_y\Phi\left(\frac{|x|}{R}(y-\tilde{x})\right)&=\left(\frac{|x|}{R}\right)^{2-n}\frac{\tilde{x}-y}{n\hat{\alpha}(n)|\tilde{x}-y|^n}\\&\overset{(5.3.67)}{=\!=\!=}\left(\frac{|x|}{R}\right)^{2-n}\frac{1}{n\hat{\alpha}(n)}\left(\frac{|x|}{R|y-x|}\right)^n(\tilde{x}-y)\\&=\left(\frac{|x|}{R}\right)^2\frac{\tilde{x}-y}{n\hat{\alpha}(n)|y-x|^n}\\&=\frac{1}{n\hat{\alpha}(n)|y-x|^n}\left(x-\left(\frac{|x|}{R}\right)^2y\right),\end{aligned}$$

在$n=2$时为

$$\nabla_y\Phi\left(\frac{|x|}{R}(y-\tilde{x})\right)=\nabla_y\Phi(y-\tilde{x})=\frac{\tilde{x}-y}{n\hat{\alpha}(n)|\tilde{x}-y|^2},$$

再由 (5.3.66) 得

$$\frac{\tilde{x}-y}{|\tilde{x}-y|^2}=\frac{|x|^2(\tilde{x}-y)}{R^2|y-x|^2}=\frac{R^2x-|x|^2y}{R^2|y-x|^2}=\frac{x-\left(\frac{|x|}{R}\right)^2y}{|y-x|^2},$$

所以

$$\nabla_y\Phi\left(\frac{|x|(y-\tilde{x})}{R}\right)=\frac{1}{n\hat{\alpha}(n)}\frac{x-\left(\frac{|x|}{R}\right)^2y}{|y-x|^2},$$

从而 $\forall n \geqslant 2, \forall y \in \partial B(0,R)$, 有

$$\frac{\partial G(x,y)}{\partial \boldsymbol{n}(y)} \xlongequal{(5.3.68)} \left[\nabla_y \Phi(y-x) - \nabla_y \Phi\left(\frac{|x|(y-\tilde{x})}{R}\right)\right] \cdot \frac{y}{R}$$

$$= \frac{1}{n\hat{\alpha}(n)|x-y|^n}\left[x-y-\left(x-\frac{|x|^2}{R^2}y\right)\right] \cdot \frac{y}{R} = \frac{|x|^2-R^2}{n\hat{\alpha}(n)R|x-y|^n},$$

于是Dirichlet边值问题 (5.3.64) 的形式解可进一步表示为

$$u(x) = \int_{\partial B(0,R)} \frac{(R^2-|x|^2)g(y)}{n\hat{\alpha}(n)R|y-x|^n} \mathrm{d}S(y).$$

记

$$K(x,y) := \frac{R^2-|x|^2}{n\hat{\alpha}(n)R} \frac{1}{|y-x|^n},\ x \in B(0,R), y \in \partial B(0,R), \tag{5.3.69}$$

并称 $K(x,y)$ 为Laplace方程 $n$ 维球 $B(0,R)$ 上Dirichlet边值问题对应的Poisson**核**. 于是Dirichlet边值问题 (5.3.64) 的形式解便可由Poisson核表示为

$$u(x) = \int_{\partial B(0,R)} K(x,y)g(y)\mathrm{d}S(y). \tag{5.3.70}$$

实际上, 容易验证上述的形式解的确是 $n$ 维球 $B(0,R)$ 上的Laplace方程Dirichlet边值问题的解, 即有如下的定理.

**定理 5.3.16** 设 $g \in C(\partial B(0,R))$, 则由 (5.3.69) 和 (5.3.70) 给出的 $u(x)$ 满足:

(1) $u \in C^\infty(B(0,R))$;

(2) $-\Delta u(x) = 0,\ x \in B(0,R)$;

(3) $\lim\limits_{\substack{x \to x_0 \\ x \in B(0,R)}} u(x) = g(x_0),\ \forall x_0 \in \partial B(0,R)$.

该定理的证明和定理 5.3.15 的证明类似, 此处略 (留作习题).

## 习 题 5.3

1. 证明如下定理.

**定理 5.3.17** 如果 $D$ 是 $\mathbb{R}^n, n \geqslant 2$ 中的紧集, $f \in C(D)$, 那么

$$\max_D |f(x)| = \max\{|\max_D f(x)|, |\min_D f(x)|\}.$$

2. 证明推论 5.3.1.
3. 证明等式 (5.3.63).

4. 请给出定理 5.3.16 的证明.

(提示: 先证明 Poisson 核 (5.3.69) 满足 $\int_{\partial B(0,R)} K(x,y)\mathrm{d}S(y) = 1$)

5. 证明 Laplace 算子具有**旋转不变性**: 如果 $\Delta u(x) = 0, x \in \mathbb{R}^n$, 那么对任意 $n\times n$ 正交矩阵 $\boldsymbol{O}$, 令 $y = \boldsymbol{O}x$, 并记 $v(y) := u(\boldsymbol{O}^{-1}y) = u(x)$, 则 $\Delta v(y) = 0, y \in \mathbb{R}^n$.

6. 证明下面的多重指标性质:

(1) 对任意的 $n$ 重指标 $\alpha = (\alpha_1, \alpha_2, \ldots, \alpha_n)$ 有 $\alpha! \leqslant |\alpha|!$;

(2) (Multinomial Theorem) 对任意的正整数 $n$ 和非负整数 $k$ 以及 $x = (x_1, x_2, \ldots, x_n) \in \mathbb{R}^n$ 有

$$(x_1 + x_2 + \cdots + x_n)^k = \sum_{|\alpha|=k} \frac{|\alpha|!}{\alpha!} x^\alpha,$$

其中求和指标 $\alpha$ 是 $n$ 重指标.

7. 利用 $n$ 维球 $B(0,R)$ 上的 Poisson 公式证明 Harnack 不等式的显式形式:

$$R^{n-2}\frac{R-|x|}{(R+|x|)^{n-1}}u(0) \leqslant u(x) \leqslant R^{n-2}\frac{R+|x|}{(R-|x|)^{n-1}}u(0),$$

其中 $u$ 是 $B(0,R)$ 中的正的调和函数.

8. 利用调和函数的 Harnack 不等式 (定理 5.3.10) 证明调和函数的 Liouville 定理 (定理 5.3.8).

## 5.4 线性椭圆型方程极值原理

前面我们由调和函数的平均值公式得出了 Laplace 方程的极值原理. 本节给出其推广形式, 即对一般的二阶线性椭圆型方程

$$Lu(x) := -a_{ij}(x)u_{x_ix_j}(x) + b_i(x)u_{x_i}(x) + c(x)u(x) = 0, \ x \in \Omega \subset \mathbb{R}^n, \tag{5.4.1}$$

也有相应的极值原理成立. 这里采用了 Einstein 求和约定, 其中 $a_{ij} = a_{ji}$ $(i, j = 1, 2, \cdots, n)$, $\Omega$ 是开集. 如果 $Lu(x)$ 的线性主部 $-a_{ij}(x)u_{x_ix_j}(x)$ 的系数满足:

$$a_{ij}(x)\xi_i\xi_j > 0, \ \forall x \in \Omega, \xi = (\xi_1, \cdots, \xi_n) \in \mathbb{R}^n, \xi \neq 0, \tag{5.4.2}$$

那么称 $Lu(x)$ 在 $\Omega$ 中是**椭圆型**的; 如果存在常数 $\theta > 0$, 使得

$$a_{ij}(x)\xi_i\xi_j \geqslant \theta|\xi|^2, \ \forall x \in \Omega, \xi = (\xi_1, \cdots, \xi_n) \in \mathbb{R}^n, \tag{5.4.3}$$

那么称 $Lu(x)$ 在 $\Omega$ 上是**一致椭圆**的 (Uniformly Elliptic), 称 $\theta$ 为**一致椭圆系数**.

**注 5.4.1** 根据一致椭圆条件 (5.4.3) 易得

$$a_{ii}(x) \geqslant \theta,\ \forall x \in \Omega, i = 1, 2, \cdots, n,$$

从而 $\operatorname{tr}(\boldsymbol{A}(x)) \geqslant n\theta$, 其中 $\boldsymbol{A}(x) := (a_{ij}(x))$.

## 5.4.1 弱极值原理 Dirichlet 边值问题逐点先验估计

由分析课程知, 如果 $u \in C^2(\Omega)$, 且存在 $x_0 \in \Omega$, 使得 $x_0$ 是 $u$ 的内部局部极大值点 (内部局部极小值点), 那么必有 $Du(x_0) = \mathbf{0}$ 且 $D^2u(x_0)$ 是负半定 (**Negative Semi-Definite**) 矩阵 (正半定 (Positive Semi-Definite) 矩阵). 据此, 有如下的弱极值原理.

**定理 5.4.1 (弱极值原理 ($c \equiv 0$ 情形))** 设 $\Omega$ 是 $\mathbb{R}^n$ 中的有界开集, $u \in C^2(\Omega) \cap C(\overline{\Omega})$, 且满足

$$L_0u(x) := -a_{ij}(x)u_{x_ix_j} + b_i(x)u_{x_i} \leqslant 0,\ x \in \Omega, \tag{5.4.4}$$

其中 $L_0u(x)$ 满足一致椭圆条件 (5.4.3), $a_{ij}, b_i \in C(\Omega), b_i \in L^\infty(\Omega), i, j = 1, \cdots, n$, 则 $\max\limits_{\overline{\Omega}} u = \max\limits_{\partial\Omega} u$. 类似地, 当 $L_0u(x) \geqslant 0, x \in \Omega$ 时, $\min\limits_{\overline{\Omega}} u = \min\limits_{\partial\Omega} u$.

**证明:** 只需证明 (5.4.4) 的情形即可. 因为 $\overline{\Omega}$ 是 $\mathbb{R}^n$ 中的紧集, 且 $u \in C(\overline{\Omega})$, 所以必存在 $x_0 \in \overline{\Omega}$, 使得 $u(x_0) = \max\limits_{\overline{\Omega}} u$.

(1) 先考察

$$L_0u(x) < 0,\ x \in \Omega \tag{5.4.5}$$

的情形. 如果结论不成立, 则必有 $x_0 \in \Omega$. 由于 $L_0u(x)$ 是一致椭圆的, 故 $n$ 阶实对称方阵 $\boldsymbol{A} := (a_{ij}(x_0))$ 是正定的, 于是根据代数知识可知, 必存在 $n \times n$ 正交矩阵 $\boldsymbol{P} = (p_{ij})_{n\times n}$, 使得 $\boldsymbol{P}^{\mathrm{T}}\boldsymbol{P} = \boldsymbol{I}_n$, 其中 $\boldsymbol{P}^{\mathrm{T}}$ 表示 $\boldsymbol{P}$ 的转置, 且 $\boldsymbol{P}^{\mathrm{T}}\boldsymbol{A}\boldsymbol{P} = \operatorname{diag}(\lambda_1, \cdots, \lambda_n), \lambda_i > 0, i = 1, \cdots, n$. 令 $\xi = \boldsymbol{P}^{\mathrm{T}}x$, 则 $u_{x_i} = p_{ik}u_{\xi_k}, u_{x_ix_j} = p_{ik}p_{jl}u_{\xi_k\xi_l}$, 从而

$$D_x^2u = \boldsymbol{P}D_\xi^2u\boldsymbol{P}^{\mathrm{T}}. \tag{5.4.6}$$

于是

$$a_{ij}(x_0)u_{x_ix_j}(x_0) = p_{ik}a_{ij}(x_0)p_{jl}u_{\xi_k\xi_l}(\xi_0) = \lambda_iu_{\xi_i\xi_i}(\xi_0),\ \xi_0 = \boldsymbol{P}^{\mathrm{T}}x_0. \tag{5.4.7}$$

由于$x_0$是$u$的内部极大值点, 故有

$$Du(x_0) = \mathbf{0},\ D^2u(x_0)\ \text{是负半定矩阵}. \tag{5.4.8}$$

根据 (5.4.6) 可知$D^2_{x_0}u$和$D^2_{\xi_0}u$是合同的 (Congruent), 从而$D^2_{\xi_0}u$也是负半定的, 从而$u_{\xi_i\xi_i}(\xi_0) \leqslant 0\ (i = 1, \cdots, n)$. 又由于$\lambda_i > 0\ (i = 1, \cdots, n)$, 故由 (5.4.7) 可得

$$a_{ij}(x_0)u_{x_ix_j}(x_0) \leqslant 0. \tag{5.4.9}$$

于是根据 (5.4.8) 和 (5.4.9) 可知 $L_0u(x_0) \geqslant 0$. 这与 (5.4.5) 矛盾, 故结论成立.

(2) 对一般情形, 任取$\epsilon > 0$, 令 $v(x) = u(x) + \epsilon \mathrm{e}^{\lambda x_n}$, 其中$\lambda$是待定的正数, 则

$$L_0v(x) = L_0u(x) + \epsilon L_0(\mathrm{e}^{\lambda x_n}) \leqslant \epsilon L_0(\mathrm{e}^{\lambda x_n}) = \epsilon\Big[-a_{nn}(x)\lambda^2\mathrm{e}^{\lambda x_n} + b_n(x)\lambda\mathrm{e}^{\lambda x_n}\Big]$$

$$= \epsilon\lambda\big[-a_{nn}(x)\lambda + b_n(x)\big]\mathrm{e}^{\lambda x_n} \leqslant \epsilon\lambda\big[-\theta\lambda + b_n(x)\big]\mathrm{e}^{\lambda x_n} < 0,$$

当$\lambda > 0$选择地足够大, 以使$-\theta\lambda + b_n(x) < 0$ 时 (注意到$b_i \in L^\infty(\Omega)$). 再利用 (1) 的结论就有 $\max\limits_{\overline{\Omega}}(u + \epsilon\mathrm{e}^{\lambda x_n}) = \max\limits_{\partial\Omega}(u + \epsilon\mathrm{e}^{\lambda x_n})$. 然后令$\epsilon \to 0^+$ 即得

$$\max_{\overline{\Omega}} u = \max_{\partial\Omega} u.$$

□

当$u$满足 (5.4.4) 时, 称$u$是椭圆型方程$L_0v(x) = 0$的**下解**; 当$u$满足 (5.4.5) 时, 称$u$是$L_0v(x) = 0$**严格下解**. (严格) 上解的定义类似. 于是上述定理表明: **椭圆型方程$L_0u(x) = 0$的下解必在边界取到最大值; 椭圆型方程$L_0u(x) = 0$的上解必在边界取到最小值**. 其中前者称为**椭圆型方程最大值原理**, 后者称为**椭圆型方程最小值原理**, 两者统称为**椭圆型方程极值原理**. 由于该极值原理并没有排除解在$\Omega$内部取到最值的可能性, 所以该极值原理通常称为**弱极值原理**.

下面我们把弱极值原理推广到零阶微分项是非负的情形. 如果记函数$u$的正部和负部分别为$u^+ := \max\{u, 0\}$, $u^- := -\min\{u, 0\}$, 那么有如下的定理.

**定理 5.4.2 (弱极值原理($c \geqslant 0$情形))** 设$\Omega$是$\mathbb{R}^n$中的有界开集, $u \in C^2(\Omega) \cap C(\overline{\Omega})$, 且一致椭圆条件 (5.4.3) 成立, $a_{ij}, b_i, c \in C(\Omega)$, $b_i = b_i(x)\ (i, j = 1, \cdots, n)$ 在$\Omega$ 中有界, $c(x) \geqslant 0, \forall x \in \Omega$, 则

(1) 当$L(u(x)) \leqslant 0,\ x \in \Omega$ 时有

$$\max_{\overline{\Omega}} u \leqslant \max_{\partial\Omega} u^+;$$

(2) 当$L(u(x)) \geqslant 0,\ x \in \Omega$时有

$$\min_{\overline{\Omega}} u \geqslant -\max_{\partial\Omega} u^-.$$

证明: 由于$(-u)^+ = u^-$, 故若能证明结论(1), 则只需对$-u$用(1)的结论立即得到(2)的结论, 所以只需证明(1)的结论即可.

令$P := \{x \in \Omega \mid u(x) > 0\}$, 则当$P = \emptyset$时, $u(x) \leqslant 0, \forall x \in \Omega$, 此时结论自然成立. 当$P \neq \emptyset$时, 令$K(u) := L(u) - cu$, 则$K$不含零阶微分项, 且

$$\begin{aligned} K(u(x)) &= L(u(x)) - c(x)u(x) \\ &\leqslant -c(x)u(x) \leqslant 0,\ \forall x \in P, \end{aligned}$$

故根据定理 5.4.1 有

$$\max_{\overline{\Omega}} u = \max_{\overline{P}} u = \max_{\partial P} u \leqslant \max_{\partial\Omega} u^+.$$

□

根据定理 5.4.2 立即可得如下的推论.

**推论 5.4.1** 设$\Omega$是$\mathbb{R}^n$中的有界开集, $u \in C^2(\Omega) \cap C(\overline{\Omega})$, 且满足

$$L(u) := -a_{ij}(x)u_{x_ix_j} + b_iu_{x_i} + cu(x) = 0,\ x \in \Omega,$$

其中$L$在$\Omega$中满足一致椭圆条件 (5.4.3), $c = c(x) \geqslant 0, x \in \Omega, b_i = b_i(x)$ 在$\Omega$中有界, $a_{ij}, b_i, c \in C(\Omega)\ (i, j = 1, \cdots, n)$, 则

$$\max_{\overline{\Omega}} |u| = \max_{\partial\Omega} |u|.$$

**推论 5.4.2** (比较原理 1 —— Dirichlet 边界) 设$\Omega$是$\mathbb{R}^n$中的有界开集, 二阶偏微分算子

$$L := -a_{ij}(x)\frac{\partial^2}{\partial x_i \partial x_j} + b_i(x)\frac{\partial}{\partial x_i} + c(x),\ x \in \Omega$$

在$\Omega$中是一致椭圆的, 且$c(x) \geqslant 0, a_{ij}, b_i, c \in C(\Omega), b_i \in L^\infty(\Omega)\ (i, j = 1, \cdots, n)$. 则

(1) 如果$u$是Dirichlet问题的下解, 即

$$\begin{cases} Lu(x) \leqslant 0,\ x \in \Omega, \\ u(x) \leqslant 0,\ x \in \partial\Omega, \end{cases}$$

则必有 $u|_{\overline{\Omega}} \leqslant 0$.

(2) 如果 $u$ 是 Dirichlet 问题的上解, 即

$$\begin{cases} Lu(x) \geqslant 0, \ x \in \Omega, \\ u(x) \geqslant 0, \ x \in \partial\Omega, \end{cases}$$

则必有 $u\big|_{\overline{\Omega}} \geqslant 0$.

根据上述比较原理可得到如下的二阶线性椭圆型方程解的**逐点先验估计**定理.

**定理 5.4.3 (Dirichlet 问题逐点先验估计)** 设 $\Omega$ 是 $\mathbb{R}^n$ 中的有界开集, 二阶偏微分算子

$$L := -a_{ij}(x)\frac{\partial^2}{\partial x_i \partial x_j} + b_i(x)\frac{\partial}{\partial x_i} + c(x), \ x \in \Omega$$

在 $\Omega$ 中是一致椭圆的 (一致椭圆系数为 $\theta$), 且 $a_{ij}, b_i, c \in C(\Omega)$, $c|_\Omega \geqslant 0, b_i \in L^\infty(\Omega)$ $(i, j = 1, \cdots, n)$, 则如果 $u \in C^2(\Omega) \cup C(\overline{\Omega})$ 是 Dirichlet 边值问题

$$\begin{cases} Lu(x) = f, \ x \in \Omega, \\ u|_{\partial\Omega} = g \end{cases}$$

的解, 其中 $f \in C(\Omega) \cap L^\infty(\Omega), g \in C(\partial\Omega)$, 那么必存在

$$C = C(\theta, b_1, \cdots, b_n, \Omega) > 0,$$

使得

$$\max_{\overline{\Omega}} |u| \leqslant \max_{\partial\Omega} |g| + C \max_{\Omega} |f|.$$

**证明:** 记 $F = \max\limits_{\Omega} |f|, G = \max\limits_{\partial\Omega} |g|$, 由于 $\Omega$ 是有界的, 故可设

$$\Omega \subset \{(x_1, \cdots, x_n) \in \mathbb{R}^n \mid d_0 < x_n < d_1\}.$$

令

$$v(x) = G + \left(\mathrm{e}^{\alpha(d_1 - d_0)} - \mathrm{e}^{\alpha(x_n - d_0)}\right)F,$$

其中 $\alpha > 0$ 是待定常数, 则 $v(x) \geqslant 0, \forall x \in \Omega$, 且

$$\begin{aligned} Lv(x) &= (a_{nn}\alpha^2 - \alpha b_n)\mathrm{e}^{\alpha(x_n - d_0)}F + cG + c\left(\mathrm{e}^{\alpha(d_1 - d_0)} - \mathrm{e}^{\alpha(x_n - d_0)}\right)F \\ &\geqslant (a_{nn}\alpha^2 - \alpha b_n)\mathrm{e}^{\alpha(x_n - d_0)}F \geqslant (\theta\alpha^2 - \alpha b_n)F. \end{aligned}$$

由于 $b_1, \cdots, b_n$ 有界, $\theta > 0$, 故可选取足够大的 $\alpha > 0$, 使得

$$\theta a^2 - \alpha b_n > 1,$$

从而

$$Lv(x) \geqslant F,\ x \in \Omega,$$

于是

$$\begin{aligned} L\big(v(x) \pm u(x)\big) &= Lv(x) \pm Lu(x) = Lv(x) \pm f(x) \\ &\geqslant F \pm f(x) \geqslant 0,\ x \in \Omega, \end{aligned}$$

而

$$\big(v(x) \pm u(x)\big)\big|_{\partial\Omega} \geqslant G \pm g(x) \geqslant 0,$$

于是由推论 5.4.2 得

$$(v \pm u)\big|_{\overline{\Omega}} \geqslant 0,$$

从而

$$|u| \leqslant |v| = v \leqslant G + (\mathrm{e}^{\alpha(d_1-d_0)} - 1)F,$$

此即

$$\max_{\overline{\Omega}} |u(x)| \leqslant \max_{\partial\Omega} |g| + \big(\mathrm{e}^{\alpha(d_1-d_0)} - 1\big) \max_{\Omega} |f|. \qquad \square$$

由上述定理立即可得线性椭圆型方程 Dirichlet 边值问题解的连续依赖性.

**推论 5.4.3 (线性椭圆型方程 Dirichlet 边值问题解的连续依赖性)**　设 $\Omega$ 是 $\mathbb{R}^n$ 中的有界开集, 二阶偏微分算子

$$L := -a_{ij}(x)\frac{\partial^2}{\partial x_i \partial x_j} + b_i(x)\frac{\partial}{\partial x_i} + c(x),\ x \in \Omega$$

在 $\Omega$ 中是一致椭圆的 (一致椭圆系数为 $\theta$), 且

$$a_{ij}, b_i, c \in C(\Omega), c|_{\Omega} \geqslant 0, b_i \in L^\infty(\Omega), i, j = 1, \cdots, n,$$

则如果 $u_i \in C^2(\Omega) \cup C(\overline{\Omega})$ 是 Dirichlet 边值问题

$$\begin{cases} Lu(x) = f_i,\ x \in \Omega, \\ u|_{\partial\Omega} = g_i(x) \end{cases}$$

的解, 其中已知数据 $f_i \in C(\Omega) \cap L^\infty(\Omega), g_i \in C(\partial\Omega)\ (i = 1, 2)$, 那么必存在 $C = C(\theta, b_1, \cdots, b_n, \Omega) > 0$, 使得

$$\max_{\overline{\Omega}} |u_1 - u_2| \leqslant \max_{\partial\Omega} |g_1 - g_2| + C \max_{\Omega} |f_1 - f_2|.$$

### 5.4.2 Hopf 引理

为研究Robin边值问题的唯一性和稳定性, 需要如下的 Hopf 引理和其相应推论.

**引理 5.4.1 (Hopf 引理)** 设$\Omega$是$\mathbb{R}^n$中的有界开集, $u\in C^2(\Omega)\cap C^1(\overline{\Omega})$满足

$$Lu(x):=-a_{ij}(x)u_{x_ix_j}+b_i(x)u_{x_i}+c(x)u(x)\leqslant 0,\ x\in\Omega,$$

其中$a_{ij},b_i,c\in C(\Omega)\cap L^\infty(\Omega)$, 且存在$\theta>0$, 使得$L$满足一致椭圆条件

$$a_{ij}(x)\xi_i\xi_j\geqslant\theta|\xi|^2,\ \forall\xi\in\mathbb{R}^n, x\in\Omega,$$

如果存在$x_0\in\partial\Omega$, 使得

$$u(x_0)>u(x),\ \forall x\in\Omega,$$

且$\Omega$在$x_0$处满足**内球条件**, 即存在开球$B(\tilde{x},r)\subset\Omega$, 使得$x_0\in\partial B(\tilde{x},r)$, 那么

(1) 当$c(x)=0,\forall x\in\Omega$时, $\dfrac{\partial u}{\partial \boldsymbol{n}}(x_0)>0$;

(2) 当$c(x)\geqslant 0,\forall x\in\Omega$时, 如果 $u(x_0)\geqslant 0$, 那么 $\dfrac{\partial u}{\partial \boldsymbol{n}}(x_0)>0$.

证明: 记 $\tilde{x}=(\tilde{x}_1,\tilde{x}_2,\cdots,\tilde{x}_n)$, 考察非负辅助函数

$$v(x):=\mathrm{e}^{-\lambda|x-\tilde{x}|^2}-\mathrm{e}^{-\lambda r^2},\ \forall x\in B(\tilde{x},r),$$

其中$\lambda>0$是待定常数, 则有

$$\begin{aligned}Lv(x)&=-a_{ij}(x)\big(\mathrm{e}^{-\lambda|x-\tilde{x}|^2}\big)_{x_ix_j}+b_i(x)\big(\mathrm{e}^{-\lambda|x-\tilde{x}|^2}\big)_{x_i}+c\big(\mathrm{e}^{-\lambda|x-\tilde{x}|^2}-\mathrm{e}^{-\lambda r^2}\big)\\&=\mathrm{e}^{-\lambda|x-\tilde{x}|^2}\cdot\big[-4\lambda^2a_{ij}(x)(x_i-\tilde{x}_i)(x_j-\tilde{x}_j)+2\lambda\delta_{ij}a_{ij}(x)\\&\quad-2\lambda b_i(x)(x_i-\tilde{x}_i)\big]+c\big(\mathrm{e}^{-\lambda|x-\tilde{x}|^2}-\mathrm{e}^{-\lambda r^2}\big)\\&\leqslant\mathrm{e}^{-\lambda|x-\tilde{x}|^2}\big(-4\theta\lambda^2|x-\tilde{x}|^2+2\lambda\,\mathrm{tr}(\boldsymbol{A})\\&\quad+2\lambda|b|\cdot|x-\tilde{x}|+c\big),\ \forall x\in B(\tilde{x},r),\end{aligned}$$

其中$\delta_{ij}$是Kronecker记号, $\mathrm{tr}(\boldsymbol{A})$表示主部系数矩阵$\boldsymbol{A}=(a_{ij}(x))$的迹, $b=(b_1,\cdots,b_n)$.

记$D=B(\tilde{x},r)\backslash\overline{B}(\tilde{x},r/2)$, 则由于$a_{ij},b_i,c\in C(\Omega)\cap L^\infty(\Omega)$, 故当$\lambda>0$选择得足够大时有

$$Lv(x)\leqslant\mathrm{e}^{-\lambda|x-\tilde{x}|^2}\Big(-\theta\lambda^2r^2+2\lambda\,\mathrm{tr}(\boldsymbol{A})+2\lambda|b|r+c\Big)$$

$$\leqslant 0,\ \forall x \in D.$$

又 $\partial B(\tilde{x}, r/2) \subset \Omega$, 故

$$u(x_0) > u(x),\ \forall x \in \partial B(\tilde{x}, r/2),$$

而 $v \in C(\overline{B}(\tilde{x}, r/2))$, 所以必存在 $\epsilon > 0$, 使得

$$u(x_0) > u(x) + \epsilon v(x),\ \forall x \in \partial B(\tilde{x}, r/2).$$

再注意到 $v\big|_{\partial B(\tilde{x}, r)} = 0$, 所以

$$u(x_0) \geqslant u(x) + \epsilon v(x),\ \forall x \in \partial B(\tilde{x}, r),$$

从而

$$u + \epsilon v - u(x_0) \leqslant 0,\ \forall x \in \partial D.$$

又当 $c(x) \geqslant 0$ 时, $u(x_0) \geqslant 0$, 故

$$\begin{aligned} L(u + \epsilon v - u(x_0)) &= Lu(x) + \epsilon Lv(x) - cu(x_0) \\ &\leqslant -cu(x_0) \leqslant 0,\ \forall x \in D, \end{aligned}$$

所以, 根据比较原理 1 知

$$u(x) + \epsilon v(x) - u(x_0) \leqslant 0,\ \forall x \in D.$$

又由于 $x_0 \in \partial B(\tilde{x}, r)$, 故 $v(x_0) = 0$, 从而 $u(x_0) + \epsilon v(x_0) - u(x_0) = 0$, 故由方向导数的定义知

$$\frac{\partial}{\partial \boldsymbol{n}}(u(x) + \epsilon v(x) - u(x_0))\Big|_{x=x_0} \geqslant 0,$$

从而

$$\begin{aligned} \frac{\partial}{\partial \boldsymbol{n}} u(x_0) &\geqslant -\epsilon \frac{\partial v(x_0)}{\partial \boldsymbol{n}} = -\epsilon \nabla v(x_0) \cdot \frac{x_0 - \tilde{x}}{r} \\ &= -\epsilon \Big(\mathrm{e}^{-\lambda|x-\tilde{x}|^2}(-\lambda) 2(x - \tilde{x})\Big)\Big|_{x=x_0} \cdot \frac{x_0 - \tilde{x}}{r} = 2\lambda\epsilon r \mathrm{e}^{-\lambda r^2} > 0. \qquad \square \end{aligned}$$

### 5.4.3 强极值原理 混合边值问题逐点先验估计

下面给出二阶线性椭圆型方程的**强极值原理**, 该原理表明二阶线性椭圆型方程的下 (上) 解不可能在内部取到最大 (小) 值, 除非该函数是常值函数 (见参考文献 [14] 和 [27]).

**定理 5.4.4** (强极值原理) 设 $\Omega$ 是 $\mathbb{R}^n$ 中的有界区域, 二阶线性偏微分算子

$$L := -a_{ij}(x)\frac{\partial^2}{\partial x_i \partial x_j} + b_i(x)\frac{\partial}{\partial x_i} + c(x),\ \forall x \in \Omega$$

是 $\Omega$ 中的一致椭圆算子, $a_{ij}, b_i, c \in C(\Omega) \cap L^\infty(\Omega)$ $(i, j = 1, \cdots, n)$, $u \in C^2(\Omega) \cap C(\overline{\Omega})$, 则有

(I) 当 $c(x) \equiv 0,\ \forall x \in \Omega$ 时

(I.1) 如果 $Lu(x) \leqslant 0,\ x \in \Omega$, 且存在 $x_0 \in \Omega$, 使得 $u(x_0) = \max\limits_{\overline{\Omega}} u$, 那么 $u|_\Omega = u(x_0)$;

(I.2) 如果 $Lu(x) \geqslant 0,\ x \in \Omega$, 且存在 $x_0 \in \Omega$, 使得 $u(x_0) = \min\limits_{\overline{\Omega}} u$, 那么 $u|_\Omega = u(x_0)$.

(II) 当 $c(x) \geqslant 0,\ \forall x \in \Omega$ 时

(II.1) 如果 $Lu(x) \leqslant 0,\ x \in \Omega$, 且存在 $x_0 \in \Omega$, 使得 $0 \leqslant u(x_0) = \max\limits_{\overline{\Omega}} u$, 那么 $u|_\Omega = u(x_0)$;

(II.2) 如果 $Lu(x) \geqslant 0,\ x \in \Omega$, 且存在 $x_0 \in \Omega$, 使得 $0 \geqslant u(x_0) = \min\limits_{\overline{\Omega}} u$, 那么 $u|_\Omega = u(x_0)$.

**证明:** 只需证明 (I.1) 和 (II.1) 即可. 设存在 $x_0 \in \Omega$ 使得 $u(x_0) = \max\limits_{\overline{\Omega}} u$, 且当 $c \geqslant 0$ 时, $u(x_0) \geqslant 0$. 记 $D = \{x \in \Omega \mid u(x) = u(x_0)\}$. 如果 $u \equiv u(x_0)$, 则结论自然成立, 故只需考察 $u \not\equiv u(x_0)$ 的情形, 此时必有 $D \subsetneq \Omega$. 记 $E = \Omega \backslash D = \{x \in \Omega \mid u(x) < u(x_0)\}$, 则 $D$ 是 $\Omega$ 的相对闭集, 从而 $E$ 是 $\Omega$ 的非空相对开集. 由于 $\Omega$ 连通, 故可选取 $y \in E$, 使得 $d(y, D) < d(y, \partial\Omega)$, 则 $u(y) < u(x_0)$. 令

$$r = \sup\{r_0 > 0 \mid B(y, r_0) \subset E\},$$

则 $B(y, r) \subset E, \partial B(y, r) \cap D \neq \emptyset$. 任意取 $x_1 \in \partial B(y, r) \cap D$, 则 $u(x_1) = u(x_0)$, 且 $E$ 在 $x_1$ 处满足内球条件, 从而:

(1) 当 $c \equiv 0$ 时, 由 Hopf 引理结论 (1) 知 $\dfrac{\partial u(x_1)}{\partial \boldsymbol{n}} > 0$;

(2) 当 $c(x) \geqslant 0$ 时, 由 Hopf 引理结论 (2) 知 $\dfrac{\partial u(x_1)}{\partial \boldsymbol{n}} > 0$. 由于 $x_1 \in \Omega$, 故 $x_1$ 是 $u$ 在 $\Omega$ 中的最大值点, 从而必有 $\nabla u(x_1) = \mathbf{0}$, 于是 $\dfrac{\partial u(x_1)}{\partial \boldsymbol{n}} = 0$, 矛盾. 故结论 (I.1) 和 (II.1) 成立. □

由强极值原理和Hopf引理立即可得如下的**比较原理**.

**推论 5.4.4** (**比较原理 2 —— 一般边界**) 设 $\Omega$ 是 $\mathbb{R}^n$ 中的有界区域, 且满足内球条件, $\partial\Omega = \Gamma_1 \cup \Gamma_2 \cup \Gamma_3, \Gamma_i \cap \Gamma_j = \emptyset, i \neq j, i, j \in \{1,2,3\}, \Gamma_2 \cup \Gamma_3 \neq \emptyset$, 二阶线性偏微分算子

$$L := -a_{ij}(x)\frac{\partial^2}{\partial x_i \partial x_j} + b_i(x)\frac{\partial}{\partial x_i} + c(x),\ \forall x \in \Omega$$

满足一致椭圆条件, $c(x) \geqslant 0, a_{ij}, b_i, c \in C(\Omega) \cap L^\infty(\Omega)$, $\alpha = \alpha(x) \geqslant 0, \beta = \beta(x) \geqslant 0, \alpha^2(x) + \beta^2(x) \neq 0, \forall x \in \partial\Omega$, 且当 $\Gamma_1 \neq \emptyset$ 时 $\beta\big|_{\Gamma_1} = 0$, 当 $\Gamma_2 \neq \emptyset$ 时 $\alpha\big|_{\Gamma_1} = 0$, 当 $\Gamma_3 \neq \emptyset$ 时 $\alpha\big|_{\Gamma_3} > 0, \beta\big|_{\Gamma_3} > 0$, 当 $\alpha \equiv 0$ 时 $\Gamma_2 \subsetneqq \partial\Omega$, 则如果 $u \in C^2(\Omega) \cap C^1(\Omega \cup \Gamma_2 \cup \Gamma_3) \cap C(\overline{\Omega})$ 满足

$$\begin{cases} Lu(x) \leqslant (\geqslant) 0,\ \forall x \in \Omega, \\ \alpha u(x) + \beta\dfrac{\partial u}{\partial \boldsymbol{n}} \leqslant (\geqslant) 0,\ \forall x \in \partial\Omega, \end{cases}$$

那么必有

$$u\big|_{\Omega} \leqslant (\geqslant) 0.$$

**证明**: 只需证明"$\leqslant$"情形即可. 由于当 $u \equiv \gamma \leqslant 0$ 时结论自然成立, 其中 $\gamma$ 是常数, 故只需考察 $u$ 是非平凡情形 $u \not\equiv \gamma \leqslant 0$ 即可.

若结论不成立, 则存在 $x_1 \in \Omega$, 使得 $u(x_1) > 0$. 由于 $u \in C(\overline{\Omega})$, 且 $\Omega$ 是有界的, 故必存在 $x_0 \in \overline{\Omega}$, 使得 $0 < u(x_0) = \max\limits_{\overline{\Omega}} u$. 由于 $c \geqslant 0$, 且 $u$ 不是常数函数, 故由强极值原理知必有 $x_0 \in \partial\Omega$.

(1) 当 $x_0 \in \Gamma_1$ 时, 由于 $\alpha(x_0) > 0, \beta(x_0) = 0$, 从而

$$\alpha(x_0)u(x_0) + \beta(x_0)\frac{\partial u}{\partial \boldsymbol{n}}(x_0) = \alpha(x_0)u(x_0) > 0,$$

与所给边界条件矛盾.

(2) 当 $x_0 \in \Gamma_2$ 时, 由于 $\alpha(x_0) = 0, \beta(x_0) > 0$, 又 $\Omega$ 满足内球条件, 而 $u(x_0) > 0$, 故由 Hopf引理知 $\frac{\partial u}{\partial \boldsymbol{n}}(x_0) > 0$, 从而

$$\alpha(x_0)u(x_0) + \beta(x_0)\frac{\partial u}{\partial \boldsymbol{n}}(x_0) = \beta(x_0)\frac{\partial u}{\partial \boldsymbol{n}}(x_0) > 0,$$

与所给边界条件矛盾.

(3) 当$x_0 \in \Gamma_3$时, 由于$\alpha(x_0) > 0, \beta(x_0) > 0$, 又$\Omega$满足内球条件, 而$u(x_0) > 0$, 故由Hopf引理知$\dfrac{\partial u}{\partial \boldsymbol{n}}(x_0) > 0$, 从而$\alpha(x_0)u(x_0) + \beta(x_0)\dfrac{\partial u}{\partial \boldsymbol{n}}(x_0) > 0$, 与所给边界条件矛盾.

综上可知该推论的结论成立. □

**注 5.4.2** (1) 当$\partial\Omega \in C^2$时, $\Omega$满足内球条件.

(2) 当$\alpha \equiv 0$时, $\Gamma_2 \subsetneqq \partial\Omega$是为了保证边值问题

$$\begin{cases} Lu(x) = f(x), \ x \in \Omega, \\ \alpha u(x) + \beta \dfrac{\partial u}{\partial \boldsymbol{n}} = g(x), \ x \in \partial\Omega \end{cases}$$

解唯一.

由比较原理2可得如下椭圆型方程混合边值问题解的逐点先验估计.

**推论 5.4.5 (逐点先验估计, 混合边界)** 设$\Omega$是$\mathbb{R}^n$中的边界满足内球条件的有界区域, $\partial\Omega = \Gamma \cup \tilde{\Gamma}, \Gamma \neq \emptyset, \Gamma \cap \tilde{\Gamma} = \emptyset$, $u \in C^2(\Omega) \cap C^1(\Omega \cup \Gamma) \cap C(\overline{\Omega})$, 且

$$\begin{cases} Lu(x) = f(x), \ x \in \Omega, \\ \alpha u(x) + \beta \dfrac{\partial u}{\partial \boldsymbol{n}} = g(x), \ x \in \Gamma, \\ u(x) = h(x), \ x \in \tilde{\Gamma}, \end{cases}$$

其中$f \in C(\Omega) \cap L^\infty(\Omega), g \in C(\Gamma), h \in C(\tilde{\Gamma})$,

$$L := -a_{ij}(x)\frac{\partial^2}{\partial x_i \partial x_j} + b_i(x)\frac{\partial}{\partial x_i} + c(x)$$

满足一致椭圆条件, $c(x) \geqslant 0, a_{ij}, b_i, c \in C(\Omega) \cap L^\infty(\Omega)$ $(i, j = 1, 2, \cdots, n)$, $\beta = \beta(x) > 0, \forall x \in \Gamma$, 且存在常数$\alpha_0 > 0$, 使得$\alpha = \alpha(x) \geqslant \alpha_0 > 0, \forall x \in \Gamma$, 则存在$C = C(a_{ij}, b_i, c, \alpha_0, \Omega) > 0$, 使得

$$\max_{\Omega} |u| \leqslant C\Big(\max_{\Omega} |f| + \max_{\Gamma} |g| + \max_{\tilde{\Gamma}} |h|\Big).$$

**证明**: (1) 当存在$c_0 > 0$, 使得$c(x) \geqslant c_0 > 0$时

记$F = \max\limits_{\Omega} |f|, G = \max\limits_{\Gamma} |g|, H = \max\limits_{\tilde{\Gamma}} |h|$, 令

$$v(x) = F/c_0 + G/\alpha_0 + H \pm u(x),$$

则

$$Lv(x) = c\left(\frac{F}{c_0} + \frac{G}{\alpha_0} + H\right) \pm f(x) \geqslant F \pm f(x) \geqslant 0,\ x \in \Omega,$$

$$v(x) \geqslant H \pm h(x) \geqslant 0,\ x \in \tilde{\Gamma},$$

$$\alpha v(x) + \beta\frac{\partial v}{\partial \boldsymbol{n}} = \alpha\left(\frac{F}{c_0} + \frac{G}{\alpha_0} + H\right) \pm g(x) \geqslant G \pm g(x) \geqslant 0,\ x \in \Gamma,$$

故由比较原理2 得 $v\big|_{\Omega} \geqslant 0$, 从而

$$\pm u(x) \leqslant F/c_0 + G/\alpha_0 + H,$$

于是

$$|u(x)| \leqslant \frac{F}{c_0} + \frac{G}{\alpha_0} + H \leqslant C\Big(\max_{\Omega}|f| + \max_{\Gamma}|g| + \max_{\tilde{\Gamma}}|h|\Big),$$

故

$$\max_{\Omega}|u| \leqslant C\Big(\max_{\Omega}|f| + \max_{\Gamma}|g| + \max_{\tilde{\Gamma}}|h|\Big).$$

(2) 当$c(x) \geqslant 0$时

作变换

$$u(x) = v(x)w(x),$$

其中$v \in C^2(\Omega) \cap C(\overline{\Omega})$, 且$v(x) > 0, \forall x \in \overline{\Omega}$待定, 则有

$$-a_{ij}w_{x_ix_j} + \left(\frac{-2a_{ij}v_{x_j}}{v} + b_i\right)w_{x_i} + \left(c + \frac{-a_{ij}v_{x_ix_j} + b_iv_{x_i}}{v}\right)w = \frac{f(x)}{v},\ x \in \Omega,$$

$$\beta\frac{\partial w}{\partial \boldsymbol{n}} + \Big(\alpha + \frac{\beta}{v}\frac{\partial v}{\partial \boldsymbol{n}}\Big)w(x) = \frac{g(x)}{v},\ x \in \Gamma,$$

$$w(x) = \frac{h(x)}{v(x)},\ x \in \tilde{\Gamma},$$

故只要选取$v$ 使得

$$v(x) > 0,\ \forall x \in \overline{\Omega},$$

$$\frac{-a_{ij}v_{x_ix_j} + b_iv_{x_i}}{v} \geqslant c_0 > 0,\ x \in \Omega,$$

$$\left|\frac{\beta}{v}\frac{\partial v(x)}{\partial \boldsymbol{n}}\right| \leqslant \frac{\alpha_0}{2},\ x \in \Gamma,$$

则必有

$$c+\frac{-a_{ij}v_{x_ix_j}+b_iv_{x_i}}{v}\geqslant c_0>0,\ x\in\Omega,$$

$$\alpha+\frac{\beta}{v}\frac{\partial v(x)}{\partial \boldsymbol{n}}\geqslant\frac{\alpha_0}{2}>0,\ x\in\Gamma.$$

$v$ 的选取方法如下: 由于 $\Omega$ 有界, 故不妨设存在常数 $d_0, d_1$, 使得 $d_1>0, \Omega\subset\{(x_1,\cdots,x_n)\in\mathbb{R}^n\,|\,d_0<x_n<d_1\}$, 再令

$$v=M+\mathrm{e}^{\delta d_1}-\mathrm{e}^{\delta x_n},$$

其中 $M,\delta$ 是待定的正实数, 则有

$$\begin{aligned}\frac{-a_{ij}v_{x_ix_j}+b_iv_{x_i}}{v}&=\frac{a_{nn}\delta^2\mathrm{e}^{\delta x_n}-b_n\delta\mathrm{e}^{\delta x_n}}{M+\mathrm{e}^{\delta d_1}-\mathrm{e}^{\delta x_n}}\\&\geqslant\frac{(a_{nn}\delta^2-b_n\delta)\mathrm{e}^{\delta x_n}}{M+\mathrm{e}^{\delta d_1}}\\&\geqslant\frac{(\theta\delta^2-b_n\delta)\mathrm{e}^{\delta x_n}}{M+\mathrm{e}^{\delta d_1}}>0,\end{aligned}$$

只要选取 $\delta>0$ 足够大, 使得 $\theta\delta^2-b_n\delta>0$. 当 $x\in\Gamma$ 时,

$$\begin{aligned}\left|\frac{\beta}{v}\frac{\partial v}{\partial \boldsymbol{n}}\right|&\leqslant\frac{\beta}{v}|\nabla v|\leqslant\frac{\beta}{v}\delta\mathrm{e}^{\delta d_1}\\&\leqslant\frac{\beta\delta\mathrm{e}^{\delta d_1}}{M}\leqslant\frac{a_0}{2},\end{aligned}$$

只要选取 $M>0$ 足够大. 于是对 $w$ 而言, 根据 (1) 的结果有

$$|w(x)|\leqslant\frac{1}{M}\left(\frac{F}{c_0}+\frac{2G}{\alpha_0}+H\right),\ x\in\Omega,$$

于是

$$\begin{aligned}|u(x)|&=|vw(x)|\\&\leqslant\frac{M+\mathrm{e}^{\delta d_1}-\mathrm{e}^{\delta d_0}}{M}\left(\frac{F}{c_0}+\frac{2G}{\alpha_0}+H\right)\\&\leqslant C\left(\max_{\Omega}|f|+\max_{\Gamma}|g|+\max_{\tilde{\Gamma}}|h|\right),\end{aligned}$$

其中 $C=C(a_{ij},b_i,c,\alpha_0,\Omega)>0$. □

利用该推论立即可得如下推论.

**推论 5.4.6 (线性椭圆型方程混合边值问题连续依赖性)** 设 $\Omega$ 是 $\mathbb{R}^n$ 中的边界满足内球条件的有界区域, $\partial\Omega = \Gamma \cup \tilde{\Gamma}, \Gamma \neq \emptyset, \tilde{\Gamma} \neq \emptyset, \Gamma \cap \tilde{\Gamma} = \emptyset$, $u_i \in C^2(\Omega) \cap C(\overline{\Omega})$, 且

$$\begin{cases} Lu_i(x) = f_i(x),\ x \in \Omega, \\ \alpha u_i(x) + \beta \dfrac{\partial u_i}{\partial \boldsymbol{n}} = g_i(x),\ x \in \Gamma, \\ u_i(x) = h_i(x),\ x \in \tilde{\Gamma}, \end{cases}$$

其中 $f_i \in C(\Omega) \cap L^\infty(\Omega), g_i \in C(\Gamma), h_i \in C(\tilde{\Gamma})\ (i = 1, 2)$, 二阶线性偏微分算子

$$L := -a_{ij}(x)\frac{\partial^2}{\partial x_i \partial x_j} + b_i(x)\frac{\partial}{\partial x_i} + c(x)$$

满足一致椭圆条件, $c(x) \geqslant 0, a_{ij}, b_i, c \in C(\Omega) \cap L^\infty(\Omega)\ (i, j = 1, 2, \cdots, n)$, $\alpha = \alpha(x) > 0, \beta = \beta(x) > 0, \forall x \in \Gamma$, 且存在常数 $\alpha_0 > 0$, 使得 $\alpha(x) \geqslant \alpha_0 > 0, \forall x \in \Gamma$, 则存在 $C = C(a_{ij}, b_i, c, \alpha_0, \Omega) > 0$, 使得

$$\max_{\Omega}|u_1 - u_2| \leqslant C\Big(\max_{\Omega}|f_1 - f_2| + \max_{\Gamma}|g_1 - g_2| + \max_{\tilde{\Gamma}}|h_1 - h_2|\Big).$$

### 习 题 5.4

1. 证明二阶线性偏微分算子

$$L(u) := (1 - x^2)\frac{\partial^2 u}{\partial x^2} + 2xy\frac{\partial^2 u}{\partial x \partial y} + (1 - y^2)\frac{\partial^2 u}{\partial y^2}$$

在 $\{(x, y) \in \mathbb{R}^2 \mid x^2 + y^2 < 1\}$ 上是椭圆的, 但不是一致椭圆的.

2. 证明推论5.4.1.

3. 设 $\Omega$ 是 $\mathbb{R}^2$ 中的非空有界区域, $u \in C(\overline{\Omega}) \cap C^2(\Omega)$ 是半线性椭圆型方程

$$u_{xx} + u_{yy} = u^2(x, y),\ (x, y) \in \Omega$$

的解, 请证明: $u$ 不可能在 $D$ 中取到最大值, 除非 $u(x, y) = 0,\ \forall (x, y) \in D$.

## 5.5 抛物型方程 能量估计 极值原理

前面我们利用分离变量法和 Fourier 变换得到了热方程混合问题和 Cauchy 问题的形式解, 由此得出解的后验估计, 进而证明了解的存在性和唯一性. 能量法

和极值原理是导出二阶抛物型方程定解问题解的先验估计的非常有效的工具. 我们先利用能量估计分别考察抛物型方程混合问题和 Cauchy 问题解的适定性, 然后给出线性抛物型方程极值原理, 并利用该极值原理得出抛物型方程混合问题和 Cauchy 问题解的适定性, 最后再研究热方程逆时间问题的不适定性.

### 5.5.1　混合问题的能量估计

考虑如下的抛物型方程混合问题:

$$\begin{cases}\rho u_t-\nabla\cdot(k\nabla u)+au=f(x,t),\ x\in\Omega,t>0, & (5.5.1\text{a})\\ \alpha u+\beta\dfrac{\partial u}{\partial \boldsymbol{n}}=g(x,t),\ x\in\partial\Omega,t>0, & (5.5.1\text{b})\\ u(x,0)=h(x),\ x\in\Omega, & (5.5.1\text{c})\end{cases}$$

其中:

$\Omega$ 为 $\mathbb{R}^n$ 中的有界光滑开集; $\rho=\rho(x)>0,a=a(x),\forall x\in\Omega;\partial\Omega=\Gamma_1\cup\Gamma_2\cup\Gamma_3,\Gamma_i\cap\Gamma_j=\emptyset,i\neq j,i,j\in\{1,2,3\};\alpha=\alpha(x)\geqslant 0,\beta=\beta(x)\geqslant 0,\alpha^2(x)+\beta^2(x)\neq 0,\forall x\in\partial\Omega$, 当 $\Gamma_1\neq\emptyset$ 时 $\alpha\neq 0,\beta=0$, 当 $\Gamma_2\neq\emptyset$ 时 $\alpha=0,\beta\neq 0$, 当 $\Gamma_3\neq\emptyset$ 时 $\alpha\neq 0,\beta\neq 0$; $k=k(x)>0,\forall x\in\Omega\cup\Gamma_3;f,g,h$ 具有较好正则性, 以保证 (5.5.1) 有解. (5.5.2)

为研究 (5.5.1) 解的唯一性和关于热源 $f$ 与初始温度分布 $h$ 的稳定性, 需要考察如下的抛物型方程混合问题:

$$\begin{cases}\rho v_t-\nabla\cdot(k\nabla v)+av=f(x,t),\ x\in\Omega,t>0, & (5.5.3\text{a})\\ \alpha v(x,t)+\beta\dfrac{\partial v}{\partial \boldsymbol{n}}=0,\ x\in\partial\Omega,t>0, & (5.5.3\text{b})\\ v(x,0)=h(x),\ x\in\Omega. & (5.5.3\text{c})\end{cases}$$

为了构造 (5.5.1) 和 (5.5.3) 对应的能量积分, 用 $v$ 乘以 (5.5.3a) 两端, 并在 $\Omega$ 上积分得

$$\int_\Omega[\rho vv_t-v\nabla\cdot(k\nabla v)+av^2]\mathrm{d}x=\int_\Omega fv\mathrm{d}x,$$

左端分部积分得

$$\int_\Omega[\rho vv_t-v\nabla\cdot(k\nabla v)+av^2]\mathrm{d}x$$

$$= \frac{\partial}{\partial t}\left(\frac{1}{2}\int_{\Omega} \rho v^2 \mathrm{d}x\right) + \int_{\Omega} (k|\nabla v|^2 + av^2)\mathrm{d}x - \int_{\partial\Omega} kv\frac{\partial v}{\partial \boldsymbol{n}}\mathrm{d}S(x)$$

$$\overset{(5.5.3b)}{=\!=\!=} \frac{\partial}{\partial t}\left(\frac{1}{2}\int_{\Omega} \rho v^2 \mathrm{d}x\right) + \int_{\Omega} (k|\nabla v|^2 + av^2)\mathrm{d}x + \int_{\Gamma_3} k\frac{\alpha}{\beta}v^2\mathrm{d}S(x),$$

所以

$$\begin{aligned}&\frac{\partial}{\partial t}\left(\frac{1}{2}\int_{\Omega} \rho v^2 \mathrm{d}x\right)\\ &= \int_{\Omega} (-k|\nabla v|^2 - av^2)\mathrm{d}x - \int_{\Gamma_3} k\frac{\alpha}{\beta}v^2\mathrm{d}S(x) + \int_{\Omega} fv\,\mathrm{d}x.\end{aligned} \tag{5.5.4}$$

由此, 当 $a \geqslant 0$ 时, (5.5.4) 给出了非负函数在空间上的积分

$$\int_{\Omega} \frac{1}{2}\rho v^2(x,t)\mathrm{d}x$$

随时间的变化率与热源 $f$ 的关系. 故我们给出下面的定义.

**定义 5.5.1** 当 $a(x) \geqslant 0, \forall x \in \Omega$ 时, 称

$$E(t) := \frac{1}{2}\int_{\Omega} \rho v^2(x,t)\mathrm{d}x \tag{5.5.5}$$

为抛物型方程混合问题 (5.5.1) 在 $t$ 时刻对应的能量积分.

由此可得

$$E'(t) \leqslant \int_{\Omega} fv\mathrm{d}x. \tag{5.5.6}$$

该不等式表明抛物型方程混合问题 (5.5.3) 所描述的 (热) 扩散过程中能量表达式 (5.5.5) 一般是不守恒的, 而是随时间的发展不断衰减的.

利用 (5.5.6) 立即可得下面的定理.

**定理 5.5.1** (抛物型方程混合问题唯一性 $(a \geqslant 0)$) 设条件 (5.5.2) 成立, 且 $a(x) \geqslant 0, \forall x \in \Omega, u_i = u_i(x,t)\ (i = 1,2)$ 均为抛物型方程混合问题

$$\begin{cases} \rho\dfrac{\partial}{\partial t}u_i - \nabla\cdot(k\nabla u_i) + au_i = f(x,t),\ x \in \Omega, t > 0, \\ \alpha u_i + \beta\dfrac{\partial u_i}{\partial \boldsymbol{n}} = g(x,t),\ x \in \partial\Omega, t > 0, \\ u_i(x,0) = h(x),\ x \in \Omega \end{cases}$$

的解, 则

$$u_1(x,t)=u_2(x,t),\ \forall x\in\overline{\Omega},t\geqslant 0.$$

证明: 令 $v=u_1-u_2$, 则:

$$\begin{cases}\rho v_t-\nabla\cdot(k\nabla v)+av(x,t)=0,\ x\in\Omega,t>0,\\ \alpha v(x,t)+\beta\dfrac{\partial v}{\partial \boldsymbol{n}}=0,\ x\in\partial\Omega,t>0,\\ v(x,0)=0,\ x\in\Omega.\end{cases}$$

由于 $a\geqslant 0$, 所以根据 (5.5.6) 有 $E'(t)\leqslant 0,t\geqslant 0$, 其中

$$E(t)=\frac{1}{2}\int_{\Omega}\rho v^2(x,t)\mathrm{d}x,$$

从而 $0\leqslant E(t)\leqslant E(0)=0,\forall t\geqslant 0$, 所以 $E(t)=0,\forall t\geqslant 0$. 又 $\rho(x)>0,\forall x\in\Omega$, 所以 $v(x,t)=0,\forall x\in\overline{\Omega},t\geqslant 0$, 即

$$u_1(x,t)=u_2(x,t),\forall\ x\in\overline{\Omega},t\geqslant 0.$$ □

下面来考察解的稳定性. 如果

$$\rho(x)\geqslant\rho_0>0,\ \forall x\in\Omega,\tag{5.5.7}$$

则由 (5.5.6) 得

$$\begin{aligned}E'(t)&\leqslant\frac{1}{2}\int_{\Omega}f^2\mathrm{d}x+\frac{1}{2}\int_{\Omega}v^2\mathrm{d}x\\&\leqslant\frac{1}{2}\int_{\Omega}f^2\mathrm{d}x+\frac{1}{\rho_0}\int_{\Omega}\frac{\rho}{2}v^2\mathrm{d}x\\&\leqslant\frac{1}{2}\int_{\Omega}f^2\mathrm{d}x+\frac{1}{\rho_0}E(t),\end{aligned}$$

从而

$$\left(\mathrm{e}^{-\frac{t}{\rho_0}}E(t)\right)'\leqslant\frac{\mathrm{e}^{-\frac{t}{\rho_0}}}{2}\int_{\Omega}f^2(x,t)\mathrm{d}x,$$

解此微分不等式得

$$E(t)\leqslant\mathrm{e}^{\frac{t}{\rho_0}}\left(E(0)+\frac{1}{2}\int_0^t\mathrm{e}^{-\frac{s}{\rho_0}}\int_{\Omega}f^2(x,s)\mathrm{d}x\mathrm{d}s\right).\tag{5.5.8}$$

这就是抛物型方程混合问题 (5.5.1) 在 $a\geqslant 0$ 时对应的**能量估计式**. 利用此能

量估计式立即可得 (5.5.1) 的解关于热源 $f$ 和初始温度分布 $h$ 的稳定性定理.

**定理 5.5.2 (抛物型方程混合问题稳定性 ($a \geqslant 0$))** 设条件 (5.5.2) 满足, 且 $a(x) \geqslant 0, \forall x \in \Omega$, 存在常数 $\rho_0, \rho_1$, 使得 $\rho_1 \geqslant \rho(x) \geqslant \rho_0 > 0, u_i = u_i(x,t)$ $(i = 1,2)$ 是抛物型方程混合问题

$$
\begin{cases}
\rho \dfrac{\partial}{\partial t} u_i - \nabla \cdot (k \nabla u_i) + a u_i = f_i(x,t),\ x \in \Omega, t > 0, \\
\alpha u_i + \beta \dfrac{\partial u_i}{\partial \boldsymbol{n}} = g(x,t),\ x \in \partial\Omega, t > 0, \\
u_i(x,0) = h_i(x),\ x \in \Omega
\end{cases}
$$

的解, 则对任意的 $T > 0$, 记 $\Omega_T := \Omega \times (0,T]$, 必存在 $C = C(T, \rho_0, \rho_1) > 0$, 使得

$$
||u_1 - u_2||_{L^2(\Omega_T)} \leqslant C\Big(||f_1 - f_2||_{L^2(\Omega_T)} + ||h_1 - h_2||_{L^2(\Omega)}\Big).
$$

**证明:** 令 $v = u_1 - u_2$, 则 $v$ 满足 (5.5.3) , 其中

$$
f = f_1 - f_2,\ h = h_1 - h_2,
$$

又 $a \geqslant 0$, 故 (5.5.8) 成立, 从而

$$
\begin{aligned}
\int_\Omega v^2(x,t)\mathrm{d}x &\leqslant \frac{2}{\rho_0}\int_\Omega \frac{\rho}{2} v^2 \mathrm{d}x = \frac{2}{\rho_0}E(t) \\
&\leqslant \frac{2}{\rho_0}\mathrm{e}^{\frac{t}{\rho_0}}\left(E(0) + \frac{1}{2}\int_0^t \mathrm{e}^{-\frac{s}{\rho_0}}\int_\Omega f^2(x,s)\mathrm{d}x\mathrm{d}s\right).
\end{aligned}
$$

任意取 $T > 0$, 对上式关于 $t$ 从 0 到 $T$ 积分得

$$
\begin{aligned}
\int_0^T\int_\Omega v^2(x,t)\mathrm{d}x\mathrm{d}t &\leqslant \frac{1}{\rho_0}\int_0^T \mathrm{e}^{\frac{t}{\rho_0}}\left(2E(0) + \int_0^t \mathrm{e}^{-\frac{s}{\rho_0}}\int_\Omega f^2(x,s)\mathrm{d}x\mathrm{d}s\right)\mathrm{d}t \\
&\leqslant \frac{1}{\rho_0}\int_0^T \mathrm{e}^{\frac{t}{\rho_0}}\left(2E(0) + \int_0^T\int_\Omega f^2(x,s)\mathrm{d}x\mathrm{d}s\right)\mathrm{d}t \\
&\leqslant \mathrm{e}^{\frac{T}{\rho_0}}\left(2E(0) + ||f||^2_{L^2(\Omega_T)}\right) \\
&\leqslant \mathrm{e}^{\frac{T}{\rho_0}}\left(\int_\Omega \rho_1 h^2(x)\mathrm{d}x + ||f||^2_{L^2(\Omega_T)}\right),
\end{aligned}
$$

所以

$$
||v||_{L^2(\Omega_T)} \leqslant \mathrm{e}^{\frac{T}{2\rho_0}}\left(\sqrt{\rho_1}||h||_{L^2(\Omega)} + ||f||_{L^2(\Omega_T)}\right)
$$

$$\leqslant \mathrm{e}^{\frac{T}{2\rho_0}} \max\{1, \sqrt{\rho_1}\}\big(||h||_{L^2(\Omega)} + ||f||_{L^2(\Omega_T)}\big),$$

从而, 如果令 $C = \mathrm{e}^{\frac{T}{2\rho_0}} \max\{1, \sqrt{\rho_1}\}$, 那么

$$||u_1 - u_2||_{L^2(\Omega_T)} \leqslant C\Big(||f_1 - f_2||_{L^2(\Omega_T)} + ||h_1 - h_2||_{L^2(\Omega)}\Big). \qquad \square$$

如果 $\exists x_0 \in \Omega : a(x) < 0$, 那么只要存在 $m_1 < 0$, 使得 $a(x) \geqslant m_1$, $\forall x \in \Omega$, 则令

$$v(x,t) = \mathrm{e}^{\delta t} w(x,t), \tag{5.5.9}$$

代入 (5.5.3) 并整理得

$$\begin{cases} \rho w_t + (\rho\delta + a) w(x,t) - \nabla\cdot(k\nabla w) = \mathrm{e}^{-\delta t} f(x,t),\ x \in \Omega, t > 0, & (5.5.10\text{a}) \\ \alpha w(x,t) + \beta \dfrac{\partial w}{\partial \boldsymbol{n}} = 0,\ x \in \partial\Omega, t > 0, & (5.5.10\text{b}) \\ w(x,0) = h(x),\ x \in \Omega. & (5.5.10\text{c}) \end{cases}$$

此时, 只要取 $\delta > 0$, 使得

$$\rho_0 \delta + m_1 \geqslant 0, \tag{5.5.11}$$

则根据定理 5.5.1 知 (5.5.10) 的解唯一, 从而由 (5.5.9) 知必有下面的推论.

**推论 5.5.1 (唯一性 ($a$ 有负的下确界))** 设条件 (5.5.2) 成立, 且存在常数 $m_1 < 0, \delta > 0, \rho_0$, 使得 $\rho(x) \geqslant \rho_0 > 0, a(x) \geqslant m_1, \forall x \in \Omega, \rho_0\delta + m_1 \geqslant 0$, 则 (5.5.1) 的解必唯一.

再由定理 5.5.2 立即可得如下推论.

**推论 5.5.2 (稳定性 ($a$ 有负下确界))** 设条件 (5.5.2) 满足, 且 $\exists x_0 \in \Omega$ : $a(x_0) < 0$ 以及 $\exists m_1 < 0, \delta > 0, \rho_0, \rho_1$, 使得 $\rho_1 \geqslant \rho(x) \geqslant \rho_0 > 0, a(x) \geqslant m_1, \rho_0\delta + m_1 \geqslant 0, u_i = u_i(x,t)\ (i = 1,2)$ 是抛物型方程混合问题

$$\begin{cases} \rho \dfrac{\partial}{\partial t} u_i - \nabla\cdot(k\nabla u_i) + a u_i = f_i(x,t),\ x \in \Omega, t > 0, \\ \alpha u_i + \beta \dfrac{\partial u_i}{\partial \boldsymbol{n}} = g(x,t),\ x \in \partial\Omega, t > 0, \\ u_i(x,0) = h_i(x),\ x \in \Omega \end{cases}$$

的解, 则对任意的 $T > 0$, 必存在 $C = C(T, \delta, \rho_0, \rho_1) > 0$, 使得

$$||u_1 - u_2||_{L^2(\Omega_T)} \leqslant C\Big(||f_1 - f_2||_{L^2(\Omega_T)} + ||h_1 - h_2||_{L^2(\Omega)}\Big).$$

### 5.5.2 热方程极值原理与逐点估计

和Laplace方程类似, 热方程也具有极值原理. 下面我们就来建立热方程混合问题的极值原理, 由此便可得到解的逐点估计 (最大模估计), 进而就可得到解的唯一性和稳定性结论.

**定理 5.5.3** 如果 $\Omega$ 是 $\mathbb{R}^n$ 中的有界开集, 对任意的 $T>0$, 记

$$\Omega_T=\Omega\times(0,T],\ \Gamma_T=\overline{\Omega_T}\backslash\Omega_T=\overline{\Omega}\times\{t=0\}\cup(\partial\Omega\times(0,T]),$$

那么只要 $u\in C^{2,1}(\Omega_T)\cap C(\overline{\Omega_T})$, 且满足

$$u_t-a^2\Delta u\leqslant 0,\ (x,t)\in\Omega_T, a=\text{const.}>0, \tag{5.5.12}$$

则 $u$ 必在 $\Gamma_T$ 上取得最大值, 即

$$\max_{\overline{\Omega_T}}u=\max_{\Gamma_T}u. \tag{5.5.13}$$

类似地, 如果

$$u_t-a^2\Delta u\geqslant 0,\ (x,t)\in\Omega_T, a=\text{const.}>0, \tag{5.5.14}$$

则 $u$ 必在 $\Gamma_T$ 上取得最小值, 即

$$\min_{\overline{\Omega_T}}u=\min_{\Gamma_T}u.$$

**证明:** 由于 $u$ 在点 $P\in\overline{\Omega_T}$ 取到最大值等价于 $-u$ 在点 $P\in\overline{\Omega_T}$ 取到最小值, 故只需对最大值情形予以证明即可.

(1) 当 $u_t-a^2\Delta u(x,t)<0, (x,t)\in\Omega_T$ 时, 由于 $u\in C(\overline{\Omega_T})$, 而 $\overline{\Omega_T}$ 是 $\mathbb{R}^{n+1}$ 中的紧集, 所以存在 $P\in\overline{\Omega_T}$, 使得 $u(P)=\max\limits_{\overline{\Omega_T}}u$. 如果 $P\in\Omega_T$, 则必有

$$u_t(P)\geqslant 0,\ \Delta u(P)\leqslant 0.$$

又因为 $a^2>0$, 所以 $(u_t-a^2\Delta u)(P)\geqslant 0$, 这与题设矛盾. 所以必有 $P\in\Gamma_T$, 即此时最大值只可能在 $\Gamma_T$ 上取到, 由此有 $\max\limits_{\overline{\Omega_T}}u=\max\limits_{\Gamma_T}u$.

(2) 对于一般情形, 令

$$v(x,t)=u(x,t)-\epsilon t, \forall\epsilon>0,$$

则 $u(x,t)\geqslant v(x,t)$. 由此有

$$\begin{aligned}v_t-a^2\Delta v&=u_t-a^2\Delta u(x,t)-\epsilon\\&\leqslant-\epsilon<0,\ (x,t)\in\Omega_T.\end{aligned}$$

于是根据 (1) 所证明的, 有 $\max\limits_{\overline{\Omega_T}} v = \max\limits_{\Gamma_T} v$, 从而

$$\begin{aligned}\max_{\overline{\Omega_T}} u &= \max_{\overline{\Omega_T}}(v+\epsilon t) \leqslant \max_{\overline{\Omega_T}} v + \max_{\overline{\Omega_T}}(\epsilon t)\\ &= \max_{\Gamma_T} v + \epsilon T\\ &\leqslant \max_{\Gamma_T} u + \epsilon T.\end{aligned}$$

然后让 $\epsilon \to 0^+$, 便得 $\max\limits_{\overline{\Omega_T}} u \leqslant \max\limits_{\Gamma_T} u$. 从而必有 $\max\limits_{\overline{\Omega_T}} u = \max\limits_{\Gamma_T} u$. □

注 5.5.1　我们称 $\Omega_T := \Omega \times (0,T]$ 为**抛物内部**, $\Gamma_T := \overline{\Omega_T} \setminus \Omega_T$ 为**抛物边界**, 称满足 (5.5.12) 的函数为热方程的**下解**, 满足 (5.5.14) 的函数为热方程的**上解**. 于是该定理表明热方程的下解必然在抛物边界取到最大值, 上解必然在抛物边界取到最小值.

根据定理 5.5.3 立即可得下面的定理.

**定理 5.5.4**　设 $\Omega$ 是 $\mathbb{R}^n$ 中的有界开集, $T>0$, $u \in C^{2,1}(\Omega_T) \cap C(\overline{\Omega_T})$, 则如果 $u \in C^{2,1}(\Omega_T) \cap C(\overline{\Omega_T})$ 满足热方程

$$u_t = a^2 \Delta u(x,t),\ (x,t) \in \Omega_T, a = \text{const.} > 0,$$

那么

$$\max_{\overline{\Omega_T}} |u| = \max_{\Gamma_T} |u|.$$

有了上述的极值原理, 容易建立热方程混合问题解的最大模形式的先验估计.

**定理 5.5.5 (热方程 Dirichlet 问题解的最大模先验估计)**　设 $\Omega$ 是 $\mathbb{R}^n$ 中的有界开集, $T>0, a=\text{const.}>0$, $u \in C^{2,1}(\Omega_T) \cap C(\overline{\Omega_T})$ 满足热方程 Dirichlet 混合问题:

$$\begin{cases} u_t = a^2 \Delta u + f(x,t),\ (x,t) \in \Omega_T, \\ u(x,t) = g(x,t),\ (x,t) \in \Gamma_T, \end{cases}$$

其中 $f \in C(\Omega_T), g \in C(\Gamma_T)$, 则有

$$\max_{\overline{\Omega_T}} |u(x,t)| \leqslant T \cdot \sup_{\Omega_T} |f(x,t)| + \sup_{\Gamma_T} |g(x,t)|.$$

证明: 记

$$F = \sup_{\Omega_T} |f(x,t)|,\ G = \sup_{\Gamma_T} |g(x,t)|,$$

并令

$$v(x,t) = Ft + G \pm u(x,t),\ (x,t) \in \overline{\Omega_T},$$

则

$$\begin{cases} v_t - a^2 \Delta v = F \pm f(x,t) \geqslant 0,\ (x,t) \in \Omega_T, \\ v\big|_{\Gamma_T} = Ft\big|_{\Gamma_T} + G \pm g\big|_{\Gamma_T} \geqslant 0, \end{cases}$$

于是由定理 5.5.3 知

$$v(x,t) \geqslant 0,\ (x,t) \in \overline{\Omega_T},$$

从而

$$\pm u(x,t) \leqslant Ft + G \leqslant FT + G,\ (x,t) \in \overline{\Omega_T},$$

于是

$$\max_{\overline{\Omega_T}} |u(x,t)| \leqslant FT + G = T \cdot \sup_{\Omega_T} |f(x,t)| + \sup_{\Gamma_T} |g(x,t)|. \qquad \square$$

由此定理立即得热方程 Dirichlet 混合问题解的唯一性和稳定性结果.

**定理 5.5.6** (热方程 Dirichlet 问题解的唯一性) 设 $\Omega$ 是 $\mathbb{R}^n$ 中的有界开集, $T > 0$, $u_i \in C^{2,1}(\Omega_T) \cap C(\overline{\Omega_T})$ $(i = 1, 2)$, 如果 $u_i$ 均是

$$\begin{cases} u_t = a^2 \Delta u + f(x,t),\ (x,t) \in \Omega_T, a = \text{const.} > 0, \\ u(x,t) = g(x,t),\ (x,t) \in \Gamma_T \end{cases}$$

的解, 那么

$$u_1(x,t) = u_2, (x,t) \in \overline{\Omega_T}.$$

**定理 5.5.7** (热方程 Dirichlet 问题解的稳定性) 设 $\Omega$ 是 $\mathbb{R}^n$ 中的有界开集, $T > 0$, $u_i \in C^{2,1}(\Omega_T) \cap C(\overline{\Omega_T})$, $f_i \in C(\Omega_T)$, $g_i \in C(\partial\Omega \times (0,T])$, $h_i \in C(\overline{\Omega})$ $(i = 1, 2)$, $a = \text{const.} > 0$, 如果 $u_i$ 是

$$\begin{cases} (u_i)_t = a^2 \Delta u_i + f_i(x,t),\ (x,t) \in \Omega_T, \\ u_i(x,t) = g_i(x,t),\ (x,t) \in \partial\Omega \times (0,T], \\ u_i(x,0) = h_i(x),\ x \in \overline{\Omega} \end{cases}$$

的解, 那么有

$$\max_{\overline{\Omega_T}} |u_1 - u_2| \leqslant T \cdot \sup_{\Omega_T} |f_1 - f_2| + \max_{\partial\Omega \times (0,T]} |g_1 - g_2| + \max_{\overline{\Omega_T}} |h_1 - h_2|.$$

### 5.5.3 线性抛物型方程极值原理

前一小节我们给出了热方程极值原理, 本节将给出其推广形式——线性抛物型方程极值原理.

考虑如下的二阶线性偏微分算子:

$$Lu(x,t) := -a_{ij}(x,t)\frac{\partial^2 u(x,t)}{\partial x_i \partial x_j} + b_i(x,t)u_{x_i} + c(x,t)u(x,t),\ (x,t) \in \Omega_T.$$

其中 $\Omega$ 是 $\mathbb{R}^n$ 中的有界开集, $T > 0$, $a_{ij}, b_i, c \in C(\Omega_T), b_i \in L^\infty(\Omega_T), a_{ij} = a_{ji}$ $(i,j = 1,2,\cdots,n)$, 且主部系数 $a_{ij}$ 满足**一致抛物条件**: 存在 $\theta > 0$, 使得

$$a_{ij}(x,t)\xi_i\xi_j \geqslant \theta|\xi|^2,\ \forall (x,t) \in \Omega_T, \xi \in \mathbb{R}^n.$$

和线性椭圆型方程的弱极值原理类似, 对于线性抛物型方程, 有下面的定理.

**定理 5.5.8 (抛物型弱极值原理 $(c \equiv 0)$)** 设 $u \in C^{2,1}(\Omega_T) \cap C(\overline{\Omega_T})$, 且

$$c|_{\Omega_T} = 0.$$

(1) 如果

$$u_t + Lu(x,t) \leqslant 0,\ (x,t) \in \Omega_T, \tag{5.5.15}$$

那么

$$\max_{\overline{\Omega_T}} u = \max_{\Gamma_T} u.$$

(2) 如果

$$u_t + Lu(x,t) \geqslant 0,\ (x,t) \in \Omega_T, \tag{5.5.16}$$

那么

$$\min_{\overline{\Omega_T}} u = \min_{\Gamma_T} u.$$

**证明**: 由于对 $-u(x,t)$ 使用 (1) 便可得到 (2), 故只需证明 (1) 成立即可.

先考察

$$u_t + Lu(x,t) < 0,\ (x,t) \in \Omega_T \tag{5.5.17}$$

的情形. 如果此时结论不成立, 则必有 $\max\limits_{\overline{\Omega_T}} u > \max\limits_{\Gamma_T} u$. 由于 $\overline{\Omega_T}$ 是 $\mathbb{R}^{n+1}$ 中的紧集, 而 $u \in C(\overline{\Omega_T})$, 故必存在 $(x_0,t_0) \in \Omega_T$, 使得 $u(x_0,t_0) = \max\limits_{\overline{\Omega_T}} u$.

由于 $(x_0,t_0) \in \Omega_T$, 故 $u_t(x_0,t_0) \geqslant 0, u_{x_i}(x_0,t_0) = 0, i = 1,\cdots,n$. 且矩阵

$\left(u_{x_ix_j}(x_0,t_0)\right)_{n\times n}$ 负半定. 由于 $c|_{\Omega_T}=0$, 类似于定理 5.4.1 的证明过程, 易证

$$Lu(x_0,t_0)=-a_{ij}(x_0,t_0)\frac{\partial u(x_0,t_0)}{\partial x_i\partial x_j}+b_i(x_0,t_0)u_{x_i}(x_0,t_0)\geqslant 0,$$

于是

$$u_t(x_0,t_0)+Lu(x_0,t_0)\geqslant 0,$$

这与假设 (5.5.17) 矛盾, 故必有 $\max\limits_{\overline{\Omega_T}}u=\max\limits_{\Gamma_T}u$.

再来考察一般情形. 引入辅助函数

$$v(x,t):=u(x,t)-\epsilon t,\ \epsilon>0,$$

则

$$v_t+Lv(x,t)=u_t+Lu-\epsilon\leqslant-\epsilon<0,\ (x,t)\in\Omega_T,$$

故根据刚才所证结论有

$$\max_{\overline{\Omega_T}}v=\max_{\Gamma_T}v,\quad 即\ \max_{\overline{\Omega_T}}(u-\epsilon t)=\max_{\Gamma_T}(u-\epsilon t).$$

再令 $\epsilon\to 0^+$, 便得 $\max\limits_{\overline{\Omega_T}}u=\max\limits_{\Gamma_T}u$. □

和注 5.5.1 中的热方程下解定义类似, 有下面的定义.

**定义 5.5.2** 如果 $u$ 满足二阶线性抛物型偏微分不等式

$$u_t+Lu(x,t)\leqslant(\geqslant)0,\ (x,t)\in\Omega_T,$$

则称 $u$ 是二阶线性抛物型方程 $v_t+Lv=0$ 的下解 (上解).

于是, 定理 5.5.8 表明: 当 $c\equiv 0$ 时, 二阶线性抛物型方程的下解必在抛物边界取到最大值, 上解必在抛物边界取到最小值.

下面来考察 $c\geqslant 0$ 的情形, 此时有下面的定理.

**定理 5.5.9** (抛物型极值原理, $c\geqslant 0$) 设 $u\in C^{2,1}(\Omega_T)\cap C(\overline{\Omega_T})$, 且

$$c|_{\Omega_T}\geqslant 0.$$

(1) 若

$$u_t+Lu(x,t)\leqslant 0,\ (x,t)\in\Omega_T,$$

则

$$\max_{\overline{\Omega_T}}u\leqslant\max_{\Gamma_T}u^+.$$

(2) 若

$$u_t + Lu(x,t) \geqslant 0,\ (x,t) \in \Omega_T,$$

则

$$\min_{\overline{\Omega_T}} u \geqslant -\max_{\Gamma_T} u^-.$$

证明: 由于 $(-u)^+ = u^-$, 故只需要证明 (1) 即可.

当 $\max\limits_{\overline{\Omega_T}} u \leqslant 0$ 时, 由于 $u^+ = 0$, 故此时结论自然成立.

当 $\max\limits_{\overline{\Omega_T}} u > 0$ 时, 先来考察

$$u_t + Lu(x,t) < 0,\ (x,t) \in \Omega_T \tag{5.5.18}$$

的情形. 如果存在 $(x_0,t_0) \in \Omega_T$, 使得 $u(x_0,t_0) = \max\limits_{\overline{\Omega_T}} u$, 则由于 $u(x_0,t_0) > 0$, 而 $c|_{\Omega_T} \geqslant 0$, 所以

$$u_t(x_0,t_0) + Lu(x_0,t_0) \geqslant 0,$$

这与 (5.5.18) 矛盾, 故此时必有 $\max\limits_{\overline{\Omega_T}} u = \max\limits_{\Gamma_T} u = \max\limits_{\Gamma_T} u^+$.

再来考虑一般情形. 令 $v(x,t) = u(x,t) - \epsilon t$, 则

$$v_t + Lv(x,t) = u_t + Lu(x,t) - \epsilon < 0,\ (x,t) \in \Omega_T, \epsilon > 0.$$

由刚才所证有

$$\max_{\overline{\Omega_T}} v(x,t) = \max_{\overline{\Omega_T}}(u - \epsilon t) = \max_{\Gamma_T} v(x,t) = \max_{\Gamma_T}(u - \epsilon t),$$

再令 $\epsilon \to 0^+$ 便得

$$\max_{\overline{\Omega_T}} u = \max_{\Gamma_T} u = \max_{\Gamma_T} u^+.$$

综上便有 $\max\limits_{\overline{\Omega_T}} u \leqslant \max\limits_{\Gamma_T} u^+$. □

**注 5.5.2** 定理 5.5.9 表明: 当 $c|_{\Omega_T} \geqslant 0$ 时, 抛物型方程的下解的非负最大值必在抛物边界取到; 上解的非正最小值必在抛物边界取到.

根据定理 5.5.9 容易得到下面的推论.

**推论 5.5.3** 设 $u \in C^{2,1}(\Omega_T) \cap C(\overline{\Omega_T}), c|_{\Omega_T} \geqslant 0$, 则如果

$$u_t + Lu(x,t) = 0,\ (x,t) \in \Omega_T,$$

那么

$$\max_{\overline{\Omega_T}}|u| = \max_{\Gamma_T}|u|.$$

根据该推论, 立即可得线性抛物型方程解的唯一性和稳定性结论.

**定理 5.5.10** 如果 $u_i \in C^{2,1}(\Omega_T) \cap C(\Omega_T)$ 是线性抛物型方程 Dirichlet 型定解问题

$$\begin{cases} (u_i)_t + Lu_i(x,t) = f(x,t),\ (x,t) \in \Omega_T, \\ u_i|_{\Gamma_T} = g_i \end{cases}$$

的解, 其中 $f \in C(\Omega_T), g_i \in C(\Gamma_T), i =, 1, 2$, 则有

$$\max_{\overline{\Omega_T}}|u_1 - u_2| \leqslant \max_{\Gamma_T}|g_1 - g_2|.$$

特别地, 当 $g_1 = g_2$ 时, 必有 $u_1 = u_2$.

和 Laplace 方程类似, 抛物型方程也有 Harnack 不等式, 即

**定理 5.5.11 (抛物型 Harnack 不等式)** 设 $u \in C^{2,1}(\Omega_T)$ 是线性抛物型方程

$$u_t + Lu(x,t) = 0,\ (x,t) \in \Omega_T$$

的解, 且

$$u(x,t) \geqslant 0,\ (x,t) \in \Omega_T,$$

则对任意的 $V \subset\subset \Omega$, 且 $V$ 是连通的, 有如下结论: 对任意的 $0 < t_1 < t_2 \leqslant T$, 存在常数 $C = C(V, t_1, t_2) > 0$, 使得

$$\sup_{x\in V} u(x,t_1) \leqslant C \inf_{x\in V} u(x,t_2).$$

该定理的证明比较繁琐, 此处略, 详见参考文献 [24].

根据抛物型 Harnack 不等式可得如下的强极值原理.

**定理 5.5.12 (抛物型强极值原理 $(c = 0)$)** 设 $\Omega$ 是 $\mathbb{R}^n$ 中的有界区域, $u \in C^{2,1}(\Omega_T) \cap C(\overline{\Omega_T})$, 且 $c|_{\Omega_T} = 0$,

(1) 如果

$$u_t + Lu(x,t) \leqslant 0,\ (x,t) \in \Omega_T,$$

且存在 $(x_0, t_0) \in \Omega_T$, 使得 $u(x_0, t_0) = \max_{\overline{\Omega_T}} u$, 则

$$u|_{\Omega_{t_0}} = u(x_0, t_0),\ 其中\ \Omega_{t_0} = \Omega \times (0, t_0], 0 < t_0 \leqslant T.$$

(2) 如果

$$u_t + Lu(x,t) \geqslant 0,\ (x,t) \in \Omega_T,$$

且存在 $(x_0, t_0) \in \Omega_T$, 使得 $u(x_0, t_0) = \min\limits_{\overline{\Omega_T}} u$, 则

$$u|_{\Omega_{t_0}} = u(x_0, t_0).$$

**定理 5.5.13** (抛物型强极值原理 ($c \geqslant 0$)) 设 $\Omega$ 是 $\mathbb{R}^n$ 中的有界区域, $u \in C^{2,1}(\Omega_T) \cap C(\overline{\Omega_T})$, 且 $c(x,t) \geqslant 0, (x,t) \in \Omega_T$.

(1) 如果

$$u_t + Lu(x,t) \leqslant 0,\ (x,t) \in \Omega_T,$$

且存在 $(x_0, t_0) \in \Omega_T$, 使得 $0 \leqslant u(x_0, t_0) = \max\limits_{\overline{\Omega_T}} u$, 则

$$u|_{\Omega_{t_0}} = u(x_0, t_0).$$

(2) 如果

$$u_t + Lu(x,t) \geqslant 0,\ (x,t) \in \Omega_T,$$

且存在 $(x_0, t_0) \in \Omega_T$, 使得 $0 \geqslant u(x_0, t_0) = \min\limits_{\overline{\Omega_T}} u$, 则

$$u|_{\Omega_{t_0}} = u(x_0, t_0).$$

**注 5.5.3** 上述的抛物型强极值原理表明: 如果 $u(x,t)$ 表示导热物体在 $t$ 时刻在点 $x$ 处的温度, 且 $u$ 在 $t_0$ 时刻取到最大值, 那么此最大值只可能是热能在 $t_0$ 之前的分布造成的, 与热能在 $t_0$ 之后的分布无关. 另外, 这一原理也表明热扩散过程是**一个不可逆过程**.

### 5.5.4 抛物型方程解的正性 扰动的无限传播

利用弱极值原理和强极值原理, 可得到解的正性结论.

**推论 5.5.4** 设 $\Omega$ 是 $\mathbb{R}^n$ 中的有界区域, $u \in C^{2,1}(\Omega_T) \cap C(\overline{\Omega_T})$, 且满足二阶线性抛物型方程混合问题:

$$\begin{cases} u_t - a_{ij}(x,t)u_{x_i x_j} + b_i(x,t)u_{x_i} = 0,\ (x,t) \in \Omega_T, \\ u(x,t) = h(x,t),\ (x,t) \in \partial\Omega \times (0,T], \\ u(x,0) = g(x),\ x \in \overline{\Omega}, \end{cases}$$

则如果

$$h|_{\partial\Omega\times(0,T]} \geqslant 0,\ g|_{\overline{\Omega}} \geqslant 0,$$

且存在 $x_0 \in \overline{\Omega}$, 使得 $g(x_0) > 0$, 那么

$$u|_{\Omega_T} > 0.$$

证明: 根据定理 5.5.8 知

$$\min_{\overline{\Omega_T}} u = \min_{\Gamma_T} u \geqslant 0,$$

故 $u|_{\overline{\Omega_T}} \geqslant 0$.

如果存在 $(x_1, t_1) \in \Omega_T, t_1 > 0$, 使得 $u(x_1, t_1) = 0$, 则

$$0 = u(x_1, t_1) = \min_{\overline{\Omega_T}} u,$$

于是根据定理 5.5.12, 有

$$u|_{\overline{\Omega_{t_1}}} = u(x_1, t_1) = 0.$$

于是 $u(x_0, 0) = g(x_0) = 0$, 与 $g(x_0) > 0$ 矛盾. 故 $u|_{\Omega_T} > 0$. □

该推论表明: **在热扩散过程中, 初始温度分布的瞬间扰动是以无穷大的速率传播的 (这和波方程不同).**

### 5.5.5 Cauchy 问题

下面我们来研究抛物型方程 Cauchy 问题的适定性. 下述定理表明当热方程 Cauchy 问题的解在无穷远处满足一定的增长阶条件时才有相应的适定性.

**定理 5.5.14** 设 $u_i = u_i(x, t)\ (i = 1, 2)$ 分别是 Cauchy 问题

$$\begin{cases} (u_i)_t = a^2 \Delta u_i + f(x, t),\ x \in \mathbb{R}^n, t > 0, a = \text{const.} > 0, \\ u_i(x, 0) = \phi_i(x),\ x \in \mathbb{R}^n \end{cases}$$

的解, 且满足增长阶条件: 对任意的 $T > 0$, 存在 $\alpha, \beta > 0$, 使得

$$|u_i(x, t)| \leqslant \alpha \mathrm{e}^{\beta |x|^2},\ \forall x \in \mathbb{R}^n, 0 \leqslant t \leqslant T.$$

那么有

$$\sup_{\mathbb{R}^n \times [0,T]} |u_1 - u_2| \leqslant \sup_{\mathbb{R}^n} |\phi_1 - \phi_2|.$$

实际上, 关于抛物型方程 Cauchy 问题的唯一性和稳定性, 有如下更一般的结

果 (见参考文献 [2]). 对任意 $T>0$, 记

$$\mathbb{R}_T^n := \mathbb{R}^n \times (0,T],$$

考虑线性抛物型方程 Cauchy 问题:

$$\begin{cases} Lu(x,t) := u_t - a_{ij}(x,t)u_{x_ix_j} + b_i(x,t)u_{x_i} + c(x,t)u \\ \qquad\qquad = f(x,t),\ (x,t)\in\mathbb{R}_T^n, \\ u(x,0) = g(x),\ x\in\mathbb{R}^n, \end{cases} \tag{5.5.19}$$

其中, 抛物型算子 $L$ 满足如下条件.

(1) 一致抛物条件: 存在常数 $\theta>0$, 使得

$$a_{ij}(x,t)\xi_i\xi_j \geqslant \theta|\xi|^2,\ \forall\xi\in\mathbb{R}^n, (x,t)\in\mathbb{R}_T^n, \tag{5.5.20}$$

(2) 存在常数 $\mu_0>0$, 使得对任意的 $i,j=1,2,\cdots,n$, 有

$$\sup_{\mathbb{R}_T^n}|a_{ij}(x,t)| \leqslant \mu_0,\ \sup_{\mathbb{R}_T^n}|b_i(x,t)| \leqslant \mu_0,\ \sup_{\mathbb{R}_T^n}|c(x,t)| \leqslant \mu_0. \tag{5.5.21}$$

和抛物型方程初–边值问题不同, 为了保证 Cauchy 问题 (5.5.19) 的解是唯一的, 必须对解 $u$ 在 $|x|\to+\infty$ 时的增长速度加以适当的限制. 请看 Tychonoff 给出的反例 (见参考文献 [12]).

例 5.5.1 (Tychonoff A. N.) 证明一维热方程 Cauchy 问题

$$\begin{cases} u_t = u_{xx},\ (x,t)\in\mathbb{R}\times(0,+\infty), \\ u(x,0)=0,\ x\in\mathbb{R} \end{cases} \tag{5.5.22}$$

的解不唯一.

证明: 易见 $u_0\equiv 0$ 是 (5.5.22) 的平凡解. 现来构造 (5.5.22) 的另一非平凡解. 令

$$\phi(t) = \begin{cases} \mathrm{e}^{-\frac{1}{t^2}},\ 当\ t>0\ 时, \\ 0,\ 当\ t=0\ 时. \end{cases}$$

考虑映射

$$u(x,t) = \begin{cases} \displaystyle\sum_{n=0}^{\infty}\frac{\mathrm{d}^n\phi(t)}{\mathrm{d}t^n}\cdot\frac{x^{2n}}{(2n)!},\ 当\ t>0\ 时, \\ 0,\ 当\ t=0\ 时, \end{cases} \tag{5.5.23}$$

则必有如下等式成立:

$$\lim_{t\to 0^+} u(x,t) = \sum_{n=0}^{\infty} \frac{\mathrm{d}^n\phi(t)}{\mathrm{d}t^n}\bigg|_{t=0} \frac{x^{2n}}{(2n)!} = 0, \tag{5.5.24}$$

$$\frac{\partial^2 u}{\partial x^2} = \sum_{n=1}^{\infty} \frac{\mathrm{d}^n\phi(t)}{\mathrm{d}t^n} \frac{x^{2(n-1)}}{(2(n-1))!} \tag{5.5.25}$$

$$= \sum_{n=0}^{\infty} \frac{\mathrm{d}^{n+1}\phi(t)}{\mathrm{d}t^{n+1}} \frac{x^{2n}}{(2n)!} = \frac{\partial u}{\partial t}, \tag{5.5.26}$$

只要 (5.5.23), (5.5.24) 和 (5.5.25) 中的无穷级数是一致收敛的. 实际上, 有如下的引理.

**引理 5.5.1**　**对任意的** $(x,t)\in\mathbb{R}\times(0,+\infty)$, **必存在** $(x,t)$ **在** $\mathbb{R}\times(0,+\infty)$ **中的邻域, 使得** (5.5.23), (5.5.24) **和** (5.5.25) **中的无穷级数均在该邻域中一致收敛.**

**证明:**　对任意的 $z\in\mathbb{C}$, 令

$$\phi(z) = \begin{cases} \mathrm{e}^{-\frac{1}{z^2}},\ z\neq 0, \\ 0,\ z=0, \end{cases}$$

则 $\phi$ 在 $\mathbb{C}\backslash\{0\}$ 上是全纯的. 把复平面中的实轴等同于时间轴, 则当 $t>0$ 时, 圆周

$$\gamma = \left\{ z\in\mathbb{C} \,\middle|\, z = t + \frac{t}{2}\mathrm{e}^{\mathrm{i}\theta}, 0<\theta\leqslant 2\pi \right\}$$

不过原点, 于是由 Cauchy 积分公式可知对任意的 $n\in\mathbb{N}$, 有

$$\frac{\mathrm{d}^n\phi(t)}{\mathrm{d}t^n} = \frac{n!}{2\pi\mathrm{i}}\int_\gamma \frac{\phi(z)}{(z-t)^{n+1}}\mathrm{d}z,$$

从而

$$\left|\frac{\mathrm{d}^n\phi(t)}{\mathrm{d}t^n}\right| \leqslant \frac{n!}{2\pi}\int_\gamma \frac{\mathrm{e}^{-\mathrm{Re}\,(z^{-2})}}{|z-t|^{n+1}}|\mathrm{d}z|$$

$$= \frac{n!}{2\pi}\left(\frac{2}{t}\right)^n \int_0^{2\pi} \mathrm{e}^{-\mathrm{Re}\,(z^{-2})}\mathrm{d}\theta.$$

由于当 $z\in\gamma$ 时有

$$z^2 = t^2\left(1+\frac{\mathrm{e}^{\mathrm{i}\theta}}{2}\right)^2, \ \frac{1}{z^2} = \frac{1+\frac{1}{4}\mathrm{e}^{-2\mathrm{i}\theta}+\mathrm{e}^{-\mathrm{i}\theta}}{t^2\left|\left(1+\frac{\mathrm{e}^{\mathrm{i}\theta}}{2}\right)^2\right|^2},$$

所以 $\mathrm{Re}\,(z^{-2}) \geqslant (2t)^{-2}$, 从而, 当 $t>0$ 时有

$$\left|\frac{\mathrm{d}^n\phi(t)}{\mathrm{d}t^n}\right| \leqslant n!\left(\frac{2}{t}\right)^n \mathrm{e}^{-\frac{1}{4t^2}},\ \forall n\in\mathbb{N}.$$

再任意取 $a>0$, 当 $|x|<a$ 时, 结合 Stirling 不等式 $\dfrac{2^n n!}{(2n)!}\leqslant\dfrac{1}{n!}$ 可得 (5.5.23) 中的级数有收敛的优级数

$$\mathrm{e}^{-\frac{1}{4t^2}}\sum_{n=0}^{\infty}\left(\frac{1}{t}\right)^n\frac{(a^2)^n}{n!}=\mathrm{e}^{-\frac{1}{4t^2}}\mathrm{e}^{\frac{a^2}{t}}.$$

□

根据此引理可知, $u(x,t)$ 是 Cauchy 问题 (5.5.22) 的非平凡解, 从而该 Cauchy 问题的解是不唯一的.

□

通常使用如下的两种方式来限制 Cauchy 问题 (5.5.19) 的解在 $|x|\to+\infty$ 时的增长速度, 即

$$\exists M>0,\forall u\in C(\mathbb{R}^n_T),|u(x,t)|\leqslant M, \tag{5.5.27}$$

和

$$\exists K>0,\forall u\in C(\mathbb{R}^n_T),|u(x,t)|\leqslant K\mathrm{e}^{K|x|^2}. \tag{5.5.28}$$

由此, 当 $u$ 满足增长条件 (5.5.27) 时有下面的结论.

**定理 5.5.15** 对任意的 $T>0$, 设 $u\in C(\overline{\mathbb{R}^n_T})\cap C^{2,1}(\mathbb{R}^n_T)$ 是抛物型方程 Cauchy 问题 (5.5.19) 的解, 且 $u$ 满足条件 (5.5.27), $Lu$ 满足条件 (5.5.20) 和 (5.5.21), $f\in L^\infty(\mathbb{R}^n_T), g\in L^\infty(\mathbb{R}^n)$, 则有如下先验估计:

$$\sup_{\mathbb{R}^n_T}|u(x,t)|\leqslant \mathrm{e}^{(1+\mu_0)T}\Big(T\sup_{\mathbb{R}^n_T}|f|+\sup_{\mathbb{R}^n}|g|\Big), \tag{5.5.29}$$

从而 Cauchy 问题 (5.5.19) 的解在条件 (5.5.27) 下是唯一的.

证明: 只需证明先验估计式 (5.5.29) 成立即可. 为此, 任意取 $T>0$, 下面分两种情形予以证明.

(1) 当 $c(x,t)\geqslant 1,\forall (x,t)\in\mathbb{R}^n_T$ 时

记

$$F=\sup_{\mathbb{R}^n_T}|f(x,t)|,\ G=\sup_{\mathbb{R}^n}|g(x)|,$$

对任意的 $R>0$, 记抛物内部

$$Q_{R,T}:=\{(x,t)\in\mathbb{R}^n_T\mid |x|<R\}=\{x\in\mathbb{R}^n\mid |x|<R\}\times(0,T],$$

在 $Q_{R,T}$ 中考察辅助函数

$$v(x,t)=Ft+G+\frac{M}{R^2}(|x|^2+Bt)\pm u(x,t),\ \text{其中 } B>0 \text{ 是待定常数},$$

则

$$\begin{aligned}Lv(x,t)&=L\Big(Ft+G+\frac{M}{R^2}(|x|^2+Bt)\Big)\pm f\\&\geqslant F+\frac{MB}{R^2}+\frac{M}{R^2}\big[-2a_{ij}(x,t)\delta_{ij}+2b_i(x,t)x_i\\&\quad+c(x,t)|x|^2+Btc(x,t)\big]\pm f\\&=F+\frac{M}{R^2}\big[B-2a_{ij}(x,t)\delta_{ij}+2b_i(x,t)x_i+c(x,t)(|x|^2+Bt)\big]\pm f.\end{aligned}$$

由条件 (5.5.21) 以及 $c(x,t)\geqslant 1$ 知, 当 $B>0$ 足够大时, 必有

$$B-2a_{ij}(x,t)\delta_{ij}+2b_i(x,t)x_i+c(x,t)(|x|^2+Bt)\geqslant 0,\ (x,t)\in Q_{R,T},$$

从而

$$Lv(x,t)\geqslant 0,\ (x,t)\in Q_{R,T}.$$

又

$$\begin{aligned}v\Big|_{|x|=R}&=Ft+G+M+\frac{BMt}{R^2}\pm u(x,t)\\&\geqslant M\pm u(x,t)\geqslant 0,\\v(x,0)&=G+\frac{M|x|^2}{R^2}\pm g(x)\geqslant 0,\ |x|\leqslant R,\end{aligned}$$

于是由极值原理知

$$\begin{aligned}\pm u(x,t)&\leqslant Ft+G+\frac{M}{R^2}(|x|^2+Bt)\\&\leqslant FT+G+\frac{M}{R^2}(|x|^2+Bt),\ (x,t)\in\overline{Q_{R,T}}.\end{aligned}$$

由此, 对任意的 $(x_0,t_0)\in\mathbb{R}^n_T$, 当取 $R$ 足够大时, 便有 $(x_0,t_0)\in Q_{R,T}$, 从而

$$|u(x_0,t_0)|\leqslant FT+G+\frac{M}{R^2}(|x_0|^2+Bt_0),$$

再让 $R\to+\infty$ 便得

$$|u(x_0,t_0)|\leqslant FT+G=T\sup_{\mathbb{R}^n_T}|f|+\sup_{\mathbb{R}^n}|g|,\tag{5.5.30}$$

(2) 当 $c(x,t) \ngeqslant 1$ 时

由条件 (5.5.21)，只要令

$$u(x,t) = v(x,t)\mathrm{e}^{(\mu_0+1)t},$$

其中 $\mu_0$ 是待定的正数, 则

$$\begin{cases} v_t - a_{ij}v_{x_ix_j} + b_iv_{x_i} + \big(c+\mu_0+1\big)v(x,t) = \mathrm{e}^{-(\mu_0+1)t}f(x,t),\ (x,t)\in\mathbb{R}^n_T, \\ v(x,0) = g(x),\ x\in\mathbb{R}^n. \end{cases}$$

由条件 (5.5.21) 知, 如果选取 $\mu_0 > 0$ 足够大, 使得

$$c(x,t)+\mu_0+1 \geqslant 1,\ (x,t)\in\mathbb{R}^n_T,$$

则对 $v$ 用先验估计 (5.5.30) 得

$$|v(x_0,t_0)| \leqslant \mathrm{e}^{-(\mu_0+1)T}FT + G \leqslant FT+G,$$

于是

$$|u(x_0,t_0)| \leqslant \mathrm{e}^{(\mu_0+1)T}(FT+G),$$

从而

$$\sup_{\mathbb{R}^n_T}|u(x,t)| \leqslant \mathrm{e}^{(1+\mu_0)T}\Big(T\sup_{\mathbb{R}^n_T}|f| + \sup_{\mathbb{R}^n}|g|\Big). \qquad \square$$

当 $u$ 满足增长条件 (5.5.28) 时有下面的定理.

**定理 5.5.16** 对任意 $T>0$, 设 $u\in C(\overline{\mathbb{R}^n_T})\cap C^{2,1}(\mathbb{R}^n_T)$, 且 $u$ 满足增长条件 (5.5.28), 如果 $u$ 是抛物型方程 Cauchy 问题 (5.5.19) 的解, 其中 $Lu$ 满足一致抛物条件 (5.5.20) 和 (5.5.21), 那么必存在常数 $B=B(n,K,\mu_0)\geqslant \dfrac{1}{T(K+1)}$, 使得当记 $t_0 = \dfrac{1}{B(K+1)}$ 时, $u$ 必是 (5.5.19) 在 $\mathbb{R}^n_{t_0}$ 中的唯一解.

**证明:** 由于 Cauchy 问题 (5.5.19) 的方程和初始条件均线性, 故只需证明如下 Cauchy 问题

$$\begin{cases} Lu(x,t)=0,\ (x,t)\in\mathbb{R}^n_T, \\ u(x,0)=0,\ x\in\mathbb{R}^n \end{cases} \tag{5.5.31}$$

在 $0\leqslant t\leqslant t_0$ 时只有零解即可. 为此, 记 $N=K+1$, 先考虑辅助函数

$$w(x,t) = (BN^2t+N)\mathrm{e}^{(BN^2t+N)|x|^2},\ B>0 \text{ 是待定常数},$$

则

$$
\begin{aligned}
Lw(x,t) =& \mathrm{e}^{(BN^2t+N)|x|^2}\big[BN^2 + BN^2(BN^2t+N)|x|^2 \\
& - 4(BN^2t+N)^3 a_{ij}x_ix_j - 2a_{ij}\delta_{ij}(BN^2t+N)^2 \\
& + 2(BN^2t+N)^2 x_ib_i + c(BN^2t+N)\big].
\end{aligned} \tag{5.5.32}
$$

由条件 (5.5.21) 得

$$
-a_{ij}x_ix_j \geqslant -\mu_0\sum_{i,j=1}^{n}|x_ix_j| \geqslant -\mu_0\sum_{i,j=1}^{n}|x|^2 = -n^2\mu_0|x|^2,
$$

$$
-a_{ij}\delta_{ij} = -\sum_{i=1}^{n}a_{ii}(x,t) \geqslant -n\mu_0,\ c \geqslant -\mu_0,
$$

$$
2x_ib_i \geqslant -2\mu_0\sum_{i=1}^{n}|x_i| \geqslant -2\mu_0\sum_{i=1}^{n}|x|\cdot 1 \geqslant -\mu_0\sum_{i=1}^{n}(1+|x|^2) = -n\mu_0 - n\mu_0|x|^2,
$$

将此三个不等式代入 (5.5.32) 可知当

$$
0 \leqslant t \leqslant t_0 = \frac{1}{BN} = \frac{1}{B(K+1)}
$$

时有

$$
\begin{aligned}
Lw(x,t) \geqslant & \mathrm{e}^{(BN^2t+N)|x|^2}\big[BN^2 + BN^3|x|^2 - 4\mu_0(8N^3n^2 + nN^2)|x|^2 \\
& - 12n\mu_0N^2 - 2\mu_0N\big],
\end{aligned}
$$

于是, 可取

$$
B = B(n,K,\mu_0) \geqslant \frac{1}{T(K+1)}
$$

足够大, 使得

$$
BN^2 + BN^3|x|^2 - 4\mu_0(8N^3n^2 + nN^2)|x|^2 - 12n\mu_0N^2 - 2\mu_0N > 0,
$$

从而

$$
Lw(x,t) \geqslant 0,\ (x,t) \in \mathbb{R}^n_{t_0}.
$$

再考察辅助函数

$v(x,t) = \epsilon w(x,t) \pm u(x,t)$, 其中 $1 > \epsilon > 0, u$ 是 (5.5.31) 的解,

则

$$
Lv(x,t) = \epsilon Lw(x,t) \pm Lu(x,t) = \epsilon Lw(x,t) \geqslant 0,\ (x,t) \in \mathbb{R}^n_{t_0},
$$

于是对任意的$R>0$, 记抛物内部

$$Q_{R,t_0}=\{(x,t)\in\mathbb{R}^n_{t_0}\mid |x|<R\}=\{x\in\mathbb{R}^n\mid |x|<R\}\times(0,t_0],$$

则有

$$Lv(x,t)\geqslant 0,\ (x,t)\in Q_{R,t_0},$$

且当$|x|=R$时有

$$\begin{aligned}v(x,t)&=\epsilon w(x,t)\pm u\\&=\epsilon(BN^2t+N)\mathrm{e}^{(BN^2t+N)R^2}\pm u\\&\geqslant \epsilon N\mathrm{e}^{NR^2}\pm u\geqslant \epsilon\mathrm{e}^{R^2}K\mathrm{e}^{KR^2}\pm u,\end{aligned}$$

当取$R>0$, 使得

$$\epsilon\mathrm{e}^{R^2}=1 \text{ 或 } R=\sqrt{\ln(1/\epsilon)}$$

时, 由条件 (5.5.28)可得

$$\begin{aligned}v(x,t)&\geqslant K\mathrm{e}^{KR^2}\pm u(x,t)\\&\geqslant 0,\quad \text{当 } |x|=R, 0\leqslant t\leqslant t_0.\end{aligned}$$

又 $v(x,0)=\epsilon N\mathrm{e}^{N|x|^2}\geqslant 0$, 故由极值原理可知对任意的$0<\epsilon<1$有

$$|u(x,t)|\leqslant \epsilon w(x,t),\ \text{当 } |x|\leqslant\sqrt{\ln(1/\epsilon)},\ 0\leqslant t\leqslant t_0,$$

于是, 对任意的$(x_1,t_1)\in\mathbb{R}^n_{t_0}$,必存在$\epsilon_0\in(0,1)$, 使得$|x_1|\leqslant\sqrt{\ln(1/\epsilon_0)}$, 于是有

$$|u(x_1,t_1)|\leqslant \epsilon_0 w(x_1,t_1),$$

又当$\forall\epsilon\in(0,\epsilon_0]$时, 必有$|x_1|\leqslant\sqrt{\ln(1/\epsilon_0)}\leqslant\sqrt{\ln(1/\epsilon)}$, 故只要$\epsilon\in(0,\epsilon_0]$, 则必有

$$|u(x_1,t_1)|\leqslant \epsilon w(x_1,t_1),$$

再让$\epsilon\to 0^+$便得 $u(x_1,t_1)=0$, 再由$(x_1,t_1)$的任意性便知 $u(x,t)=0,(x,t)\in\overline{\mathbb{R}^n_{t_0}}$. □

### 5.5.6 热方程逆时间问题的不适定性

前面我们通过能量估计和极值原理得到热方程的三类混合问题均是适定的, 下面我们来分析热方程逆时间问题是否是适定的. 为此, 考察如下的逆时间问题:

$$\begin{cases} u_t = u_{xx},\ 0 < x < L, 0 \leqslant t < T, \\ u(0,t) = u(L,t) = 0,\ 0 \leqslant t \leqslant T, \\ u(x,T) = \phi(x),\ 0 \leqslant x \leqslant L. \end{cases} \tag{5.5.33}$$

如果依次取终了温度分布为

$$\phi_n(x) = \frac{1}{n^k}\sin\left(\frac{n\pi x}{L}\right),\ k > 0, n = 1, 2, \cdots,$$

则根据分离变量法易知该逆时间问题的解为

$$u_n(x,t) = \frac{1}{n^k}\mathrm{e}^{(\frac{n\pi}{L})^2(T-t)}\sin\left(\frac{n\pi x}{L}\right),\ k > 0.$$

但是, 尽管

$$\max_{0\leqslant x\leqslant L}|\phi_n(x)| = \frac{1}{n^k} \to 0,\ 当\ n \to \infty\ 时,$$

然而, 当 $0 \leqslant t < T$ 时却有

$$\max_{0\leqslant x\leqslant L} u_n(x,t) = \frac{1}{n^k}\mathrm{e}^{(\frac{n\pi}{L})^2(T-t)} \to \infty,\ 当\ n \to \infty\ 时,$$

故该逆时间问题的解并不连续地依赖于终了温度分布, 从而是**不适定**的.

由此可见, 从适定性角度考虑可知, 对于热方程而言, 是不能提出形如 (5.5.33) 的逆时间定解问题的. 以上例子表明, 对热方程定解问题的提法不同, 得到的适定性结论一般也不同. 关于不适定问题及其解法, 有兴趣的同学可见参考文献 [5].

### 习 题 5.5

1. 证明定理5.5.4.

2. 证明推论5.5.3.

3. 请计算引理 5.5.1 证明过程中的一个结果: 对任意的 $t > 0$, 记复平面 $\mathbb{C}$ 中的曲线

$$\gamma := \left\{ z \in \mathbb{C} \,\middle|\, z = t + \frac{t}{2}\mathrm{e}^{\mathrm{i}\theta}, 0 < \theta \leqslant 2\pi \right\},$$

求 $\inf\limits_{z\in\gamma} \mathrm{Re}(z^{-2})$.

4. 求解热方程逆时间问题:

$$\begin{cases} u_t = u_{xx},\ 0 < x < l, 0 \leqslant t < T, \\ u(0,t) = u(l,t) = 0,\ 0 \leqslant t \leqslant T, \\ u(x,T) = \dfrac{1}{n^k} \sin\left(\dfrac{n\pi x}{l}\right),\ 0 \leqslant x \leqslant T, k > 0, n \in \mathbb{N}. \end{cases}$$

5. 证明: 如果热方程半直线问题

$$\begin{cases} u_t = u_{xx} + f(x,t),\ x > 0, t > 0, \\ u(0,t) = h(t),\ t > 0, \\ u(x,0) = g(x),\ x \geqslant 0 \end{cases}$$

有解 $u$ 满足增长条件: 存在常数 $M, c \in \mathbb{R}$, 使得

$$|u(x,t)| \leqslant M\mathrm{e}^{cx^2},\ \forall x \geqslant 0, t \geqslant 0,$$

则该问题的解必唯一.

6. 证明: 如果热方程半直线问题

$$\begin{cases} u_t = u_{xx} + f(x,t),\ x > 0, t > 0, \\ u(0,t) - u_x(0,t) = h(t),\ t > 0, \\ u(x,0) = g(x),\ x \geqslant 0 \end{cases}$$

有解 $u$ 满足增长条件: 存在常数 $M, c \in \mathbb{R}$, 使得

$$|u(x,t)| \leqslant M\mathrm{e}^{cx^2},\ \forall x \geqslant 0, t \geqslant 0,$$

则该问题的解必唯一.

7. 验证函数 $u(x,t) = -x^2 - 2tx$ 是热方程

$$\begin{cases} u_t = xu_{xx},\ |x| < 1, t > 0, \\ u(-1,t) = -1 + 2t, u(1,t) = -1 - 2t,\ t > 0, \\ u(x,0) = -x^2,\ |x| \leqslant 1 \end{cases}$$

的解, 并思考该方程在集合

$$D = \{(x,t) \mid |x| < 1, 0 < t \leqslant 1/2\}$$

上是否满足弱最大值原理和强最大值原理, 为什么?

8. 验证热方程初–边值问题

$$\begin{cases} tu_t = u_{xx} + 2u,\ 0 < x < \pi, t > 0, \\ u(0,t) = u(\pi,t) = 0,\ t > 0, \\ u(x,0) = 0,\ 0 \leqslant x \leqslant \pi \end{cases}$$

有形如 $u(x,t) = at\sin x$ 的解, 其中 $a$ 是任意实数. (请从极值原理角度来解释) 该问题解为何不唯一?

9. 设 $u_0$ 是定义于 $\mathbb{R}^n$ 上的有界连续函数. 对任意给定的 $T > 0$, 设 $u \in C^{2,1}(\mathbb{R} \times (0,T]) \cap C(\mathbb{R}^n \times [0,T])$ 满足热方程 Cauchy 问题

$$\begin{cases} u_t = \Delta u(x,t), & (x,t) \in \mathbb{R}^n \times (0,T], \\ u(x,0) = u_0(x), & x \in \mathbb{R}^n. \end{cases}$$

请证明: 如果 $u$ 和 $\nabla u$ 均在 $\mathbb{R}^n \times (0,T]$ 中有界, 那么必有估计式

$$\sup_{x\in\mathbb{R}^n} |\nabla u(x,t)| \leqslant \frac{1}{\sqrt{2t}} \sup_{x\in\mathbb{R}^n} |u_0(x)|, \qquad t \in (0,T]$$

成立. (提示: 设 $|u_0(x)| \leqslant M, \forall x \in \mathbb{R}^n$, 考虑函数 $w = u^2 + 2t|\nabla u|^2 - M^2$)

# 参考文献

[1] 陈庆益, 李志深. 数学物理方程(上、下册). 2版. 北京: 高等教育出版社, 1986

[2] 陈亚浙. 二阶抛物型偏微分方程. 北京: 北京大学出版社, 2003

[3] 陈祖墀. 偏微分方程. 3版. 北京: 高等教育出版社, 2008

[4] 谷超豪, 李大潜, 陈恕行, 等. 数学物理方程. 2版. 北京: 高等教育出版社, 2002

[5] 吉洪诺夫, 阿尔先宁. 不适定问题的解法. 王秉忱, 译. 北京: 地质出版社, 1979

[6] 姜礼尚, 陈亚浙, 刘西垣, 等. 数学物理方程讲义. 3版. 北京: 高等教育出版社, 2007

[7] 姜礼尚, 孔德兴, 陈志浩, 等. 应用偏微分方程讲义. 北京: 高等教育出版社, 2008

[8] 陆文端. 微分方程中的变分方法. 北京: 科学出版社, 2003

[9] Antman S S. The Equations for Large Vibrations of Strings. The American Mathematical Monthly, 87 (5): 359~370.

[10] Barber J R. Elasticity. 2nd ed. New York: Kluwer Academic Publishers, 2004

[11] Courant, Hilbert. Methods of Mathematical Physics, Vol. 1,2. New York: John Wiley & Sons, 1989

[12] DiBenedetto E. Partial Differential Equations. 2nd ed. Boston: Birkhäuser, 2010

[13] Du Yihong. Order Structure and Topological Methods in Nonlinear Partial Differential Equations: Maximum Principles and Applications. Singapore: World Scientific, 2006

[14] Evans L C. Partial Differential Equations. 2nd ed. Providence, RI: American Mathematical Society, 2010

[15] Folland G B. Fourier Analysis and Its Applications. Belmont: Brooks/Cole Publishing Company, 1992

[16] Friedman A. Partial Differential Equations of Parabolic Type. Englewood Cliffs: Prentice-Hall, 1964

[17] Gel'fand I M. Generalized Functions, Vol. 1~5. New York: Academic Press, 1964

[18] Gel'fand I M, Fomin S V. Calculus of Variations. Englewood Cliffs: Prentice-Hall, 1963

[19] Gilbarg D, Trudinger N. Elliptic Partial Differential Equations of Second Order. Berlin: Springer-Verlag, 1998

[20] Haberman R. Applied Partial Differential Equations With Fourier Series and Boundary Value Problems. 4th ed. Englewood Cliffs: Prentice Hall, 2003

[21] Ladyzhenskaya O A, Solonnikov V A, Uraltseva N N. Linear and Quasiliear Equations of Parabolic Type. Providence, RI: American Mathematical Society, 1968

[22] Ladyzhenskaya O A, Uraltseva N N. Linear and Quasiliear Elliptic Equations. New York: Academic Press, 1968

[23] Lewy H. An Example of a Smooth Linear Partial Differential Equation without Solution, Ann. Math., 1957, 66: 155~158

[24] Lieberman G M. Second Order Parabolic Partial Differential Equations. Singapore: World Scientific, 1996

[25] Lin Fanghua, Yang Xiaoping. Geometric Measure Theory: An Introduction. Beijing: Science Press, 2002

[26] McOwen R C. Partial Differential Equations, Methods and Applications. Beijing: Tsinghua University Press, 2004

[27] Protter M H, Weinberger H F. Maximum Principles in Differential Equations. New York: Springer-Verlag, 1984

[28] Strauss W A. Partial Differential Equations: An Introduction. New York: John Wiley & Sons, 1992

[29] Trèves F. The Equation $(\partial^2/\partial x^2+\partial^2/\partial y^2+(x^2+y^2)(\partial/\partial t))^2u+\partial^2u/\partial t^2 = f$ with Real Coefficients, is "Without Solutions". Bull. Amer. Math. Soc., 1962, 68: 332

[30] Weinberger H F. A First Course in Partial Differential Equations with Complex Veriables and Transform Methods. New York:Dover Publications,1965

# 索 引